U0382105

本书为国家社会科学基金一般项目"北洋政府时期京直水政研究（1912-1928）"（批准号：09BZS018）的结项成果

河北师范大学历史文化学院
双一流文库

北洋政府时期京直水政研究
（1912-1928）

徐建平 著

Research on the Water Policy of Jingzhao-Zhili in the Period of
Beiyang Government (1912-1928)

中国社会科学出版社

图书在版编目（CIP）数据

北洋政府时期京直水政研究：1912－1928／徐建平著．—北京：中国社会科学出版社，2022.7

（河北师范大学历史文化学院双一流文库）

ISBN 978－7－5227－0215－5

Ⅰ.①北…　Ⅱ.①徐…　Ⅲ.①北洋军阀政府—水利史—研究—1912－1928　Ⅳ.①TV－092

中国版本图书馆 CIP 数据核字（2022）第 084444 号

出 版 人	赵剑英
选题策划	宋燕鹏
责任编辑	金　燕
责任校对	郝阳洋
责任印制	李寡寡

出　　版	中国社会科学出版社
社　　址	北京鼓楼西大街甲 158 号
邮　　编	100720
网　　址	http://www.csspw.cn
发 行 部	010－84083685
门 市 部	010－84029450
经　　销	新华书店及其他书店

印　　刷	北京明恒达印务有限公司
装　　订	廊坊市广阳区广增装订厂
版　　次	2022 年 7 月第 1 版
印　　次	2022 年 7 月第 1 次印刷

开　　本	710×1000　1/16
印　　张	23
字　　数	388 千字
定　　价	128.00 元

《河北师范大学历史文化学院双一流文库》

序　　言

　　河北师范大学历史学科学脉源远流长，底蕴深厚，1952 年独立建系。1996 年由原河北师范学院历史系、原河北师范大学历史系合并组建成河北师范大学历史文化学院。

　　在长期的演进中，张恒寿、王树民、胡如雷、黄德禄等曾在此弘文励教，苑书义、沈长云等仍耕耘在教学科研第一线，这些史学名家为学科发展奠定了坚实基础。多年来，几代学人筚路蓝缕，以启山林，学院一直呈现良好的发展态势。

　　目前，学院拥有中国史、考古学两个一级学科博士学位授权点、世界史一级学科硕士学位授权点，设有中国史博士后科研流动站。本科开设历史学、考古学、外国语言与外国历史三个专业。历史学专业是河北省强势特色学科、教育部第三批品牌特色专业。钱币学二级学科博士学位授权点为国内独家。考古学专业拥有河北省唯一涵盖本、硕、博的考古人才培养完整体系。2016 年，我院中国史入选河北省"国家一流学科建设项目"，考古学入选河北省"世界一流学科建设项目"。2019 年，历史学入选国家一流本科专业。

　　河北师范大学历史文化学院作为学校的重点学科，秉承"怀天下，求真知"校训，坚持学术立院、学术兴院的基本精神，瞄准国际和学科前沿领域，做真学问、大学问。以"双一流"建设之契机，本院决定编辑《河北师范大学历史文化学院双一流文库》，出版我院学者的学术论著，集中展示河北师范大学历史文化学院的整体学术面貌，从而更好地传承先辈学者的治学精神，光大学术传统，进一步推动学科和学术的发展。

《河北师范大学历史文化学院双一流文库》编辑委员会

目　　录

图表目录

绪　　论

一　选题缘起

自古以来，中国历代政府都在地方设置水官，主管水政。为加强水务管理，明清时期就设立了河道总督。中华民国成立后，起初沿袭清代地方官兼管河务的体制，之后，在原来河务机构的基础上，相继设立了顺直水利委员会、华北水利委员会、长江水利委员会等专门管理河务的机构。从历史发展的脉络看，水政职能部门的职责在不断调整，由综合性向专职性转变。北洋政府初期，中央的水政工作隶属于内务和农商两部，内务部设土木司，农商部设农林司，掌管全国的水利工作。1914年，北洋政府设全国水利局，综合管理全国水政，但遇事需要和内务、农商两部商量。各省的水政也由多个部门负责，如京兆地区及直隶省的水政由各河河务局、顺直水利委员会、直隶水上警察局等部门共同负责。正是由于政出多门，水政工作难以统一，使水务工作产生了很多问题。

"水政"一词是一个不断发展的概念，当代的水政是指水利事业行政管理的总称，主要由水利部行使其职能。包括国家与地方水法的制定与实施监督，国家与地方水利行政机构的设置，水利方针、政策、法令、法规的制定与实施，水事纠纷的调解与裁决，水利工程建设的管理等。国家水行政主管部门的任务是：依法对全国水资源的治理保护、开发利用事业进行组织领导；对全社会的水事活动实施监督管理；对各种水事关系统筹协调，并负责水管理体制的改革和水政策及法规的研究制定和实施。民国初年，水政事务由内务部、农商部、全国水利局共同管理。南京国民政府成立后，仍未建立统一的水利机构，水利工作由建设委员会、内政部、实业部等共同负责。1934年，国民政府在全国经济委员会设水利委员会，并颁布了《全国经济委员会水利委员会暂行组织条例》，以全国经济委员会为全国水利总机关，全国水政乃告统一。1940 年 9 月，国民政府改组水利管理机构，成立了中央水利行政机构——行政院水利委员会，并公布了《行政院水利委员会组织法》，行政院水利委员会掌理全国水利行政事宜。1947 年 4 月，水利委员会扩大为水利部。1949 年，中华人民共和国成立后，水利行政机构经过调整，水利事业由中华人民共和国水利部统一管理。

北洋政府时期，京直地区的水政主要由直隶地方公署、京兆地方公署，以及顺直水利委员会共同负责，其职能包括水务政策的制定、水旱灾害的防治、水资源的保护、开发与利用。其中，水利规划与建设、种植森林、管理航运、发展水产经济等工作皆在其职责范围之内，"水政"包含的内容较为繁杂。

本书所研究的"京直"主要指北洋政府时期的京兆地区及直隶省，从地理范围上主要包括现在的京津冀，以及山东、河南、内蒙古的部分地区。按照清制，北京城附近的 24 个州县划为一个特别行政区，称"顺天府"。中华民国建立后，对各地进行了行政区划改革。中央政府对北京及其周围地区仍然实行特别管理，从 1912 年 10 月至 1914 年 4 月，顺天府沿袭旧称，设府尹作为其最高行政长官。1914 年 5 月，内务部呈准将顺天府较远的宁河、文安、新镇、大城 4 县划归津海关道管辖。10 月，北洋政府公布了《京兆尹官制》，改顺天府为"京兆"。"京兆"成为中华民国特别行政区，其管辖范围主要包括 20 个县：大兴县、安次县、宛平县、通县、良乡县、固安县、永清县、香河县、三河县、霸县、涿县、蓟县、昌平县、武清县、宝坻县、顺义县、密云县、怀柔县、房山县、平谷县。其中，大兴、宛平、良乡、房山、怀柔、顺义、密云、平谷、通县、昌平 10 县在今北京市境内。京兆特别行政区成立后，设京兆尹官职及京兆尹公署。京兆尹公署由中央政府直接统管，军事、税收等皆直接隶属于中华民国总统或国务总理等。北洋政府时期的直隶省以河北省为主，包括现今河北省大部分、天津市、北京市，以及河南、辽宁、内蒙古等部分地区。同时，北洋政府对直隶省行政区内也进行了改制，下辖津海道、保定道、大名道、口北道 4 道。根据规定，津海道依原渤海道区域，辖县主要包括：天津县、青县、沧县、盐山县、庆云县、南皮县、静海县、河间县、献县、肃宁县、任丘县、阜城县、交河县、宁津县、景县、吴桥县、故城县、东光县、卢龙县、迁安县、抚宁县、昌黎县、滦县、乐亭县、临榆县、遵化县、丰润县、玉田县、文安县、大城县、新镇县（原保定县）、宁河县。保定道依原范阳道区域，辖县主要包括：清苑县、满城县、徐水县（原安肃县）、定兴县、新城县、唐县、博野县、望都县、容城县、完县、蠡县、雄县、安国县、安新县、束鹿县、高阳县、正定县、获鹿县、井陉县、阜平县、栾城县、行唐县、灵寿县、平山县、元氏县、赞皇县、晋县、无极县、藁城县、新乐县、易县、涞水县、涞源县、定县、曲阳县、深泽县、深县、武强县、饶阳县、安平县。大名道依原冀南道区域，辖县主要包括：大名县、南乐县、清丰县、东明县、濮阳县、长垣县、邢台县、沙河县、南和县、平乡县、广宗县、巨鹿县、唐山县、内丘县、任县、永年县、曲周县、肥乡县、鸡泽县、广平县、邯郸县、成安县、威县、清河县、磁县、冀县、衡水县、南宫县、新河县、枣强县、武邑县、赵县、柏乡县、隆平县、临城县、高邑县、宁晋县。口北道依原口北道区域，辖县主要包括：宣化县、赤城县、万全县、龙关县、怀来县、阳原县、怀安县、蔚县、延庆县、涿鹿县。[①] 1928 年 6 月，南京国民政府将直隶省改为河北省，省会设在天津。京兆地区 20 个县并入河北省，北京改名为北平，设北平特别市。[②] 同时，设立察哈尔和热河特别区，察哈尔管辖现在河北、内蒙古、山西的一些地方，热河管辖现在河北、辽宁、内蒙古的一些地方。

　　水利关系到一个地区乃至一个国家的经济发展，所以，长期以来，中外学者都非常关注水利与社会经济发展关系的研究，也涌现了许多高质量的成果。但是，对于北洋政府时期京直地区水务问题的研究成果并不多，从现在学术成果来看：一是侧重灾荒问题研究，而以北洋政府时期京直地区水政为研究对象的成果较少；二是从自然生态角度研究水灾原因的成果较多，而对于水务与社会发展关系方面的研究较少；三是对于水灾后的赈济措施及施赈组织研究较多，对于水利机构建设和水利工

---

① 参见蔡鸿源主编《民国法规集成》第 13 册，黄山书社 1999 年版，第 2—3 页。
② 1928 年 12 月，北平市政府设立市辖区，将全市分为 15 个区。1938 年，日本占领北平期间，改北平为北京。1945 年，日本投降后，北京恢复北平名称，辖 16 个区。1949 年 10 月 1日，中华人民共和国成立后，改北平为北京。

程建设研究较少。

　　北洋政府时期京直地区水灾频发，生态环境日益恶化，人民生活困苦不堪。那么，这一时期京直水灾的根本原因是什么？作为京直地区重要水利机构的顺直水利委员会发挥了怎样的作用？京直地区水利建设的得失体现在哪些方面？为当今社会带来了怎样的启示？这确实是值得我们认真思考的问题。

　　本书以北洋政府时期京直水政为研究对象，主要探索这一时期京直地区生态环境的变迁与水患的关系，北洋政府水务机构的职能与作用，各种社会力量对水旱灾害的防治，河道的疏浚与整修，水利事业与社会经济发展的关系等问题。首先，通过剖析北洋政府时期京直水环境的特征，探讨水患与社会发展之间的关系。民国初年，京直地区是水灾高发区，大灾小灾连年不断，如何化解因自然灾害导致的社会危机值得深思。其次，北洋政府时期京直地方政府在水务整治方面，无论是水务政策的调整还是兴修水利工程，都是改善居民生活环境的重要举措，为当今政府决策提供了一定的参考。再次，通过研究北洋政府时期京直地方政府解决水务问题的具体措施，探索各种社会机构、民间团体与政府的互动关系，力图寻找可资借鉴的经验。最后，通过探讨京直地区水旱灾害的概况及原因，详细剖析北洋政府时期京直地方政府在水资源保护与利用、水务政策的制定与落实、水利工程建设，水旱灾害的防治与应对等问题，为后人在水利工程建设方面提供借鉴和参考。所以，对北洋政府时期水政问题的研究有重要的学术价值和现实意义。

二　学术史回顾

　　以往学界关于水政问题的研究多集中在水利建设、水旱灾害及赈济等方面，综合性研究水政的成果很少，以北洋政府时期京直水政为研究内容的专题性研究成果更少。但也有一些有关京直水旱灾害和水利建设的成果出版，尤其是关于这一时期直隶、京兆乃至华北水灾及灾后赈济方面的学术成果较多，兹将前人相关研究情况综述如下：

（一）京直水务资料
　　关于京直水务方面的资料比较分散，档案资料保存相对集中的主要有北京市档案馆、天津市档案馆、中国国家图书馆、北京大学图书馆。尤其是顺直水利委员会的相关资料，在北京市档案馆和北京大学图书馆存量较多。北京市档案馆和天津市档案馆有关京兆及直隶河务局的材料也有一部分。河北省档案馆亦保存有一小部分有关京直河务方面的档案，主要在"获鹿档案"卷宗中。此外，中国国家图书馆的"民国图书""民国期刊"中有相当一部分资料是本书的重要资料来源，首都图书馆所藏民国初年的地图资料对本书的研究帮助很大。

资料及资料汇编：顺直水利委员会成立后，对顺直水务进行了规划和治理。从1921年到1925年，顺直水利委员会每年出版《顺直水利委员会总报告》，主要对该委员会所做的工程、测量成绩、操控洪水的方法、筹款等问题予以详细总结。1925年出版的《顺直河道治本计划报告书》，主要对顺直水利委员会成立之缘起、组织、财政等情况予以说明，并对直隶河道之概况、直隶省内之河系、治水问题、整理各河计划等情况进行说明。《内务部全国河务会议汇编》① 主要对全国河务改革议案进行了整理，其中涉及京直的议案对本书的研究大有裨益。该《汇编》涉及的京直水务议案主要有《筹拟修守直隶黄河办法案》《兴林业以预弭水灾案》《永定河根本计画及应行改革案》《拟议直隶河务局并所辖南运子牙大清北运下游海河等五河改组案》《关于直隶山东河南水灾善后根本解决办法拟采京汉顾问普意雅意见书筹议施行案》《筹议整饬北运河办法案》等。上述议案的提出、审查与议决，对于京直水政工作的开展有很大帮助。如《永定河根本计画及应行改革案》提到，在永定河下口另辟尾闾、裁挖滩嘴、疏浚减河、添设挖河船等措施，对于疏浚河流，从根本上解决永定河泛滥问题很有建设性。《京畿河工善后纪实》主要是督办京畿一带水灾善后事宜处存续期间（1917—1918年）的文献资料，涉及督办京畿一带水灾善后事宜处的组织结构，堵筑决口，疏浚河道，造林等内容，是我们了解和研究北洋政府时期京直河道治理的重要文献资料。华北水利委员会编《永定河治本计划》②，从永定河流域及其形势、永定河水灾及其治导之沿革、永定河之水象，永

---

① 内务部编：《内务部全国河务会议汇编》，中国国家图书馆藏1918年版。
② 华北水利委员会编：《永定河治本计划》，甘肃省古籍文献整理编译中心、中国华北文献丛书编辑委员会编：《中国华北文献丛书》第93册，学苑出版社2012年版。

定河拦洪水库、永定河下游之治理、永定河泥沙之处置等不同的角度，对永定河治理提出了许多具体办法。

近几十年来，关于京直水政方面资料的收集和整理成果主要有：李文海等著《近代中国灾荒纪年续编》①，该书以编年体的形式详细梳理了 1920—1949 年的灾荒情况，是研究近代中国社会不可或缺的历史资料。该项成果主要将近代中国水、旱、蝗、地震等灾害方面的资料予以整理。但受篇幅限制，其中有关京兆及直隶的相关资料较少。《海河流域历代自然灾害史料》② 辑录了自公元前 781 年至公元 1980 年海河流域文献中的旱、涝、风、雹、霜、雪、寒、暑、蝗、疫、地震等自然灾害史料，为学界提供了重要的参考数据。汤仲鑫等编著的《海河流域旱涝冷暖史料分析》③ 在收集大量历史资料基础上，研究了海河流域旱涝、冷暖的变化规律。通过分析海河流域各季节的降水量，海河流域的冷暖变迁，海河流域各季节的气温变化，对历史上海河流域的旱涝趋势与变化规律进行了初步探索。天津市档案馆等编《天津商会档案汇编（1912—1928）》④ 所涉及的直隶水务问题资料较多，包括天津商会解决水权纠纷等问题，尤其是天津商会在组织航运、赈济等方面的内容较多。其中，关于直隶航业公会成立的相关资料，对于我们了解当时民族航业初兴时的矛盾与困顿提供了直接的材料。石玉璞、林荣著，戴建兵、申彦广整理的《河北省水利史概要》⑤，将有关河北省的各河源流，以及河北省古代直到清代的治水资料予以辑录，尤其对清代管河机关的沿革、清代永定河治水概况、清代运河治水概况、清代大清河治水概况、清代滹沱河与滏阳河两河治水资料等进行了专题收集和整理。王锋、戴建兵编《滹沱河史料集》⑥ 通过辑录《畿辅通志》《河北月刊》《畿辅安澜志》《华北水利月刊》等书刊上的资料，将滹沱河河道及其变迁、滹沱河水患及其修治、滹沱河水利灌溉及其屯田、滹沱河的职官

① 李文海等：《近代中国灾荒纪年续编》，湖南教育出版社 1993 年版。
② 河北省旱涝预报课题组编著：《海河流域历代自然灾害史料》，气象出版社 1985 年版。
③ 汤仲鑫等编著：《海河流域旱涝冷暖史料分析》，气象出版社 1990 年版。
④ 天津市档案馆等编：《天津商会档案汇编（1912—1928）》第 1—4 册，天津人民出版社 1992 年版。
⑤ 石玉璞、林荣著，戴建兵、申彦广整理：《河北省水利史概要》，地质出版社 2011 年版。
⑥ 王锋、戴建兵编：《滹沱河史料集》，天津古籍出版社 2012 年版。

沿革等问题进行了详细梳理。史红霞、戴建兵编《滏阳河史料集》① 对滏阳河流域的水系及生态环境，滏阳河流域的水利，滏阳河流域的自然灾害，以及滏阳河流域的环境治理等方面的资料予以详细收集与整理，尤其是对于滏阳河流域水利灌溉、水利管理及航运等水利利用问题的系统梳理，为后人研究奠定了良好的基础。郭坤、戴建兵编《滦河史料集》② 对滦河的水系概况，滦河流域的干旱、水涝灾害，滦河的水患治理，以及滦河的水利灌溉、交通等方面的资料进行了收集和整理。戴建兵编《传统府县社会经济环境史料（1912—1949）——以石家庄为中心》③ 以府县为视角，对石家庄地区一些县区的水利情况予以摘编。虽然该书所辑录资料偏重南京国民政府成立以后的内容，但是对于理解北洋政府时期华北的水务状况有很大帮助。杨学新、杨昊、李希源编著的《海河流域历代水利碑文选》④ 主要搜集了北京、天津、河北、山东、山西、河南六个省市的水利碑刻。其中，涉及自西晋至民国不同历史时期海河流域的水利碑文资料，这些碑文涉及行洪、排涝、修河、开渠、凿井、筑堤、建桥等水利建设活动，有的碑文还记载了地方水规、水法、水利纠纷等。周秋光编《熊希龄集》⑤ 对于熊希龄任顺直水利委员会会长期间的活动记载较为详细，是本书的重要资料支撑。熊希龄担任顺直水利委员会会长长达十年，从该组织的成立到治标、治本计划的制订，他都亲自主持。这一时期，京直水旱灾害频仍，在非常艰难的情况下，熊希龄努力推动着京直水政改革。这套资料收录了熊希龄生平著述及各类文件，再现了熊希龄在 1918 年至 1928 年致力于京直河务工作的历程。吴弘明编译的《津海关贸易年报（1865—1946）》⑥ 主要汇集了1865 年至 1946 年天津海关的贸易报告。其中，对于天津气候对贸易的影响，以及海河工程局修治海河的情况也有一定记载。此外，《中国旧海关史料（1859—1948）》⑦ 收集了当时天津的河务及贸易和经济发展

---

① 史红霞、戴建兵编：《滏阳河史料集》，天津古籍出版社 2012 年版。
② 郭坤、戴建兵编：《滦河史料集》，天津古籍出版社 2013 年版。
③ 戴建兵编：《传统府县社会经济环境史料（1912—1949）——以石家庄为中心》，天津古籍出版社 2011 年版。
④ 杨学新、杨昊、李希源编著：《海河流域历代水利碑文选》，科学出版社 2020 年版。
⑤ 周秋光编：《熊希龄集》（第 1—8 册），湖南人民出版社 2008 年版。
⑥ 吴弘明编译：《津海关贸易年报（1865—1946）》，天津社会科学院出版社 2006 年版。
⑦ 《中国旧海关史料》编辑委员会编：《中国旧海关史料》，京华出版社 2002 年版。

情况，尤其是有关海河工程局的相关资料，对本书的研究有很大帮助。《华北区水文资料》① 详细记载了海河流域各水系的水位、气象、流量、含沙量、降水量情况，对于了解当时京直河流水文情况提供了大量数据。

资料整理成果主要有：《北京灾害史》② 汇集了自汉昭帝元凤元年（公元前 80 年）至 1948 年近 2000 年来各种史籍、文集、笔记、类书、县志、档案、金石所记载的北京地区灾害历史资料，全面考察了自汉代以来北京地区洪涝、旱灾、蝗灾、瘟疫、地震的成因和防御措施，是对北京地区汉代至民国时期重大自然灾害的全面总结，并对当前北京地区减灾、防灾工作提出了独特而有价值的想法和建议。该书以时间为顺序，将北京地区每年发生的灾害情况予以统计和整理，并标明了资料来源，史料价值较高。此外，《行水金鉴》③《续行水金鉴》④《再续行水金鉴》⑤ 等系列成果是我国防洪及河工的重要资料，其中有关海河流域各河流的详尽记述，是本书的重要参考资料。

报刊资料：《河务季报》、《京兆公报》、《直隶公报》、《华北水利月刊》、（天津）《大公报》、（天津）《益世报》、《地学杂志》、《政府公报》、《晨报》、《顺天时报》等报刊中，有许多内容涉及京直水政问题。北洋政府内务部创办的《河务季报》当中，关于全国河务政策与法规方面有非常丰富的内容。京兆地方公署创办的《京兆公报》中，有许多京兆尹颁布的政令。如关于水利机构改革、森林种植、河务人才的培养与利用等内容均有涉及。《直隶公报》是直隶省政府发布政令的重要渠道，其中涉及一些水务方面的地方法规。《华北水利月刊》是1928 年由华北水利委员会创办的一份有关河务方面的重要刊物，该刊除关注华北水利委员会各项事务外，还刊载了大量研究河北地方水利的论著，其中许多内容涉及北洋政府时期华北水利建设情况，有较大的参

① 水利部水文局编：《华北区水文资料》，水利部水文局编印，1956 年版。
② 于德源：《北京灾害史》（上、下册），同心出版社 2008 年版。
③ （清）傅泽洪主编、（清）郑元庆纂辑：《行水金鉴》，凤凰出版社 2011 年版。
④ （清）黎世序、（清）潘锡恩、（清）张井主编，（清）俞正燮等纂辑：《续行水金鉴》，凤凰出版社 2011 年版。
⑤ 中国水利水电科学研究院水利史研究室编校：《再续行水金鉴》，湖北人民出版社 2004 年版。

考价值。（天津）《大公报》、（天津）《益世报》中设立的许多栏目专门报道水旱灾害问题，并利用舆论推动京直地方政府加强水利建设。如关于天津墙子河水闸案、关于海河淤堵问题、关于顺直水利委员会改组问题等进行了跟踪报道。同时，对于收回海河管理权问题也予以重点关注并进行宣传。《河海月刊》刊登了三岔河口裁直、永定河之讨论、治水与造林之关系、天津新堤、水患与预防办法、森林与水功关系、北运河状况、直隶河务局、永定河决堤等与京直水政有关系的诸多文章。《地学杂志》刊登了多篇有关京直河务问题的文章。其中，苏莘的《天津南北运河裁湾取直图说》一文，对于天津水灾形成的原因进行了深入分析，并对新浚河段的工作进行了详细总结。地方志资料：林传甲所纂一系列地理丛书中，《大中华京兆地理志》① 和《大中华直隶省地理志》② 是有关京直人文地理的重要著作，介绍了京直的建置、沿革、天象、疆界、山脉、水道、水利、地质、气候、物产、经济、政治、军事、教育、实业等。其中，水道、水利、地质、地势、建置、气候等内容，对于了解京直地区的河务问题提供了详细资料。《畿辅通志》③ 有关"舆地""河渠"的栏目中，对于畿辅地区的水道、治河、堤闸、津梁、水利等事项进行了详细记述。（嘉庆）《永定河志》④ 对于清代近200 年直隶永定河的方略、规章制度、建置沿革、职官、河兵、技术方法、经费筹集与使用，工程的实施，水利与民生的关系等进行了详细考述。（光绪）《永定河续志》⑤ 主要记录光绪年间永定河的河流变迁，河道、堤坝的整理以及水利等情况，包括绘图、工程、经费、建置、职官、兵制、奏议等内容。《直隶河渠志》⑥ 对于海河流域的主要河流均进行了较为详细的介绍，并对于各河的变迁情况进行了研究，由于其作者陈仪为地方水利官员，熟悉当地的地形及水情，故能详陈利弊。河北

① 林传甲著，杨镰、张颐青整理：《大中华京兆地理志》，中国青年出版社 2012 年版。
② 林传甲纂：《大中华直隶省地理志》，武学书馆 1920 年版。
③ （清）李鸿章总裁，（清）张树声总修，（清）黄彭年监修：《畿辅通志》，上海古籍出版社 1991 年版。
④ （清）李逢亨纂，永定河文化博物馆整理：（嘉庆）《永定河志》，学苑出版社 2013 年版。
⑤ （清）朱其诏、（清）蒋廷皋纂，永定河文化博物馆整理：（光绪）《永定河续志》，学苑出版社 2013 年版。
⑥ （清）陈仪撰、故宫博物院编：《直隶河渠志》，海南出版社 2001 年版。

省地方志编纂委员会编《河北省志·水利志》① 对河北的地形、气候、水文、地质等自然概况，以及水利组织机构沿革、水利工程、河道治理、除涝治碱、农田水利、城市水利，以及河北渔业沿革等情况予以详细概述。该志重点记述的是中华人民共和国成立以后的内容，对民国时期，尤其是北洋政府时期关注较少。《河北省志·林业志》② 主要对河北的林业发展情况予以研究，其中，直隶林业发展史中部分内容涉及北洋政府时期，可资借鉴。《河北省志·水产志》③ 将河北省旧式渔业、渔业行政、水产教育发展史的情况进行了详细梳理，对于我们了解民国时期直隶的渔业发展情况有很大帮助。《河北省志·自然地理志》④ 中有专门一节涉及 1912—1949 年河北自然灾害方面的内容，并对自然灾害造成的影响进行了数字统计和分析。《天津水利志·海河干流志》⑤ 对海河干流的气象水文、河道及河口治理、农田灌溉等情况进行了研究。《漳卫南运河志》⑥ 主要对该流域的自然地理、社会经济、自然灾害、水系变迁、水资源的开发利用、河道工程、水库、水利枢纽、水闸工程等内容进行了系统整理和研究，并对近代漳河、卫河、南运河的河道堤防与险工治理、水运等进行了回顾。漳卫南运河是海河南系主要的排洪入海河道，该志为人们系统了解这一流域水利发展状况提供了重要资料。《保定水利志》⑦ 对保定地区的河流水系、水资源、灾害与抗灾、水库、防洪除涝、农村水利、水利管理等情况进行了系统研究，对于了解大清河流域中上游的河务情况有较大帮助。《滦河志》⑧ 在梳理该流域地质地貌、气象与水文、土壤与植被、社会经济与自然灾害的基础上，对滦河流域的水系变迁，水资源的开发利用，引滦工程，以及河防

---

① 河北省地方志编纂委员会编：《河北省志·水利志》，河北人民出版社 1995 年版。

② 河北省地方志编纂委员会编：《河北省志·林业志》，河北人民出版社 1998 年版。

③ 河北省地方志编纂委员会编：《河北省志·水产志》，天津人民出版社 1996 年版。

④ 河北省地方志编纂委员会编：《河北省志·自然地理志》，河北科学技术出版社 1993 年版。

⑤ 天津市水利局水利志编纂委员会编：《天津水利志·海河干流志》，天津科学技术出版社 2003 年版。

⑥ 漳卫南运河志编委会编：《漳卫南运河志》，天津科学技术出版社 2003 年版。

⑦ 保定市水利局编：《保定市水利志》，中国和平出版社 1994 年版。

⑧ 水利部海河水利委员会海河志编纂委员会编：《滦河志》，河北人民出版社 1994 年版。

建设等情况进行了系统整理。《北京水史》① 有专门一节研究民国时期北京的河流水系，涉及孙中山《建国方略》中有关京杭大运河的改造计划，以及北京的水泉、潮白河苏门闸，近代北京的水患，以及北京历史上第一个农民水利协会等内容。

　　地图资料：本书所用地图资料主要有黄国俊编《重印直隶五河图说》②、亚新地学社编印的《京兆直隶分县详图》③，以及顺直水利委员会编《顺直河道治本计划报告书》中的附图。此外，华北水利委员会编《永定河治本计划书》中所附图表，也为本书的研究提供了非常有价值的资料。

（二）京直水政综合研究成果

　　学界对于北洋政府时期京直水政研究较早的成果是李书田等人所著《中国水利问题》④，该书以不同专题的形式对华北水利、黄河水利、西北水利、导淮问题、扬子江水利、太湖流域水利、运河的整顿问题、珠江流域水利、中国水利行政等问题进行了梳理。李仪祉、张含英、徐世大、郑肇经、汪胡桢、须恺等人分别就不同流域的水利问题进行了深入探讨。其中，徐世大对于华北水利的沿革，以及华北防洪、航运、灌溉等问题进行了系统研究，并提出了解决方案和应注意的问题。白眉初长期关注直隶水灾与河流问题，他的《河北水利论》⑤ 对于河北水旱灾害产生的原因、河北的地势、河北省的河道进行了详述。白眉初还在《地学杂志》上发表了《论直隶水灾之由来及将来水利之计划》《直隶五大河之测量及其出险表》《论滦河》等文章。《论直隶水灾之由来及将来水利之计划》一文认为，地势是造成直隶水灾的主要原因，白眉初提出了种植森林、设闸引水等对于抗旱、灌溉、交通运输有一定帮助的措施。《直隶五大河之测量及其出险表》一文，对于民国初年直隶各河出险情况进行了详细分析，并对直隶五大河的河身与大沽口水平线及堤外

① 北京市政协文史和学习委员会编：《北京水史》，中国水利水电出版社 2013 年版。
② 黄国俊编：《重印直隶五河图说》，中国国家图书馆藏 1939 年版。
③ 亚新地学社编：《京兆直隶分县详图》，亚新地学社编印，1922 年版。
④ 李书田等：《中国水利问题》，商务印书馆 1937 年版。
⑤ 白眉初：《河北水利论》，中国国家图书馆藏 1928 年版。

地平线予以比较。吴蔼宸的《天津海河工程局问题》① 主要将有关海河工程局的问题进行辑录，其中包括海河工程局之缘起、海河工程局之组织、海河工程局之经费、海河工程局之工作内容、海河工程局财产之估计、海河工程局组织之研究、海河淤塞情形、政府收回海河工程局之迫切性及收回海河工程局之计划，以及海河工程局与顺直水利委员会之关系等方面的内容，对于后人了解和研究海河工程局有十分重要的价值。张恩祐的《永定河疏治研究》② 主要对永定河之原委、永定河之支流、永定河之河防、京兆永定河河务局官制及经费、京兆永定河河务局所办要政、京兆永定河河防联合会之组织、顺直水利委员会整理永定河计划大纲、永定河之水利等问题进行了详细梳理。孔祥榕的《永定河务局简明汇刊》③ 主要对堵筑永定河决口的经过及引河工程进行了详细记述，对于后人研究永定河问题提供了重要的借鉴和参考。于振宗的《直隶河防辑要》④ 对于直隶河务局的组织机构及其相关工作进行了专题梳理，对于天津河务局的设立，以及南运河、子牙河两河事务记载较为详细。尤其是对于直隶各河受病之原因，于振宗从河患与尾闾之关系、河患与淀泊之关系、河患与森林之关系、河患与减河之关系、河患与堤岸之关系予以研究。此外，他还详细分析了顺直水利委员会对直隶河务治理的贡献，对于直隶官民共守河防的管理模式也进行了详细记载。李桂楼、刘绂曾所编《河北省治河计画书》⑤ 主要对河北省水患之由来及河道修治之经过，河北省五大河之源流状况，五大河水患之总因，各河水患原因及救治法，以及河北省应兴之水利等问题进行了探讨。张元第的《河北省渔业志》⑥ 对于直隶渔业组织机构的沿革、渔业法规的制定与颁布、网具的发展与变革、直隶沿海的海洋捕捞、淡水渔业、水产经济、渔业教育的开展等问题进行了详细记述，是关于民国时期河北省渔业发展情况较系统的成果。《冯军修护永定河纪实》⑦ 是较早的系统研究冯

---

① 吴蔼宸：《天津海河工程局问题》，北京大学图书馆藏，出版时间不详。
② 张恩祐：《永定河疏治研究》，志成印书馆1924年版。
③ 孔祥榕：《永定河务局简明汇刊》，全国图书馆文献缩微复制中心，2006年版。
④ 于振宗：《直隶河防辑要》，北洋印刷局1924年版。
⑤ 李桂楼、刘绂曾编：《河北省治河计画书》，中国国家图书馆藏1928年版。
⑥ 张元第：《河北省渔业志》，河北省立水产专科学校出版委员会编印，1936年版。
⑦ 著者不详：《冯军修护永定河纪实》，昭明印刷局1924年版。

玉祥堵筑永定河决口的成果，是后人了解冯玉祥军队护卫京师，抢修永定河较详细的资料。冯玉祥带领军队堵筑永定河决口，是军工抢险救灾的典型事例。张文惠的《冯军修护永定河纪实》① 对冯玉祥军队修护永定河的事迹进行了详细记述，并对冯玉祥军队护河工作予以充分肯定。郑肇经著《中国水利史》② 一书，从水利沿革角度出发，全面论述了黄河、扬子江、淮河、永定河、运河等流域水利建设的发展情况，其中专门设立一章论述永定河，并且对河北的水利灌溉问题有一定研究。沈百先等著《中华水利史》③ 论述了中华民国时期中国河川、水利事业、水利测量、水利教育、水利行政等情况。姚汉源所著《中国水利史纲要》④ 论述了自夏、商、周三代至民国末年中国的河道、航运、农田水利等水利发展情况，详细分析了各类水利工程的兴建及发展演变。同时，亦关注水利工程之兴废与社会发展的关系，以及政治经济与水利之间的互相制约和影响。

近年来，关于京直地区水务方面的研究成果主要有：尹钧科、吴文涛著《永定河与北京》⑤ 一书，该书对于永定河流域的水灾，生态环境变化，以及对永定河的治理等问题进行了深入研究。在梳理永定河古地貌及水环境改变的基础上，分析永定河下游地区湖泊淤塞和生态退化的原因，并对历史上永定河治理之流域环境效应进行了反思。作者认为，"纵观永定河的水利开发历史，可以发现永定河河性变迁的关键在于整个流域被过度开发。上游植被自辽代以来就遭受了被滥砍滥伐的命运，致使上游地区呈现水源短缺和植被稀少之态。中下游河道河水浑浊、含沙量大；而日益固定的堤岸彻底改变了永定河出山后摆动分流的自然风貌，使得河床淤高，进一步加大了决堤的危险和下游的泥沙沉积"。⑥此外，作者还认为，对永定河的过度开发还导致了涵养京城水源的永定河故道出现水体萎缩、湖泊湮废、地下水位下降、水质恶化等问题。孙

---

① 张文惠：《冯玉祥修治永定河》，《文史精华》2007 年第 10 期。
② 郑肇经：《中国水利史》，上海书店 1984 年版。
③ 沈百先等：《中华水利史》，（台湾）商务印书馆 1979 年版。
④ 姚汉源：《中国水利史纲要》，水利电力出版社 1987 年版。
⑤ 尹钧科、吴文涛：《永定河与北京》，北京出版社 2018 年版。
⑥ 尹钧科、吴文涛：《永定河与北京》，北京出版社 2018 年版，第 169 页。

冬虎所著《北京近千年生态环境变迁研究》① 一书，对北京地区水环境的演变轨迹进行了深入探讨，尤其是对于北京水系的变化、泉水的利用与水井的开凿、北京地区历史上的水灾问题进行了专题研究。该书对生态环境变迁的双驱动力、人地关系的趋向等问题予以重点关注和解读。陈喜波著《漕运时代北运河治理与变迁》② 一书主要从北运河与漕运的关系探讨北运河的治理与变迁，尤其是对于清代治理北运河的特点与规律进行了详细梳理。作者认为，"清代是北运河治理取得巨大成就的时期，也是北运河河道变动比较剧烈的时期。康熙、雍正年间对于北运河堤防治理采取了开挖减河疏泄洪水的办法，比较彻底地解决了夏季汛期北运河中段泛滥决口的问题。自乾隆以后，随着清王朝国势日衰，运河漕运也开始走向衰落"。③ 作者详细分析了自清中叶开始，北运河河道的变化情况。作者认为："乾隆年间温榆河与潮白河汇合口因潮白河河道东摆而从北关迁移至杨坨村附近，嘉庆年间张家湾段北运河河道东移沿温家沟河道南下，同光年间潮白河多次向东决口，都表明了北运河河道变迁进入相对活跃期。清代北运河变动最明显的现象是潮白河开始向东摆动的趋势，同治以后潮白河多次进入箭杆河，清政府多次堵筑潮白河，竭力使之回归北运河故道。虽然取得了一定的成效，但潮白河决口趋势不可更改，终于在 1939 年脱离故道，夺箭杆河河道南下，结束了长期与温榆河合流的历史。"④ 上述关于北运河河道问题的梳理，对于理解顺直水利委员会制订北运河整理计划很有帮助。侯林著《南运河航运与区域社会经济变迁研究（1901—1980）》⑤ 一书，主要以近代以来南运河航运为主线，探讨在新旧交通工具变革中南运河航运的作用和地位。他认为内河漕运停止以后，南运河航运并未迅速衰落，它对于沿岸地区农业、工矿业、手工业、商业的发展，仍有一定的促进作用。但随着南运河的衰落和区域经济中心的转移，运河沿岸地区的经济日趋衰落。该成果不仅有助于我们更全面地认识大运河航运的兴衰，还有助于

---

① 孙冬虎：《北京近千年生态环境变迁研究》，北京燕山出版社 2007 年版。

② 陈喜波：《漕运时代北运河治理与变迁》，商务印书馆 2018 年版。

③ 陈喜波：《漕运时代北运河治理与变迁》，商务印书馆 2018 年版，前言，第 3 页。

④ 陈喜波：《漕运时代北运河治理与变迁》，商务印书馆 2018 年版，前言，第 4—5 页。

⑤ 侯林：《南运河航运与区域社会经济变迁研究（1901—1980）》，中国社会科学出版社 2017 年版。

我们理解南运河航运在区域经济发展中的重要地位。李华彬主编的《天津港史》（古、近代部分）① 详细叙述了天津港的起源与发展历史，记述了帝国主义势力角逐下的天津港、海河航道的治理、塘沽新港的兴建，涉及海河工程局成立过程、航道的疏浚、破冰，以及历次裁弯取直工程。海河志编纂委员会编《海河志》② 依据海河水利发展的历史情况，主要对海河流域的自然地理、社会经济、开发治理、公益性水利工程，以及灌溉、水力发电等情况进行了系统论述，但涉及近代水利事业的内容较少。《永定河水旱灾害》③ 通过收集大量史料，较全面地分析了永定河水旱灾害的成因、特点、发生规律及发展趋势，并在总结防灾、减灾历史经验的基础上，提出防治水旱灾害的对策和措施。王伟凯的《海河干流史研究》④ 重点论述了从三岔河口到大沽口 73 公里的海河历史，并从海河的形成、功用、灾难、治理、社会控制与开发六个方面，全面地记述了海河干流与天津城市发展的关系。徐正编著的《海河今昔纪要》⑤ 在全面综述河北省地形地貌、水文气候等自然条件的基础上，对海河流域六大河系几十条干支河道的历史沿革、工程现状、症结所在和整治方案进行了系统论述，并对 20 世纪五六十年代河北省的水利工程建设情况进行了总结。《河北省水旱灾害》⑥ 对于河北洪灾的成因，以及水旱灾害的分布情况进行了全面系统的分析。石超艺的《明以来海河南系水环境变迁研究》⑦ 一文，对明代以来海河南系水系的变迁进行了具体记述，并对海河历次变迁的古河道进行了复原研究。在此基础上，分析了滹沱河、漳河、大陆泽与宁晋泊变迁的特点和规律。文章介绍了明清时期发生在海河南系的水环境整治活动，以及各种整治方法的效果和影响，并归纳、总结了该区总体上"以不治为治"的水环境整治特点。蒋超的《水运在天津城市发展过程中的作用》⑧ 一文，梳理

---

① 李华彬主编：《天津港史》（古、近代部分），人民交通出版社 1986 年版。
② 海河志编纂委员会编：《海河志》（全 4 卷），中国水利水电出版社 1997—2001 年版。
③ 北京市永定河管理处著：《永定河水旱灾害》，中国水利水电出版社 2002 年版。
④ 王伟凯：《海河干流史研究》，天津人民出版社 2003 年版。
⑤ 徐正编著：《海河今昔纪要》，河北省水利志编辑办公室编辑发行，1985 年版。
⑥ 河北省水利厅编：《河北省水旱灾害》，中国水利水电出版社 1998 年版。
⑦ 石超艺：《明以来海河南系水环境变迁研究》，博士学位论文，复旦大学，2005 年。
⑧ 蒋超：《水运在天津城市发展过程中的作用》，中国水利水电科学研究院水利史研究室编：《历史的探索与研究——水利史研究文集》，黄河水利出版社 2006 年版。

了东汉至民国时期天津内河航道的演变情况，以及天津城市发展与航运的关系。文章认为，天津的铁路运输业在清末开始发展，在一定程度上逐渐占有了内河航运的市场。该文还对天津开埠后，海河流域机构的建立和干流的治理进行了梳理和分析。陈茂山的《海河流域水环境变迁及其历史启示》①一文通过河流的水量变化、湖泊及沼泽的水体变化，以及地下水位的变化，探讨了海河流域水环境的历史演变情况，并分析了影响海河流域水环境变迁的自然和社会因素。此外，戴建兵、侯林的《近代天津与内河水运（1860—1937）》②一文，对于天津内河水运与腹地的经济关系进行了探讨。1921—1930年，华北腹地输入天津的棉花以内河民船运输为主，平均占棉花总运量的56%，最高年份民船运量占89%。主要运输河流为南运河、北运河、大清河、子牙河、蓟运河及其支流，内河水运在当时发挥着重要作用。文章认为："内河运输与远洋运输相结合，内河港和海口港相得益彰，使天津不仅成为华北地区的区域性商品转运中心，也成为世界商品市场的区域商品转运中心。"③

关于水利建设研究，主要有夏茂粹的《民国时期的国家水政》④，该文粗线条地勾勒出民国时期从中央到地方国家各级水利管理机构建设的变迁情况，其着重点在南京国民政府时期，对北洋政府时期论述较少。王华棠的《华北水利事业》⑤一文，详细论述了民国时期北洋政府及南京国民政府在华北地区的各项水利工程建设，为我们了解当时京直水利事业概貌提供了帮助。《天津早期现代化进程中的海河工程局（1897—1949）》⑥一文，从开埠前的天津、开埠至抗战的天津与海河工程局、抗战与国民政府时期的天津与海河工程局，以及天津早期现代化

---

① 陈茂山：《海河流域水环境变迁及其历史启示》，中国水利水电科学研究院水利史研究室编：《历史的探索与研究——水利史研究文集》，黄河水利出版社2006年版。

② 戴建兵、侯林：《近代天津与内河水运（1860—1937）》，《城市史研究》第29辑，天津社会科学院出版社2013年版。

③ 戴建兵、侯林：《近代天津与内河水运（1860—1937）》，《城市史研究》第29辑，天津社会科学院出版社2013年版。

④ 夏茂粹：《民国时期的国家水政》，《档案与史学》1999年第1期。

⑤ 王华棠：《华北水利事业》，沈百先等：《三十年来中国之水利事业》，中央水工试验所印，1947年版。

⑥ 张克：《天津早期现代化进程中的海河工程局（1897—1949）》，硕士学位论文，延安大学，2009年。

与海河工程局四个方面，论述海河工程局对天津现代化所起的作用。作者认为，海河工程局在对海河航道治理过程中所采取的方法有值得借鉴的地方。缪德刚、龙登高在《中国现代疏浚业的开拓与事功——基于海河工程局档案的考察（1897—1949）》一文中认为："海河水患不仅给天津带来了巨大的生命、财产损失，也直接影响到了天津口岸贸易的发展。为了整治海河河道、保障海河的航运能力，在清政府和外商推动下，海河工程局于 1897 年成立。之后，海河工程局就着手对海河航道进行裁弯取直，并先后通过建设导流堤、挖掘新航道等方式对大沽沙航道进行疏浚。1913 年，海河工程局又开始对海河进行破冰作业，从而保证了海河航道冬季的通行。海河工程局运用疏浚土对天津市区、天津港进行吹填造陆，这不仅给海河工程局带来了可观的收入，更为天津近代化城市建设和发展创造了有利条件。"① 该文在挖掘大量史料的基础上对海河工程局在海河及大沽沙航道的治理、海河破冰与吹填造陆、引进和发展现代疏浚技术等方面进行了深入研究，认为"海河工程局在实施工程的过程中，以公益法人的形式整合中外官商各方面的优势与资源，形成了制度创新，在外国工程师主导运营下，践行了一套维持疏浚行业可持续经营的模式"。②

龙登高、龚宁、伊巍在《近代公益机构的融资模式创新——海河工程局的公债发行》一文中，详细探讨了海河工程局在 1898—1948 年 51 年间发行九支公债的问题，认为这是近代公益性机构融资模式的创新。文章认为，"关税作为海河工程局的主要经费来源与债券担保，赋予了其公债特殊的属性、功能与特点。公债融资本质上是将未来税收变现，为重大疏浚工程的迅速提前完成提供资金支持。工程的实施便利了通航、扩大了进出口贸易且关税亦随之增加，从而增强了公债信用，降低了发行风险，使得轮船公司与洋商不仅愿意接受公债摊派与认购，而且主动提议增加新的海关附加税，以便启动更多的疏浚与破冰工程。由此形成公债融资、关税加征、航道改善之间以及促进贸易的良性循环，各

---

① 缪德刚、龙登高：《中国现代疏浚业的开拓与事功——基于海河工程局档案的考察（1897—1949）》，《河北学刊》2017 年第 2 期。
② 缪德刚、龙登高：《中国现代疏浚业的开拓与事功——基于海河工程局档案的考察（1897—1949）》，《河北学刊》2017 年第 2 期。

利益相关方随之受益"。① 作者认为海河工程局通过公债融资，从根本上推动了海河疏浚与通航运输，增强了天津港的航运与贸易竞争力。

焦雨楠在《民初水政制度的近代转型：以裁弯取直为例》一文中认为，"海河水系的治理是近代天津乃至华北社会的重大事件。在民初复杂的社会、政治、经济环境中，三岔河口裁直是由顺直水利委员会与海河工程局第一次协同筹划、由地方绅商携同直隶省议会筹集款项，并由警察厅负责购地、拆房及招标的水利工程。它的成功实施既见证着水利工程治理的历史性发展，又凸显着水政制度由传统向近代的转型，当然也集中呈现着民初政治和社会的诸多问题。深入解析水利工程治理及其水政制度的蜕变，或可以一个独特视角映射出一个时代的基本特征"。② 该文从三岔河口裁弯取直遇到的阻力与契机、裁直过程中各方的协同、裁弯取直之评估等方面探讨直隶水政在近代转型过程中所做的努力。作者认为裁弯取直工作能取得成效，"是直隶政府官员、绅商和平民齐心协力发展水利的一次见证，是直隶水利走向统筹规划的一个节点。从水利治理的现代取向而言，它是区域性水利事业更加注重科学测量、统筹全局的开端，也是中国治水思想由传统走向现代的一个缩影"。③ 钞晓鸿主编的《海外中国水利史研究：日本学者论集》④ 一书，将国外学者对中国水利问题的思考介绍到国内，开阔了我们的视野。从该文集看，国外学者在水利理论与方法、水利史料发掘与解读利用、水学实践与技术交流、城镇水利及河道整治、水利与地域社会、水利开发及管理、水利与政治及环境等方面均有涉及，其中马场毅的《近代天津小站营田的水利》对于天津小站水利与地方经济的关系进行了论述。

此外，学界对于其他地区的水利研究成果亦可借鉴和参考。如王培华的《元明清华北西北水利三论》⑤、冯利华和陈雄的《钱塘江流域水

　　① 龙登高、龚宁、伊巍：《近代公益机构的融资模式创新——海河工程局的公债发行》，《近代史研究》2018 年第 1 期。
　　② 焦雨楠：《民初水政制度的近代转型：以裁弯取直为例》，《学术研究》2020 年第 5 期。
　　③ 焦雨楠：《民初水政制度的近代转型：以裁弯取直为例》，《学术研究》2020 年第 5 期。
　　④ 钞晓鸿主编：《海外中国水利史研究：日本学者论集》，人民出版社 2014 年版。
　　⑤ 王培华：《元明清华北西北水利三论》，商务印书馆 2009 年版。

利开发史研究》①、冯贤亮的《近世浙西的环境、水利与社会》② 等成果，对本书的研究有很大启发。

（三）京直地区水灾问题的研究

学界对于京直水灾原因的研究成果较多，一是从自然地理因素找原因，二是从人为因素进行探究。竺可桢在《直隶地理的环境和水灾》一文中，从气候、地形、地质等地理环境因素探索直隶水灾成因。竺可桢认为，季风气候造成直隶雨量分配不均。"直隶的雨量，多的时候非常多，少的时候非常少，变率既大，水灾自亦难免了。"③对于地形与水灾的关系，竺可桢认为，直隶东南部是一个广阔的冲积平原，西北是山岭，平原为半圆形。在这个平原上的河流都流向一点，呈辐射形状。在这种情形之下，特别容易发生危险。此外，竺可桢认为，农业对环境的开发和破坏与水灾有密切关系。他说："直隶在近三世纪中之所以多水灾，恐怕与直隶的人口和农业有关。"④李文海等人在《晚清的永定河患与顺、直水灾》⑤ 一文中，以翔实的史料再现了晚清七十一年间，顺、直地区的水灾惨况。《河北省志·水利志》⑥ 一书，从河流布局、地形、植被等方面论述了河北地区容易形成水灾的原因，同时，对于河北水利行政沿革情况进行了梳理。于希贤在《森林破坏与永定河的变迁》⑦ 一文中指出，辽、金、元三代破坏森林植被引起水土流失，是导致永定河不断泛滥的原因之一。刘洪升在《唐宋以来海河流域水灾频繁原因分析》⑧ 一文中认为，唐宋至明清海河流域引发水灾的根本原因，并非由于太行山区森林破坏引起

① 冯利华、陈雄：《钱塘江流域水利开发史研究》，中国社会科学出版社 2009 年版。
② 冯贤亮：《近世浙西的环境、水利与社会》，中国社会科学出版社 2010 年版。
③ 竺可桢：《直隶地理的环境和水灾》，竺可桢：《竺可桢全集》第 1 卷，上海科技教育出版社 2004 年版，第 582 页。
④ 竺可桢：《直隶地理的环境和水灾》，竺可桢：《竺可桢全集》第 1 卷，上海科技教育出版社 2004 年版，第 586 页。
⑤ 李文海等：《晚清的永定河患与顺、直水灾》，《北京社会科学》1989 年第 3 期。
⑥ 河北省地方志编纂委员会编：《河北省志·水利志》，河北人民出版社 1995 年版。
⑦ 于希贤：《森林破坏与永定河的变迁》，《光明日报》1982 年 4 月 2 日。
⑧ 刘洪升：《唐宋以来海河流域水灾频繁原因分析》，《河北大学学报》2002 年第 1 期。

的水土流失，淀泊淤塞才是引发水灾的根本原因。而胡惠芳在《民国时期海河流域的生态环境与水患》① 一文中，利用森林史资料及方志史料，证明森林被破坏加剧了生态环境的恶化，成为导致民国时期海河流域水患频发的主要原因。刘玉梅在《民国时期河北水灾频发的原因探析》② 一文中提出，除自然地理方面的原因之外，南京国民政府的不作为，以及人类对自然环境的破坏因素亦不容忽视。贾毅在《白洋淀环境演变的人为因素分析》③ 一文中认为，人们砍伐山林加速了白洋淀的淤积，围淀造田使白洋淀面积急剧缩小，因此人为因素是淀泊淤塞的根本原因。王建革在《传统社会末期华北的生态与社会》④ 一书中，从华北水环境角度出发，详细研究大清河、滹阳河流域水利，阐述了环境变迁、河道治理与中央政府权力变化的关系。森田明在《清代水利与区域社会》⑤ 一书中，以清代水利史为中心，探讨不同地域水利设施的兴废，以及不同社会阶层对水利问题的态度和举措，揭示了中国传统农业向近代农业演变和发展的脉络，是一部研究清代水利史的重要著作。作者认为，中国是一个农业大国，水利的兴衰对农业有着十分重要的影响，不仅历代政府重视水利事业的发展，作为区域社会的官僚和民众也特别关注本地水利的建设。其视角对于研究北洋政府时期京直地区各种社会力量参与国家水利管理，以及管理模式的转变有重要启示。

在关于水灾与灾赈研究方面，较早的成果有邓拓的《中国救荒史》⑥，该书以历代灾荒为经，以灾荒原因为纬，探讨了救荒思想及求助方式的发展，是民国时期出版的对后来荒政研究颇有影响的荒政史研究成果。池子华、李红英、刘玉梅著《近代河北灾荒研究》⑦ 一书，对河北灾荒的成因、灾荒与河北经济、灾荒与河北社会、防灾、减灾与救

① 胡惠芳：《民国时期海河流域的生态环境与水患》，《海河水利》2005 年第 2 期。
② 刘玉梅：《民国时期河北水灾频发的原因探析》，《河北工程大学学报》2010 年第 2 期。
③ 贾毅：《白洋淀环境演变的人为因素分析》，《地理学与国土研究》1992 年第 4 期。
④ 王建革：《传统社会末期华北的生态与社会》，生活·读书·新知三联书店 2009 年版。
⑤ ［日］森田明：《清代水利与区域社会》，雷国山译，山东画报出版社 2008 年版。
⑥ 邓拓：《中国救荒史》，武汉大学出版社 2012 年版。
⑦ 池子华、李红英、刘玉梅：《近代河北灾荒研究》，合肥工业大学出版社 2011 年版。

灾等问题进行了深入研究。此外，池子华、刘玉梅在《民国时期河北灾荒防治及成效述论》① 一文中，对民国时期河北的灾荒资料进行了整理，认为政府对荒政的态度也是制约荒政成效的重要因素。李辅斌的《清代直隶地区的水患和治理》② 一文，对清代直隶水患、水灾对农业生产的影响，以及直隶各地的水利事业进行了论述。作者认为清代的统治者对直隶的水患治理较为重视，修建的水利工程对于防治水患产生了积极作用。李红英在《晚清直隶灾荒及减灾措施的探讨》③ 一文中，从灾荒情况、灾害影响及减灾措施三方面评析了晚清荒政。刘冬的《北洋政府时期（1912—1927）荒政研究》④ 主要考察了北洋政府时期灾荒的救济活动及其成效，指出民间慈善团体在当时已成为重要的补充力量。蔡勤禹著《民间组织与灾荒救治：民国华洋义赈会研究》⑤ 一书，以华洋义赈会的救赈活动为中心，阐述民间组织在政府职能软化之际，通过各种途径所进行的灾后救助活动。鲁克亮、刘力在《略论近代中国的荒政及其近代化》⑥ 一文中，概述了近代的灾荒情况，并将晚清时期的荒政举措与北洋政府时期的措施进行比较，整理出荒政近代化的脉络。救灾举措方面，刘五书的《论民国时期的以工代赈救荒》⑦ 一文，从疏浚河道、铺设公路、开挖水渠、植树造林、兴办实业等方面总结了民国时期以工代赈的救荒情况。任云兰的《近代华北自然灾害期间京津慈善机构对妇女儿童的社会救助》⑧ 一文，着重考察各慈善团体对灾害中妇女儿童的救助情况。王秋华的《1917 年京直水灾与赈济情况略述》⑨ 一文，以 1917 年京直大水灾为个案，着重研究北洋政府及社会各界通力

---

①　池子华、刘玉梅：《民国时期河北灾荒防治及成效述论》，《中国农史》2003 年第 4 期。
②　李辅斌：《清代直隶地区的水患和治理》，《中国农史》1994 年第 4 期。
③　李红英：《晚清直隶灾荒及减灾措施的探讨》，硕士学位论文，河北大学，2000 年。
④　刘冬：《北洋政府时期（1912—1927）荒政研究》，硕士学位论文，南京农业大学，2006 年。
⑤　蔡勤禹：《民间组织与灾荒救治：民国华洋义赈会研究》，商务印书馆 2005 年版。
⑥　鲁克亮、刘力：《略论近代中国的荒政及其近代化》，《重庆师范大学学报》2005 年第 6 期。
⑦　刘五书：《论民国时期的以工代赈救荒》，《史学月刊》1997 年第 2 期。
⑧　任云兰：《近代华北自然灾害期间京津慈善机构对妇女儿童的社会救助》，《天津社会科学》2006 年第 5 期。
⑨　王秋华：《1917 年京直水灾与赈济情况略述》，《北京社会科学》2005 年第 3 期。

合作，减灾、赈灾，缓解社会危机，救助困苦灾民的过程。池子华的《中国红十字会救济 1917 年京直水灾述略》① 一文，以《申报》报道中国红十字会在 1917 年京直水灾中的救灾活动为中心，展示出民间团体在救灾中的巨大力量，作者认为，"在社会求助活动中，民间社团的潜力是不可忽视的，社会保障的民间参与是值得提倡与弘扬的"②。此外，夏明方著《民国时期自然灾害与乡村社会》③ 一书，对民国时期自然灾害与乡村社会各个方面的互动关系进行了系统分析，揭示了自然灾害生成、演化的规律、特征，及其在乡村社会层层扩散的过程，论述了自然灾害与人口变迁、乡村经济、社会冲突的关系，指出灾害源与社会脆弱性的相互作用，对于从总体上把握自然灾害发生后政府与社会的关系有很大帮助。

通过梳理与本书相关的研究成果可以看出，迄今为止，学界对京直地区水政问题的整体研究尚不充分，有进一步研究的空间。一是主要着眼于水灾和灾后赈济研究，而且在考查水灾成因方面，多从自然因素考虑，对社会因素注意不够。而赈灾又是被动的补救措施，对于频年水患不会有根本上的改变。二是对于京直水利建设未有系统研究。不断完善河务机构的职能，不断开展水利建设是防治水旱灾害的积极行为，但目前学界的研究尚不充分，而这些问题恰恰是关系到降低灾害破坏程度的关键。三是对于京直地方政府在水务制度改革过程中出台的一系列政策和措施研究较少，而对于京兆地区的相关研究更是很少涉及。同时，对于新式社团等各种社会力量在推动水务改革方面的研究关注不够。四是对于京直水资源管理与控制中的水权问题涉及较少，而这一问题是京直水政建设的重要内容，不可忽视。鉴于以上研究的不足，本成果试图以京直水旱灾害为切入点，探讨京直对水资源的管理与控制、水务政策的改革，以及水利工程建设等问题。以此为基础，综合考察北洋政府时期京直水灾的发生与社会应对的互动关系，从而阐释人们在水环境不断恶化的情况下所进行的防治工作及其影响。

---

① 池子华：《中国红十字会救济 1917 年京直水灾述略——以〈申报〉为中心的考察》，《淮阴师范学院学报》2005 年第 2 期。

② 池子华：《中国红十字会救济 1917 年京直水灾述略——以〈申报〉为中心的考察》，《淮阴师范学院学报》2005 年第 2 期。

③ 夏明方：《民国时期自然灾害与乡村社会》，中华书局 2000 年版。

三　研究思路

　　学者们虽然从不同角度考察了北洋政府时期京直地区的河务、水灾与救灾情况，但这些研究存在一些问题：专门以海河流域的水政与水务管理为主要内容的研究成果很少，尤其是对于北洋政府时期京直水政建设，以及水政与社会变迁的关系缺乏深入研究。实际上，北洋政府不仅成立了专门负责京直水政的顺直水利委员会，而且各级地方政府在水利建设方面也进行了许多有益的尝试。有鉴于此，本书首先从京直自然环境入手，从其区域地理特征探讨水灾的特点及其成因，尤其是通过详细梳理永定河、大清河、子牙河、南运河、北运河、海河等各河河道情况，分析水灾泛滥的原因，并通过详细考察这一时期京直水灾的特点，探讨水患对地理环境、社会产生的影响。其次，探索北洋政府时期京直水政机构建设、治河模式创新等方面的问题。最后，将水务问题与社会秩序的内在关系进行辩证分析，探讨官、民在水务问题上从"自在"向"自为"的转变。本书将从京直严重的水旱灾害，以及水旱灾害对社会生产力造成的极大破坏为切入点，探讨社会矛盾激化的情况下，京直地方政府加强水政工作的措施，并将民间组织的互助、救济组织，以及国外的救助组织和团体纳入研究视域。水政是关系到民生与社会发展的重要问题，京直地方政府在面对水旱等自然灾害时所采取的应对措施得当与否，直接影响到当时社会的稳定与发展，政府及民间社会团体与机构对水务的救治功效一定程度上能反映一个地区的社会关系。北洋政府时期，京直官民解决水务问题、化解水务矛盾的对策与经验值得我们学习和借鉴。

　　在研究方法上，本书将以纵向历史发展为线索，以横向问题为研究目标，对北洋政府时期京直水务问题进行多角度的综合考察。在此基础上，以辩证唯物主义和历史唯物主义为指导，以历史学的实证考察为基本研究方法。同时，借鉴地理学、社会学的理论与方法，力求使本项研究做到虚与实的结合，努力提升该项研究的质量。

第一章　北洋政府时期京直
水资源概况

从广义上说，水资源是指某个水域内水量的总体，包括可供灌溉、发电、给水、航运、养殖等用途的地表水和地下水，以及江河、湖泊、井、泉、潮汐、港湾和养殖水域等。随着人类社会发展，人们对水资源的重视程度越来越高，开发和利用能力越来越强。这一方面有利于改善人们的生活，另一方面，也会改变原来的生态环境，对社会生产造成一定影响。历史上，限于各方面的条件，人们对水资源的认识有限，更谈不上较好地利用。北洋政府时期京直地区的水资源主要以海河流域为主，另外还包括滦河流域、黄河流域的一部分，以及渤海湾在内的广大水域。京直地区水资源丰富，但在时间和空间上分布不均，水旱灾害频发，水资源不能得到充分利用。本章重点探讨京直水资源的分布情况，以及京直水资源的特点。

第一节　京直地区的地貌与气候

一个地区的地貌特征与其气候密切相关。以地理位置观之，京直地处华北，是典型的海洋性气候。地势西高东低，地貌特征复杂。气候四季分明，降水分布不均，集中在夏季，容易导致旱涝灾害。

一　地貌与土壤

（一）地貌

京直地区背倚高原，面向海洋，西北部山峦迭起，东南部为平原，地貌复杂多样，有山地、高原、丘陵、盆地和平原。地势大致由西北向东南逐级下降，西北为坝上高原，处于内蒙古高原的南部边缘，海拔高度在 1350—1600 米。河北平原位于燕山以南和太行山以东，大部分地区在海拔 50 米以下。坝南由东西走向的燕山山脉和东北西南走向的太行山脉形成"弧形山脉"，这种地形、地势对降水、温度及气流的影响非常明显。"弧形山脉"对南来的暖湿气流有阻挡抬升降水效应，在其东南迎风坡形成一条弧形多雨带，年平均降水量在 600 毫米以上，多雨带的平均宽度约 80 公里。其中，太行山部分为 60 公里，燕山部分宽度达 120 公里。丘陵主要分布在燕山南麓和太行山东麓，直隶西北有一些盆地。京直地区大部分盆地是构造型，尤以断陷盆地较多。盆地内一般有河流分布，沿河形成冲积平原。京直地区平原广阔，地势平缓，但有微小起伏，缓岗、自然堤、古河道、洼地等广泛分布。总之，京直地区的地貌主要有平原、山地、高原三类，自东南向西北排列。平原分布在东南部，山地呈半环状耸峙于西北部，高原在西北部，由大海向陆地逐级上升。这种地势既便于暖湿气团深入内陆，也便于各河汇流入海。

（二）土壤

京直地区的土壤大体分为八个土质区：坝上高原暗栗钙土，为黑土型沙土区；直隶北部山地栗钙土，为黑土棕壤亚土区；直隶西北丘陵区，为淡栗钙土区；直隶北部山地褐土，为棕壤土区；直隶西部山地丘陵褐土，为山地棕壤土区；燕山、太行山山麓为平原耕作褐土、草甸褐土区；海河平原为耕作草甸土区；滨海平原洼地为盐化草甸土、盐土区。实际上，直隶的盐碱区范围很广，冀东、冀南是重灾区，直隶中部的保定亦相当严重，在《保定水利志》一书中，有专门一章谈及保定地区的除涝治碱工作，清朝光绪年间，清河道台召集民工开凿沟渠，"疏浚申泉、红花等泉水入一亩泉河，通利无阻，水有所泄，满城县东部的佃庄、孙家塘等村数百顷盐碱地变为良田"。[①] 但因时局动荡，盐碱地治理工作受到影响。民国期间，战乱频繁，洼地的沥涝盐碱治理工作进展缓慢。河北东部和南部的盐碱情况较为严重，尤其是漳卫南运河流域中下游平原，许多河道为半地上河，许多封闭的洼地排水不畅，地下水浅，而且矿化度高，在强烈的蒸发下，析出盐分，土壤盐碱化程度较重。顺直水利委员会成立后，曾对此问题商议解决办法，但由于种种原因，大规模治碱活动并未展开。华北水利委员会成立后，通过派专家

---

① 保定市水利局编：《保定水利志》，中国和平出版社 1994 年版，第 126 页。

进驻碱区，与河北省建设厅共同对碱地进行改良，成效逐渐显现。京直西北的土壤在植被被破坏的情况下非常容易流失，这也是永定河泥沙大的重要原因之一。

二　气候与水文

（一）气候特征

京直地处中纬度欧亚大陆东岸，属温带大陆性季风气候，四季分明。冬季寒冷少雪，春季干燥，风沙盛行，夏天炎热多雨，秋日晴朗，寒暖适中。境内降水变率大，年际降水量变化显著，是造成旱、涝、洪灾害的主要原因。从降水情况看，由冬至春，西伯利亚、蒙古高压经历由强变弱的过程，盛行北风或西北风，天气寒冷干燥，少雨雪。由春入夏，蒙古高压减弱衰退，太平洋副热带高压增强西进，偏南或东南季风盛行，从海洋上吹来的暖湿空气，经抬升、冷却形成降水，致使夏季多阴雨天气。由秋转冬，蒙古高压增强，太平洋副高压衰减，天气晴朗，降水减少。上述情况造成了京直地区气候出现如下特点：气候复杂多样，旱涝交替出现。

京直地区东南部地形平坦，气流畅通无阻。而其西北部太行山、燕山山脉地势高低各异，对气流有阻挡和堆积作用，气温低、风速大，常出现海河流域气象要素的极值。之所以出现这种气候，与当地的地质条件及植被情况密切相关。从地质条件看，不仅背风坡缺少雨水，而且受地势影响，形成了3个干旱中心。第一个干旱中心位于直隶南部平原衡水、辛集、南宫一带，年平均降水量在500毫米以下；第二个干旱中心在桑洋盆地，位于弧形山脉北侧。南来的暖湿气流受太行山制约，当气流翻山后水汽量大大减少，背风坡少雨干旱，年降水量不足400毫米；第三个干旱中心在坝上西部，气流经过桑洋盆地北上，遇坝第二次爬坡，气流上坝后，其含水量进一步减少。因此，年平均降水量不足360毫米，成为全省降水量最少的地区。由于山脉对暖湿气流有阻抬作用，增强了降水效应，山区降水普遍多于平原。山地的降水量，一般随着山体高度的增加而增加。由于距海远近不同，东部海滨平原降水相对多于内地平原，山区暴雨多于平原，"弧形山脉"迎风坡地带为京直地区暴雨多发区，形成了多雨中心。京直地区的多雨中心主要在太行山东麓和燕山山脉。太行山东麓有4个，燕山南麓有1个，多年平均中心雨量700—800毫米。太行山山脉的4处为：武安县马店头附近，赞皇县黄北坪，灵寿县漫山一带，易县大良岗。燕山山脉的 1 处是遵化县马兰峪。将以上雨量中心位置连成曲线，可以得到一个"最大雨量脊线"。该脊线位于太行山、燕山山脉的向风侧，东起承德、唐山地区，经保定、石家庄、邢台地区，南至邯郸地区。由东西向逐渐转为南北向，基本呈弧状分布。该脊线为雨量集中的高值区，雨量从脊线开始向两侧减少。

（二）水文特征

京直地区的水文特征主要表现为各河径流量变化很大，年内分配不均，含沙量大。在含沙量测量方面，光绪四年（1878），英国人开始在大沽开展气象水文工作。从光绪二十九年（1903）起，海河工程局开始在海河沿线设立新开河口、小孙庄、宋庄、赵北庄、葛沽、新河、塘沽、北炮台 8 处人工观测水位站。从 1922 年起，每年 10 月海河工程局从金刚桥至海河口对海河河道进行水深测量，即年度的全河测量。从测量结果看，年平均含沙量如下：光绪二十七年（1901）为 2 公斤/立方米，1926 年为 4.6 公斤/立方米，1927—1938 年由于永定河泥沙大量下泄，年平均含沙量达 2—3 公斤/立方米，最小为 0.52 公斤/立方米（1938 年），最大为 3.9 公斤/立方米（1928 年）。

竺可桢先生在研究直隶河流问题时，曾关注到直隶大河泥沙沉积量远远高于欧亚主要河流。他将京兆、直隶主要河流与欧亚各大河流的泥沙沉积问题进行了比较，详见表 1 - 1。

表 1 - 1　　　　　　直隶大河和欧亚大河沉淀量比较表　　　　　单位：%

河名	沉淀量百分比	河名	沉淀量百分比
温榆河	0.2	Rhone	2.22
永定河	8.0—10.0	Po	0.33
滹沱河	3.5	Vistula	2.08
滏阳河	2.5	Rhine	1.00
漳河	4.5	Sutlej	2.20
卫河	4.0	Indus	0.61
南运河	4.0	Nile	0.32
黄河	11.0	Ganges	0.81

资料来源：《直隶地理的环境和水灾》，竺可桢：《竺可桢全集》第 1 卷，上海科技教育出版社 2004 年版，第 585 页。

从表 1-1 看出，永定河的泥沙沉积量和黄河几乎相当，由于沉淀物多，河水浑浊，危害最烈。正如竺可桢先生所说，和世界主要河流相比，"像永定河河水含百分之十的沉淀物，是罕有其匹敌的，就是水中沙土，有滹沱河、南运河这样多的，也就很难得了"。[①] 此外，南运河水量大，沉淀物较多，也是直隶水灾祸根之一。

第二节　京直水资源的分布及特点

京直水资源主要由海河水系、滦河水系，以及黄河水系的一部分构成。其中，海河水系由海河、永定河、大清河、子牙河、漳卫南运河、北运河三系等河系组成，这些河系汇集了太行山和燕山山地的水源，形成了一个巨大的扇形水系，流经河北平原，从天津海河干流入渤海。上述几大水系构成了庞大的海河流域，这是京直水资源的主要来源。此外，京直水资源还包括滦河、黄河的一部分，以及渤海湾的大片水域。[②] 关于海河流域的基本情况，参见附录 1：《海河流域图》。

一　京直水资源分布概况

（一）海河

海河水系主要包括北运河、永定河、大清河、子牙河、南运河五大河流。海河干流是指天津市金刚桥以下三岔口（即南运河与西河汇流点）至大沽一段，长约 73 公里。左岸是废金钟河出水口，经天津金钢桥、挂甲寺、葛沽、塘沽、大沽入海。海河以沽多得名，又名沽河。海河各支流大部发源于太行山区，经华北平原流入渤海，除个别河流单独入海外，海河的五大支流都以海河为出口流向渤海。

---

① 《直隶地理的环境和水灾》，竺可桢：《竺可桢全集》第 1 卷，上海科技教育出版社 2004 年版，第 586 页。

② 在目前的研究成果中，关于民国初年京直水系的概况介绍，稍有不同。对于几条大的河流——海河、大清河、子牙河、北运河、南运河等认识基本相同，关于其他水系，有不同的划分方法。如白月恒在《燕赵水利论》，林传甲在《大中华直隶省地理志》《大中华京兆地理志》，以及李桂楼、刘绂曾在《河北省治河计画书》中的划分方法有所不同，本章综合了各家之言。

海河水系形成以后，因受自然和人为因素的影响而不断变化。清朝时，灌溉和防洪都要服从漕运，所以天旱农田需要灌溉时，清政府却停止灌溉，保障漕运。而丰水之年，清政府为防止决堤，保护漕运，又放水淹田。自光绪二十七年（1901）裁弯取直工程开始后，同时继续做束水木榫、护岸和挖泥等工程，直到1913年第四次裁弯工作完成后，海河河道缩短26公里，减少航行时间约一小时，增加潮差约1.6米。[①]丰水年永定河上游常常决口，决口后海河淤积情况就有所好转。如1919年、1924年、1939年，海河津港冲刷很深。枯水年或一般年，永定河走中泓，则海河津港淤积严重。如1927年、1928年以后至1934年，吃水两米以上的船舶不能行驶入口，最严重时满潮水深不足两米，仅能通行驳船，其淤塞严重程度可想而知。1918年成立的顺直水利委员会和1928年成立的华北水利委员会，虽然致力于解决海河泥沙淤积问题，也取得了一定的成效，但是，海河的根治工作主要是在1949年中华人民共和国成立以后进行的。

（二）永定河

永定河流域东邻潮白河、北运河水系，西接黄河流域，南靠大清河水系。该水系有桑干河及洋河两大支流，南支为桑干河，北支为洋河，两河汇合后称永定河。流经官厅水库、下马岭水库，至三家店入平原，至屈家店入北运河。桑干河源出山西马邑附近，其流域包括宁武、朔县、山阴、应县、浑源、左云、阳原、广灵、蔚县、涿鹿等县，洋河流域包括现在的尚义、兴和、怀安、阳高、天镇、万全、崇礼、张家口、宣化等县市。

永定河在西汉以前称为治水，其资料记载较少。关于永定河泛滥成灾的记载目前所见最早的记录是西晋元康五年（295），"该年夏季，洪水冲塌了位于梁山（即今石景山以北的四平山）附近的戾陵堰，毁损四分之三，剩北岸七十余丈，上渠车箱，所在漫溢"。[②]辽代以前，永定河上游植被保存尚好，河水泥沙量少，流量稳定，绿水清

---

① 河北省地方志编纂委员会编：《河北省志·水利志》，河北人民出版社1995年版，第56页。

② 吴文涛：《还永定河生机 莫忘防洪治理——关于历史上治理永定河的几点思考》，《北京联合大学学报》2011年第4期。

波。金元以后，永定河上游森林被砍伐，中下游两岸土地被大面积开垦，导致水土流失加重。这时永定河被称为"浑河""小黄河""无定河"。明朝时，仅以北京所在的顺天府所属各州县统计，史料中明确记载为永定河水灾并危及北京城的就有 19 次之多，其中 9 次特大水灾中有 5 次与永定河泛滥有关。清朝康熙三十七年（1698），永定河上段筑堤，以固定以北河身，从此称永定河。永定河在石景山以上流经交替接连的盆地和峡谷。自卢沟桥以下为地上河，梁各庄以下为泛区。在屈家店与北运河汇流后，部分洪水循北运河经天津入海河。大部分洪水则穿越北运河至放淤区，而后由金钟河入海。该河的特点是弯曲较多，泥沙含量大，经常泛滥。"清代 268 年间共发生了 129 个年次的水灾，有 42 次属于永定河水灾；在其中的 5 次特大水灾、30 次严重水灾中，永定河就分别占了 4 次与 18 次。尤其在康熙前期，永定河决堤泛滥对京城的危害可谓震撼朝野。"① 永定河之所以出现如此严重的问题，与人类活动密切相关。永定河上游植被"自辽代以来就遭受了被滥砍滥伐的命运，到清朝时，整条河流已呈水源短缺和植被稀少之态。这使得其河水继续向浑浊、含沙量大、季节性流量不均的方向恶化；而越来越固定的堤岸彻底改变了永定河出山后摆动分流的自然风貌，又使得河床淤积越来越高，像黄河一样成为'地上河'，进一步加大了决堤的危险和下游的泥沙淤积"。② 永定河流域水文基本情况，详见表 1-2。

表 1-2　　　　永定河流域水文基本情况统计表（1919 年）

月份	流量（以每秒立方公尺计）			泄量		雨量以公厘计	降雨量之损失以公厘计	泄量当雨量之百分数（%）
	最大值	最小值	平均值	每平方公里每秒立方公尺数	深度以公厘计			
三月	103.40	21.10	49.75	0.000917	2.46	10.9	8.4	22.6
四月	25.00	10.10	17.75	0.000327	0.85	4.0	3.1	21.3

---

① 吴文涛：《还永定河生机 莫忘防洪治理——关于历史上治理永定河的几点思考》，《北京联合大学学报》2011 年第 4 期。

② 吴文涛：《还永定河生机 莫忘防洪治理——关于历史上治理永定河的几点思考》，《北京联合大学学报》2011 年第 4 期。

续表

月份	流量（以每秒立方公尺计）			泄量		雨量以公厘计	降雨量之损失以公厘计	泄量当雨量之百分数（%）
	最大值	最小值	平均值	每平方公里每秒立方公尺数	深度以公厘计			
五月	12.50	1.50	4.20	0.000077	0.25	40.4	40.2	0.5
六月	71.70	1.00	14.71	0.000271	0.70	61.7	61.0	1.1
七月	548.00	7.10	20.70	0.002043	5.47	17.70	171.5	3.2
八月	226.00	7.00	33.41	0.000616	1.65	43.8	42.2	3.8
九月	27.50	6.50	17.12	0.000315	0.82	33.2	32.4	2.5
十月	124.00	16.00	35.10	0.000647	1.73	44.0	42.3	3.9
十一月	30.50	5.60	15.17	0.000280	0.73	3.4	2.7	21.5

资料来源：参见顺直水利委员会编《顺直水利委员会流量测量处第二周年报告》，北京大学图书馆藏 1919 年版，第 47—48 页。

（三）大清河

大清河又称上西河，发源于太行山中北部，上游分为南北两支[1]，流入白沟河的为北支，流入白洋淀的为南支。大清河北支主要为拒马河，古称"巨马"，其支流有小清河、琉璃河、胡良河和易水等，这些河汇入白沟河称为大清河。南支包括萍河、漕河、瀑河、府河和潴龙河（该河上游有沙河、磁河、孟良河）及唐河等，以白洋淀为总汇，经赵王河汇入大清河。大清河至天津西第六埠与子牙河汇流称为西河。大清河北支主要流经良乡、房山、霸县、涿县、涞源、涞水、易县、定兴、雄县、新镇等地；大清河南支主要是潴龙河，潴龙河是大清河南支最大的行洪河道，由沙河、磁河及孟良河在安平县北郭村以上汇流后称潴龙

---

[1]　另一种说法：大清河水系分为南北中三支，北支上游称拒马河，分左右二支，发源于太行山北部地区与山西省交界的涞源县，东南流经涞源、涞水、涿州、定县、容城、新城（高碑店）等地。左支向东流称为白沟河；右支合并易水河等，东南流至白沟镇一带两支相合，称大清河（传统上其实也叫拒马河、白沟河或涞水），随即南流入雄县，此河在传统上归入东淀或单独入海。明清以后也曾因人为或自然改道等原因入西淀（白洋淀），为大清河水系的重要来源之一。南支主要是潴龙河，其上游为发源于山西省的大沙河，东流汇合发源于阜平县西南的胭脂河、灵寿县的磁河、行唐县的郜河、曲阳县的孟良河等。中支有唐河、府河等。由于唐河脱离潴龙河，以前将其归入南支。其实唐河在历史上经常在南支与中支之间摆动，所以也有学者认为很难明确将它划为南支还是中支。

河。主要流经灵丘、徐水、满城、完县、保定、清苑、唐县、望都、阜平、曲阳、定县、新乐、无极、安国、博野、蠡县、高阳等地。大清河流域有万亩以上的淀泊和洼地50多处，其中较大的有6个，对整个河系的调洪滞沥发挥着巨大作用。大清河全长448公里，流域面积3.96万平方公里，上游支流较多，下游多洼淀，汛期降水集中，暴雨造成较大洪水。所以，北洋政府时期顺直水利委员会在独流镇开挖减河以泄洪水。大清河流域水文基本情况，参见表1－3。

表1－3　　　　　　**大清河流域水文情况统计表**（1919 年）

月份	流量（以每秒立方公尺计）			泄量		雨量以公厘计	降雨量之损失以公厘计	泄量当雨量之百分数（%）
	最大值	最小值	平均值	每平方公里每秒立方公尺数	深度以公厘计			
三月	28.40	22.00	25.00	0.00080	2.1	4.4	2.3	47.8
四月	22.80	11.00	16.01	0.00051	1.3	3.3	2.0	39.4
五月	10.40	8.10	12.43	0.00040	1.1	48.2	47.1	2.3
六月	12.80	6.40	7.80	0.00025	0.6	37.9	37.3	1.6
七月	99.50	7.20	41.00	0.00132	3.5	184.8	181.3	1.9
八月	98.40	57.10	67.70	0.00218	5.8	48.5	42.7	12.0
九月	57.10	44.00	48.00	0.00154	4.0	36.7	32.7	10.9
十月	49.70	38.90	45.60	0.00147	3.9	11.9	8.0	32.8

资料来源：参见顺直水利委员会编《顺直水利委员会流量测量处第二周年报告》，北京大学图书馆藏1919年版，第42页。

（四）子牙河

子牙河发源于太行山区，上游有南北两大支流，北支为滹沱河，南支为滏阳河，滹沱河与滏阳河在献县汇流后称子牙河。子牙河自献县节制闸起，经献县、河间、大城，至天津金钢桥，全长176.98 千米。子牙河至第六埠与大清河汇流后称为西河。子牙河北支支流流经繁峙、代县、崞县、沂县、定襄、五台、盂县、阳泉、平定、昔阳、井陉、平山、获鹿、岗南水库、黄壁庄水库、灵寿、正定、石家庄、藁城、无极、晋县、深泽、安平、饶阳、献县等地。南支支流流经栾城、元氏、赵县、赞皇、宁晋、高邑、柏乡、临城、隆尧、内丘、任县、邢台、南和、鸡泽、武安、永年、磁县、邯郸、曲周、平乡、巨鹿、新河、衡水、束鹿、深县、武强等地。另外，子牙河还有一条支流黑龙港河，该河流经临漳、成安、肥乡、广平、丘县、威县、广宗、清河、南宫、冀县、枣强、景县、阜城、交河、静海等地，注入静海县贾口洼，于静海县八堡东汇入子牙河。子牙河南北两支及黑龙港河共流经60余县，源远流长，受水面积大。特别是南支，流域内雨量集中，径河水流量大，经常出现洪涝灾害。受山区地形影响，子牙河上游河道变化很小，但中下游河道曾发生多次较大变迁。

　　滹沱河发源于山西省繁峙县之泰戏山，流经太原、盂县以北，进入河北省平山县界，又东经正定、灵寿两县界。该河带泥挟沙，藁城以下则多冲决，南至衡水，北至安平，均为其泛滥区域。明清时期，滹沱河因河槽淤塞常常改道，大体可归纳为以下几条路线。一是自藁城向南入宁晋泊。二是自正定经藁城、晋县、束鹿至冀县、衡水与滏阳河汇流。三是自藁城经晋县、束鹿北入深县，至武强与滏阳河汇流。清朝同治七年（1868），滹沱河由藁城东北泛溢横流，经晋州、深泽、深州、河间、任丘、保定（新镇），由古洋河再经文安至大城县王家口汇入子牙河。后王家口淤积日高，宣泄不畅，以致王家口以上文安至大城、任丘、河间、肃宁、献县、饶阳等州县均受淹没之患。韩别洼、蒲塔洼、五官淀、文安洼常年积水，灾害严重。清朝光绪七年（1881），直隶地方政府于献县朱家口另辟一道引河，长33里，自西而东，经李谢、留钵、野厂、万家寨、程庄至南紫塔与滏阳河汇流。清朝光绪八年（1882），直隶又于新引河北岸修筑堤防，保障滹沱河以北各县。因滹沱河北堤残缺，光绪二十年（1894），直隶续修筑滹沱河北大堤。

　　1913年，滹沱河上游北堤在安平县属五毛营、牛具等村决口，各该附堤村庄因利益问题未堵筑决口。下游十四县代表吕敬业等以堤在安平，该村绅民对于决口后经过十数日之久，上不呈报县长，下不传知各县，袖手旁观，任水北注等情具呈直隶省公署，请堵决口，并请修筑杨庄以西斜堤，以御灢水。后因杨庄等村反对修筑斜堤，于是由直隶河防局查议，改为增修北岸堤工。1915年，北堤全部修竣，共填筑杨庄以西之串沟，及辛店至邓店御水道三百九十七丈。1917年，华北大水，滹沱河上下游堤防决口三十二道，直隶河防局下令饶阳、安平县知事施工堵塞水口，1918年，恢复原堤工程完工。

滏阳河发源于太行山东麓邯郸峰峰矿区，经磁县穿京广铁路至张庄桥段，经莲花口进入永年洼，再由留垒河泄入大陆泽，流至环水村，由北里新河泄入宁晋泊，流至艾辛庄，由滏阳新河下泄。艾辛庄以下，滏阳河不再宣泄洪水，仅排泄滹滏区间的沥水，滏阳河与滏阳新河至献县与滹沱河汇流。历史上，滏阳河在磁县、肥乡以下河段时常被漳河所夺。明朝成化十一年（1475）以前，漳、滏两河于磁县东北开河村汇流东北行，经邯郸、永年至曲周以东又与漳河汇流。顺治九年（1652），由于漳河自曲周以上广平、肥乡一带东徙，曲周以下鸡泽、任县至宁晋一段，为滏阳河独流。滏阳河经鸡泽、平乡、任县、隆平、宁晋又与漳河汇流，至冀州王家庄与滹沱河相汇，沿滏阳河路线北上。漳河自清朝顺治九年（1652）分为三支：一支入卫河；一支北上经南宫、枣强至青县鲍家嘴入运河，称老漳河；一支至宁晋入滏阳河，称小漳河。康熙四十七年（1708），漳河东趋入卫，在汛期北支仍有部分水量入滏阳河。康熙五十四年（1715），通过开挖河道，漳、滏完全分流。民国时期滏阳河仍时有泛滥，有时还非常严重。滹沱河、滏阳河流域水文基本情况可参见表1-4和表1-5。

表1-4　　滹沱河、滏阳河流域水文基本情况统计表（1919年）

月份	流量（以每秒立方公尺计）			泄量		雨量以公厘计	降雨量之损失以公厘计	泄量当雨量之百分数（%）
	最大值	最小值	平均值	每平方公里每秒立方公尺数	深度以公厘计			
三月	63.50	26.00	42.10	0.000766	2.1	9.5	7.4	22.1
四月	26.00	3.10	12.30	0.000224	0.6	0.6	0.0	100.0
五月	12.00	2.40	5.56	0.000101	0.3	47.8	48.4	0.6
六月	41.20	2.50	14.60	0.000266	0.7	79.2	78.5	0.9
七月	187.40	9.00	79.10	0.001441	3.9	172.7	168.8	2.3
八月	258.00	68.00	166.22	0.003025	8.1	60.4	52.3	13.4
九月	125.00	27.10	42.40	0.000773	2.0	20.9	18.9	9.6
十月	48.70	24.50	33.10	0.000603	1.6	11.5	9.9	13.9

资料来源：参见顺直水利委员会编《顺直水利委员会流量测量处第二周年报告》，北京大学图书馆藏1919年版，第43—44页。

表 1-5　　　滹沱河流域雨量流量情况统计表（1919—1928 年）

年	月	暴雨中心地点	最高雨量（公厘）	暴雨日期	滹沱河流域或附近最高雨量（公厘）	滹沱河最高流量（秒立方公尺）	最高流量发生月日	附注
1919	7	通县	285	27—28 日	84（石家庄）	2000		
1920						118	7.6	是年无暴雨
1921						184	8.26	是年无暴雨
1922	7	紫荆关	635	21—24 日	140（忻县）	1163	7.24	
1923	8	彰德	464	9—11 日	52（石家庄）	910	8.9	
1924	7	紫荆关赞皇	327 267	11—13 日	144（正定）	1750	7.12	
又	7	临洺关	595	15—17 日	107（平山）	740	7.17	
1925	7	三家店彰德	368 189	23—25 日	88（获鹿）	900	7.27	
1926	7	萧张	297	13—15 日	139（平山）	465	7.15	
1927						178	7.15	无暴雨
又	7	玉田	207	19—21 日	35（代县）	未详		
1928	7	铁锁涯寿阳	172 117	12—14 日	117（寿阳）	1100	7.13	
1929	7	北平	273	16—18 日	130（代县）	570	7.18	代县雨量自7月15日至17日
	8	北平	273	11—5 日	65（石家庄）	308	8.5	
	8	滦县永年	189 101	12 日	33（代县）	308	8.12	
1930	8	卢龙捷地	364 198	2—4 日	41（代县）	未详		
1931	7	三家店	289	6—8 日	102（石家庄）	未详		

资料来源：参见王锋、戴建兵编《滹沱河史料集》，天津古籍出版社 2012 年版，第 226—227 页。

（五）北三河水系

北三河水系位于海河水系北部，界于滦河与永定河二水系之间，包括今北运河、潮白河、蓟运河三个河系。关于北运河河系情况，参见附录2：《北运河及其联属之各河图》。

北运河流经延庆、昌平、北京、通县、香河、武清、天津至大红桥，之后汇流入海河。北运河上游为温榆河，发源于军都山南麓，流经北京市昌平县和通县，通县内河桥以下始称北运河。由内河桥东南流，纳入凉水河及凤港减河，至屈家店汇入永定河，于天津市大红桥注入海河。① 潮白河原为北运河重要支流，上游为潮河及白河。潮河源出丰宁、隆化山地，海拔 1000 米左右。潮河古称蓟邱河，经丰宁至密云，流短而水少，河床多沙，当地人多称为沙河。白河比潮河长，发源于张北高原南缘的沽源县石人山东麓，海拔在 1000 米以上，南流至密云附近与潮河汇流后称潮白河，至黄庄洼、七里海，由蓟运河入海。白河流经沽源、赤城等县至密云水库，再流经怀柔、顺义、通县、香河、宝坻、宁河入蓟运河。潮白河全线多流经峡谷，很少流经开阔地带。"下游河原已侵夺箭杆河入蓟运河，经常造成灾害。"② 蓟运河水系主要支流有洵河、州河和还乡河，州河、洵河发源于河北省兴隆县，于宝坻县九王庄汇合后始称蓟运河。蓟运河由九王庄向东南流，至江洼口纳入还乡河，转而南流至天津北塘注入渤海。蓟运河下游河道弯曲、泄水量小，并且受潮水顶托，两岸排水困难，因而形成不少洼地。

（六）漳卫南运河水系

漳卫南运河是海河流域南部的水系，"位于太岳山以东，滏阳河、子牙河以南，黄河、马颊河以北，流经山西、河南、河北、山东四省及天津，入渤海"。③ 漳卫南运河水系由漳河、卫河、卫运河、南运河及漳卫新河（原四女寺减河）五条河流组成，是海河流域最长的一条河流。漳河和卫河是漳卫南运河水系的两大支流，发源于太行山。漳河和卫河在馆陶县徐万仓汇流后，至四女寺的一段称卫运河，再下至天津三岔口汇入海河段称南运河。漳河也有两个支流，北支为清漳河，南支为

---

① 参见河北省地方志编纂委员会编《河北省志·水利志》，河北人民出版社 1995 年版，第 35 页。

② 河北省地方志编纂委员会编：《河北省志·水利志》，河北人民出版社 1995 年版，第 34 页。

③ 漳卫南运河志编委会编：《漳卫南运河志》，天津科学技术出版社 2003 年版，第 1 页。

浊漳河，在观台以上吴家河村附近汇流后称为漳河。清漳河流经和顺、左权、涉县等地，浊漳河流经长子、壶关、长治、屯留、沁县、故县、襄垣、黎城、平顺、林县等地。浊漳河和清漳河汇流后经岳城水库、魏县、大名，至秤钩湾与卫河汇合。

卫河发源于山西省陵川县，主要支流有淇河、汤河、安阳河等。卫河干流始于河南省新乡县合河，于河北馆陶县徐万仓与漳河汇流，该河流域内太行山石质山区多为石灰岩，坡度陡，土层薄。丘陵区土层较厚，但植被差，水土流失严重。卫河两岸均有堤防，左岸支流较多，呈树状分布，右岸为平原性非排涝河流。山区支流源短流急，干流河道弯曲，槽小坡缓，是一条蜿蜒曲折的窄深河道。支流流经博爱、焦作、修武、获嘉、陵川、辉县、新乡、汲县、淇县、浚县、内黄等地，至秤钩湾与漳河汇流，再经临清、武城、故城、德州、东光、沧州、青县、静海、天津等市县与西河汇流入海河。

漳河、卫河于徐万仓（或称钩湾）汇合后至四女寺段称卫运河。卫运河弯曲较多，有显著的弯道 70 余处，其中回道弯 21 处，如甲马营段就有"甲马营，一盘绳，弯弯曲曲到武城"之说。卫运河河槽较深，7—10 米，在海河水系各支流中居于首位。

由四女寺向北，经德州、沧州地区入天津海河干流的一段称南运河，南运河古称御河，是京杭大运河北段的一部分。南运河在临清以上称卫运河，由漳河和卫河汇流而成南运河。从四女寺至德州市第三店全长 45 公里，河道蜿蜒曲折，有明显弯道 30 余处，平均 1.5 公里就有一处弯道。河槽为单式 U 形深水河槽，槽深 7—9 米，河底纵比降为 1/10000。

漳卫新河原名四女寺减河，是卫运河的一段主要分洪河道。该河起始于山东省武城县四女寺村东北，经山东省平原、德州市、陵县、宁津、乐陵、庆云、无棣，以及直隶的吴桥、东光、南皮、盐山、海兴等地，于无棣县三道沟以下入渤海。

南运河上有两条减河，即捷地减河和马厂减河。捷地减河自沧州南捷地进洪闸开始，向东北至岐口南的新防潮闸，全长 80 余公里，分泄南运河部分洪水。捷地减河河槽为人工开挖，沿秦时期黄河古河道高地，河槽虽低于两侧平地，但两侧自然堤脚高于两侧平地。因此，捷地减河只能排泄南运河的洪水，而难排泄运东地区的沥水。卫河流域水文基本情况，详见表1-6。

表1-6　　　　　　卫河流域水文基本情况统计表（1919年）

月份	流量（以每秒立方公尺计）			泄量		雨量以公厘计	降雨量之损失以公厘计	泄量当雨量之百分数（%）
	最大值	最小值	平均值	每平方公里每秒立方公尺数	深度以公厘计			
三月	44.00	25.60	32.80	0.00661	2.2	4.5	2.3	48.9
四月	25.60	12.30	17.85	0.00745	1.2	2.0	0.8	60.0
五月	20.20	10.60	13.33	0.00394	0.9	36.8	35.9	2.4
六月	31.90	11.20	19.83	0.00225	1.3	76.0	74.7	1.7
七月	363.00	19.50	133.70	0.00282	9.1	138.0	128.9	6.6
八月	358.00	64.00	183.70	0.004690	12.6	87.7	75.1	14.4
九月	156.00	47.00	72.25	0.001845	4.8	17.4	13.6	27.6

资料来源：参见顺直水利委员会编《顺直水利委员会流量测量处第二周年报告》，北京大学图书馆藏1919年版，第44—45页。

（七）滦河水系

滦河水系由闪电河、小滦河、兴州河、伊逊河、武烈河、瀑河、青龙河等组成，其中以伊逊河、青龙河为最大。滦河水系西与潮白、蓟运河为界，北部及东部与西拉木伦及老哈河为邻，东南濒临渤海。滦河源远流长，支流众多，水量充沛。滦河流域大部分位于山区，其上游在多伦以上为蒙古高原，多伦以下流入高原与山区过渡地带。罗家屯以下河谷逐渐展宽，至滦县进入冀东平原。[1] 流经丰宁、沽源、正蓝旗、多伦、围场、隆化、承德、兴隆、宽城、迁西、青龙、建昌、卢龙、滦县、昌黎、乐亭等地。滦河沿途山高谷深、海拔1300—1500米，河宽约10千米，河床左右摇动，大量泥沙淤淀成为滦河三角洲。[2]

----

[1]　河北省地方志编纂委员会编：《河北省志·水利志》，河北人民出版社1995年版，第35页。

[2]　参见河北省地方志编纂委员会编《河北省志·水利志》，河北人民出版社1995年版，第19页。

闪电河发源于河北省丰宁县西北部巴延图古尔山北麓，向北流经坝上草原，至多伦县大河口附近接纳吐力根河后称大滦河，至隆化郭家屯附近与小滦河汇合后始称滦河。由此南流至潘家口越长城，经迁西、迁安、滦县、昌黎、乐亭，于乐亭县南兜网铺注入渤海。

滦河于海田村附近入海，聂庄以上称小凌河，以下称长河。由于滦河上宽下窄，丰水期多泛滥决口。嘉庆十八年（1813），滦河在沙窝铺决口，主流沿着元时的滦河旧道（今老滦河），于老米沟和狼窝沟入海。光绪九年（1883），滦河在蔡家庄（今马城北蔡营）决口，分为数股在长凝汇流后至南套入青河西支故道，称二滦河。光绪十二年（1886），此河淤塞，该河又改道行嘉庆十八年（1813）故河道。1915年，滦河在史家口决口，大致循现河道东流，1938年前由甜水沟入海，以后由今河道入海。

（八）黄河水系

现在的黄河主要流经青海、四川、甘肃、宁夏、内蒙古、山西、陕西、河南、山东9省区，从山东省境注入渤海，不流经河北省。但是，历史上黄河下游由于频繁改道迁徙，曾流经今河北、天津、河南、山东、安徽、江苏等地。清朝咸丰五年（1855），黄河由铜瓦厢决口后北流，在长垣县、濮阳县、东明县进入山东菏泽县，此后，经聊城、济南、滨州、淄博、东营注入渤海。黄河在直隶境内直突横冲，遇渠即灌，东明、长垣、濮阳等县旧有水道，全被截断。"昔有河之处，或竟填平，无河之区，或刷成溜。"[1] 据河北省黄河河务局材料记载，黄河入直隶省长垣县境后，"经砦楼，至谢寨，下入东明县界，经李连庄、卜城、蔡寨、五爷庙，下入濮阳县界，经桥口，下又错入东明县界，至刘庄，下接山东菏泽县境，共长一百零八里"。[2] 北岸自河南封丘县下界，入直隶省长垣县，经大车集，至桑园村，下入濮阳县界，经瓦屋寨、司马村、马屯，至孙密城，下入山东濮阳县界，共长一百四十八里。

---

① 石玉璞、林荣著，戴建兵、申彦广整理：《河北省水利史概要》，地质出版社2011年版，第46页。

② 参见石玉璞、林荣著，戴建兵、申彦广整理《河北省水利史概要》，地质出版社2011年版，第45页。

（九）辽河水系

辽河是中国北方地区的重要大河之一，其干流上游老哈河源自直隶省七老图山脉的光头山。辽河流经今河北、内蒙古、吉林、辽宁四省区，注入渤海。辽河水系属树状水系，东西宽南北窄，流域内山地占48.2%，丘陵占21.5%，平原占24.3%，沙丘占6%。辽河主流上游老哈河汇合西拉木伦河后，称西辽河。西辽河于台河口分为南北二支，南支为主流西辽河，北支为新开河。二河于双辽汇合后南下，至福德店汇合东辽河后始称辽河。经铁岭后转向西南，至六间房后一分为二，一股南流为外辽河，在三岔河与浑河、太子河汇合，称大辽河，经营口注入渤海。另一股西南流称双台子河，经盘山南汇绕阳河后，注入渤海。

上述水系中，以永定河、北运河、大清河、子牙河、南运河等五大河系对京直的影响最大。此外，在直隶东部还有冀东诸河。在冀东地区，许多较小的河流发源于燕山南麓，源短流急，支流较多，多数独流入海，属于典型的山溪性河流，主要有陡河、洋河、石河、汤河、戴河、东沙河、饮马河、小青龙河、沙河等。这些河流多数仅十几千米，少数100千米，其中陡河最长，120千米。

（十）湖泊洼淀

湖泊洼淀是海河流域重要的水资源，湖泊洼淀除由地壳变化形成者之外，大部分与河道迁徙有密切关系，特别是与含沙量较大的黄河、永定河、滹沱河和漳河的决口、迁徙关系密切，形成许多条形洼淀或碟形封闭洼淀。白洋淀（又称西淀）是华北平原最大的湖泊，位于永定河和滹沱河冲积扇之间的洼地上。大清河上游各支流汇流于此，各河汇流形成相互联系的一百多个大小淀泊。东淀位于大清河下游霸县与任丘县之间，是直隶面积较大的湖泊。文安洼由十几个淀泊组成，位于文安、大城县境内，子牙河与大清河交汇于此。宁晋泽位于滏阳河冲积扇前缘与直隶南部平原交接地带，主要接纳沙河、滏阳河来水，往东北流入滏阳河。大陆泽位于宁晋泊南，接纳留垒河、洺河、南澧河、白马河、小马河的来水，往东北流入滏阳河。

京直一带有许多洼地，如东光县高津河北洼，庆云县马颊河两侧洼地。永定河河底高于两侧陆地2—6米，洪水高于两侧陆地5—9米，为地上河。其他如大清河、子牙河、南运河、北运河，枯水时为地下河或者"半地下河"，洪水时则皆为"地上河"，沥水不能入河，形成洼淀。有的常年积水，有的汛期积水，两河间成为洼淀，最明显的如大清河与子牙河间的文安洼、北运河与永定河间的贾口洼、独流减河与马厂减河河间的团泊洼、北运河与永定河间的泗村淀和龙凤河流域洼地等。永定河与大清河间的广大洼地包括雄县、固安、永清、霸县，大部分为永定河故道遗留下的产物。其他如青甸洼、太和洼、八间房洼等，均系河道分支所致。此外，还有很多洼淀，现在虽远离河道，但大多是由黄河及海河各支流冲积改道所形成的。

　　从京直河流的基本情况看，海河是京直流域面积最大的水系，主要包括漳卫南运河、子牙河、大清河、永定河、北运河、潮白河、蓟运河等河流。这些河系汇聚了太行山地、燕山山地的水流，呈扇形结构，流经平原，汇注于天津附近的海河入海。由于河流经常变迁，其流量和流域面积也有一定出入。关于这一时期直隶主要河流的基本情况，通过《京直地区主要河流域面积及流量情况统计表》可见一斑，详见表1-7。

表1-7　　　　　　　京直地区主要河流流域面积及流量情况统计表

河名	流域面积（平方英里）	流量（立方公尺）
箭杆河以上之北运河	7430	3115
箭杆河以下之北运河	844	354
永定河	20431	5000
大清河	8272	3468
滹沱河	9650	4050
滏阳河	2844	1192
卫河漳河等	9870	4145
总计	59341	21324

　　资料来源：参见顺直水利委员会编《顺直水利委员会总报告》，北京大学图书馆藏1921年版，第4页。

　　总之，海河流域是我国开发较早的地区之一，自唐宋以来，在经济开发过程中，永定河、滹沱河、大清河等险恶地段修筑了堤防。元、明、清时期，北京成为全国的政治中心，维护首都安全，保障当地经济发展成为举足轻重的任务，对于海河上游支流的修护工作始终未停止。清代中期，政府为保证北运河畅通，甚至不惜人力和物力开挖引河。作为京直地区的主要河流，海河流域面积约 180000 平方千米，其中130000 平方千米是山地，所以每到汛期，河水流势迅猛。"最大容量每秒时能纳水三万方英尺（约为八五〇立方公尺），而各河之归纳其中者实超过此数甚远，仅永定一河之水量已超过此数六倍，其结果则水之不能入海者必离渠而横流，故每年必有水患。"[①] 所以，每年七八月间，海河常常溢流决口，甚至改道，浸淹田庐，水旱灾害给沿岸人民生产和生活带来了巨大影响。

二 京直水资源的特点

北洋政府时期京直地区水资源主要来自海河流域，该水系包括现在的河北、山西、河南、山东、内蒙古、北京、天津等地，水文情况复杂，水资源特点表现为含沙量高，在时间和空间上分布不均，水资源利用率低等特点。

京直水系的特点决定了海河极易淤积，海河干流的含沙量仅次于黄河。由于各个支流流经地区的自然地理条件不同，含沙量又有差异。发源于山西黄土高原的永定河、滹沱河、漳河等河流含沙量较大。尤其是永定河，泥沙含量最高。滹沱河干流流经黄土高原和太行山区，含沙量仅次于永定河。南运河上游的漳河含沙量亦较大，仅次于滹沱河。关于直隶河流挟淤情况，顺直水利委员会进行了统计，详见表 1 – 8。

表 1 – 8 　　　　　　　　**京直河流挟淤情况统计表**　　　　　　　单位：%

河名	测站	最大含沙量以重量百分数计之
箭杆河	粪庄	3.5
温榆河	通州	0.2

---

① 督办京畿水灾河工办公处编：《河工讨论会议事录》，中国国家图书馆藏，出版时间不详，第38—39页。

续表

河名	测站	最大含沙量以重量百分数计之
永定河	卢沟桥	8.0—10.0
永定河	双营	4.0—5.0
琉璃河	过京汉铁路处	0.5
北拒马河	过京汉铁路处	3.0
南拒马河	过京汉铁路处	1.0
唐河	过京汉铁路处	2.5
沙河	过京汉铁路处	3.0
木道沟	过京汉铁路处	1.75
滹沱河	过京汉铁路处	3.5
洺河	过京汉铁路处	1.5
滏阳河	过京汉铁路处	2.5
漳河	过京汉铁路处	4.5
安阳河	过京汉铁路处	2.0
淇水河	过京汉铁路处	2.2
蜈蚣河	过京汉铁路处	1.7
卫河	临清	4.0
南运河	马厂	4.0
南运河	杨柳青	3.5
黄河	陕州	11.0
黄河	十里铺	7.0
黄河	洛口	3.5

资料来源：顺直水利委员会编：《顺直水利委员会总报告》，北京大学图书馆藏1925年版，第24页。

京直各河水资源在时间和空间上分布不均，根据顺直水利委员会的统计情况可窥其概貌，详见表1-9。

表1-9

京直各河雨量记载表(1919年)

河流	站名	一	二	三	四	五	六	七	八	九	十	十一	十二	总计
箭杆河	粪庄	11.4	0	4.4	6.1	33.1	64.7	374.1	85.6	12.0	78.2	4.3	2.9	676.8
北运河	通州	11.2	0	7.2	2.2	29.3	68.0	483.8	58.0	14.5	60.3	3.7	303	1041.2
北运河	杨村			1.2	0	23.6	25.2	149.8	51.4	12.0	21.2	12.5	*6.2	303.1
	大同府				0	72.6	51.8	116.9	20.8	65.3	48.7	0	0	376.1
永定河	张家口	12.0	0			23.4	45.0	89.9	30.1	49.6	56.7	4.2	*3.0	301.9
永定河	芦沟桥	14.7	0	9.3	7.3	28.8	56.6	320.8	67.8	10.5	50.4	0.7	*0.5	564.7
永定河	双营		0	12.5	0.7	37.0	93.3	180.7	56.5	7.5	30.3	8.8	5.5	447.5
大清河	雄县	12.0	0	1.2	3.7	49.8	37.8	175.2	43.3	52.5	0.1	1.1	5.6	370.3
大清河	新镇县		0	7.6	2.4	46.7	37.9	197.4	53.7	20.9	23.7	1.5	*4.9	408.7
滹沱河	忻县							306.8	60.4	34.5	24.6	0	0	426.3
子牙河	深泽县	19.8	0	13.1	1.1	35.4	77.9	63.6	25.1	41.1	1.0	10.6	2.5	291.2
子牙河	献县	17.5	0	6.0	0	62.0	101.6	116.8	56.7	2.5	9.5	*2.0	*6.0	380.6
南运河	杨柳青	10.0	0	8.7	0.5	31.7	63.2	277.6	72.7	20.2	23.5	12.0	*3.8	523.9
南运河	天津	10.0	0	9.5	0.1	38.6	35.8	344.0	94.6	11.4	21.4	10.0	*3.3	578.7
卫河	路安						71.3	132.9	60.4	25.6	8.6	2.7	0	301.5
卫河	彰德					33.8	69.3	113.9	81.6	29.3	0	0	0	327.9

续表

河流	站名	一	二	三	四	五	六	七	八	九	十	十一	十二	总计
卫河	卫辉	27.0				77.0	84.7	209.4	138.0	14.9	0	0	0	524.0
	临清		3.5	4.5	2.0	23.1	78.6	87.7	70.8	0	3.3	0	0	300.5
黄河	太原府							164.6	66.5	34.2	23.4	0	0	288.7
	陕州					59.8	148.5	172.5	25.0	29.0	10.0	1.0	2.0	447.8
	洛口			9.9	10.2	24.6	77.5	67.6	81.0	5.6	7.6	*11.0	*4.5	299.5

资料表源：参见顺直水利委员会编《顺直水利委员会流量测量处第二周年报告》，北京大学图书馆藏1919年版，第50—51页。

注：*指雪量，雨量均以公厘计。

　　表1-9数据是根据顺直水利委员会在京直各河设置的测量站，经过测量而得出的。从空间上看，水资源分布不均，主要集中在直隶北部和南部地区，北运河、永定河和南运河流域降水量最多。从时间上看，水资源分布不均匀，降水主要集中在七、八月份，冬、春是枯水期。在水资源利用方面，京直各河除少量河水用于灌溉和养殖外，大量河水被白白浪费，各河也因河水丰枯不均，利用十分困难。

　　顺直水利委员会通过水文观测为治河工作提供了准确的数据，这是科学治河的基础，华北水利委员会在此基础上予以扩大。关于华北水利委员会在海河流域设置雨量站及雨量观测的情况详见表1-10：

表1-10　　　　　华北水利委员会雨量站设置及雨量观测

情况统计表（截至1929年）　　　　　单位：公厘,%

	雨量站	观测年数	夏季六、七、八三个月平均雨量	全年平均雨量	夏季雨量与全年雨量之百分比
滦河	承德	7	445	577	77
□①河	唐山	4	479	618	78
蓟运河	玉田	6	524	617	85
	粪庄	11	466	584	80
	香河	4	413	530	78
北运河	北平	14	479	605	79
	通县	11	486	609	80
	蔡村	8	387	480	81
	杨村	3	488	610	80
永定河	大同	7	232	351	66
	浑源	7	226	358	63
	阳高	5	207	319	65
	天镇	3	285	384	74
	蔚县	6	284	423	67
	张家口	10	257	345	75
	怀来	6	310	392	79
	三家店	9	616	744	83
	卢沟桥	11	454	562	81
	金门闸	9	519	600	87
	双营	9	399	504	79

---

　　①　由于印刷不清楚，该字难以辨识。

续表

雨量站		观测年数	夏季六、七、八三个月平均雨量	全年平均雨量	夏季雨量与全年雨量之百分比
大清河	保定	6	478	529	90
	铁锁崖	5	583	709	82
	码头镇	3	372	457	81
	高桥	7	393	495	79
	雄县	10	374	485	77
	新镇	11	371	478	78
子牙河	忻县	9	289	410	71
	深泽	10	302	380	80
	献县	9	261	345	76
	顺德	4	447	553	81
	威县	5	365	494	74
	□①张	7	347	424	82
	衡水	9	301	395	76
南运河	潞安	7	321	508	63
	卫辉	5	326	488	67
	彰德	7	375	528	71
	道口	3	374	472	79
	广平	5	312	411	76
	馆陶	7	247	363	68
	临清	11	313	434	72
	朱家寨	3	330	448	74
	马厂	9	374	457	82
	杨柳青	10	420	544	77
	天津	11	455	573	79
黄河	归绥	5	224	334	67
	太原	3	274	397	69
	平遥	6	225	368	61
	寿阳	5	197	346	57
	平定	5	302	428	71
	陕州	10	233	434	54
	泽州	6	351	533	66
	滦口	11	331	447	74

　　资料来源：华北水利委员会编：《华北之雨量》，中国国家图书馆藏 1935 年版，第 3—5 页。

---

　　① 该字难以辨认。

　　对京直水资源的初步勘察和观测是顺直水利委员会的重要工作，至 1928 年顺直水利委员会解散以前，已经采集到大量数据，对京直水务工作的后续开展有很大帮助。

第二章 京直水旱灾害的特点、
原因及影响

　　水旱灾害的防治是水政工作的重要内容，各地水政管理部门不仅需要组织、协调、指导、监督本地区的防汛抗旱工作，而且负责水利突发事件的应急管理工作。所以，需要首先厘清京直水旱灾害发生的原因，以便制定相应的治理对策。本章主要从京直水旱灾害的特点、原因及其影响等方面加以探讨。

第一节 京直水旱灾害的特点

　　北洋政府时期，京直地区水旱灾害频仍，天灾人祸接连不断。从京直水旱灾害的时空分布情况看，水旱灾害的季节性、连续性、地区性特点较为明显。水旱灾害所造成的损失较大，给京直水政管理工作带来了巨大挑战。

一 京直水灾的时空分布及特点

（一）直隶水灾的时空分布

　　受季风气候影响，直隶自古以来是水灾多发地区。从时间分布看，明清至民国时期，水灾发生次数明显增多，详见表2-1。

表2-1　　　　　　　　　河北省汉代至民国时期洪涝灾简表

朝代	起止年代	经历时期（年）	洪涝灾次数				每百年次数		特大水灾发生年份
			小灾	大灾	特大灾	合计	洪涝灾	其中特大灾	
汉代至元代	前206—1367年	1574				53	3.4		

续表

朝代	起止年代（公元）	经历时期（年）	洪涝灾次数				每百年次数		特大水灾发生年份
			小灾	大灾	特大灾	合计	洪涝灾	其中特大灾	
明代	1368—1643 年	276		74	7	81	29.3	2.5	1517　1553 1569　1604 1607　1622 1626
清代	1644—1839 年	196		88	10	98	50	5.1	1653　1654 1668　1725 1733　1737 1761　1794 1801　1823
	1840—1911 年	72	48	20	3	71	99	4.2	1871　1883 1890
民国时期	1912—1948 年	37	25	9	3	37	100	8.1	1917　1924 1939

资料来源：河北省地方志编纂委员会编：《河北省志·水利志》，河北人民出版社 1995 年版，第 67 页。

　　在北洋政府统治的十多年间，直隶几乎年年发生水灾，主要呈现出以下两个特点。在时间上纵贯整个北洋时期，在空间上几乎遍及直隶全省。详见表 2-2。

表 2-2　　　　　　　1912—1928 年京直地区水灾情况统计表

年份	受灾县数（个）	主要受灾地区
1912	36	天津、武清、宝坻
1913	15	天津、保定、顺天
1914	13	宝坻
1915	5	通县、望都
1916	2	大名、武清
1917	105	遍及整个地区，其中京津尤其
1918	5	宝坻、大名、景县
1919	3	蓟县、肃宁、新城
1920	1	宝坻

年份	受灾县数（个）	主要受灾地区
1921	10	新河、临邑
1922	40 余	高阳、宝坻、蓟县、青县
1923	5	东明
1924	74	天津、宝坻、藁城、邯郸
1925	25	涿县、静海、武清、蓟县、邯郸以北地区以及石家庄地区
1926	27	景县、静海、武清、文安、霸县
1927	1	天津地区武清
1928	28	东明、静海、宁河、南皮、清苑等县

资料来源：根据李文海等著《近代中国灾荒纪年》，湖南教育出版社 1990 年版；李文海等著《近代中国灾荒纪年续编》，湖南教育出版社 1993 年版；河北省旱涝预报课题组《海河流域历代自然灾害史料》，气象出版社 1985 年版等资料整理而成。

水灾造成了大面积的灾荒，受灾人口众多。据统计，1912—1947 年，河北每年受灾的人数一般在几十万人到上百万人不等，灾害严重的年份，受灾人口甚至达到上千万人。详见表 2-3。

表 2-3　　　　1912—1947 年河北历年受灾人数一览表

年份	受灾人口（万人）	年份	受灾人口（万人）
1912	140	1931	237
1915	43	1932	180
1917	561 或 630	1933	71
1920	900	1934	3000
1924	150 或 510	1935	128
1928	600	1939	446
1929	200	1943	晋冀鲁豫边区 160
1930	174	1947	519

资料来源：池子华、李红英、刘玉梅：《近代河北灾荒研究》，合肥工业大学出版社 2011 年版，第 72 页。

关于直隶涝灾的情况，还可参见附录 3：《直隶省易受水患区域图》。直隶各地受灾区域的地理分布不均衡，天津、宝坻、通县等县受灾次数频繁，而西南部地区如涉县、沙河、内丘等县受灾较少。从河流沿岸受灾情况看，各河上游受灾较少，中下游受灾较多。尤其是 1917 年夏秋之际，直隶大雨连绵，永定河、南运河、北运河、潮白河等河相继溃决，洪水泛滥，京汉、京奉、津浦铁路中断。河北省 105 县受灾，被淹面积 35800 多平方千米，受灾人口 630 多万人，淹死和冻死的达 13000 多人。"天津市百分之七、八十的地区水深达一至二米，最深达二点四米，大水整整泡了两个月。汽车、电车停驶，供水中断，电话不通，戏院停演，学校停课，仓库物资霉烂，市内一片汪洋。"① 官方公布的数据显示，1917 年天津市受灾 15 万户，14000 多户房屋倒塌，天津市 120 万人口 80 万人受灾。1917 年直隶各县遭受水灾情况详见表 2－4。

表 2－4　　　　1917 年直隶各县受灾轻重情况一览表　　　单位：个

县名	重灾村数	轻灾村数	县名	重灾村数	轻灾村数	县名	重灾村数	轻灾村数	县名	重灾村数	轻灾村数
天津	215	100	景县	657	38	博野	91	24	灵寿	117	16
青县	26	25	吴桥	122	42	望都	132	—	平山	13	9
沧县	120	159	故城	170	—	容城	82	—	元氏	35	8
盐山	310	110	东光	647	25	完县	18	79	赞皇	208	53
庆云	150	14	乐亭	—	33	蠡县	117	110	晋县	—	74
南皮	355	221	丰润	63	35	安国	—	177	无极	4	12
静海	27	180	文安	94	13	安新	53	45	藁城	33	21
河间	350	—	大城	—	126	束鹿	190	—	新乐	21	48
献县	724	197	宁河	34	118	高阳	60	74	易县	49	74
肃宁	—	36	清苑	290	144	正定	—	11	涞水	37	108
任丘	40	242	满城	21	6	获鹿	16	31	定县	57	25
阜城	55	18	徐水	45	8	井陉	222	—	曲阳	253	118
交河	723	—	定兴	—	132	阜平	82	59	深泽	23	46
宁津	541	129	唐县	140	24	行唐	221	58	深县	157	

① 《海河史简编》编写组：《海河史简编》，水利电力出版社 1977 年版，第 107—108 页。

县名	重灾村数	轻灾村数	县名	重灾村数	轻灾村数	县名	重灾村数	轻灾村数	县名	重灾村数	轻灾村数
武强	231	—	平乡	143	95	曲周	593	20	枣强	596	—
饶阳	204	—	广宗	201	—	广平	144	—	武邑	363	63
安平	137	—	巨鹿	212	66	鸡泽	116	—	衡水	332	—
大名	762	191	内邱	120	82	威县	347	—	赵县	8	36
南乐	28	45	任县	64	81	清河	266	68	柏乡	16	25
邢台	163	255	永年	110	250	磁县	274	61	隆平	41	66
沙河	135	134	邯郸	223	50	冀县	452	—	高邑	3	—
南和	47	69	成安	148	—	南宫	468	—	临城	44	—
唐山	50	13	肥乡	394	—	新河	176	—	宁晋	129	—

资料来源:《直隶各县灾情轻重及急赈数目表》,1920年10月直隶省长公署排印。转引自佳宏伟著《区域社会与口岸贸易——以天津为中心:1867—1931》,天津古籍出版社2010年版,第134—135页。

实际上,20世纪20年代,直隶地区的水灾也给当地的社会经济造成了巨大的灾难。尤其是1922年和1924年华北的水灾使直隶损失严重。

1922年6—7月,直隶暴发洪水,滹沱河、永定河、沙河、潮白河、蓟运河等河漫溢,地势较低的天津宝坻许多地亩被淹没,寸草皆无。安平县濒临滹沱河,自7月开始,"水势盛涨,七、八尺至丈余,该河本无堤埝,四处漫溢,所有附近该河之地亩秋禾,均被淹没,平均约深四五尺至三四尺不等,该县秋收实已无望"。[1] 曲周县境内的隆河,平时干涸,7月,"上游水势暴发,水深丈余,两岸水与堤平"。[2] 新城县也因大清河决口,淹没民田。容城县也遭遇洪水,"大清河亦行决口,约宽二三十丈,水深丈余"。[3] 雄县境内也出现了决口。永定河决口波及四十余县,南北交通受阻,直隶损失最大。

1924年夏,直隶又遭遇大水灾,7月,"大雨连旬,山洪暴发,黄

---

[1]　李文海等:《近代中国灾荒纪年续编》,湖南教育出版社1993年版,第72—73页。

[2]　李文海等:《近代中国灾荒纪年续编》,湖南教育出版社1993年版,第73页。

[3]　李文海等:《近代中国灾荒纪年续编》,湖南教育出版社1993年版,第73页。

河、永定河、大清河、子牙河、潴龙河等溃堤决口，全省被灾70余县，灾区面积5000方里，灾民150万人"。① 根据1925年华洋义赈总会在总结直隶成灾原因及损失时所说："直省历年阳历七月下旬或八月上旬大雨时，河流泛滥，独上年水来极早，因阳历7月10号（六月初九日）大雨倾盆，连绵不止，以致上游河水暴涨，下游溃决，终至河堤泛滥，田地淹没，房屋冲塌，田禾家具悉付洪流，人口牲畜多罹浩劫。……六十县计受灾人数达一百五十万人。"②这年，直隶的雨季不仅来得早，而且阴雨连绵，造成河水暴涨。永定河灾情最重，"永定河决口四处：一、高陵决口宽八百公尺；二、保河庄决口宽三百公尺；三、小马厂决口宽八百公尺；四、夏家场决口宽八百公尺；共宽二千七百公尺。永定河水即由决口处奔小清河、大清河两河而至天津，下游几不复有滴水。大清河本身已发生洪水，益以永定河之洪水，遂致漫溢四野，田亩被灾者阅时数月，灾区之广，凡六千五百平方公里，决口旋即堵筑"。③ 长辛店、沙河镇、良乡、涿县、通县等地村庄被淹，尽成泽国。此外，大清河、北运河，以及海河的情况亦不容乐观。保定一带，"城内外房屋倒塌1000余间……人民淹死10余口"。④ 定县"被淹30余村"。⑤ 易县"商民被冲一千余家"。⑥ 这年7月，天津"初九夜间十时许，风雨转大，南开电车公司北边草房坍倒十余间，海光寺兵营周围树木多被吹倒"。⑦ 宝坻被灾约六七百村。固安、霸县遭到的水灾亦十分严重，"共淹没517村，灾民约20万人，其中五分之四现已绝粮，食糠延命。此外五分之一虽尚有存粮，但亦仅是支持三月之久。各处冬麦，自无可耕种，尚有多处水尚未退，淹没至七八尺深者，则是来年春麦，又不能下种"。⑧

直隶中南部的情况亦不乐观，顺德府内丘县、巨鹿、广宗、平乡、鸡泽五县，"广宗不计外，统计四县区内有400村庄，或全区村庄之半

① 李文海等：《近代中国灾荒纪年续编》，湖南教育出版社1993年版，第109页。
② 李文海等：《近代中国灾荒纪年续编》，湖南教育出版社1993年版，第110页。
③ 郑肇经：《中国水利史》，上海书店1984年版，第183页。
④ 李文海等：《近代中国灾荒纪年续编》，湖南教育出版社1993年版，第112页。
⑤ 李文海等：《近代中国灾荒纪年续编》，湖南教育出版社1993年版，第113页。
⑥ 李文海等：《近代中国灾荒纪年续编》，湖南教育出版社1993年版，第113页。
⑦ 李文海等：《近代中国灾荒纪年续编》，湖南教育出版社1993年版，第112页。
⑧ 李文海等：《近代中国灾荒纪年续编》，湖南教育出版社1993年版，第113页。

数，均急待赈济"。①

1925年夏，北方又遭遇了洪水，南北运河、永定河等河河水暴涨，京畿被灾严重。尤其是6月6日，永定河水势陡涨，至7月北京城皆水。"马路水深及膝，东西单二条大路，望之几成一片汪洋，顺治门（宣武门）内水深达3尺以上。……各城房屋坍塌者，更不计其数，西北城一区，损失最巨。"②天津同样水灾严重，"津西三河头、东西堤头、青光、韩家墅、双口村、丁平三村、安光、六堡等四十余村镇，因永定河水势泛滥，泻入武清县汉沽港，漫堤四溢，以致平地水深四五尺，田亩均被淹没，人畜荡析，损失约达一百万元以上"。③

1917年、1922年、1924年、1925年，几次大的水灾几乎覆盖了直隶百分之七八十的县，直接和间接损失无法估量。

（二）京兆地区水灾的时空分布

从1912年到1927年，京兆有十个年份水灾较为严重，从空间上看几乎遍布整个京兆地区，详见表2-5。

表2-5　　　　　1912—1927年京兆地区水灾概况表

年份	水灾概况
1912	潮河自苏庄北岸决口，大溜奔箭杆河。通州大水。永定河一般洪水，5天洪量8.53亿立方米
1913	潮白河自顺义县苏庄决口。通州大水。永定河一般洪水，5天洪量9.30亿立方米。7月，北运河东关至小圣庙决口9处，水漫城丈余，东西宽40余里，一片汪洋
1915	通州潮白河水暴发，滚水坝完全被冲
1917	通州大水，田禾多被冲淹，岁大饥。顺义县大水，李遂店新堤溃决。京汉、津浦铁路中断，属特大水灾。大兴县被灾156村，总计农田1632顷50亩受水灾。宛平县被灾46村，受灾人口43181人，农田316顷18亩。永定河自7月15日以后连日大雨倾盆，险象丛生，漫堤而过，漫成口门百十余丈。房山县水势盛涨，日甚一日低洼地亩均已淹没水中。河流洪涨，道路不通，民居坍塌，不知凡几。房山之涨水奔腾横决，奇灾迭出

① 李文海等：《近代中国灾荒纪年续编》，湖南教育出版社1993年版，第113页。
② 李文海等：《近代中国灾荒纪年续编》，湖南教育出版社1993年版，第141页。
③ 李文海等：《近代中国灾荒纪年续编》，湖南教育出版社1993年版，第141页。

续表

年份	水灾概况
1918	通州大水
1922	入伏以来，直境之内，大雨连绵，致山洪暴发。京东一带均成泽国，而以宝坻为尤甚。通县潮河暴涨
1923	7月20日以来，苦雨连绵，旱象才消，复转而纷呈水患
1924	7月4日起，华北霪雨不止。10日晨，永定河水大涨。至14日二丈一寸五，距岸仅一尺二三寸，危险万状，卢沟桥附近铁路被淹没。15日晨，永定河两岸漫溢两处，一处南上二工，门口宽一百余丈；一处南上三工，门口宽二百余丈，被淹村庄甚多。18日，雨停，北京四郊灾象已成。8月4日通县大水，被淹已200余村。8月4日，永定河又涨，京奉铁路由黄村至丰台段，水漫上铁轨，进京列车受阻，淹留两小时始勉强通过。8月，宛平县夏家场业已全村淹没，片瓦无存。公议庄、保和庄被灾严重，灾民700余户，4500余人。大兴县7月2日阴雨连绵，8日以后，连日大雨滂沱，通宵达旦，兼以河水漫溢，宣泄不及，禾田被淹，房屋倒塌情形，计全境被灾之区200余村之多。密云县7月初阴雨不断，12日至15日大雨，潮、白两河水暴涨，波浪掀天，一片汪洋。两岸禾田全行淹没，房屋倒塌，牲畜被冲走，不可胜计。顺义县7月6日起，阴雨10余日，城东大白河9日水势盛涨，漫溢八九里，两岸田地被水冲去数百顷。牛栏山河口各地，亦被水淹。全县地亩，受灾几遍。东、南、北三面灾情最重，西部一面，略微较轻。怀柔县7月7日起，连日大雨，属二级洪水。大清河张坊洪峰流量5500立方米/秒
1925	北京西北方向，连降大雨，永定河上游山洪暴发，水势陡涨丈余。连日大雨，山洪暴发，卢沟桥11孔均已过水，来势更加凶险。水越土埝而过，并旧减水坝，刻下亦过水5寸余，实为数十年所未有。西直门外距京二十里之五里坨、三家店等村为卢沟桥上游，原有木质浮桥一座，6月2日下午7时许，山水暴发，连浮桥及行人、骆驼一并冲去。至昨日，三家店等处河岸，尚是一片汪洋。卢沟桥南50里河岸已溃决，下雨时间之长，为向来所未有，雨量如何虽未得确实报告，其已超过三尺之外则可断言也。各城街衢，泥泞不堪，马路水深及膝，东、西单两条大街，望之几成一片汪洋，电车亦停止开驶。西南城区损失最巨。天桥东、西市场汪洋一片，平地水深二尺余，由天桥至永定门一望无际。连日大雨不止，通宵达旦，势若倾盆，沟洫洼处水已漫溢，平地水深尺余，各郊外护城河水与岸平。阜成门外护城河水已上岸，白河一带，山洪暴发。顺义县大水。潮白河洪峰流量3500立方米/秒，7天洪量9.80亿立方米。京畿大水成灾，房山、良乡等12县受灾。京汉铁路线北京房山周口店支线被大水冲断轨道，暂时停车，到8月5日才修复通车
1927	7月10日午后1时许，宣武门竟被水淹。城内西长安街及西单牌楼，水深2尺，亦是一片汪洋。正阳门外东、西两门洞及东西车站外积水成河，行人断绝。京西门头沟日前天降大雨，引起山洪，以致村庄损毁

资料来源：根据《晨报》、（天津）《大公报》、《益世报》、国家防汛抗旱总指挥部办公室、水利部南京水文水资源研究所编著《中国水旱灾害》（中国水利水电出版社1997年版）、李文海等著《近代中国灾荒纪年》（湖南教育出版社1990年版）、李文海等著《近代中国灾荒纪年续编》（湖南教育出版社1993年版）等相关资料整理而成。

从表 2－5 可以看出，从时间上看 1917 年、1924 年、1925 年、1927 年，京兆地区属于严重水灾年份，从空间上看京兆地区的绝大部分地区都遭遇了水灾。

二　京直旱灾的时空分布及特点

（一）直隶旱灾的时空分布

从旱灾的时间分布情况看，历史上直隶发生旱灾的概率很高，春旱几乎年年发生。贾思勰在《齐民要术》中对于直隶就有"春多风旱""春雨难期"的记载。明代以来，自然灾害史料渐丰，一些学者进行了研究，划分了旱灾等级。据文献记载，河北省发生在 2 府或 10 县以上地区的旱灾或虽小于上述地区，但灾害连年或灾情特别严重者，自明代至清代前期（1840 年以前）发生了 108 次，其中全省性特大旱灾 15 次。[①]　详见表 2－6。

表 2－6　　　　　　　　　**河北省自西晋至民国时期旱灾简表**

朝代	起讫年代（公元）	经历时期（年）	旱灾次数				每百年次数		特大旱灾发生年份
			小灾	大灾	特大灾	合计	旱灾	其中特大灾	
西晋至元代	265 至 1367 年	1103				71	6.4		
明代	1368 至 1643 年	276	58		11	69	25	4	1472 1484 1560 1561 1586 1601 1615 1628 1639 1640 1641
清代	1644—1839 年	196	50		4	54	27.6	2.0	1689　1741 1743　1792
	1840—1911 年	72	47	8	1	56	77.8	1.4	1877
民国时期	1912—1948 年	37	13	5	1	19	51.4	2.7	1920

资料来源：河北省地方志编纂委员会编：《河北省志·水利志》，河北人民出版社 1995 年版，第 74 页。

[①]　参见河北省地方志编纂委员会编《河北省志·水利志》，河北人民出版社 1995 年版，第 73—74 页。

汤仲鑫等人在编著的《海河流域旱涝冷暖史料分析》一书中，对于 1470—1985 年海河流域 18 个地区的旱涝等级情况进行了统计，出于研究需要，本文截取了 1912—1928 年的数据并进行分析。1912—1928 年直隶省主要地区的旱涝情况详见表 2 – 7。

表 2 – 7　　　　　　1912—1928 年京直旱涝等级情况统计表

时间＼站名	张家口	承德	天津	北京	唐山	沧州	衡水	保定	石家庄	邢台	邯郸
1912	3	3	2	2	3	2	3	1	2	2	2
1913	4	4	1	4	3	3	3	2	2	1	2
1914	1	3	3	3	3	3	3	3	4	3	4
1915	3	3	4	2	4	4	4	4	4	4	4
1916	4	4	3	4	4	4	3	3	4	4	3
1917	1	1	1	1	1	1	1	1	1	1	1
1918	3	3	4	1	3	2	2	4	3	4	2
1919	3	4	2	3	3	3	3	2	4	4	4
1920	5	5	5	5	5	5	5	5	5	5	5
1921	3	3	4	5	3	3	4	4	4	3	3
1922	2	2	3	2	3	4	3	2	4	3	4
1923	3	3	3	4	3	3	3	3	4	4	3
1924	2	3	2	1	3	4	3	1	1	1	1
1925	2	2	2	2	2	3	3	3	3	3	3
1926	3	4	3	5	3	2	3	4	4	3	2
1927	4	4	4	3	4	5	5	4	4	5	4
1928	4	3	2	4	3	4	3	3	2	4	4

资料来源：参见汤仲鑫等编著《海河流域旱涝冷暖史料分析》，气象出版社 1990 年版，第 126 页。注：该表中的数字"1—5"是指旱涝指数。1 级（涝），持续时间长而强度大的降水。2 级（偏涝）单月、单季成灾不重的持续降水。3 级（正常）年成丰收，无大旱、大涝。4 级（偏旱）单月单季干旱成灾，但灾情不重。5 级（旱）持续数月干旱或跨季度干旱，灾情严重。

从表 2 – 7 直隶旱灾的空间分布看，北洋政府时期京直各地遭受了不同程度的旱灾。尤其是 1920 年，冀、晋、鲁、豫、陕 5 省同时发生大旱灾，河北省受灾最重，受灾地区波及 97 个县，重灾区在南部和东南部一带。这次旱灾从 1920 年春天一直延续到 1921 年夏季，不少县份一年以上无透雨或无雨。1920 年，海河流域平均降水量仅 276 毫米。直隶省自北而南都有降水 200 毫米以下的记载：张家口 132.9 毫米，献县 181.8 毫米，肖张 195.5 毫米，新安 156.3 毫米。至 1921 年春，直隶省许多地区久未得雨，春苗未播，行唐、灵寿、平山、井陉、获鹿、石家庄、元氏、赞皇、新乐均为亢旱，复遭蝗虫、冰雹之害。全省受灾面积 3600 余万亩，农作物大量减产，小麦减产 68.6%，玉米减产40.19%，高粱减产 66.7%。1920 年大旱灾正遇军阀混战，天灾人祸交加，人民遭受的苦难更为惨重。人们吃树皮、草根度日，冻死饿死者难以数计。有的地方甚至人吃人，"完县、元氏、武安、井陉等县的地方志中均有'人相食'的记载"。[1] 北洋政府时期直隶的旱灾，给人民生活带来了极大困难。

从现有资料看，1920 年华北大旱灾区甚广，涉及直隶、河南、山东、山西、陕西五省一区。"据各省区调查报告整理被灾县份情况如下：京兆区共 20 县，被灾 17 县；直隶省共 119 县，被灾 86 县；河南省共 108 县，被灾 77 县；山东省共 107 县，被灾 21 县；山西省共 105 县，被灾 64 县；陕西省共 91 县，被灾 75 县。其中灾情最重者，京兆为通县、武清、安次、房山 4 县；直隶为大名、枣强、东光、交河、献县、宁津、景县、曲周 8 县。"[2] 当时直隶有 119 个县，其中 86 个县受到旱灾的影响。在这次华北大旱灾中，直隶受灾情况严重，"饥民多达 2000万余。其中，安平、博野、深泽、冀县四县收成仅有十分之二三，而邢台、沙河、内邱、任丘、肃宁、献县、吴桥等地均颗粒无收，800 万饥民只有一半的人生存了下来"。[3]

（二）京兆地区旱灾的时空分布

受各种因素的影响，京兆的旱灾比水灾要少，主要集中在京北山区，详见表 2-8。

---

① 参见河北省地方志编纂委员会编《河北省志·水利志》，河北人民出版社 1995 年版，第 76 页。

② 徐建平等：《中国环境史》（近代卷），高等教育出版社 2020 年版，第 149 页。

③ 徐建平等：《中国环境史》（近代卷），高等教育出版社 2020 年版，第 150—151 页。

表 2 - 8　　　　　　　1916—1928 年京兆地区旱灾概况表

年份	旱灾概况
1916	北京入春未雨。入夏天气亢旱，四郊一望无际，全部枯枝焦叶。本年华北地区属 4 级干旱。
1919	京师气候亢旱酷热，本年系全国旱情较重，华北属一般旱情。
1920	京畿一带自春徂夏，雨泽愆期。平谷亢旱成灾，秋禾歉收。据 11 月统计，北方受灾 340 县内京兆有 17 县。本年全国为严重干旱年，华北地区属 1840 年以来近百年大旱，北京地区属重大干旱。
1921	京、津春旱，地不得耕。房山迄今，滴雨未见，干旱异常。
1922	今年之旱较往年尤甚，不但井水渐少，即自来水之来源亦减。大兴由春至今，采玉镇至马驹桥一带，并未见雨。顺义春旱。京、津地区春旱，入夏后雨水稀少。
1923	顺义县春末夏初旱。西北部山区一带，水溪多半日就枯涸。
1924	通州本年四五月间，天久不雨，禾苗枯槁。
1928	京畿亢旱，直隶入春雨水稀少，天气亢旱，京北各区秋麦缺雨，高不及尺。本年全国属特大干旱，百年一遇，灾情几乎遍于全国。京、津地区入春雨水稀少，六七月始雨。华北地区属 4 级一般干旱。

资料来源：根据《晨报》、（天津）《大公报》、《益世报》、国家防汛抗旱总指挥部办公室、水利部南京水文水资源研究所编著《中国水旱灾害》（中国水利水电出版社 1997 年版）、李文海等编《近代中国灾荒纪年》（湖南教育出版社 1990 年版）、李文海等编《近代中国灾荒纪年续编》（湖南教育出版社 1993 年版）等相关资料整理而成。

从上述资料看，北洋政府时期京直地区总体上水旱灾害频繁，在 1912—1928 年的十几年当中水旱灾害具有交替出现的特点。一年之中往往先旱后涝，或涝后又旱，或旱涝同时发生，春旱夏涝概率最大。空间上，水旱灾害几乎遍布整个京直地区，旱灾主要集中在京北山区、直隶中部和北部，涝灾主要集中在天津府、京兆地区、保定府、大名府等地。

第二节　京直水旱灾害的原因

京直地区是我国水患频度最高的地区之一，究其原因，既有自然地理因素，又有深刻的社会原因。正如研究者所说："自然力量的变化，一方面源于自然界本身的运动或演替过程——这种过程长期以来就是自然生态环境发生变化的不可忽视的突出因素；另一方面又是人类的活动所引起或加剧的，而且愈趋晚近，这种活动对自然生态环境的改变作用也愈来愈大。"① 李桂楼、刘绂曾在《河北省治河计画书》中提出，直隶五大河水患之总因主要有五点："来源多，尾闾少"，"各河同受永定之害"，"河道岁久失修"，"上游缺少森林"，"中游缺少湖沼"。② 著名水利专家李书田认为："综观华北各河灾害之因，一为全年雨量分配不均，一为含沙量过大，以雨量言，夏秋间之雨量占全年雨量百分之七十至八十，而潦年之夏季雨量，为旱年之四倍至十一倍。以含沙言，永定河之最大含沙量，几近百分之四十，可与黄河抗衡。"③ 关于京直水旱灾害的原因，虽然有不同的看法，归纳起来，无外乎自然因素和人为因素两大方面。

一　自然因素

在自然因素中，地理因素、气候因素、地质因素是主要方面。

（1）地理因素。京直地区背倚蒙古高原，东面是渤海，西北为山峦迭起的太行山脉，东南部为平原，地势西北高东南低。夏季来自东南的暖湿气流受燕山及太行山的抬升作用，在山区迎风坡形成暴雨中心带。京直地区地貌类型多样，有山地、高原、丘陵、平原分布，平原在东南部，山地和高原在西北部，这种地势便于暖湿气流深入内地，影响降水和径流的地区分布，并由此造成洪涝水灾发生。而且，京直地区的水系一般是上游宽、下游窄，呈扇形向下游集中，各河泄水能力上大下小。所以，当山区大水与平原大雨同时发生时，平原的低洼地区甚至整个平原就会变成泽国，加重灾情。同时，受黄河和其他河道冲淤改道影响，平原地区多为地上河，分布有许多封闭洼地。每遇暴雨，山洪暴发，平原河道来不及宣泄，沥水无出路，造成严重

---

① 夏明方：《民国时期自然灾害与乡村社会》，中华书局 2000 年版，第 2 页。
② 李桂楼、刘绂曾编：《河北省治河计画书》，中国国家图书馆藏 1928 年版，第 14—15 页。
③ 李书田等：《中国水利问题》，商务印书馆 1937 年版，第 3 页。

的洪涝灾害。

关于京直水旱灾害的研究，近代著名地理学家竺可桢和白眉初等人都提出了自己的看法。竺可桢认为，造成京直水旱灾害的原因主要有三方面，是地形、气候和河道综合作用的结果。其中，直隶特殊的地形是造成直隶水灾的主要原因。他认为，从太行山流下来的水，到了平原上，因坡度变小，所带泥沙沉积下来，水里所带的泥沙，就大于河流所能负担的泥沙量。"一部分的泥沙自然的沉淀下来，而堆积于山地和平原交界的地方，这样当然能壅塞河道，造成水灾。所以在直隶的水灾，有两个地方最多，一个就是这个山岭和平原交界的地方，那一个却是大沽口。大沽口之所以多水灾，就因为水的供给太多，大于海河河口的排水量，水既不及流入海中，自只得决堤横流了。"① 在对直隶水灾进行了深入研究的基础上，白眉初认为造成京直水灾的原因主要是由京直特殊的地形造成的。他说："直隶西及北为山地，太行山自河内北走经邯郸、邢台西为十八盘岭之脉，经正定西为井陉之脉。更北走，至易北与恒山、阴山二脉会，遂拱为宣易之高台。而京兆之北，东距山海关、长城横障有阴山余脉，离披南下时起伏于蓟遵永榆之间。""沿是区而南，则茫茫平原，极目千里一山而不得，析之为魏博平原、深赵平原、河间平原、京津平原、永遵平原，一气衔接环抱乎渤海之涯。""是区之中又有一带洼地，连绵及千里，为大陆之洼，为宁晋之洼，为深饶之洼，为河间之洼，为文安之洼，为津沽之洼，为北塘之洼，皆缓缓低陷，隐相连属，若刳木之舟，而以文安洼为最下。""漳卫之水出太行东南麓，走河南之漳卫平原，东过魏博平原，承运河而北下津沽。"② 这种地形是造成水灾频发的主要因素。从上述两位专家的观点看，地理因素是造成京直水旱灾害的主要原因。

顺直水利委员会也认为，海河流域的自然地理条件是海河下游泛滥的原因，主要是因为洪水流量集中所致。详见表 2－9。

---

① 《直隶地理的环境和水灾》，竺可桢：《竺可桢全集》第 1 卷，上海科技教育出版社 2004 年版，第 585 页。

② 白眉初：《论直隶水灾之由来及将来水利之计画》，《地学杂志》1917 年第 8 卷第 11—12 期。

表2-9　　　　　　　海河流域部分支流流域面积及流量统计表

河流名称	流域面积（若干平方英里）	流量（若干立方公尺）
箭杆河以上之北运河	7430	3115
箭杆河以下之北运河	844	354
永定河	20432	5000
大清河	8272	2468
滹沱河	9650	4050
滏阳河	2488	1192
卫河漳河等	9870	4145
总计	58986	20324

　　资料来源：顺直水利委员会编：《顺直水利委员会总报告目录》，北京大学图书藏，1921年版，第4—5页。说明：该表所统计的流量是上述各河经过京汉铁路时之最大流量。

　　从表2-9可以看出，上述各河经过京汉铁路时之最大流量的总和是每秒21324立方公尺。当然，各河之最大洪峰不可能在同一时间发生，顺直水利委员会认为："假定其中百分之五十为各河同时发生者，则照上表（表2-9）亦有每秒钟一万零五百立方公尺之流量须待排洩。而一方面名为诸河唯一有效尾闾之海河，其能容水通过天津之量，不过每秒钟一千五百立方公尺，等于总流量不及百分之十五，所余尚有百分之八十五。"[1] 可见，海河下泄洪水的压力之大，除了沿途蒸发渗漏一小部分外，大部分洪水会漫溢，水势越大，水灾越重。当然，海河流域的尾闾除了海河干流外，还有几条入海之河，如北运河之青龙湾减河，筐儿港减河，南运河的四女寺减河，靳官屯减河等。但这些河流往往因年久失修，发挥的排洪作用甚小。

　　（2）气候因素。京直地区地处欧亚大陆东岸，属温带大陆性季风气候。四季分明，冬季寒冷，春季干燥，夏季炎热多雨，秋季温度适宜。年内降雨分布不均，雨期集中在夏季的七、八月间，暴雨尤其集中在7月下旬和8月上旬，约占大暴雨次数的85%以上。这种集中的大暴雨常造成严重的洪淹和沥涝。在年与年之间，降雨变率也很大，历史最

　　[1]　顺直水利委员会编：《顺直水利委员会总报告目录》，北京大学图书馆藏1921年版，第5页。

大丰枯比达 6 倍以上．形成不同年份的大水或干旱。从气象看，"6 月至 9 月为赤道气团或热带海洋气团与极地大陆气团交绥地带，气候温湿多雨，为海滦河流域的雨季。7 月中下旬是太平洋副热带高压加强北上极盛时期，脊线位于北纬 30 度附近，是河北省暴雨时节"。[①] 此外，这一地区水灾还受到台风影响，造成连续降雨，1917 年和 1924 年华北大水灾都是受到了台风的影响。

（3）地质因素。京直各河流挟带淤泥沙过多，不断改变原有的河道环境，造成京直地区多条河流，尤其是永定河河床抬高，河水常常泛滥。京直各河自山中而出时，大多挟淤为黄土，卫河所挟亦有红泥夹杂其间。永定河、滹沱河、漳河三河中，都有黄土沉淀，各流域中黄土面积占到海河流域面积的四分之一。黄土质地疏松，易溶于水，颗粒细微，被水携带量大。据顺直水利委员会试验，永定河中沉淀物 92% 是直径在 0.5% 英寸以下的，99% 是直径在 1% 英寸以下的。而淤沙沉淀 75% 在 1 分钟以内沉底，84% 在 15 分钟以内沉底，93% 在 60 分钟以内沉底。永定河的沉淀量远高于世界其他各大河的沉淀量百分比，仅次于黄河的 11%，所以有"小黄河"之称。[②] 1917 年华北发生大水时，"永定河所带下的泥土，曾一度在 48 小时内将海河河身填高 8 尺，河道既为泥沙所壅塞，容水量自会减少，而水的来源仍不断增加。在这种情形下，就不能不决堤横流，酿成洪水之灾"。[③]

同样，潴龙河不仅水流湍急，而且挟带大量泥沙，该河累积所淤之泥沙，高于堤外平地五六尺，甚至有的地方高于堤外一丈以上。泥沙的淤塞使河道泄水困难。造成滹沱河泛滥的原因，淤沙亦是其中之一。《束鹿县志》对滹沱河有这样的记载："终年泽国万顷，然积潦害深，大漠不毛，石田终古，积沙害尤甚。"[④] 可见，造成京直水害的原因，淤沙是祸首。

关于京直水灾问题，当时的媒体予以高度关注。《大公报》在谈到

---

① 河北省地方志编纂委员会编：《河北省志·水利志》，河北人民出版社 1995 年版，第 17 页。

② 参见顺直水利委员会编《顺直河道治本计划报告书》（1925 年），北京大学图书馆藏，第 24 页。

③ 邓拓：《中国救荒史》，武汉大学出版社 2012 年版，第 57 页。

④ （光绪）《束鹿县志》，（台北）成文出版社 1968 年版，第 1377 页。

水灾原因时认为，直隶五大河于天津之三岔口汇流，始称为海河。海河由大沽口入渤海，海河宣泄不及造成水灾。尤其是随着津埠日渐发达，往往于春冬水涸时就两岸淤高之处培固堤基，以致河道日狭，水流不畅，导致水灾。此外，海河为群流总路，弯曲太多，流势太缓，且永定河浊水挟沙而下，槽身渐淤。大沽口以尾闾重地涨沙壅阻，平时吃水一丈之轮船，非乘潮不能上驶，无异饮水扼吭，导致水灾。京畿幅员辽阔，地势低平，河源多在太行、恒山两斜面，支渠纵横，不下千余。一旦霪雨连绵，山水聚至千条，洪流共趋海河，其势必不能容，导致水灾。在谈到如何治理海河时，舆论认为应当主要改变海河的河道环境。《大公报》曾发表文章称，天津洪水泛滥是因为海河河道排洪量有限，造成"尾闾不畅"，所以应开减河增加海河的泄洪能力。《大公报》发文称："自民六巨灾以后，朝野人士思患预防，知吾津人之处境至为危险，于是有直河之议。夫浚疏水道，使尾闾得以通畅，诚是也。第来源过旺，即使其尾闾无论如何畅，亦终不免流过于潴。数载以来，雨水未臻过量，故得苟且以安。今年大雨时至，举凡直省南北各河之雨水，均汇于津，于是海河之容量，遂无日不在危险之境，直河之明效，仍不免于祸患。"[①]

此外，熊希龄在谈到京直迭遭水患原因时也认为，河流的地理环境是关键，并提出了修建或疏通引河的建议。他认为："北运之青龙湾、金钟河、新开河、南运之四女寺、捷地、靳官屯等，历年淤垫，河面浅狭。"[②]这是各河溃决之重要原因，所以，不得不将各引河同时修浚以泄洪流。

二　人为因素

北洋政府对水利建设重视不够，使民初京直地区水环境日益恶化。再者，动荡的政局导致政府对水资源的管理职能缺失。有学者称我国水利受制于外强之参与，受累于内政之不统一，限于财政之竭蹶。所以，提倡水利者虽不乏人，但实施困难，成效难现，具体表现在如下几个方面：

（1）乱垦乱伐。随着人类垦殖活动的增多，海河流域同样遭遇到森林植被被破坏的问题。尤其是自元代开始，永定河中上游的森林被大

---

① 《论天津水患与不开减河之害》，《大公报》1924 年 8 月 4 日。

② 《历陈京直各河工程完竣保荐异常出力人员呈徐世昌文》，周秋光编：《熊希龄集》第 7 册，湖南人民出版社 2008 年版，第 175 页。

规模采伐。明清时期，这种情况一直延续。据记载，金元时期，永定河上游森林资源仍然十分丰富，元代各地设置了负责砍伐森林的机构，大规模伐木。明代长城内外森林仍很繁茂，甚至还起着军事防卫的作用。但是，出于能源的需要，大规模的森林采伐增多，"元朝的大都城宏伟壮丽，并为明清北京城奠定了基本格局，但其建筑规模的宏大以及日后对木材、石料、柴炭的需求，却导致其周边乃至南方地区的森林消耗迅速增多"。① 尤其是北京的西山一带，"伴随着宏伟壮丽的元大都崛起，西山成千上万的古木也消失殆尽，留给山区的只有大面积的裸露岩石或次生树木。建都过程中石料、土方的开采也必然破坏包括森林在内的地表植被"。② 不仅永定河上游的茂密森林长期以来被有组织地开采，而且"元明清以后越来越规模化的煤炭资源的挖掘和农耕用地向山林区域的开拓，永定河流域的植被状况及生态环境自然出现退化和危机"。③ 竺可桢认为，直隶在宋代以前低洼地方较多，后来试种水稻并获得成功。到元、明时期，直隶东部的大片沼泽被改良成良田，但因此水灾亦随之增多。而清代以来这种情况不断恶化，一是人口总量迅速增加，人口过剩造成的。在生产力相对较低的情况下，人均占有的土地及其他资源份额越来越少。为了生存，人们开始了土地、森林、水资源及其他资源的破坏性开发，由此导致环境急剧恶化。由于人类大规模活动，筑堤建闸、围垦种植，到光绪七年（1881），洼淀湖泊面积只剩下清初的十分之一，大多数湖洼趋于消亡。二是砍伐森林造成的。曹树基认为："为了满足造房、燃薪、制棺和日用的需要，清代的森林资源进入了一个急剧衰减的时期。大片的森林被砍伐，大片的禁山被开辟。更为严重的是，为了获得更多的农作物以满足日益增长的人口需求，大片的丘陵乃至山地被开垦成粮田。"④ 北方地区随着清代后期放垦的展开，大批无地农民涌入口外及内蒙古，导致北方一些区域生态环境恶化。19 世纪以前，滦河上游大片山地被辟为清王朝的禁地围场，但是清末围场开禁之后，人们伐木垦荒，造成水土流失，滦河含沙量激增，三角洲平原

---

① 尹钧科、吴文涛：《永定河与北京》，北京出版社 2018 年版，第 95 页。
② 尹钧科、吴文涛：《永定河与北京》，北京出版社 2018 年版，第 96 页。
③ 尹钧科、吴文涛：《永定河与北京》，北京出版社 2018 年版，第 116 页。
④ 曹树基：《中国移民史》第 6 卷，福建人民出版社 1997 年版，第 19 页。

迅速向海湾推进。进入民国后，情况更加恶化。1914 年，时任大总统的袁世凯允许清室护陵大臣载泽将一部分土地分拨给护陵人员开垦，以顶替饷银。同年，"将兴隆山 1300 余公顷森林纵火烧毁，'开为镇基'"。① 1915 年，载泽以"镇基"为抵押，委托商号代为开垦，凡经开垦之地，无不纵火焚林，附近居民也任意盗采。1918 年，载泽与天丰益商号商定伐售木材开垦土地。1921 年，直隶省长曹锐将东陵林区收归国有，设置东荒垦植局，伐木筹款，用于战争。1928 年，东荒垦植局改名为河北省第一林垦局，专办林务，仍然砍伐森林。1921 年，顺直水利委员会在谈到直隶的现状时指出："现在直隶各河流域境内，所有森林砍伐殆尽，而政府对于林荒之地，又不取法他国，规定计划，积极造林，深为可惜。"②

（2）水环境系统的改变。曾长期致力于海河治理工作的荷兰水利专家方维因③认为，直隶水患如此巨者，绝非天然因素，主要是因为运河的开凿破坏了原来的河道环境造成的。他说："运河未开之先，海河仅为白河之尾闾，永定、大清、子牙、卫河等均各有入海之口。开浚运河，专依故有河道以省人工，即自通县至天津一段运河，即系白河本身。自天津以南，则令白河与子牙河相接，又令子牙河与卫河相卫，利用其南行之向位，其不通者始用人工开凿，果使人力仅止于此，不略为大患。司其事者，虑运河水竭，故不令子牙河及卫河共接通海，而令子牙河与大清河相连。令卫河之水注入运河，直接达天津，不惜牺牲天然河流以成运河之便利。自是以还，海河遂为众流之所归矣。当时曾为卫河开凿减河工程，亦颇良好，但其目的不在使其宣泄合宜，而在能令运河畅通舟楫。"④ 所以，方维因认为这种对水环境原有系统的改变是造成海河流域洪水泛滥的原因。著名水利专家姚汉源先生从另一个角度阐述了京杭运河的副作用。他说明清运河修治，重点在维持漕运通畅，其

---

① 河北省地方志编纂委员会编：《河北省志·林业志》，河北人民出版社 1998 年版，第 18 页。

② 顺直水利委员会编：《顺直水利委员会总报告》，北京大学图书馆藏 1921 年版，第 9 页。

③ 方维因曾任海河工程局总工程师，顺直顺利委员会会员，华北水利委员会工程顾问，对华北水利问题有深入研究。

④ 《河工讨论会第二次开会记》，（天津）《大公报》1917 年 11 月 17 日。

他方面很少顾及，自然会有一些不良后果，这种情况对直隶、山东、苏北均有影响。姚汉源先生认为："直隶之海河各支大都受运河南北横亘的影响，如永定河只能在东淀一带滞蓄，下游合诸河入海，不能直穿运堤，单独排洪入海。卫河上源原有灌溉之利，为了漕运只能在运道不需水时引灌。"① 这就形成了卫运河水系与其他水系在灌溉、泄洪方面的矛盾。尹钧科、吴文涛也提出了他们的看法，他们认为："纵观永定河的水利开发历史，可以发现永定河河性变迁的关键在于整个流域被过度开发。上游植被自辽代以来就遭受了被滥砍滥伐的命运，致使上游地区呈现水源短缺和植被稀少之态。中下游河道河水浑浊、含沙量大；而日益固定的堤岸彻底改变了永定河出山后摆动分流的自然风貌，使得河床淤高，进一步加大了决堤的危险和下游的泥沙沉积。"②

（3）战争的影响。军阀之间纷乱的战争，导致北洋政府不能集中全国之财力、物力防治水灾，治理水环境。1917 年，顺直发生特大水灾，也正是在这一年，北洋政府发生了黎元洪、段祺瑞之间的"府院之争"，对于防治水灾和赈济水灾的投入远远不够。《申报》发表评论说："国人日望政争之潮流速退，而今日之政潮依然停滞而不退也。国人日望天津之水势速退，而今日之水势又依然停滞而不退也。政潮迟退一日，人民多受一日惊恐，水势迟退一日，则津人多受一日损害，何天时人事之相类也。各地方已无政治之可言，则水灾之纷纷见告，非天之示警，实人自召之耳。而军人政客其未悔，祸也！"③ 军阀忙于争夺地盘，水灾发生时政府没有全力以赴救灾。时人称："今水灾之见告者屡矣，此由军人政客日惟内争之事务，凡关系民生利害之事久置之脑后，故今日水灾非意外也。人心之堤防已溃，无形之洪水已泛滥而不可收拾。"④ 此外，为修筑战争工事，军队大量砍伐树木，"许多山野森林毁坏殆尽，水土流失日趋严重，人为加重了旱涝等自然灾害"。⑤

（4）水利行政管理不善。由于水利事务由全国水利局、内务部土

---

① 姚汉源：《中国水利史纲要》，水利电力出版社 1987 年版，第 548 页。
② 尹钧科、吴文涛：《永定河与北京》，北京出版社 2018 年版，第 169 页。
③ 《洪水不退》，《申报》1917 年 9 月 29 日。
④ 《天灾与人事》，《申报》1924 年 7 月 22 日。
⑤ 河北省地方志编纂委员会编：《河北省志·水利志》，河北人民出版社 1995 年版，第67—68 页。

木司和农商部农林司三个机构负责，使北洋政府难以制定一以贯之的有效政策。同时，水利行政人员变动频繁，不利于水务管理。以全国水利局总裁一职为例，1917 年 6 月，全国水利局总裁谷钟秀辞职，同月，李盛铎被任命为农商总长兼全国水利局总裁。7 月，李盛铎被免职，张国淦被任命为农商总长兼全国水利局总裁。同月，张国淦辞职，李国珍继任全国水利局总裁。对于这些高层水利官员的素质和管理能力，时人亦颇有微词。有评论说："政府于国家要职，专以位置私人，对于全国水利，漠不关怀，既谓全国水利局总裁、副总裁者，乃久委诸一毫无工程学识，以一官自荣之庸才。"① 由于水利行政不统一，管理混乱，甚至出现了管理失控的状况。村民侵占河旁隙地者得寸进尺，比比皆然。每逢大汛，则泛滥堪虞。更有甚者，沿河村民建筑跨度小于河身之桥梁。如四女寺河，该河系黄河故道，大汛时具有畅泄洪水之功能，由于沿河建有许多跨度过小的桥梁，泄水量因之大减。此外，村民往往于沿河堆积木材，使河道变窄，河流之畅泄乃大受其累。"今政府既无诚意以事救济，即有其意，而要职尽为庸才滥竽，必不能筹画善法。"② 当时，直隶诸河均设有河务局，河务局理应负责维持河道之责。但村民妨害河身之举，河务局并未严禁，是明显的失职行为。

（5）水利经费投入不足。北洋政府水利经费投入不足，严重地影响了水利建设。

京直地方政府因经费所限不能大规模地对破败已久的河道进行治理，只能有限度地小修小补，对于防治洪水泛滥不能起到根本作用。水利经费的短缺，亦使政府在水灾之后只能四处募赈，但这种方式不能从根本上解决京直水环境日益恶化的问题。自 1917 年华北特大水灾发生之后，北洋政府对水患与环境的关系有了一定的认识，通过颁布《森林法》，植树造林，保持水土。通过设立水文站、雨量站、测量地形等方式，加强对水资源的管理，预防水患。但是，这一时期由于政府疏于管理，在水环境治理方面，无论是在资金、政策还是方法上，远远不能满足社会发展的需要。

---

① 刘玉梅：《民国时期河北灾荒研究》，硕士学位论文，河北大学，2001 年，第17 页。
② 《救死》，《晨报》1920 年 9 月 21 日。

第三节　京直水旱灾害的影响

京直水旱灾害给京直社会经济造成了巨大危害，表现为农村经济凋敝，天津城市环境恶化，天津贸易受到较大影响。水旱灾害还造成了大量难民，引起了严重的社会问题，加剧了社会的动荡。

一　造成农村社会经济凋敝

（一）水旱灾害引发次生灾害

水旱灾害引发的次生灾害使农村经济更加凋敝。在农村次生灾害主要是蝗灾，蝗灾的暴发进一步加重了灾情的蔓延，防蝗、扑蝗的任务十分艰巨。为此，京直地方政府不得不投入大量的人力物力进行预防和救治。大水之后，地气潮湿，最易蕴生虫灾。1918年，宁晋、冀县交界之处蝗蝻发生，"宽广十余里，该二县知事已督饬各该村村正副召集民夫以期扑灭，免致蔓延为患"。① 为防止各县灾后民生困苦，再遭蝗患，直隶地方公署下令各县遵照《防蝗须知》认真扑灭，勿使滋生，甚至派专人督办。直隶省长曹锐以安国饶阳、易县、安平、高邑、冀县、武清等县先后报告均有蝗蝻发现，停落蔓延为害等情，派委员吴舜年等人前往督查，提出务必早日肃清，不致有损秋禾。

（二）水旱灾害对农民生活的影响

民初，京直地区水灾不绝，"大雨兼旬""霪雨连绵"等情形屡现，水灾造成了重大损失。据估计，"华北平原平均每年水灾损失与黄河下游水灾损失相等，高出淮河流域一倍，占全国水灾损失20%"。② 在北洋政府统治时期，京直地区于1917年、1924年发生两次特大水灾，波及范围极大，造成的损失不可估量，灾害情况触目惊心。水旱灾害不仅毁坏了农民的家园，破坏了生态环境，还造成了大批难民。遭受水灾的范围几乎包括整个海河流域，主要有永定河、滹沱河、南运河、大清河、子牙河、黄河等河流沿岸地区。京直地区受灾记录比比皆是，兹略

① 《蝗蝻发现宜注意》，（天津）《大公报》1918年6月25日。
② 水利水电科学研究院《中国水利史稿》编写组：《中国水利史稿》（下），水利电力出版社1989年版，第391页。

陈如下：

1912 年，直隶水灾为数十年未有之奇灾，灾区有三十六州县之广，灾民达一百四十余万人之多，非随流漂泊，即露宿风栖。此次大水，天津受灾尤为严重。据《申报》记载，1912 年 8 月，"天津河水现在日益增涨，所有河北关上下，以及北营门、竹林村、陈家台、北开、小药王庙、赵家场等处，均已被水淹没，河口之水平已平漫大堤"。"辛庄之浮桥，已被大水冲断。武清县各村男女，约有七八千人，现正在昼夜防护堤岸，而杨村电杆现亦被水冲折，是以京津电话颇有不能通达者。查此次四河陡涨，为庚子后十余年来所未有。该省西北、东北各州县均成泽国，而以天津、武清、宝坻各县尤甚。前日北河沿岸西沽、北仓、南仓、王庄各村河堤，东西两岸溃决，冲房伤人等事，迭有所闻。然今年水灾之所以较先年为苦者，田禾尚未成熟，指日夏尽秋来，小民并柴薪亦无捡拾之处，盖以本年水灾太早故也。"① 1913 年，京兆地区大雨连绵，河水暴涨，永定河漫口成灾，附近居民，多被淹没。与此同时，顺天、天津、保定各处，阴雨兼旬，山洪暴涨。大清河决堤，雄县、安州、霸州、通州、东光、安东、固安等处，田舍村庄，多遭淹没。通州车站，亦被冲坏，淹死两三千人。

1917 年，自春到夏，京直地区异常干旱，各地庄稼歉收。夏秋之际，又遭洪水，民生困顿。当年 7 月中旬，大雨兼旬，山洪暴涨。永定、大清、子牙、南运、北运五条大河同时漫溢，各县河流亦同时泛滥，京畿东南及天津一带尽成泽国，田禾被淹，房屋倒塌无数，人口淹毙不可计数，灾民啼饥哀号，流离失所，扶老携幼，风餐露宿。其中，京津一带被灾最重。洪水之初，天津尚为安全，然而不久由于水量过大，五大河同时漫决，大水齐涌至海河入海口，海河不能尽泄，洪水另觅出口。9 月 22 日晚，"南运河东堤决口，由良王庄、杨柳青冲断津浦路线数处，直灌津城"。② 《东方杂志》记载，1917 年 9 月 30 日，"南运河决口三处，水势猛烈，防御宣泄，势均不及，以至浸灌津埠，瞬成泽国，难民数十余万，流离荡析，栖食无所。日来水势仍有增无减，灾

---

① 李文海等：《近代中国灾荒纪年》，湖南教育出版社 1990 年版，第 806 页。
② 《函报北方水灾之惨状》，《申报》1917 年 10 月 5 日。

情奇重"。① 后经督办京畿一带河工善后事宜处调查，"京直被灾一百余县，灾区及一万七千六百四十六村，灾民达五百六十一万一千七百五十九名口，尚有大名、抚宁、长垣三县未据造报，未经列计在内"。② 洪水还对铁路交通造成了严重破坏，因各河水势暴涨，京汉铁路首当其冲，路线被冲坏四十余处，桥梁被冲毁约两千尺，路堤被冲毁者有数百处之多，致使京汉铁路不能全路通车。

1921 年 8 月，直隶境内黄河南岸之水势异常汹涌，东明县属之黄姑庙漫溢决口，淹没村庄不计其数，平原水深七八尺、丈余不等。自县城西南以及东南村庄均成泽国，房屋倒塌，居民死亡无数。幸存者在大水中搭棚支架，以资栖宿。所有秋禾漂没无存，艰苦情形，不堪言状。1924 年，直隶再次发生大水灾。据记载，"前于旧历六月初一（即 7 月 2 日）得霑透雨，直人咸方额手称庆，不意霪雨连绵，迄今未止，竟至成灾。津地毗连海滨，势本低洼，一经阴雨连绵，迄今为止，辄即阻断交通"。③ 7 月 10 日，京直地区降大雨，永定河上游受水最多，河水暴涨，致使张家口被淹。7 月 12 日、13 日两日，受台风影响，京西、京北和京南诸山境内皆有大雨，结果永定河决堤数处。据郑肇经《中国水利史》记载，永定河南岸决口四处："一、高陵决口宽八百公尺；二、保河庄决口宽三百公尺；三、小马厂决口宽八百公尺；四、夏家场决口宽八百公尺；共宽二千七百公尺。永定河水即由决口处奔小清河、大清河、西河而至天津，下游几不复有滴水。大清河本身已发生洪水，益以永定河之洪水，遂致漫溢四野。"④ 7 月中旬，永定河、大清河、子牙河、沙河、潴龙河等相继溃决。此次水灾，"田亩被灾者阅时数月，灾区之广凡六千五百平方公里"。⑤ 大水还破坏了铁路设施，严重影响了交通。京汉路北段首当其冲，卢沟桥以南一带河堤被冲溃，路轨有数段被淹。同时，京绥线之宣化府大花园一带亦告水灾，电线路轨均被冲毁不少。京汉路之京保支线，只能开至固城。1925 年，永定河堤二里余，

① 《中国大事记》，《东方杂志》1917 年第 14 卷第 11 号，第 213 页。
② 参见《督办京畿一带水灾河工善后事宜处公函》，天津市档案馆等编：《天津商会档案汇编（1912—1928）》第 3 册，天津人民出版社 1992 年版，第 3391 页。
③ 《京津之大风雨》，《申报》1924 年 7 月 15 日。
④ 郑肇经：《中国水利史》，上海书店 1984 年版，第 183 页。
⑤ 郑肇经：《中国水利史》，上海书店 1984 年版，第 183 页。

因山洪暴发，均告决口，附近数十村庄成为泽国。津西三河头，东西堤头、青光、韩家墅、双口村、丁平三村、安光、六堡等四十余村镇，田苗均被淹没，人畜荡析，损失达一百万元以上。[①]

其中，1917年京直大水灾危害最大，"禾稼荡然无存，而人民之坟墓、庐舍、树木、牲畜付之东流以去者亦不可以数计，灾情之重实为亘古所无"。[②] 直隶安平县滹沱河沿岸土地原来十分肥美，但自此次大水后，"沉淀的泥沙有四五尺高，将好土一齐埋没，变成半沙漠状态。原来尚可出产棉花和小麦，此后只能出黑豆，稍种高粱和小米，都生长不良"。[③] 各地受灾农民为维系生活出卖耕牛，耽误了来年的春耕，也是水灾危害农业生产的表现。水灾泛滥给生态环境和人们的生存带来一次又一次的洗劫，京直广大地区土地被淹，一些肥沃土地变成了大量盐碱地。水旱灾害还造成了农村粮食奇缺，粮价昂贵。京直百余县洪水为灾，数百万灾民嗷嗷待哺。

旱灾同样给京直居民带来灾难，北五省灾区协济会会长赵尔巽对1920年的华北五省旱灾有深切体会，他认为本年直隶、山东、河南、山西、陕西等省赤地千里，旱灾之重，为清光绪以来四十余年所未有。而灾区之广漠，尤远过之。据各教会所报告，饥民已有两千数百万人，饿死、冻死、病死者不计其数。灾民流亡、耕畜减少、土地荒芜，农业生产活动难以开展。

二　影响京直地区的环境与贸易

水旱灾害对天津产生了巨大的影响，一方面影响天津的城市环境，另一方面影响天津的贸易，导致天津商业萧条。

（一）对京直地区环境的影响

洪水淹没了大片农田，农民无法生产。在农耕社会，土地尤其显得重要，农田是农民赖以生活的基础。近代以来，京直地区旱涝灾害往往叠加，给农民造成巨大的损失。尤其是水灾过后，大片农田被淹，农民

---

① 参见《京津霪雨成灾》，《申报》1925年8月5日。

② 《民国涿县志》，卢建幸、林国华：《中国地方志集成·河北府县志辑》第26册，上海书店出版社2006年版，第42页。

③ 夏明方：《民国时期自然灾害与乡村社会》，中华书局2000年版，第56页。

生活无以为继。据记载，1912 年，永定河、大清河、滹沱河、子牙河等相继溃决，直隶 36 个州县受灾。1913 年，直隶永定河决口，京、津、保定等地水灾严重，"雄县、安州、霸州、通州、东光、东安、固安等处，田舍村庄，多遭淹没。通州车站，亦被冲坏。淹毙人口约二三千人。"① 1915 年 6 月，直隶安平、深泽、饶阳、深州等县被淹，"共四百六十村，计有居民四十三万三千人"。② 1917 年 7—8 月，直隶水灾最惨烈，运河以西，永定河以南，包括滏阳河、滹沱河、大清河数百里以内之村庐、田野悉为泽国，受灾范围遍及河北全省。北自张家口，南达临漳、魏县，西至紫荆关，东至山海关。从沿海到内地，幅员万里，均未能幸免。总计被灾面积 38950 平方千米，涉及 103 个县，1.9 万余个村庄。房屋被毁 8 万余处，田亩损失达 254800 多公顷，受灾人口 620 万人。

　　水灾对于城市的影响亦十分明显，引起了城市内涝，受影响最大的当属天津。天津城市内涝问题主要出现在南市一带，据记载，"每届春夏，雨水连绵，无法宣泄，以致各马路街巷，尽成泽国"。③ 1917 年 7 月，天津连日阴雨，河水冲涨，水上警察局密切关注并测量津埠各河水势，"南运河西营门水深七尺六寸，黄家花园水深九尺五寸，北大关水深九尺九寸，金华桥水深七尺三寸，金汤桥水深二丈"。④ 针对内涝问题，租界各国采取措施修筑泄水沟，但效果不明显。据《益世报》记载，"津埠洪水为灾已历数月，现因天气渐寒各处积水甚多，如不设法宣泄，灾民终无安度之一日"。⑤ 南四区界内前被洪水淹没大半，而南北小道子、韦驮庙、慈惠寺等处均已水深数尺，天寒结冰，交通阻塞，尤为不便。直到 9 月，大雨仍然肆虐，"津埠自二十四日竟夜大雨，以致津埠城南附近及海光寺、白房子、三不管等处被水侵及。二十五日，南马路迤南及日法德英四租界南半部悉成泽国，其西马路南半部接运粮河，水势益高，两岸均经抢打土坝。二十七日又雨，北关上下大王庙北大关皆水深数尺，南岸侯家后水深一二尺。……附城南马路及西马路之

① 李文海等：《近代中国灾荒纪年》，湖南教育出版社 1990 年版，第 815 页。
② 李文海等：《近代中国灾荒纪年》，湖南教育出版社 1990 年版，第 841 页。
③ 《南市筹议修筑洩水沟》，（天津）《大公报》1924 年 4 月 2 日。
④ 《河水增涨之测量》，（天津）《益世报》1917 年 7 月 18 日。
⑤ 《直绅之见义勇为》，（天津）《益世报》1917 年 11 月 13 日。

半至西门止，均水深四五尺"。① 为此，天津绅商募集资金，雇佣人工，将积水排干，以维持受灾区人们的正常生活秩序。

（二）对京直地区交通的影响

受洪水影响，经华北的京汉铁路、京奉铁路、津浦铁路均一度中断。此外，海河通航亦受到影响。1912—1928 年京直水旱灾害几乎年年发生，由于天气干旱造成一些河流水量急剧减少。1919 年，北运河自高庄子以上河水浅涸，"凡载重船只不能行驶，是以各船均归南运河。以致由津埠西头、济庆、长顺、斗店至金汤桥等处，船只拥挤不能移动"。② 后经水上警察疏导，并将河道疏通，"往来行船得以畅行无阻"。③ 造成这种状况的原因，主要是水灾引起河道淤塞，白河受到的影响较大，由于淤塞严重，千吨以上船只在白河无法通行，甚至吃水四五尺之小轮船，往来亦有困难。此外，受气候影响，天津近海潮水来势极猛，泥沙阻于潮力，疏泄不顺畅。而且，由于白河水来源浑浊不均，所以虽经海河工程局疏浚，三千吨以上船只仍不能通航。海河水流因泥沙充塞、轮船载货进口不能畅行。据海河工程总局报告，吃水量在十一尺以上的轮船已禁止通行，只准吃水在十尺以下的轮船行驶。政记、招商、怡和、太古各公司轮船，多半停在塘沽，不能进口。所以，中外各公司轮船有时须在塘沽等待一两天，等到潮水盛涨时，才能入口。出口轮船离津也非常不易，各公司均受到很大打击。虽然直隶地方政府曾多次向海河工程局交涉，请竭力修浚，该局也已应允，"但尚无相当办法，使航运即日恢复原状"。④

不仅如此，渤海海岸日渐东移，水利专家朱延平在《华北水利初步设施蠡测谈》中提出，"渤海深处一百五十余尺，数千年后将为河沙淤平"。⑤ 朱先生指出："吃水十尺之船，有时已不能通行于海河中，此种事实，于挺进商业有极大之不利。"⑥ 他甚至提出了"移海就市"和

① 李文海等：《近代中国灾荒纪年》，湖南教育出版社 1990 年版，第 866—867 页。
② 《水警修理河道》，（天津）《大公报》1919 年 5 月 14 日。
③ 《水警修理河道》，（天津）《大公报》1919 年 5 月 14 日。
④ 《海河淤塞航行不便》，（天津）《大公报》1927 年 9 月 2 日。
⑤ 朱延平：《华北水利初步设施蠡测谈》，《华北水利月刊》1928 年第 1 卷第 1 期，论著，第 20 页。
⑥ 朱延平：《华北水利初步设施蠡测谈》，《华北水利月刊》1928 年第 1 卷第 1 期，论著，第 20 页。

"移市就海"的设想，以挽救天津经济。他说"移市就海"就是建设新天津，以此作为联络海外与内地商业之枢纽。"移海就市"就是浚深海河河底，使低于高潮海面二三十尺，以能通往来之大轮船。海河淤塞既是各河挟带沙泥所致，应令各河另道入海。他说移海就市有很大好处："（一）十数年来所争之取消租界地而不得者，至此可以自然取消之。（二）河北河道至此可以统一，治理之可无海河之牵掣。"① 朱延平对天津城市经济萧条的担忧代表了时人的看法，有人甚至提出，欲使天津占一国际上商埠地位，必须在海口另辟港埠，还有人主张在芦台、塘沽之间新建商埠。

（三）对天津城市经济的影响

水旱灾害严重影响了天津港口的贸易发展。津沽洪水为灾，几成泽国，沪津航行虽通，但进出港口船只稀少。1917 年受水灾影响，天津出口土货贸易总值比 1916 年减少了 6590000 两。② 1920 年受旱灾影响，天津海关贸易输出量明显减少，甚至减少一半。出口米粮，"以旱灾之故，自 900000 担降至 40000 担"。③ 天津水灾还引起了金融恐慌，尤其是 1924 年水灾过后，这种情况最为明显。根据《津埠工商业之最近调查》，"各银行于去岁水灾及战事时，各储户纷纷将款提去，一时间市面金融顿呈恐慌，发行钞票者无论基金是否充足，亦多不为市面所信任，此银行界营业不振之原因。各银号除交易老头票外，并无生意可作，各大绸缎庄，均抱商业竞争之心，每年尚能获利。惟去岁天灾人祸相继发生，营业大受影响。战事方停，抢案纷起，各号又不得各安生业，以致本年上元节，估衣街毫无灯彩之点缀"。④ 受贸易和金融的影响，天津经济萧条，市场动荡。市场调查资料显示，"去岁兵水两灾，交通停滞，各县棉花不能运津，各工厂多因此停业"。"各厂近来多裁汰人员及工人，各厂工人多自外县招募来津，被裁后不愿回籍，在津游荡。"⑤

---

① 朱延平：《华北水利初步设施蠡测谈》，《华北水利月刊》1928 年第 1 卷第 1 期，论著，第 22 页。

② 吴弘明编译：《津海关贸易年报（1865—1946）》，天津社会科学院出版社 2006 年版，第 344 页。

③ 吴弘明编译：《津海关贸易年报（1865—1946）》，天津社会科学院出版社 2006 年版，第 374—375 页。

④ 《津埠工商业之最近调查》，（天津）《大公报》1925 年 2 月 11 日。

⑤ 《津埠工商业之最近调查》，（天津）《大公报》1925 年 2 月 11 日。

同样，天气亢旱，各河乏水，所有运盐船只多在天津搁浅，以致运输船只减少，盐价、粮价大涨。因为海河淤积，航运受限，严重影响到天津城市经济的发展。天津作为北方国际商埠，交通如此困难，中外人士十分忧虑，甚至有人担心天津的商埠地位会受到大的影响。此外，水灾对铁路运输亦有较大影响，洪水冲毁了津镇铁路和京汉铁路的部分路段，不仅使货物运输受到很大影响，而且导致物价上涨，尤其是粮食价格飞涨。

三 引发严重的社会问题

（一）造成了大量的难民。水灾造成了大批难民，据督办京畿一带水灾河工善后事宜处统计，1917 年，京直遭受水灾之重，为数十年所罕见。详见表 2 - 10。

表 2 - 10　　　　　　1917 年京直各县被灾难民表

区域	灾情	县份	被灾村数（个）	被灾人口（人）
京兆尹属	重灾	固安县	160	66205
		安次县	213	131753
		涿县	200	128060
		通县	117	81554
		霸县	1888	56119
		蓟县	247	91786
		武清县	179	163196
		宝坻县	813	307065
		共计 8 县	3817	1025738
	轻灾	大兴县	165	17256
		宛平县	46	43181
		良乡县	56	24496
		永清县	96	40250
		香河县	105	63574
		三河县	45	10869
		顺义县	24	17127
		怀柔县	10	1536
		平谷县	19	3970
		房山县	28	20470
		共计 10 县	594	242729
	本区	共计 18 县	4411	1268467

续表

区域	灾情	县份	被灾村数（个）	被灾人口（人）
津海道属	重灾	天津县	328	37016
		沧县	192	60000
		河间县	412	249903
		献县	289	140627
		肃宁县	130	59312
		交河县	337	157633
		东光县	200	124685
		文安县	360	150000
		大城县	251	25114
		宁河县	256	228955
		共计10县	2755	1233245
	轻灾	青县	190	107591
		盐山县	66	21004
		南皮县	30	4894
		静海县	370	205015
		吴桥县	69	5933
		丰润县	113	21996
		玉田县	330	45579
		新镇县	34	16236
		任邱县	未据呈报	90708
		共计9县	1202	518956
	本区	抚宁县	未报	1752201
		共计20县	3957	
保定道属	重灾	清苑县	218	179219
		新城县	431	122753
		博野县	810	21198
		容城县	408	4349
		蠡县	187	15130
		雄县	122	59527
		安国县	166	103597
		安新县	179	196356
		高阳县	121	87001
		正定县	85	67124
		新乐县	95	65034
		定县	345	99468
		武强县	234	57741
		饶阳县	120	23205
		安平县	180	69187
		共计15县	3701	1170889

续表

区域	灾情	县份	被灾村数（个）	被灾人口（人）
保定道属	轻灾	徐水县	106	16218
		定兴县	119	17242
		唐　县	128	8213
		望都县	580	19062
		束鹿县	82	20338
		获鹿县	61	38149
		井陉县	未据呈报	163
		栾城县	139	9948
		阜平县	135	35922
		行唐县	23	4414
		平山县	54	8040
		元氏县	未据呈报	5659
		赞皇县	32	3647
		晋　县	119	56029
		无极县	85	80000
		藁城县	78	79997
		易　县	58	917
		涞水县	91	20504
		曲阳县	25	9200
		深泽县	112	81600
		深　县	113	7967
		共计21县	2140	523229
	本区	共计36县	5841	1694118
大名道属	重灾	大名县	420	未据呈报
		巨鹿县	71	51253
		永年县	270	19439
		邯郸县	176	54453
		衡水县	299	40677
		隆平县	132	62927
		冀　县	202	44956
		共计7县	1570	273705

续表

区域	灾情	县份	被灾村数（个）	被灾人口（人）
大名道属	轻灾	南乐县	84	2940
		邢台县	未据呈报	17030
		沙河县	59	18725
		南和县	146	56843
		平乡县	119	36154
		唐山县	71	5005
		内邱县	74	11127
		任县	142	28461
		曲周县	77	28162
		肥乡县	31	4416
		鸡泽县	102	2987
		磁县	54	2954
		南宫县	10	7594
		新河县	150	64182
		武邑县	266	94878
		赵县	120	53352
		柏乡县	78	7394
		临城县	36	4457
		高邑县	79	24081
		宁晋县	153	144050
		广平县	16	8476
		共计21县	1867	623268
	本区	长垣县	未报	
		共计29县	3437	896973
京直共计	重灾	40县	11843	3703577
	轻灾	61县	5803	1908182
	未报	2县		
总计		103县	17646	5611759

备考：1. 宁河、大名、广平、长垣四县未据造报被灾人口，所有该四县灾民尚未列计在内。（宁河及广平两县补报数在抄写时已并入表内）2. 津海道属之昌黎、宁津、迁安、乐亭、滦县、遵化六县，保定道属之完县、满城、灵寿、涞源四县，大名道属之东明，清丰二县共计十二县均据该县知事呈报被灾轻微，毋庸赈济。3. 京兆属之密云、昌平二县，津海道属之卢龙、临榆、故城、阜城、景县、庆云六县，大名道属之威县、清河、广宗、濮阳、枣强、成安六县，口北道属之宣化、赤城、龙关、怀来、阳原、怀安、蔚县、延庆、涿鹿、万全十县共计二十四县均据各该县知事呈报幸未成灾。

资料来源：《督办京畿一带水灾河工善后事宜处公函》，天津市档案馆等编：《天津商会档案汇编（1912—1928）》第3册，天津人民出版社1992年版，第3392—3396页。

大量的难民，居无定所，食不果腹，引起了很大的社会问题，灾后重建面临巨大压力。

（二）加剧了人口流动。流动人口增加表现为永久性移民和季节性人口流动。水旱灾害造成了学生失学，农民失地，工商业者失业，引发了京直地区大规模人口流动。关于学生失学的记载，仅 1917 年 11 月至 1918 年 2 月，直隶 75 个县的中学，"被灾者达四千八百余处，停办者九百八十余处，学生减少五万九千七百余人，经常学款损失二十余万元，实直省兴学以来未有之奇灾"。① 关于灾民逃难、流动的记载，在当时的报纸上比比皆是。1918 年，黑龙江省长孙烈臣派政务厅长朱蔼亭到天津，起初准备招揽直隶、山东两地灾民各五万人移垦黑龙江，后来看到滞留在天津的灾民太多，经过和义赈会接洽，又将南开居住在窝铺的七万名灾民全部招走。为缓解天津的压力，孙省长又筹出大宗款项招走一部分灾民，总共将直、鲁两省灾民迁去十几万口去该省开垦。1926 年，直隶省旱灾严重，田禾既颗粒无收，耕畜复散失迨尽，各地受灾难民纷纷逃往外地。据天津媒体报道，由河间县、青县、静海县、沧县、盐山县一带逃来的难民每日不下数十起。直隶省长与铁路局联系将其送到东三省，以便开垦荒地而利谋生。直隶灾民当时主要是向西北、东北移民。此外，还有一些季节性流动人口。"直、鲁两省农民之贫乏者，每年春季多赴东三省工作，至冬季返回乡里。春去冬归，已成惯例。"② 此外，直隶灾民往内蒙古移民也形成了一定规模。1920 年前后，由内地到河套的移民越来越多，除山西人外，主要是来自河北、山东、河南及湖南等省的移民。

（三）造成土匪猖獗。恶劣的生存环境，使许多乡民远离家乡，有的衣食无着，成为土匪。关于直隶土匪问题，天津《大公报》《益世报》均有大量记载。张增萍在《1922 年至 1932 年河北省匪患及其成因研究》一文中，对土匪问题进行了深入研究。作者认为，20 世纪 20 年代，直隶的匪患已经相当严重，虽然主要是由于战乱引起的溃兵、帮会逃兵造成的，但是，"自然灾害的频繁发生，特别是水患以及邻省的土匪越境也是河北土匪活动猖獗的重要因素"。③ 辛业在《民初直鲁边界

---

① 《直隶教育厅长王章祜通报全省被灾中学校四千八百余处函》，天津市档案馆等编：《天津商会档案汇编（1912—1928）》第 3 册，天津人民出版社 1992 年版，第 3397 页。
② 《直鲁贫民求食东三省》，（天津）《大公报》1926 年 11 月 30 日。
③ 张增萍：《1922 年至 1932 年河北省匪患及其成因研究》，硕士学位论文，河北师范大学，2002 年，内容提要，第 2 页。

匪患问题论析》一文中，从政局的动荡和经济两方面分析民初直鲁边界
匪患产生的原因。实际上，灾荒与匪患的产生有十分直接的关系，许多
土匪是因受灾生存困难而走上歧途的。"匪势猖獗，破坏性巨大，屠村
惨案频频发生，乡镇村落时常被匪洗劫一空。乡下骚乱不已，而城镇也
不得安宁，土匪袭击军警，抢劫盐店，劫掠邮局，毁坏通讯设施，甚至
攻陷县城等事件也时常发生。"① 土匪不仅祸害了居民生活，而且扰乱
了正常的社会秩序，甚至影响到地方政府的统治。

---

① 辛业：《民初直鲁边界匪患问题论析》《河北大学学报》2006 年第 2 期。

第三章　京直地方政府加强水务管理的举措

　　如何加强对京直水资源的管理与控制是研究京直水政的核心内容。从京直水政管理体系的建立看，北洋政府时期，京直水务机构不仅逐渐健全，而且职能逐渐明晰。由于历史原因造成的水资源的多头管理，虽然带来了许多弊端，但是京直地方政府通过改革水政监察制度，设立水上警察局，建立工巡队，加强州县官对水资源的监控权，加强了执法力度。在水资源争夺和控制方面，京直地方政府和民众，以及海河工程局之间的矛盾，体现了这一时期利益各方对水资源的重视，当然，也为日后利益各方进一步争夺海河河道管理权埋下了伏笔。前文已经述及，京直水资源虽然十分丰富，但是地区分布不均，年内降水集中，年际变化大。这些特点不仅容易造成水旱灾害，而且水的供需矛盾突出，这使京直对水资源的开发利用、河流整治的任务十分艰巨。为此，京直地方政府通过改革水务机构加强对水资源的管理和控制，一定程度上提高了水资源的利用率。

第一节　加强水务机构建设

　　水利问题自古至今都与人们的生活息息相关，近代以来，尽管内忧外患层出不穷，政权更迭频繁，但水务机构的调整与改革工作却从未中断。从中央到地方，水利、森林、渔、牧等有关环境方面的工作均有专门机构负责。面临日益恶化的水环境，中央和京直地方政府在水务机构方面都进行了较大改革，不仅各河河务局的职能得到加强，而且顺直水利委员会成立后加强了对京直地区水务的管理和建设，在治河问题上进行了由区域管理到流域管理的有益尝试。

一　清末民初水务机构沿革概况

从晚清到民国初期，无论是中央还是京直地方政府，水务机构呈现出职官逐渐增多，职能逐渐完善的发展趋势。

（一）中央水利职官沿革

清制，工部掌天下工虞器用，负责土木兴建、沟渠疏通等事务，设有营缮、虞衡、都水、屯田四清吏司。其中，都水清吏司主管河防、海塘及直省河湖、淀泊、川泽、陂池等水利之政令，平治道路，修葺桥梁等。1912 年，南京临时政府成立后，中央政府即公布各部组织，共设陆军、海军、外交、司法、财政、内务、教育、实业、交通九部，水利事宜划归内务部土木局管理。同时，实业部管理农、工、商、矿、渔、林、牧猎及度量衡等事务。中央政府迁都北京后，实业部分为农林、工商二部，农务、水利、山林、畜牧、蚕业、水产、垦殖事务归农林部管辖。1913 年，袁世凯修订官制，将工商、农林合并为农商部，规定该部管理农林、水产、畜牧、工、商、矿事务，下设农林司、工商司、渔牧司、矿政局。1914 年 1 月，全国水利局成立，直属国务院，局设总裁。各地方分设水利分局，设局长分理。水利事项由内务、农商两部与全国水利局协商办理。1927 年，南京国民政府成立后，所设行政各部委员会及其他机关增多，根据规定，"水灾防御属内政部，水利建设属建设委员会，农田水利属实业部，河道疏浚属交通部"。[①] 1928 年 11 月，南京国民政府还公布了《渔业法》及《渔会法》，1930 年起正式施行，并由农矿部公布《渔业法施行规则》《渔会法施行规则》《渔业登记规则》《渔业登记规则施行细则》。1931 年，农矿部与工商部合并为实业部，置下列各署司：林垦署、总务司、农业司、工业司、商业司、渔牧司、矿业司、劳工司、合作司（合作司为 1935 年增设）。1933 年，水利建设又改归内政部主管。1934 年，南京国民政府先后颁布《统一水利行政及事业办法纲要》及《统一水利行政事业进行办法》，以全国经济委员会为全国水利总机关，各部会有关水利事项之职掌，统归全国经济委员会办理。至此，水利行政乃告统一。

---

① 郑肇经：《中国水利史》，上海书店 1984 年版，第 340 页。

（二）京直地方水利机构沿革

从京直地方水利职官的情况看，清代，直隶省的河、湖、淀、泊、川、泽、沟、渠等水利事务，在雍正、乾隆时期由直隶河道总督管理。直隶河道总督被裁撤后，京直水政由直隶总督监管。清末"新政"时，地方官制中添设劝业道，负责农、林、牧、渔业。

中华民国成立后，各省之水务问题最初归实业厅管理，其与水务有关的职掌主要包括农林、渔牧的保护、监督、奖励及改良事项；蚕业改良；地方水利及耕地整理事项；天灾虫害之预防、善后事项；农林、渔牧各团体事项；农会事项；各种试验场事项等。为加强华北的水利建设，1928年，南京国民政府将顺直水利委员会改组为华北水利委员会，华北水利委员会统筹华北的水务工作。具体到县级水务的管理，1928年9月，南京国民政府公布《县组织法》，规定县政府设县长一人，下设二科至四科不等，设公安、财务、建设、教育四局，县建设局设局长一人，下分四科，主要掌管农矿、森林、土地、水利、道路、工程、桥梁、劳工、工商等事项。水利工程之勘测、规划、实施，由第二科负责，农林、渔牧、桑蚕、畜牧、益虫益鸟之保护等事宜，一般由第三科负责。由于与水政有关的业务逐渐增多，1931年，南京国民政府对建设厅的工作范围进行了调整，调整后其职掌包括：关于农林、蚕桑、渔牧、矿业之计划管理、监督保护奖进事项；关于整理耕地及垦荒事项；关于农田水利整治事项；关于农业经济改良事项；关于防除动植物病虫害，以及保护益鸟益虫事项；关于工商业之保护监督及奖进事项；关于工厂及商埠事项；关于商品之陈列及检查事项；关于度量衡之检查及推行事项；关于农会、工会、商会、渔会及其他农业、工业、商业、渔业、矿业各团体之监督事项等。对于上述各项事宜，在设立实业厅的省份归实业厅管理，在未设实业厅的省份，归建设厅管理。1917年以前，虽然京直地区有各自的河务局，但并没有专门负责整个京直地区的水利机构。1917年华北大水灾发生后，在中央政府、直隶地方政府、海河工程局的联合推动下，顺直水利委员会才得以成立，以期从整体上寻求研究京直河务问题的办法，协调治理水患。为实现这一目的，顺直水利委员会在直隶、京兆一带浚修河道、测量水文、制订治河计划，为治理京直区域水患、防治水灾，初步制订了治标计划和治本计划。

二　改革京直水务机构

为预防和治理水患，京直地方政府对各河河务局进行了调整，成立了督办京畿水灾河工事宜处和顺直水利委员会。通过上述活动，京直地区的水利组织机构得到完善，为改善和治理水环境打下了一定的基础。对于北洋政府时期水务管理组织机构，过去学界关注较少，研究亦较为薄弱①。实际上，北洋政府时期，京直地区水利组织机构改革，以及其所进行的水利工程建设，对于海河流域水环境的改善发挥了重要作用。

（一）改组河务机构。清季，京直地区河务事宜分属于永定河道（管辖永定河）、通永道（管辖北运河、通惠河）、天津道（管辖南运河及子牙河）、清河道（管辖潴龙河、拒马河、滹沱河及东、西淀）、大顺广道（管辖漳、卫诸河）。光绪三十一年（1905），直隶在天津设立水利总局，办理河工事务，但成效不明显。

为加强河务管理，北洋政府对京直河务机构进行了调整。1913年，天津河务局成立，负责管理天津道所辖南运河、子牙河事务。不久，天津河务局又接管清河道、通永道所辖大清河、北运河河务。1918年，内务部认为，"民国肇建，旧例既不尽适用现行法令，亦未经规定，名称复杂，殊难收整齐画一之效"。② 此后，直隶地方政府和京兆尹公署对所辖河务机构进行了改组，这次改革主要是根据内务部对河务机关改革的目标和内容，即明确各河务局职权。京直各河务局通过改组行政机构，不仅扩大并明确了河务局的管理职能和范围，而且在河务机关职能转变方面做出了努力，为建立一支有效的河务队伍做出了探索和尝试。1918年，直隶改组河务局，设立东明河务局，由大名道尹兼管。自永定河、北运河、西河划归京兆尹管辖后，直隶的天津河务局，综理大清河、子牙河、南运河、北运河等河事务。京兆则设置永定河、北运河两河河防局。之后，直隶就事务之繁简，辖地之广狭，工程之险易分为三

---

① 目前所见相关成果主要有池子华、李红英、刘玉梅《近代河北灾荒研究》（合肥工业大学出版社2011年版），刘力川《1917年京直水灾救济研究——督办京畿一带水灾河工善后事宜处为中心》（硕士学位论文，河北大学，2010年）。上述两项成果主要侧重灾荒和救济的研究，对于这一组织与水环境改造的关系研究内容较少。

② 《呈大总统筹拟画一河务局暂行办法缮单请鉴核文》，《河务季报》1919年第1期，文牍，第1页。

等，逐渐健全了河务局机构设置。如直隶河务局设海河事务管理员、九宣闸管理员、府河各闸管理员各一名，管理各闸启用。设东淀堡船管理员一名，管理东淀事务。南运河河务局、大清河河务局、子牙河河务局、直隶黄河河务局等河务局均设置了工巡队，永定河河务局设金门闸管闸委员一名，永定河电话局司事两名，南北两岸各设十工，除四个分局就近驻扎一工外另设十六个驻工办事处，每工还设置了一支工程队。北运河河务局下设驻工办事处两处，二百二十七名巡防兵分为十队办理修防河工事务。

直隶在改革旧有河务机构的同时，也在探索一条新的水政管理模式，成立研究水务问题的研究机构。1914 年，直隶成立全省河务筹议处。在谈到成立该机构的原因时，直隶巡按使称："直隶近年河患频仍，防汛抢修，岁糜公帑。本巡按使莅任以来，考察全省河务，以为治河之病，当先知河身受病之源。河流情形今昔迥异，应先实地勘测，绘图列说，以为根据。"[1] 所以，巡按使决定派出技术专员，前往各河测勘。组织谙习河务并熟悉本省情形者共同讨论，作为治河之先导。巡按使在其公署设立全省河务筹议处后，延请顾问，遴选议董及主任。之后，直隶巡按使委任商会协理卞荫昌为全省河务筹议处制定了《直隶全省河务筹议处简章》。该简章规定全省河务筹议处附设于巡按使公署内，工作人员由巡按使分别照会委任，设主任、顾问、议董、文牍员、调查员，以研究直隶全省河务利病，筹议改良进行各法，以为治河先导。该处不定期召开会议，"凡关于本省河务，除河务行政事项仍由主管各机关照旧办理外，其有政府行查或人民条议，暨有特别疏浚、修筑等事项，概由巡按使发交本处筹议"。[2]

（二）明确河务局的职责。1919 年，内务部颁布了《划一河务局暂行办法》，规定"河务局管理该管区域内治水工程及其他一切河务"。[3]

---

① 《直隶巡按使委任商会协理卞荫昌为全省河务筹议处议董饬并附筹议处简章》，天津市档案馆等编：《天津商会档案汇编（1912—1928）》第 3 册，天津人民出版社 1992 年版，第 3207 页。

② 《直隶巡按使委任商会协理卞荫昌为全省河务筹议处议董饬并附筹议处简章》，天津市档案馆等编：《天津商会档案汇编（1912—1928）》第 3 册，天津人民出版社 1992 年版，第 3208 页。

③ 张恩祐：《永定河疏治研究》，志成印书馆 1924 年版，第 53—54 页。

河务局之名称如下：直隶河务局（1919 年 3 月改称直隶黄河河务局）、山东河务局、河南河务局、湖北河务局、天津河务局（1919 年 3 月改为直隶河务局）、永定河河务局、北运河河务局。各河务局之管辖区域如下：（1）直隶、山东、河南各河务局管辖各该省境内之黄河及其他关系之河流，但河南河务局兼管河南省境内沁河工段。（2）湖北河务局管辖万城、钟祥等堤工段及其他关系之河流。（3）天津河务局管辖直隶省境内之北运河、南运河、大清河、子牙河等河及其他有关系之河流。（4）永定河河务局管辖永定河及其他有关系之河流。（5）北运河河务局管辖京兆境内之北运河及其他有关系之河流。河务局依事务之繁简，管辖区域之广狭，分为两等：一等河务局和二等河务局。河务局职员有局长，技术员，事务员。一等河务局局长由该管最高行政长官报由内务总长呈请简任，二等河务局局长由该管最高行政长官报由内务总长荐任。局长总理局务，监督所属职员。技术员及事务员由河务局长委任，呈报该管最高行政长官转咨内务部备案，承局长之命办理技术事务，事务员承局长之命分理局务。河务局分为数科，各科之职掌由局长拟定。河务分局分为数股，其职掌由分局局长拟定，报由河务局长核准。河务局及河务分局因办理河工认为必要时得设置驻工办事处，驻工办事处规程由河务局局长拟定，呈由该管最高行政长官咨报内务总长核定。河务局因事务之必要得设置工巡队，工巡队得分隶于河务分局。工巡队章程由河务局长拟定，呈由该管最高行政长官咨报内务总长核定。河务局、河务分局办理规程由该管最高行政长官核定，报由内务部备案。河务局因办理河工，得委托沿河各县知事协助之。①

　　根据上述办法，京直地方政府对本辖区的河务机构进行了改组，直隶河务局更名为直隶黄河河务局，管辖直隶境内黄河及其他有关河流；天津河务局更名为直隶河务局，管辖直隶境内之北运河、南运河、大清河、子牙河等河及其他有关河流；永定河河务局管辖永定河及其他有关河流；北运河河务局管辖京兆地区北运河及其他有关河流。各河务局管理该管区内治水工程及其他一切河务。因事务较多，管辖区域较广，直隶河务局、直隶黄河河务局、永定河河务局和北运河河务局为一等河务

---

① 参见张恩祐《永定河疏治研究》，志成印书馆 1924 年版，第 53—56 页。

局。直隶河务局在南运河、大清河、子牙河三河各设一等分局，北运河下游设二等分局；直隶黄河河务局在南北两岸各设一等分局；永定河河务局于南岸上游、南岸下游、北岸上游、北岸下游四处各设一等分局；北运河河务局在北运河东岸和西岸各设一等分局。

　　京直各河务局的建立，强化了对辖区河流的管理，主要体现在管辖范围和职责进一步明确。如京兆北运河河务局，在清代自河道以下曾设有务关同知、通州石坝同知、杨树通判、香河主簿等职官。中华民国成立后，上述各职官被相继裁撤，两岸数百里仅有理事一员，县佐二员。该局改设为一等河务局后，分设二科：总务科、技术科。总务科设科长一员，事务员六员至八员。技术科设科长一员，技术员二员，技术生一员。全河设总稽查员一员，视察员二员，隶于总局以资助理。此外，于北运河东岸下游杨树设一等分局一处，管辖杨树东泛、三里浅泛、王家务泛，工段长一百一十七里。于北运河西岸河西务设一等分处一处，管辖杨树西泛、河西务泛、漷县泛，工段长一百三十七里。又于通县东关暂设驻工办事处一处，管辖通县泛、通庆泛，工段长八十四里。又于牛牧屯暂设驻工办事处一处，管辖香河泛、潮白泛及牛牧屯新堤，工段长九十五里。两岸所设一等分局二处，各设分局长一员，各设技术兼事务员一员，两岸暂设驻工办事处二处，各设主任一员，其原有河兵二百二十七名，改编为工巡队十队，每队设队长一员，隶属于各分局驻工办事处，受局长及各分局长并驻工办事处主任之监督和指挥。

　　京兆永定河务局也是同样的情况。京兆尹王达称，清朝时永定河设河道总督专门管理河务，设五厅二十一文汛，两武汛，并都守协三营，两岸千把总及经额战守兵丁共一千六百八十九名，分辖两岸。后因经费支绌，遂于1914年改设一局三理事，十四县佐，四武汛并两队长，两稽查，三常防员及工巡兵等，共一千二百名。因河务人员被大量削减，严重影响到对河务的治理。针对这种情况，京兆永定河河务局加强了对永定河的管理，设立永定河河务分局。具体情况如下："一、于南岸上游设一等分局一处，定名永定河南岸上游河务分局。二、于南岸下游设一等分局一处，定名永定河南岸下游河务分局。三、于北岸上游设一等分局一处，定名永定河北岸上游河务分局。四、于北岸下游设一等分局一处，定名永定河北岸下游河务分局。"① 此外，京兆对永定河河务局官制进行了改革，制定了《京兆河工官吏暂行任用章程》，该章程规定，京兆河工官吏按照 1914 年改组方案设置局长、理事、技师、河工县佐、河工汛官。河防局长的资格选拔为："一，在本国或外国工科大学毕业，曾办河工二年以上著有成绩者；一，曾任河工人员经该管最高行政长官预保，以河防水利等局长交国务院存记者；一，曾任河工道员，或河防水利局长办理河工三年以上著有成绩者；一，现任或曾任河防理事，办理河工六年以上著有成绩者。"② 河工理事资格任用、技士资格任用、河工县佐、汛官资格任用，均需有三年专业学习经历。并强调在本国或外国土木工科学校三年毕业或一年半以上毕业，办理河工一年以上。③

　　此外，京兆地方公署还认真落实内务部制定的《修正河务官吏任用暂行办法》。该办法主要内容有：（1）河务局官吏之任用依本办法行之。（2）一等河务局长由各该省区最高行政长官就合于下列资格之人员咨，由内务总长查核后呈请简任或径由内务总长从符合下列资格的人员当中挑选并呈请简任。第一，具有文职任用令第三条列举资格之一，并富有河务经验或学识者；第二，曾任或现任与简任相当之河务官吏三年以上著有成绩者；第三，有相当资格人员经本部或各省区最高行政长官就合于下列资格之人员，咨由内务总长查核呈请荐任。（3）二等河务局长由该管最高行政长官就合于下列资格之人员，咨由内务总长查核呈请荐任。第一，具有文职任用令第四条列举资格之一，并富有河务经验或学识者；第二，曾任或现任河防河务海塘水利各局长三年以上著有成绩者；第三，各省区最高行政长官咨部核准以荐任河务官吏存记者。（4）一等河务分局长由河务局长就前条所列资格人员，呈请该管最高行政长官，咨由内务总长查核呈请荐任。（5）二等河务分局长由河务局长呈请该管最高行政长官就合于下列资格之人员分别委任，报由内务部查核备案。第一，具有文职任用令第五条列举资格之一，并富有河务

---

　　① 《永定河务局局长张树栅谨将改组章程缮具清折恭呈鉴核》，《京兆通俗周刊》1919 年第 17 期。

　　② 《京兆河工官吏暂行任用章程》，《京兆公报》1918 年第 34 期。

　　③ 参见《京兆河工官吏暂行任用章程》，《京兆公报》1918 年第 34 期。

经验或学识者；第二，曾任或现任与分局长相当职务之河务官吏两年以上，卓有成效者。（6）技术员由河务局长就合于下列资格之人员分别委任，报由该管最高行政长官查核转报内务部备案。第一，在各学校土木工科及河海工程学校毕业者；第二，现在或曾在河工办理技术事务三年以上著有成绩者。（7）事务员由河务局长就合于下列资格之人员分别委任，报由该管最高行政长官查核，转报内务部备案。第一，具有本办法第五条列举资格之一者；第二，现任或曾任河防、河务、海塘水利各局职员两年以上著有成绩者；第三，分发河工任用者；第四，具有本办法第三条资格者仍留原有资格。[①] 从上述河务官吏的任用办法看，河务官吏的选拔体现了将业务能力和实践能力相结合的特点。通过改革，京兆地方公署加强了各河务局的人员配备。以永定河河务局为例，到1924 年，所属职官逐渐配备齐全，详见表 3－1。

表 3－1　　　　　　　　永定河河务局暨所属职官表

职任	姓名	别号	年岁	籍贯	附记
局长	王福延	鹤年	四十六	京兆宝坻	
总务科长	王桂照	月川	四十	京兆宛平	兼征收处长
技术科长	宋福祺	碬予	三十四	直隶滦县	
会计科长	王叶	润旉	三十三	京兆宝坻	
技术员	晏绍珪	特如	三十三	四川华阳	
科员	孙葆光	星海	四十一	京兆通县	
科员	高燮廷	绍卿	四十一	热河承德	
科员	王国藩	镇封	三十	京兆宝坻	
科员	常景铭	鼎新	三十三	直隶饶阳	
科员	季廷桂	砚香		京兆宝坻	
科员	韩国英	俊千	三十六	京兆宛平	
科员	李文麟	瑞五	三十一	京兆宛平	
警卫长	夏凤桐	蔼棠	三十四	直隶青县	
南上分局长	刘燨	星门	五十八	四川铜梁	一等一级缺
分局一等事务员	王永立	少卿	五十	京兆宛平	

---

① 参见《修正河务官吏任用暂行办法》，张恩祐：《永定河疏治研究》，志成印书馆 1924 年版，第 57—58 页。

续表

职任	姓名	别号	年岁	籍贯	附记
分局二等事务员	方寿祺	介眉	四十五	京兆涿县	
分局技术员	鲁苹	鹿宾	四十八	浙江新建	
南上一工主任	胡德基	润生	四十二	浙江绍兴	四等缺
南上二工主任	汤洪钧	少鹤	三十一	四川巴县	三等缺
南上四工主任	王钰	式如	五十七	直隶文安	一等缺
南上五工主任	陈鹿芩	幼棠	四十八	浙江绍兴	二等缺
南下分局长	张培荚	香楷	四十四	京兆安次	一等四级缺
分局一等事务员	张锺璧	羡癯	三十八	京兆安次	
分局二等事务员	刘仲元				
分局技术员	王鸿富	景壁	三十一	山东蓬莱	
南下一工主任	郑奎炳	耀卿	三十六	京兆永清	二等缺
南下二工主任	徐鼎	铸九	三十七	安徽当涂	三等缺
南下四工主任	西瑞鸿	仲翔	四十	京兆永清	一等缺
南下五工主任	安明	述尧	四十一	直隶赵县	四等缺
北上分局长	潘锡琮	宝廉	五十一	浙江绍兴	一等二级缺
分局一等事务员	王乐章	绎如	四十七	京兆霸县	
分局二等事务员	陶甄	菊侪	三十六	江苏吴县	
分局技术员	陈树荣	锦堂	三十七	江苏溧阳	
上一工主任	孙贻安	乐之	四十一	京兆宛平	四等缺
北上二工主任	张翀翼	丹书	五十	京兆永清	二等缺
北上四工主任	顾光衡	怡荪	三十四	浙江吴兴	二等缺
北上五工主任	徐景智	雅山	四十四	京兆涿县	一等缺
北下分局长	冯复光	述先	三十三	京兆霸县	一等三级缺
分局一等事务员	刘莲溪	逸馨	四十	京兆永清	
分局二等事务员	龚长藻	鑑如	三十七	京兆大兴	
分局技术员	曹辅臣	君佑	四十七	江苏江阴	
北下一工主任	王乔年	松甫	四十九	山东蓬莱	四等缺
北下二工主任	陈其昌	丽生	六十四	安徽无为	一等缺
北下四工主任	崔鸿钧	云韶	三十七	京兆永清	三等缺
北下五工主任	张丹墀	彤侯	四十二	安徽桐城	三等缺
调往北遥堤闸坝主任	宋安澜	附山	六十	京兆永清	

续表

职任	姓名	别号	年岁	籍贯	附记
工巡第一队长	杨培元	植庭	四十三	京兆武清	
工巡第二队长	赵允修	慎亭	四十四	京兆永清	
工巡第三队长	王殿俊	秀升	三十七	京兆宛平	
工巡第四队长	万铸	剑峰	三十九	京兆固安	
南岸总稽查	王德隣	智轩	三十八	京兆固安	
北岸总稽查	黄豫恒	君久	三十三	京兆安次	
南上巡查员	苏九如	慕尧		京兆良乡	
南下巡查员	解承培	植生	二十八	京兆安次	
北上巡查员	杨书田	砚池	四十七	京兆宛平	
北下巡查员	刘玉芳	蓝田	五十二	京兆安次	
树艺员	王拔萃	选青	五十六	安徽泾县	
树艺员	王泽普	祝三	三十五	京兆固安	
树艺员	徐肇邦				

资料来源:张恩祐:《永定河疏治研究》,志成印书馆1924年版,第59—64页。

从表3-1看,这一时期永定河河务局所属职官和清代的河务职官相比已经发生了较大变化。设置了工巡队、稽查、巡查、树艺等人员,体现了加强对河道保护和管理的理念。

为保证河务工作顺利开展,永定河河务局在调整机构设置的同时增加了办公经费。清代,永定河每年需银约四十八万两。进入民国以后,地方财政日渐拮据,永定河河务局经费屡被核减,到1924年,支付实数不足二十万元。为改善这一状况,京北地方公署决定酌增河工经费,以济工需。京兆永定河河务局薪饷及工费预算等情况,详见表3-2。

表3-2 京兆永定河河务局薪饷工费预算表

支出经常门			
	科目	年计(元)	备考
第一款	本局暨附属经常费	101100 199771	

续表

	支出经常门		
	科目	年计（元）	备考
第一项	本局经费	13716	
第一目	局长俸给、公费	6000	
第二目	局员薪水	5856	
第三目	局役工食	720	
第四目	杂　支	540	
第五目	旅　费	600	
第二项	分局暨附属经费	23616	
第一目	分局长俸给、公费	6120	
第二目	主任俸给、公费	14360	
第三目	两岸稽查巡查分局员司薪水	3136	
第三项	工巡队薪饷	28416	
第一目	队长及工巡官薪饷	3936	
第二目	工巡兵饷需	2448	
第四项	闸坝铁轨电话员工经费	1432.48	
第一目	闸坝铁轨经费	496.48	
第二目	电话经费	936	
第五项	岁修工料各项经费	91320	
第一目	岁防桩料等项	60520	此项桩料价，每年冬季领发，购备应用。
第二目	春修土石各工	18000	此项土石工价，每年春融时领发。
第三目	春厢埽工	4800	此项埽厢工费，每年春融时领发。
第四目	土坝工用器具	600	此项器具工价，每年于春工厢修兴工前领发。
第五目	工巡兵目津贴伙食	7200	工巡兵目，每值春工厢作及大汛抢险时，应给饭银津贴，约需此数。
第六目	搜捕地羊獾狐犒赏	200	此项犒赏，獾狐每只两元，地羊每只两角，约需此数。

续表

支出经常门			
	科目	年计（元）	备考
第六项	修缮费	1270.520	

支出临时门			
	科目	年计（元）	备　考
第一款	永定河防 临时经费	101110 40000	
第一项	防险经费	26000	大汛凌防汛险费，均关紧要，此款必须先期筹备，免致临时束手，预估约需此数。
第一目	大汛防险	25000	
第二目	凌汛防险	1000	
第二项	紧急工程	13000	永定河流，迁徙靡定，往往发生新险，不及估报，约需此数。
第三项	临时杂支	1000	秋伏大汛，永定河南北两岸绵长四百余里，亟须添派电话司事工匠随时修理，以期传达消息灵通，并一切临时杂支，约需此数。

资料来源：张恩祐：《永定河疏治研究》，志成印书馆1924年版，第65—67页。

　　为提高河务工作人员的积极性，北洋政府内务部颁布了《河工奖章条例》，京兆地方公署立即训令永定河、北运河河务局和二十个县知事遵办。该条例规定，河工官吏有下列劳绩之一者得给予河工奖章。如，"一、值河工上有非常事变时拼力抢护转危为安者；二、办理决口大工著有功绩者；三、约束民夫抢办堤埽各工异常出力者；四、三泛安澜著有特别成绩者；五、承办工程逾保固年限仍甚坚实者；六、如期合龙经查明工科［料］坚实者；七、尽瘁职务奋不顾身者；八、研究河工确有心得者；九、办理河务著有特别成绩者"。[①] 此外，凡对于河工有下

① 《河工奖章条例》，《京兆公报》1917年第21期。

列情况之一者给予河工奖章。"一、资助款项者；二、捐物料者；三、出助夫役者；四、供给劳力者；五、研究河工著有专书经部核准者；六、其他对于河工有特别之补助者。"① 对于京兆永定河、北运河两河的河务机构改革，北洋政府十分重视，不仅提高了这两个河务局的等级，而且简派有丰富治水经验的官员任职，对于京兆尹王达的请求也予以满足。

京直地方政府在改革河务机构的同时，加强了水政管理人员的选拔、任用和管理工作，集中调换了一批工作人员。1918 年 12 月，张树栅署理永定河河务局局长，1920 年 11 月，正式担任该职。1918 年 12 月 21 日，王福延署理北运河河务局局长。1919 年 3 月 2 日，姚联奎兼直隶黄河河务局局长，1920 年 11 月，因病辞职。不久，北洋政府任命张昌庆兼直隶黄河河务局局长。1919 年 3 月 28 日，宋彬署直隶河务局局长。1919 年 4 月 6 日，内务部任命叶树勋为直隶黄河河务局南岸分局局长，程长庆为直隶黄河河务局北岸分局局长，赵英汉为直隶河务局南运河分局局长，李宝森为子牙河河务分局局长，冉凌云为大清河河务分局局长，刘曦为京兆永定河河务局南岸上游分局局长，孙澄为南岸下游分局局长。水务管理人员素质的高低，直接关系到水政管理队伍的水平。张树栅、李宝森、王福延、姚联奎等长期从事水政工作，在工作中不断摸索，在许多问题上形成了自己独特的经验。对于河务人员的管理，京兆尹同样不断摸索经验，将鼓励、奖励与惩罚相结合。他说："河务职官，原为严防水患，保卫民生。河工人员既负有守护防抢之责，自应存己饥己溺之心。"② "务须廉洁从公，勤奋尽职。"③ "遇险拼力抢护者，自当按照河务官吏奖惩条例特别奖励。倘有因循敷衍，懈忽职务者，撤差。因而贻误工程者，重惩。"④ 此外，京兆尹还提出，有在经

① 《河工奖章条例》，《京兆公报》1917 年第 21 期。
② 《训令永定、北运两河局长及在职人员务宜廉洁从公文》，《京兆公报》1925 年第 292 期。
③ 《训令永定、北运两河局长及在职人员务宜廉洁从公文》，《京兆公报》1925 年第 292 期。
④ 《训令永定、北运两河局长及在职人员务宜廉洁从公文》，《京兆公报》1925 年第 292 期。

费上舞弊者，一经查实，将予以严惩。"本尹言出法随，决不宽贷。"①

（三）加快河务局科层管理机制转化。科层制理论是由德国社会科学家马克斯·韦伯提出的，指由专业人员依照既定规则进行行政管理。科层制的结构特征是实行专业化分工，量才用人。京直各河务局在改组过程中引入了科层制管理机制，河务机构的科层制结构特征逐渐凸显，这从京直水务机构的设置、人员配备、工作职能的调整等方面可以窥见。

根据内务部制定的《划一河务局暂行办法》和《修正河务官吏任用暂行办法》，京直地区结合自身实际情况，立章建制，拟定了《直隶河务局改组章程》《永定河河务局改组章程》《北运河河务局改组章程》《直隶黄河河务局办事规程》等文件，并呈报内务部核准施行。

直隶河务局是统筹全省水政工作的重要机构，对于其部门设置及所承担的职能，《直隶河务局改组章程》进行了详细规定，局一级管理部门设置如下：直隶河务局设局长一员，管理南运河、子牙河、大清河、北运河下游、海河等五河及河闸事宜。河务局置技术员二人，事务员六人，承局长之命分管各科事务。直隶河务局设置三科，其员额并职掌如下：总务科掌管本局庶务，收发文件，监用印信及局员选调及其他不属于各科事项。技术科掌管本局所辖各河堤埝坝埽一切工程，以及稽核料物石方暨测绘事项。会计科掌管本局预算、决算及各项收支经费，并稽核各分局队之会计事项。各科置科长一员，科员一员，以事务员充之，管理各该科事务。技术员隶属于技术科，专管该科技术事务。直隶河务局各科额设雇员及公役如下：一等雇员一员，二等雇员两员，三等雇员五员，传达一名，护兵四名，测量兵四名。南运河、子牙河、大清河三河各设一等分局，其名称、地点及设置员名如下：南运河河务分局设在沧县，设一等分局长一员，事务员一员，技术员一员，二等雇员一员，三等雇员两员，护兵两名，公役两名。子牙河河务分局设在河间县的刘各庄桥。设一等分局长一员，事务员一员，技术员一员，二等雇员一员，三等雇员两员，护兵两名，公役两名。大清河河务分局设在任丘县的十方院。设一等分局长一员，事务员一员，技术员一员，二等雇员一

---

① 《训令永定、北运两河务局长及在职人员务宜廉洁从公文》，《京兆公报》1925年第292期。

员，三等雇员两员，护兵两名，公役两名。南运河、子牙河、大清河三河各置巡船一艘，各艘雇佣水手四名。关于二等河务分局的设置规定如下：北运河下游设二等分局，其名称为北运河下游河务分局，设在天津县的北仓，设二等分局长一员，二等雇员一员，三等雇员一员，公役两名。另外，关于水闸的启闭管理更加规范化，管理海河事务并各闸启闭设员情况为：设海河管理员一员，三等雇员一员，公役两名，闸夫十二名。管理九宣闸启闭设员情况如下：设九宣闸管理员一员，三等雇员一员，闸头一名，闸夫十二名。管理府河各闸启闭设员情况如下：设府河各闸管理员一员，一等雇员一员，三等雇员一员，公役两名，闸头六名，闸夫二十名。关于工巡队建设，该章程规定，南运河、子牙河、大清河三河分段设置工巡队，具体情况详见本章第二节"改革水政监察制度"。

因治理永定河工作的需要，1920 年，永定河河防局改为京兆永定河河务局，京兆地方公署制定了《永定河河务局改组章程》①，对该河务局的职能与分工进行了较大改革。该章程规定，永定河河务局管辖区域以永定河流域在京兆范围以内者为限，设局长一员，由京兆尹报内务总长呈请简任之。永定河河务局局长承京兆尹之监督，管理本局一切事务及其他有关系之河流，并监督各分局及所属职员。永定河河务局设技术员两人，事务员八人，由局长委任，承长官之命办理各科事务。永定河河务局设总务科和技术科两科，总务科掌理本局文书、会计、庶务事项，技术科掌理全河一切工程及测绘事项。各科置科长一人，由局长于技术员或事务员中选派。永定河金门闸设管闸委员一员，由局长委任，管理本闸启闭事宜。永定河电话局设司事两员，由局长派充，管理电话设备事宜。永定河河务局还划分了河务分局等级，并重新设置名称。具体情况如下：一是于南岸上游设一等分局一处，定名永定河南岸上游河务分局。二是于南岸下游设一等分局一处，定名永定河南岸下游河务分局。三是于北岸上游设一等分局一处定名永定河北岸上游河务分局。四是于北岸下游设一等分局一处，定名永定河北岸下游河务分局。一等分局各设分局长一员，由河务局长呈请京兆尹呈由内务总长荐任之。设事务员两人，技术员一人。永定河南北岸各分为十工，除各分局就近驻在该工不计外，其余十六工每工设一驻工办事处。各驻工办事处各设主任

---

① 《永定河河务局改组章程》，《河务季报》1920 年第 2 期，第 62—64 页。

一员，常川驻工由河务局局长呈请京兆尹委任之。各驻工办事处按工规定名称如下：一是永定河南岸上游某工驻工办事处。二是永定河南岸下游某工驻工办事处。三是永定河北岸上游某工驻工办事处。四是永定河北岸下游某工驻工办事处。永定河各分局所辖工段之长短，每工应分若干号，其局处办事细则另以办事规程定之。各工主任以分发永定河河务局县佐及旧有人员任用之，工程队以旧设工程队正副队长、工巡兵目改编之。每届春工防汛及有特别事件发生，得派临时事务员执行之。永定河分局局长及驻工办事处主任，承河务局局长之命令管理该境之事务，其驻工办事处主任并受分局长之监督。工程队受河务局局长并分局长及办事主任之命令，办理修作防抢及栽植看守一切事宜。

　　1920 年，北运河河防局改组为北运河河务局，具体情况在《北运河河务局改组章程》①中有详细说明。该章程规定北运河河防局改组为北运河河务局，管辖区域以北运河流域在京兆范围以内者为限。北运河河务局设局长一员，由京兆尹报内务总长呈请简任之。北运河河务局局长承京兆尹之监督，管全河一切事务及其他有关系之河流，监督各分局及所属职员。北运河河务局设技术员两人，事务员六人，由局长委任，承长官之命办理各科事务。北运河河务局设总务科和技术科两科：（1）总务科掌理本局文牍、会计、庶务事项；（2）技术科掌理全河一切工程及测绘事项。各科置科长一人，由局长于技术员或事务员中选派。北运河东岸下游东杨村设一等分局一处，管辖杨村东汛、三里浅汛、王家务汛。牛牧屯暂设驻工办事处，管辖香河汛、潮白汛，以及牛牧屯新堤。北运河西岸河西务设一等分局一处，管辖杨村西汛、河西务汛、漷县汛。通县东关设驻工办事处，管理通县汛、通庆汛。京兆尹认为，如果将来牛牧屯开新河挽潮白河之水入北运河后，不但王家汛一带堤岸吃紧，而且西岸河西务上下堤岸迎溜顶冲，事关紧要。而牛牧屯新河东岸新堤多为新土，堤岸不坚实，一旦出险，情况即非常危急，京兆尹希望添设分局。于是，北运河两岸所设一等分局两处，各设分局长一员，由河务局长呈请京兆尹呈由内务总长荐任之，各设技术兼事务一人。两岸暂设驻工办事处两处，各设主任一员，由河务局长呈请京兆尹委任之。两岸春工大汛时期，按汛另加汛员或加段员、督兵防守。北运河河务局

<hr />

　　①　《北运河河务局改组章程》，《河务季报》1920 年第 2 期，第 65—67 页。

共设巡防兵二百二十七名，分为十队，分段巡防。每队设队长一人，分隶各分局及驻工办事处，由河务局局长委任之。如有临时事件发生时，由河务局委派临时事务员执行之。北运河分局局长及驻工办事处主任，承河务局局长之命令管理各该境之事务，其驻工办事处主任并受分局长之监督。巡防队受河务局局长并分局长及驻工办事处主任之命令，办理修作、防抢及栽植、看守事宜。

直隶为加强流经本省境内黄河的管理，设立了直隶黄河河务局，并制定了《直隶黄河河务局办事规程》①，根据规定直隶河务局直隶于直隶地方公署，主管直隶境内黄河两岸各工段。黄河南北两岸河务局直隶于直隶黄河河务局，督同各汛驻工办事处及工巡队管理所辖汛内修守事宜及工程储料物品等。黄河南北两岸工巡队直隶于河务局兼分管于本管分局，管理各汛一切工程事宜。河务局河务分局工巡队所辖员司工役之设置，驻防地点之分配，得适用前次呈准改组章程，但因办理工程认为必要时，得配量改设，由河务局呈请省长咨请内务部核定。直隶黄河河务局设局长一员，由大名道尹兼任，管理直隶境内黄河河务，并监督各分局及所属职员。设技术员两员，事务员两员，承局长之命分掌各科事务。河务局置总务科和工程科两科，总务科掌管本局会计、庶务，收发文件，监用印信，并承管本局分局员司之迁调委用，综核各分局队经费之预算、决算及其他不属于各科事务。工程科掌管南北两岸分局一切工程，查验埽坝堤埝之修守，稽核正杂料物之购用，以及关于两岸测绘事务。总务科和工程科各置科长一人，以事务员或技术员充之，主管本科事务。科员以事务员或技术员充之，助理本科事务。雇员分配各科办理庶务，收发及保存案卷，缮写文件等项事务。大汛期内局长可根据情况酌设临时协防委员八人，襄助各驻工办事处监修堤工防守各事务。

从上述有关文件中我们可以看出，直隶各河务局负责本辖区内河务事务，下设职能更加明确的科室。直隶河务局置总务科、技术科和会计科三科，总务科掌管本局庶务，收发文件，监用印信，局员迁调及其他不属于各科事项；技术科掌管本局所辖各河堤埝坝埽一切工程及稽核料物石方及测绘事项；会计科掌管本局预算、决算及各项收支经费，并稽核各分局队之会计事项。直隶黄河河务局下设总务科和工程科两个科

①　《直隶黄河河务局办事规程》，《河务季报》1920年第3期，第32—36页。

室，总务科掌管本局会计庶务，收发文件，监用印信，并承管本局分局员司之迁调委用，综核各分局队经费之预算及其他不属于各科事务。工程科掌管南北两岸分局一切工程，查验埽坝之修守，稽核正杂料物之购用，并关于两岸测绘事务。黄河河务分局设三股，即总务股、计核股、工程股，并对各股职掌做了规定。总务股掌管收发文牍，保管文卷与守关防各事务；计核股掌管收支款项，办理庶务及预算决算各事务；工程股掌管估验工程，计划修守及保管料物各事务。① 直隶永定河河务局设技术员两人，事务员八人，办理各科事务。局内设有总务、技术两科，总务科掌管本局文牍、会计、庶务事项，技术科掌管全河一切工程及测绘事项。北运河河务局设两科，总务科掌理该局文牍、会计、庶务事项；技术科掌理全河一切工程及测绘事项。从京直地区各河务局内部机构职能划分看，基本达到了科层制分科治事的要求。

京直地区各河务局是北洋政府水利行政体制的重要组成部分，负责辖区内水资源的开发、管理与利用。由于各种原因，北洋政府时期京直河务机构在工作中存在疏防溺职、舞弊取利，专顾自己辖区，没有全局观等缺点和不足。但京直各河务局的改组，体现出北洋政府以及京直地方政府健全水利行政体制的新尝试。

三　设立督办京畿水灾河工事宜处

1917 年，华北发生大水灾，京直各河泛滥，京畿水灾河工事宜处是在这样的情况下，为督办水灾而成立的。该机构成立后，在河工及社会救治方面发挥了重要作用，是京直地方政府对水务管理改革的一次尝试。

（一）督办京畿水灾河工事宜处的成立

清雍正八年（1730），中央政府为加强对京城及直隶河务的管理，设直隶河道总督，负责海河水系各河的管理工作，直隶河道总督下辖永定道、通永道、天津道、清河道、大顺广道五个管河道。武职设天津河标营，分左右两营，由副将与游击统领，有马步官军近千名。雍正、乾隆年间，直隶河道总督对于直隶地区的河务整治、工程修建、运道管理

---

① 参见内务部土木司《直隶黄河河务分局办事规程》，《河务季报》1920 年第 3 期，第 37 页。

起到了重要的作用。随着直隶河道治理工作渐趋正规，乾隆十四年
（1749），直隶河道总督被裁撤，京畿及直隶一带河务管理工作由直隶
总督兼管。进入民国以后，因政局动荡，水务管理更加松懈。1917 年，
京直水灾给当地居民的生产和生活造成了巨大损失和影响，北洋政府当
局紧急设立"督办京畿水灾河工事宜处"，负责管理京直水务。

督办京畿水灾河工事宜处全称为"督办京畿一带水灾河工善后事宜
处"，该处成立后，熊希龄为督办。作为本处的最高管理者，熊希龄制
定了《督办京畿一带水灾河工善后事宜处编制简章》，该简章规定该处
在北京（石驸马大街）设办事处，并在天津设分处。该处设驻京坐办
一员，驻津坐办一员，秘书五员，分设总务、会计、赈务、编译四股，
各设股长、副股长、股员若干员。根据规定，该处的主要职责如下：对
于查灾、查赈、施衣、防疫各事得另聘专员并酌定地段，分驻各处办
理。对于治河事宜得延聘中外专家或工程师另设委员会，会章另定之。
本处设总务股、会计股、赈务股、编译股。总务股职掌事务有：关于撰
拟文电事项；关于缮译、收发文电事项；关于典守关防事项；关于保
存、经理文卷事项；关于庶务、购置事项。会计股职掌事务有：关于赈
工款项收支事项；关于经募捐输事项；关于会计簿记事项；关于预算决
算编造事项。赈务股职掌事务有：关于灾区调查报告事项；关于筹划灾
区赈济事项；关于考核灾区员司职务事项；关于筹划灾区善后生计事
项；关于赈务采运事项；关于灾区卫生事项。编译股职掌事务有：关于
编译东西文图书函牍事项；关于撰拟东西文文牍事项；关于外人交际招
待事项；关于通译事项。①

督办京畿水灾河工事宜处成立的主要原因是 1917 年京直发生大水
灾。1917 年 7 月，受台风影响，海河流域发生 20 世纪第一场特大洪
水。7 月 20—28 日，海河流域连降大雨，京直地区各河因降水过于集
中引起山洪暴发，再加上京直地区独特的地质形态，许多河流相继决
堤。为救治水灾，北洋政府大总统冯国璋发布大总统令，命令财政总长
梁启超，以及先后出任国务总理兼财政总长、行政院院长的熊希龄督办
京畿一带水灾河工善后事宜，设立京畿水灾河工善后事宜处，作为救济

---

① 督办京畿一带水灾河工善后事宜处编：《京畿水灾善后纪实》卷 1，中国国家图书馆
藏 1919 年版，第 3—4 页。

这次水灾的官方机构。10 月 4 日，该处督办熊希龄发表就职通电，在北京石附马大街正式设立督办京畿水灾河工事宜处办事机构。从督办京畿水灾河工事宜处成立后的主要工作看，其不是单纯的救灾或河道管理机构，而是具有综合性社会职能，这一方面与灾后重建的复杂形势有关；另一方面，与当时北洋政府的政治乱象有密切关系。

（二）督办京畿水灾河工事宜处对京直水环境的改造

督办京畿水灾河工事宜处成立后，在华北水环境改造方面发挥了一定的作用。其主要措施是堵决口、兴堤工、筑长埝，在这些工作中，该处主动聘请外国专家参与。1917 年 10 月，该处刚成立，即提出筹办工赈办法，堵筑决口，以防春汛。督办熊希龄饬令直隶先行将蒋庄、杨柳青一带决口堵住，所需工料 12 万元大洋由督办处陆续拨发。此外，他还提出："各该县境各河决口之处，究有若干应从速设法堵筑，先就本地民力所及，赶紧兴工，如民力有不足之处，亦应规画办法，呈候核办。"[①] 1917 年大水，天津租界受灾严重，排水防涝成为租界各国最为关心的事情。当时，天津南市一带与日租界相邻，日本总领松平拟于海光寺一带自南而北筑一长埝。据估算，筑埝之前需要先将该处日界及海光寺、正南寺所存积水抽出，约需大洋 6 万元，由南寺至西堤一带筑埝抽水，所需大洋约 8 万元，督办熊希龄表示，该两项经费由该处陆续拨款兴工。他认为此长埝筑成后，"足备明年水患之用"[②]。据统计，至 1917 年 10 月，督办京畿水灾河工事宜处已投入大量经费用于河工，"先后接济堤埝工程经费已达五六十万余元"。[③] 为改善天津的水环境，熊希龄在京畿一带水灾河工善后事宜处任职时，还曾经向大总统呈报了改建天津新开河旧坝及疏浚河身计划。

1917 年 12 月，督办京畿河工事宜处还下发了《致各河防局河务局令》，主要体现了对五河河防的保护。从十二个方面对修河所用物料，修河的时间，河堤的保护，治水资金的管理，修河应注意的事项等予以

---

① 《令查询灾情四端即日详复致京畿各县知事电》，周秋光编：《熊希龄集》第 6 册，湖南人民出版社 2008 年版，第 125 页。

② 《报告天津筑埝排水办法呈冯国璋文》，周秋光编：《熊希龄集》第 6 册，湖南人民出版社 2008 年版，第 123 页。

③ 《拟定拨款补助直隶全省堤工经费呈冯国璋并咨直隶省长文》，周秋光编：《熊希龄集》第 6 册，湖南人民出版社 2008 年版，第 144 页。

详细说明。尤其是对于河堤的日常维护特别关注，提出沿河种柳树，利用树的根系护堤。对于残缺的堤段要及时加高培厚，对于糟腐旧埽要完全掘除重新镶做，险工地段要根据地势堆筑土牛等。

为加强管理，督办京畿河工事宜处制定了《督办京畿河工处伏秋两汛五河监防章程》，该章程将永定河、北运河、子牙河、大清河、南运河作为主要监管对象，设为五个分路，每路设置了监防委员长一人，监防委员1—4人，练习生若干。"专司监视各汛如何备防，有险如何抢办，并指挥各监防委员分投巡查一切事宜。"[1] "各监防委员承该管委员长之指挥，分途监察一切防汛事宜。"[2] 根据规定，各河布置防汛等事宜由主管河务、河防等局理事或工警长等负责，监防人员可以随时视察。此外，还制定了《堤坝须知十六条》[3]，主要对堤坝的维护问题进行了具体规定。

（三）督办京畿水灾河工事宜处的社会职能

督办京畿水灾河工事宜处的社会职能，主要体现在社会救济和稳定社会秩序等方面。

1. 在社会救济职能方面。关于这一点，从《督办京畿一带水灾河工善后事宜处编制简章》即可看出。督办京畿一带水灾河工善后事宜处主要负责赈济事宜，其具体工作如下：一是负责查灾、查赈、施衣、防疫各事；二是对于治河事宜，得延聘中外专家或工程师，另设委员会，制定章程。为做好水灾河工善后事宜，督办京畿水灾河工事宜处"延聘中外官绅，充任顾问、咨议"。[4] 赈务是该处的主要职能。从该处赈务股的职掌看，主要有："关于灾区调查报告事项；关于筹划灾区赈济事项；关于考核灾区员司职务事项；关于筹画灾区善后生计事项；关于赈务采运事项；关于灾区卫生事项。"[5] 募赈是赈务工作的第一步，为此，该处做了大量宣传工作。该处在所发《为京津灾民募赈致各省军政机关

① 《直隶河工积弊之讨论》，《海河月刊》1918年第2卷第2期，第29页。
② 《直隶河工积弊之讨论》，《海河月刊》1918年第2卷第2期，第30页。
③ 《直隶河工积弊之讨论》，《海河月刊》1918年第2卷第2期，第25—29页。
④ 《通告就任督办京畿河工善后事宜》，周秋光编：《熊希龄集》第6册，湖南人民出版社2008年版，第105页。
⑤ 《通告就任督办京畿河工善后事宜》，周秋光编：《熊希龄集》第6册，湖南人民出版社2008年版，第106页。

暨商会、银行、华侨联合会电》中提到：“灾黎数百万，颠沛流离，虽幸逃鱼腹之凶，仍难免鸿嗷之苦，车薪杯水，难期遍及。”“伏乞概予捐输，并广为劝募，庶几众擎易举，集腋成裘。”①

根据督办熊希龄的建议，赈务分为四类：急赈、冬赈、春赈、杂赈。急赈由直隶省及京兆尹公署负责，冬赈则委托顺直助赈局负责，春赈主要是委托顺直义赈会负责，上述赈务所需均由京畿水灾河工事宜处拨给款项，杂赈则由京畿水灾赈济联合会负责。此外，还有平粜、赈煤、贷纱、寒衣，以及以工代赈等项赈务。

急赈主要是通过设粥厂、散发衣物及食物、平粜粮食维持灾民的生活。在衣物方面，“寒衣有由本处以民捐款制备者，共大小棉衣裤二十八万八千三百四十件；有由本处将捐助单夹衣改制者，共大小棉衣裤二万五千零四十件；有由本处官民捐助者，共大小棉衣裤十四万八千六百零一件。统计棉衣裤四十六万一千九百五十五件，共支配散放一百零三县”。② 经官绅与教会捐助之皮衣、鞋帽、布匹、棉絮等项尚未算在内。平粜粮食主要为红粮、玉米两种，由工赈项下拨款44万元去东北采购，所购粮食随到随卖，“共购粮八万四千二百三十六石一斗八升，连装盛麻袋，共支出银元八十五万八千六百三十五元四角，支配五十九县，分别平粜”。③

督办京畿水灾河工事宜处请顺直助赈局担任冬赈工作，1917年11月，顺直助赈局派人到各地放赈。设若干路，每路设若干放赈人员，其中总办1人，综理放款事宜，佐理人员5—6人，分管赈款账册、验放、核对等事。制定了《顺直助赈局查放赈务条规》《顺直助赈局放赈简章》《顺直助赈局查放章程》等，调取灾册，除了五分灾以下不计外，六分灾以上予以救济，除实物外，还有现金救济。一般大口2元，小口1元。

督办京畿水灾河工事宜处请顺直义赈会负责春赈，顺直义赈会制定

① 《为京津灾民募赈致各省军政机关暨商会、银行、华侨联合会电》，周秋光编：《熊希龄集》第6册，湖南人民出版社2008年版，第113页。

② 《〈京畿水灾善后摘要录〉旧序》，周秋光编：《熊希龄集》第7册，湖南人民出版社2008年版，第444页。

③ 《民国六年水灾民捐赈款征信录序》，周秋光编：《熊希龄集》第7册，湖南人民出版社2008年版，第449页。

了《义赈会春赈办法》，首先调查各县所受灾情情况，作为赈抚的依据。同时，制定《办赈利弊可资鉴戒十条》，令各县知事根据本县受灾情况研究查放春赈办法，制定了《查放春赈办法》六条，对于春赈标准、查放赈款的数额，检查定期发放春赈的情况进行了具体规定。

杂赈主要有赈煤、贷纱等工作。开滦、临城、井陉矿务局都捐助了煤斤，开滦煤矿捐助了 2000 吨，井陉煤矿捐助了 140 吨，此外，督办处还从外地购煤，如从柳江煤矿平价购买了 10000 吨救助灾区。由京畿水灾河工事宜处自购 7881 吨，合共煤 20021 吨，散放四十一县。贷纱主要以辅助直隶中部的宝坻、高阳、饶阳等县为主，这些地方织布业较发达，自水灾以后各县机户因灾无力购纱停产。政府通过贷纱，机户基本可以维持生活。

为使赈济工作顺利进行，该处充分发挥绅民在水灾救济中的作用。督办京畿水灾河工事宜处成立当天即发出布告，称："所有各县灾情轻重若何，现在放赈情形若何，被灾户口若干，何者应先急办，何者宜计远图，以及疏泄捍御之方，工赈善后之策，各绅民久居是邦，知之有素，既休戚之与共，必语焉而能详，均望切实调查，随时邮递报告本处。"[1] 除了向本省绅民倡议支援灾区外，该处还向其他各省发出通电，希望得到支援，在该处所发电文中提到，"京畿一带此次水灾，业由敝处遍电各省募捐赈款"，"如官商各捐缴有成数，即乞汇京石驸马大街敝处"。[2] 为最大限度救济灾民，该处将此次水灾信息及时传递给省内外各类组织，争取援助，并将外国组织的救济情况及时编发，刊登在报纸上以引起人们关注。这从其编译股职掌也有明确反映。如"一，关于编译东西文图书函牍事项；一，关于撰拟东西文文牍事项；一，关于外人交际招待事项；一，关于通译事项"。[3] 在救济过程中，督办熊希龄针对灾民的恐慌心理采取了相应措施，一面派人调查灾情，劝阻灾民不要往外流落逃亡；另一面派人赴各地办粮，并向北京政府请求发放赈灾

---

① 《对京畿一带各县绅民的布告》，周秋光编：《熊希龄集》第 6 册，湖南人民出版社 2008 年版，第 106 页。

② 《请代收赈款致各省财政厅中国银行交通银行电》，周秋光编：《熊希龄集》第 6 册，湖南人民出版社 2008 年版，第 114 页。

③ 《通告就任督办京畿河工善后事宜》，周秋光编：《熊希龄集》第 6 册，湖南人民出版社 2008 年版，第 106 页。

款项。关于督办京畿水灾河工事宜处在急赈方面采取的措施，在《京畿水灾善后纪实》和《京畿水灾民捐赈款收支征信录》中均有详细记述，在此不再赘述。此外，以工代赈也是该处采取的一种措施，这种方式既在一定程度上缓解了受灾地区百姓的生活问题，也使部分工程得以建成。如"督办京畿一带水灾河工善后事宜处委托顺直义赈会，核拨现金一万元呈准悉数充作工赈之用"。[①] 为将工赈款落到实处，《霸县工赈章程》规定："工赈款项支配确定后，由县公署派员调查极重灾区，择其贫困少壮可任工作者，分别给予工赈票，注明姓名、住址、年龄、工作地点，分别掣给。各该灾工凭票赴工工作，其老弱不能工作者，另由筹办霸县各义赈会分别给予赈济，以资普及。"[②] "灾工自受领工赈票之日起，限于三日内，按照该票指定工作地点前往陈由，各该堤工分局验明，敕令工作，按日发给工资，余悉照各该分局规定通则办理，如有逾限不到并未先期呈准者，该工赈票作为无效，但有特别理由者不在此限。""灾民持有工赈票投赴指定地点，各该分局无故不得拒绝，以重赈务；亦不得短给工价，以昭公允。"[③] 熊希龄在发给各县知事的电文中明确提出："此次被灾各县，所有灾民，首宜查勘，设法抚恤，无任流离失所。近闻各处多有出卖幼孩之事，在灾民迫于生计，情非得已，实属可悯。本处正在筹画收养老幼办法，在此项办法未规定之前，仰各县知事先行出示严禁，一面设法垫款，就地收养，俟本处派员复查后，拨款归还，应即妥为办理，并迅将办理情形，呈报为要。"[④]

此外，水灾还催生了慈幼院的设立。1917 年京直发生大水灾时，京直各县难民中有一些是被遗弃的灾民子女，为安抚这些难民，熊希龄于北京设立了临时慈幼局，收养难童近千人。1918 年灾情缓解后，难民才被陆续领回。最后尚有 200 余人未被认领，于是熊希龄与北京一些慈善机构商议在香山建立了慈幼院。

---

① 督办京畿一带水灾河工事宜处编：《京畿水灾善后纪实》卷 14，督办京畿一带水灾河工事宜处编印，1919 年版，第 8 页。

② 督办京畿一带水灾河工事宜处编：《京畿水灾善后纪实》卷 14，督办京畿一带水灾河工事宜处编印，1919 年版，第 8 页。

③ 督办京畿一带水灾河工事宜处编：《京畿水灾善后纪实》卷 14，督办京畿一带水灾河工事宜处编印，1919 年版，第 8—9 页。

④ 《请出示禁卖幼孩致京畿各县知事电》，周秋光编：《熊希龄集》第 6 册，湖南人民出版社 2008 年版，第 120 页。

2. 在恢复生产，稳定社会秩序方面。为稳定社会秩序，督办熊希龄采取了一些具体救济办法。

一是保护农耕。为帮助农民尽快恢复生产，熊希龄采取了一些措施：二是督促农民抓紧农耕。他在《示禁贱卖牛马致京畿各县电》中提出："查此次灾区甚广，转瞬春耕，急宜预筹，近闻被灾各户，因无力喂养，牛马多至贱价出售，将来水退，何以代耕？本处现正筹画保留之法，仰该管知事，切实清查，如有上项情事，先行出示禁止，毋得任其宰卖，一面劝告本地富绅，迅速筹商垫款收买。本处派员复查后，酌量补助。事关紧急，应即妥为筹办，并迅将筹办情形，详细呈报为要。"[①] 为落实复耕工作，京畿水灾河工事宜处制定了《收养耕牛规则》。该规则主要对业主和佃户在耕牛收养过程中的一些问题进行了详细规定。同时，京畿水灾河工事宜处成立了籽种借贷所，并制定了《籽种借贷所章程》。该章程规定该所是专为督理各村借贷籽种事项而设立的，主要是对种子的借贷和使用问题制定了具体要求。此外，京畿水灾河工事宜处还成立了贷耕局，制定了《贷耕局章程》，该章程规定本局专为被灾农民无地可耕贷以地亩，或分收，或赊租，俾得有地可耕，免致失业为宗旨。同时，制定了《贷给春耕籽种简章》以扶持贫民，这些措施的出台主要是考虑到灾区极贫民户种地无多，来岁春耕有无力购备籽种者，可向借贷所借贷，至秋成按贷数偿还。

二是设立因利局，从资金上对灾民进行救助。根据《各地方筹设因利局大纲》的规定，各地方应迅速筹设因利局，俾灾民得借贷资本，自营生计。除了在县城成立因利局外，有些地方还在乡镇设立了分所，以便灾民就近借贷。因利局经费的主要来源，一部分是借地方公款，另一部分是绅商及各慈善团体筹集而来。从因利局借贷的原则看，"本地安分极贫民户，实系因灾失业者，皆得向因利局请酌量借贷，不得限制过严"。[②] 而且规定："凡灾民向因利局借钱，或定轻息

---

① 《示禁贱卖牛马致京畿各县电》，周秋光编：《熊希龄集》第 6 册，湖南人民出版社 2008 年版，第 121 页。

② 督办京畿一带水灾河工事宜处编：《京畿水灾善后纪实》卷 15，督办京畿一带水灾河工事宜处编印，1919 年版，第 14 页。

或特免息，均由因利局临时分别酌定。"① 宽松的借贷环境，一定程度上满足了部分灾民的资金需求。

三是平抑粮价方面，督办京畿水灾河工事宜处亦积极商议监管办法，提出"现在城乡各公私存粮若干，应否设法平粜，其运粮道路，距离京、津、保三处远近如何，水陆情形是否便利，应速查明呈复"。② 之后，查报灾民户口，资遣难民，采办平粜粮食、柴、煤一切赈济物资，一律免缴运费。

此外，为改善京直环境，推广植树，京畿水灾河工事宜处还成立了种树借贷所，制定了《种树借贷所简章》，该简章规定本所为被灾地区广植树株而设，凡有膏腴之地，淤积泥沙不能耕种五谷者，均可向本所借贷树秧。规定根据本地所需数量，在清明节以前领取树秧，暂时不用交任何费用，至九月、十月按照树秧的成本交钱，不收利息。

督办京畿水灾河工事宜处成立后不到半年时间，顺直水利委员会成立，这两个机构的负责人均为熊希龄，所以在工作上往往统筹进行。两年以后，随着顺直水利委员会水利建设工作的推进，督办京畿水灾河工事宜处的职能逐渐被弱化。1920 年 3 月，熊希龄上书北洋政府，为节省经费，请求撤掉该处。至于该处被撤销的原因，主要有两个方面：一是经费短缺，二是京津水环境治理一体化的需要。督办熊希龄曾提到，京畿灾区一百零三县灾民需要五百余万元救济，而官款仅支出一百九十余万元，赈灾资金缺口很大，熊希龄只得一面向外国银行借款，另一面在社会上广泛募捐。10 月 15 日，熊希龄向汇丰、麦加利、东方汇理、华俄道胜、华比、正金、花旗 7 家银行借银 70 万两，作为救济京津水灾的费用。11 月 22 日，熊希龄为筹集京畿水灾救济资金，向日本兴业银行、正金银行、三井银行等十一家银行"借入日金五百万元"③，以解燃眉之急。与此同时，募集社会各界捐款达 200 多万元。熊希龄还与梁启超、范源濂、汪大燮等人发起水灾游艺助赈会，将所得票款用

①　督办京畿一带水灾河工事宜处编：《京畿水灾善后纪实》卷 15，督办京畿一带水灾河工事宜处编印，1919 年版，第 14 页。

②　《令查询灾情四端即日详复致京畿各县知事电》，周秋光编：《熊希龄集》第 6 册，湖南人民出版社 2008 年版，第 125 页。

③　《京畿水灾救济借款合同》，周秋光编：《熊希龄集》第 6 册，湖南人民出版社 2008 年版，第 224 页。

于赈灾。此外，熊希龄还电请各矿局捐助煤炭。当时，大水将燃料冲刷，煤炭异常缺乏。熊希龄派人采购煤炭，但因需求量太大，一时难以解决。针对这种情况，熊希龄请唐山煤矿局、开滦煤矿局，以及临城、井陉等矿务局予以援助。但是，赈济只能解决一时的困难，不可能从根本上解决问题。在这次水灾中，天津租界受灾严重，在天津排水工程中，直隶督军曹锟为保护日本租界，不顾中国人民的生命安全，将水泄入灾民避难处，遭到熊希龄的严厉斥责。熊希龄在致曹锟督军的信中提出，南马路为中国辖地，应由我筹款自筑，且南马路以西地方，同属中国土地，人民均应一律保障，不应歧视。京津水环境治理一体化的需要提到了议事日程，顺直水利委员会建立后，承担了这一使命。

四　成立顺直水利委员会

顺直水利委员会是北洋政府时期中央政府、全国水利局、直隶地方政府、督办京畿一带水灾河工善后事宜处，以及海河工程局各派代表联合成立的专门负责京直水务的机构。它的设立打破了华北地区传统的单纯以各河务局为管理主体的水政管理局面，是海河流域历史上第一个带有流域管理性质的机构，是中国近代水利实行河流流域管理的有益尝试，其取得的成绩令人瞩目，为华北水利委员会的成立打下了良好的基础。顺直水利委员会隶属于国务院，自1918年3月成立至1928年6月被裁撤，存在了十年。主要负责海河流域、黄河流域北部地区的水利行政，以及水利规划和水利建设，从整体上寻求治理河道办法，协调治理水患。为实现这一目的，顺直水利委员会在直隶、京兆一带浚修河道、测量水文、制订治河计划，为治理京直地区水患、防止水灾做出了很大贡献。

（一）顺直水利委员会成立缘起

近代以来，京直水环境不断恶化，尤其是海河淤塞不仅造成海河洪水泛滥，而且对天津港造成了不良影响，加大对水环境的治理成为当务之急，而1917年华北大水灾是促成顺直水利委员会建立的直接原因。此外，海河工程局为了自身利益推动北洋政府关注海河治理也是一个重要原因。

1917年，华北大水范围涉及京师、直隶、山东、山西等地，水灾造成农田被淹、航道淤塞，特大水灾给当地的农业和百姓生活带来了巨大灾难。河道决口，洪水泛滥，顺直水环境急需整治。海河下游是此次水灾较为严重的地区，天津租界受灾面积较大。租界各国委托海河工程局向中国政府建议设立专门委员会治理京直河道及水环境，提出了几点建议：一是设立专门的委员会讨论治理海河淤塞问题；二是整治海河上游；三是加大裁弯取直的工作。租界公使团向北洋政府外交部提交了他们的计划，适时北洋政府也有意建立相应的机构，加强对海河的管理，中外双方共同治理海河的意愿，为顺直水利委员会的建立创造了条件。

海河工程局作为海河的管理机构，主要负责管理海河由天津至渤海间河段的航务。天津租界被淹，以及天津港的淤塞，直接影响到天津租界的安全和经济发展，所以，海河工程局曾向中国地方政府提出建议整治海河。1912 年北运河改道以前，为便利航运，海河工程局每年只需从天津港内挖淤泥 30 万方，即可基本保障天津港的航运通畅。自 1913 年后海河淤泥增多，河床升高，天津港情况堪忧。

海河淤塞使天津贸易受到了较大影响。"海河自白塘口以上，光绪十年以前无甚阻碍，有时虽有沙淤，一经轮船鼓荡，沙即散去，吃水十一尺之船同行畅利。十年春间，突有淤沙停滞，自四月至八月轮船能至紫竹林码头者只三十六只。其吃水较深之船即在吴家嘴停泊。十一、十二两年情形与十年无异。……白塘口以上节节沙淤，不独轮船不能迳抵紫埠，即吃水稍深之驳船，七尺深之小轮拖船、漕粮船驶至贺家庄一带，尚须待潮而行。"[①] 由于轮船上行受限，延长了航运时间，天津港的航运业务受到了较大影响，有的公司出现了赔钱和亏空的情况。海河工程局的浚治工作因局限于海河干流，而且主要是以疏浚为主，难以根除水患，而处于地势较低地区的租界往往遭遇严重水患，海河工程局曾提出希望北京政府能提供帮助。为从根本上治理海河，北洋政府决定联合多方力量，成立专门机构改善京直水环境。

（二）顺直水利委员会的成立

从顺直水利委员会的成立缘起看，主要是 1917 年华北大水使直隶遭遇严重的水灾，"被淹之地计广一万零五千方英里，即天津商埠亦遭

---

① 天津市档案馆、天津海关编：《津海关秘档解译——天津近代历史记录》，中国海关出版社 2006 年版，第 84—85 页。

波及"。① "是年大水为前三十年以来所未有，灾区之广遍一百零三县，人民之荡析离居者，计六百二十五万有奇。村庄漂没者一万九千又四十五，其他财产计禾稼之被毁者更不可以数计。"② 时任京畿水灾善后事宜处督办的熊希龄召集河务会议，讨论水灾善后之策。熊希龄提出了三项建议：一是将永定河、子牙河两河另辟尾闾；二是治标计划，先将海河及其上游之五河同时修理；三是将被大水冲决的五大河的堤埝加以修复。同时，海河工程局鉴于灾情，建议邀集上海浚浦工程总局总工程师海德生、水利局咨询工程师方维因会同平爵内商讨治河善策，1917年10月，海河工程局提出了三条建议：一是设立委员会，"使凡对于河务有关系之各机关悉派代表加入其间，公同讨论一种治河计划"。③ 二是于治本计划未实行以前，需于牛牧屯附近开一引河，挽北河归于故道，借其清流以冲刷永定河流入海河之淤泥，使海河免壅塞之患。三是将天津附近之北河大湾加以裁直，即三岔口裁直，同时将南运河入北河之口移改位置。上述建议得到了英国公使朱尔典的同意，11月，英国照会北洋政府外交部，声明这三项条陈天津领事团、海河工程局及北京公使团皆赞成。当时，北洋政府亦知"必须切实筹一长久办法，庶可免同类之水灾发生"。④ 所以，外交部接到英国的照会后，咨请熊希龄督办核复，熊希龄予以详细条陈。1918年2月，外交部照会外交团，允许设立委员会。为防止委员会大权旁落，北洋政府提出由全国水利局、直隶省长及督办京畿一带水灾河工善后事宜处三机关各派一员参与委员会的工作，同时，提议熊希龄为会长。

1918年3月20日，顺直水利委员会在天津意租界五马路11号举行开幕大会，宣告顺直水利委员会正式成立，海河工程局、督办京畿一带水灾河工善后事宜处、全国水利局、直隶省政府和北洋政府均派代表参加。莅临会议的有："中国政府特派顺直水利委员会会长熊希龄、中国

---

① 顺直水利委员会编：《顺直河道治本计划报告书》，北京大学图书馆藏1925年版，第1页。

② 顺直水利委员会编：《顺直河道治本计划报告书》，北京大学图书馆藏1925年版，第1页。

③ 顺直水利委员会编：《顺直河道治本计划报告书》，北京大学图书馆藏1925年版，第2页。

④ 顺直水利委员会编：《顺直河道治本计划报告书》，北京大学图书馆藏1925年版，第2页。

税务处巡港司戴理尔、上海浚浦总局总工程师海德生、全国水利局代表杨豹灵、天津海河工程局总工程师平爵内、督办京畿水灾河工善后事宜处特派代表方维因、直隶省特派代表吴毓麟代表黄国俊。"① 此外，还有本会秘书魏易，本会会计斐利克。

从成立该会的目的看，会长熊希龄认为，"本会宗旨重以新法改良河道，会员诸君又皆具有专长，积有经验之人必能集思广益"。② 熊希龄注意到中国在治水方面存在很多问题，主要是治河技术方面急需提高。他认为："治河利病有必须采用极新之技术方可收长治久安之效，盖中国治河成法积二千余年之经验未尝不至周且密，而以未谙测算之新术，故于河身广狭，水性缓急，地势高低，皆不能有精确标准，或因目前之便利致贻捡来之隐忧，或图一时之补苴致忘永久之规画。"③ 尤其是对于南运河与北运河的治理，熊希龄认为应该认真反思几年来该两河泛滥的原因，增辟减河，制订治本计划已经迫在眉睫。他说："南北运河本为中国伟大工程，而逆水之性曲水之流，用人力以夺各河天然东流之顺规，迨至盛涨难容，流弊日多，又不得不增修减河以图宣泄也，迄南北运河所属减河、引河至十余处。当时，凿河之人苟能测量水量之多寡以定河身之宽窄、尾闾之大小，即须减河一二已足，何至枝枝节节，此通彼塞，未有已时。"④

对于该机构的成立，熊希龄充满了信心，他说："今日顺直水利委员会成立之日，承全国水利局、直隶省长、海河工程局、京畿河工处代表诸君到会开第一次会议，实为京畿河道改良之最大希望，而集中外高等专门工程学识之人于一堂，以讨论最善之根本问题，尤为中国政府最大荣幸。"⑤

---

① 顺直水利委员会编：《顺直水利委员会开幕记录》，顺直水利委员会编印，1918年（1—6月），第1页。

② 顺直水利委员会编：《顺直水利委员会开幕记录》，顺直水利委员会编印，1918年（1—6月），第1页。

③ 顺直水利委员会编：《顺直水利委员会开幕记录》，顺直水利委员会编印，1918年（1—6月），第1页。

④ 顺直水利委员会编：《顺直水利委员会开幕记录》，顺直水利委员会编印，1918年（1—6月），第1页。

⑤ 顺直水利委员会编：《顺直水利委员会开幕记录》，顺直水利委员会编印，1918年（1—6月），第1页。

成立初期，除了熊希龄任会长外，顺直水利委员会选出了6人担任委员：海德生、戴理尔、平爵内、方维因、杨豹灵、吴毓麟，北洋政府委派熊希龄①任会长。具体情况参见表3-3。顺直水利委员会的人员在后期有所调整，1925年，因吴毓麟不在天津，由直隶省公署派李蕴为会员。

表3-3　　　　　　　　　　顺直水利委员会会员暨职官官衔名

姓　名	职　务	来源
熊希龄	会　长	京畿水灾河工善后事宜处督办，直隶省政府特派
吴毓麟	会　员	大沽造船所所长，直隶省长委派
杨豹灵	会　员	全国水利局技正，督办京畿水灾河工善后事宜处咨议，全国水利局委派
方维因	会　员	全国水利局顾问，督办京畿水灾河工善后事宜处顾问，督办河工处委派
平爵内	会　员	海河工程局总工程师，海河工程局委派
海德生	会　员	浚浦工程局总工程师，海河工程局委派
戴理尔	会　员	海军部顾问、交通部顾问，海河工程局委派
魏易	秘　书	
斐利克	会　计	

资料来源：顺直水利委员会编：《顺直水利委员会会议记录》（第5期），中国国家图书馆藏1919年版，第1页。

从上述人员构成看，熊希龄自担任京畿水灾河工善后事宜处督办后，在水灾救治中积累了丰富的经验。对京直的水害、水环境有了较多了解，是北洋政府倚重的对象。吴毓麟早年留学德国，曾任大沽造船所所长、津浦铁路局局长、交通总长等，后退居天津，在政界多年，有较丰富的行政管理经验。杨豹灵曾在美国康奈尔大学学习，1911年回国，1914年任水利局技正，是水利专业人才。后来，他担任顺直水利委员会流量测验处处长、扬子江水道讨论委员会委员等职。方维因、平爵

---

① 熊希龄（1870—1953），字秉三，湖南省凤凰县人。清光绪年间进士，曾参与维新变法，民国初年担任国务总理，后脱离政治，投身于慈善救济事业。1917年京直大水后，督办京畿一带水灾河工善后事宜，开始救灾办赈，并积极从事治理顺直河道工作。

内、戴理尔都是海河工程局的专家，他们是海河工程局的主要工程技术人员，海德生是上海浚浦工程局总工程师，在吴淞江治理方面已经积累了一定的经验。

顺直水利委员会作为一个全新的水务机构，它的宗旨是"以新法改良河道"①，即重视新水利技术在河道治理中的作用。熊希龄说："治河利病，有必须采用极新之技术，方可收长治久安之效。"② 他所说的"新法"主要体现在测量之新技术的应用，以此为基础，开展水利工程建设。所以，顺直水利委员会开始办理水利工程，收集资料，实施必要之测量。并且，"研究直隶全省治河问题，而以永远消弭水灾为研究之旨趣"。③

（三）顺直水利委员会的组织机构

为顺利开展工作，顺直水利委员会成立之初就设置了相对完备的组织机构。委员会下设秘书处、会计处、测量处、流量处、工程处、材料处。1920 年，取消材料处。1923 年，流量处与测量处合并为测量处。根据分工，秘书处由魏易任主任，主要掌管会议记录、起草文件及保管各种文字材料等工作。会计处由海河工程局秘书斐利克负责，斐利克回国时由马克敦和甘贝尔代理。主要掌管财务事宜。顺直水利委员会将款项以顺直水利委员会的名义存于外国银行，如需付款时，由会长核准后，支票由会计签字，再由会中一名会员副署方可支用。测量处主任由梅立克担任，梅立克回国后由测量处稽查员安立生任主任，主要职能是负责流量测量和地形测量，为制订河道治本计划提供精确数据。顺直水利委员会对于测量工作投入的人力和物力较多，测量处自成立后一再扩充，成绩突出。工程处主任由顾德启担任，主要负责河道治理工程。材料处主要负责采办日常所需物料。委员会聘任印度工务部原部长、英国人罗斯为技术部长，后来又聘请罗斯为顺直水利委员会总工程师，管理测量处、流量处、工程处三处事宜。顺直水利委员会实行会长负责制，设会长一人，由熊希龄担任。熊希龄曾说道："凡斯会所有之执行权能，

①　《在顺直水利委员会成立会上的演说词》，周秋光编：《熊希龄集》第 6 册，湖南人民出版社 2008 年版，第 503 页。

②　《在顺直水利委员会成立会上的演说词》，周秋光编：《熊希龄集》第 6 册，湖南人民出版社 2008 年版，第 503 页。

③　《顺直水利委员会会员上熊会长总报告书》，北京大学图书馆藏 1921 年版，第 1 页。

悉集中于鄙人一身。除鄙人外，其他会员之权能悉须由鄙人委托，如是而已。"① 会长负责该会所有行政事宜，审核议案，批准施行。

顺直水利委员会下设常会和技术审查会。常会由会长和会员共同出席，常会是为审查议案而召开的会议，其职责为：会议会长交议之案；审查会已经议决之案请会长核准，其为会长所不能核准之案由会长陈述理由；公同讨论对会长建议之案加以表决。② 根据规定，会长出席常会，并核准议案，然后才能执行。

技术审查会仅由各会员出席，会长不参加。技术审查会首任主席为戴理尔，后由罗斯继任。其主要负责技术及工程之事，负责筹划京直地区河道的根本治理计划。其筹划范围包括：进行地形测量并操管理之责；取现有之测量成绩审查并复核之，并将性质相称之资料增补于图内；组织流速测量队并操管理之责；审核已成之流速测量；将征集资料之成绩编装成册，以成直隶水道之一览图表，再将此成绩详细讨论后断决最适宜之进行办法，并参照目前现状决定可施行之工事。研究培肥现有之荒瘠土地办法，并解决为举办工程收用地产之困点；等等。③ 审查会所议决之各案由秘书呈报会长核准，会长所不能议决者需要陈述理由。

总之，顺直水利委员会是在中央政府的支持下成立的，专门负责京直河务的水政机构，是近代中国水政由行政辖区管理到流域管理较早的机构之一，是一种全新的管理模式。其管理层不仅包括中方人员，而且包括外方人员。无论是资金来源还是治水技术上，顺直水利委员会与传统的治水机构有较大不同，它的成立具有划时代的意义。

（四）顺直水利委员会的管理制度

为加强日常事务管理，顺直水利委员会制定了《事务部办事条例》，为加强对工程的管理，制定了《工程部办事条例》，为加强资金管理，制定了《会计部办事条例》。为加强内部管理，顺直水利委员会

---

① 顺直水利委员会编：《顺直水利委员会会议记录》，中国国家图书馆藏1918年版，第30页。

② 顺直水利委员会编：《顺直河道治本计划报告书》，北京大学图书馆藏1925年版，第5页。

③ 参见顺直水利委员会编《顺直水利委员会会议记录》，中国国家图书馆藏1918年版，第9页。

制定了《职员办事规则》等一系列文件，并规定从 1918 年 3 月开始
实施。

《事务部办事条例》规定："事务部设文牍、庶务、编辑、审查四
系，分掌各事务。"① 事务部设部长一员，秉承会长之命监督指挥所属
职员处理一切事务。设文牍系主任一员，收发员一员，承长官之命掌理
下列事务：撰拟华洋文稿，传达会长命令及每届会议议决之事项，典守
关防，收发文件暨保管卷宗，登记议事录，清理已结、未结文件。庶务
系设主任一员，事务员两员，承长官之命掌理下列事务：保管公有器
具，编立存储物品簿册，修缮房屋，办理庶务，管理公役，采办物品器
具，其他不属于各部及各系之事务。设编辑系主任一员，编辑两员，承
长官之命掌理如下事务：编译华洋重要文件，纂订成书、刊印公布，编
辑应行公布之图册表件，管理征求中外图籍事件，汇集各部编辑表册。
设审查系主任一员，审查员一员，承长官之命掌理下列事务：校审各部
支付款项、表册单据，校审各部领用物品、器具、表册单据，校审各部
购置器械、表册单据，检查存储图书器械。置书记四员，承长官之命缮
写文件等事宜。

《工程部办事条例》规定："工程部设测量、工程、画图三系，分
掌各事务。"② 设部长一人，秉承长官之命监督指挥所属职员，处理本
部事务。设主任技师一员，协助部长办理本部一切事务。设测量系主任
一员，技术员五十四员，承长官之命掌理下列各事务：勘测地形，勘测
河流，其他一切测量事务。设工程系主任一员，技术员四员，承长官之
命掌理如下各项事务：实施工程计划，监察工程进行，绘制工程图表，
关于工程上之一切事务。设画图系主任一员，技术员二十五员，承长官
之命掌理下列各事务：绘制各种实测地形图表，绘制各种实测河流图
表，印制各种蓝图，关于制图上之一切事务。为防止采购中出现漏洞，
该条例规定，添置仪器及较贵重的物品，需要事先呈请会长核准。此
外，还实行定期汇报制度，即每星期工程部需要将承办事件报告会长核

---

① 《顺直水利委员会编辑造报处事务部办事条例》，北京市档案馆藏，档案号：J007—
004—328。

② 《顺直水利委员会编辑造报处工程部办事条例》，北京市档案馆藏，档案号：J007—
004—328。

查。同时，部长对于职员之勤惰也应切实考察，并于每月末报告会长查核，如遇到重大事故随时呈报会长核夺。

《会计部办事条例》规定："会计部设稽核、出纳两系，分掌各事务。"① 会计部设部长一人，部长"依照本会向例款项由会计负全责的规定，并秉承会长之命监督指挥所属职员处理本部一切事务"。② 设稽查系主任一员，承长官之命办理如下事务：综核一切支款，综核临时支款，稽核领款手续单据，编造预算、决算。设出纳系主任一员，承长官之命办理如下事务：收付一切款项，登记账目，保管单据账册，保管关于会计上之一切文册等件。

《职员办事规则》主要对职员的任用情况、工作程序、工作纪律等进行了详细规定。对于职员的任用主要分为两种情况：一种为无合同员工，这种员工由于与委员会没有相应的约束，所以，离职手续较为简单，提前一个月声明离开即可。另外一种是签订合同人员，需要由会长代表委员会署名予以委任。在工作纪律方面，委员会要求较为严格，规定了每天上午和下午的工作时间，一般上午九时至十二时，下午二时至五时为工作时间，实行上班签到制度。此外，为保证工作不受影响，委员会规定各处人员每年请假日数不得超过三十天，在此期限内请假仍发薪金，逾此限则按逾限之日数扣除薪金。

在人事管理方面，顺直水利委员会制定了比较完备的管理措施。顺直水利委员会详细规定了地形测量处和工程处的办事规则，对这两个部门人员的任用、休假、津贴发放制定了比较详细的规章制度。如"规定主任技师全权负责该部门事务，既主持日常工作，又可对行为失当人员进行处罚。凡属野外作业一律发放津贴，请假或病假及被通知在事务所内办事七日以上则不予发放。请辞则参照《职员办事规则》办理"。③ 这样，"各部门领导者就能因事制宜处理工作关系，有利于测量和工程

---

① 《顺直水利委员会编辑造报处会计部办事条例》，北京市档案馆藏，档案号：J007—004—328。

② 《顺直水利委员会编辑造报处会计部办事条例》，北京市档案馆藏，档案号：J007—004—328。

③ 冯涛：《北洋政府时期京直水灾及水利建设研究》，硕士学位论文，河北师范大学，2010 年，第23—24 页。

的顺利进行"。①

此外，顺直水利委员会还制定了详细的薪金制度。顺直水利委员会根据工作性质的不同，发放不同的薪酬。如地形测量和流量测量工作比较艰苦，相关人员的薪金待遇较高，文职人员工作相对轻松，薪酬较低。"顺直水利委员会内部实行薪级制度，各部均有最高薪额限制，视职员所承担的工作量制定薪金标准，逐年递增，起到了较好的激励作用。"②

1928 年，顺直水利委员会被南京国民政府改组为华北水利委员会，其工作被华北水利委员会接管。在顺直水利委员会改组前后，对于顺直水利委员会何去何从还一度出现了分歧，直隶地方政府希望顺直水利委员会的工作由直隶省接管。对于顺直水利委员会在直隶的治水工作，直隶省政府给予肯定，并决定在政权交替之际，将治河工作接续下去，由此成立了直隶修治全省河道筹办处。为保证治河经费，该处于 1927 年 8 月致函庚款咨询委员会，拟将庚款的一部分用于河务工程，通过成立专门的基金会推进该工作。但南京国民政府从华北水务治理的全局出发，要推行海河流域一体化治理，最终决定成立华北水利委员会，在承续顺直水利委员会工作的基础上，继续加大对海河流域的综合治理。

五　通过海河工程局加强治河工作

光绪二十三年（1897），在天津租界成立的海河工程局是由中外共建，专门治理天津海河的疏浚机构。时任直隶总督的王文韶与驻天津英国领事和法国领事，以及西方国家商会的一些要员，商议治理海河的方案，并决定在会后成立中国第一家专业的河道疏浚机构——海河工程局。此后，海河工程局主要通过修建水闸、建筑堤坝、裁弯、清淤、破冰通航等工程对海河进行整治，改善了当时海河的通航条件。但由于多种原因，海河经常淤塞，不仅影响海河通航，还影响天津海关贸易和当地社会经济发展，海河工程局并未根除海河的危害。1958 年，海河工

---

① 冯涛：《北洋政府时期京直水灾及水利建设研究》，硕士学位论文，河北师范大学，2010 年，第 24 页。
② 冯涛：《北洋政府时期京直水灾及水利建设研究》，硕士学位论文，河北师范大学，2010 年，第 25 页。

程局更名为天津航道局。

（一）海河工程局成立的原因。清咸丰十年（1860），中英《北京条约》签订后，天津紫竹林一带被划为各国租界。各国除占据海河右岸两千米外，其轮船由大沽口直驶海河。但是因海河时常淤塞，航运受到一定影响，甚至影响到天津港的对外贸易。光绪十三年（1887），天津海关税务司德璀琳提出将海河裁弯取直，其建议被清政府驳回。光绪十六年（1890），天津洪水泛滥，海河涨溢，租界成为泽国，天津城乡居民亦蒙受巨大损失。德璀琳再次提出疏浚海河的建议，并承诺津海关支付 100 万两白银。但是，清廷恨外力之膨胀，"故意迁延，相率不问"。[1] 这一计划不仅遭到了清政府、直隶地方政府的反对，而且遭到了轮船公司和当地百姓的反对。光绪十八年（1892），德璀琳和英国工程师林德在天津挂甲寺再次准备对海河进行裁弯取直，因村民反对，计划再次被搁浅。在随后的几年当中，由于河道不畅，沿河居民生产和生活受到较大影响，疏浚河道成为非常紧迫的工作。

（二）海河工程局的建立及其发展。清光绪二十三年（1897），王文韶任直隶总督兼北洋大臣，他开始关注疏浚海河，并派其英国顾问德林特（A. De Linde）与英法领事、海关税务司及外国商会会长签订协议，拨款十万两白银，另由英工部局发行公债十五万两白银作为治河基金，于当年成立海河工程局。海河工程局工作由董事部负责，董事部由下列各部门代表组成：津海关道、北洋大臣委派中国委员两人、津海关税务司、轮船公司代表、租界各代表、商会各代表。实际上，董事部由顾问德林特会同领袖领事、津海关道及税务司执行局务。义和团运动期间，该局工作全部停止。因当时由各国组织的临时政府处理天津事务，关于海河工程局的工作，由临时政府派出一人，与领袖领事、税务司继续开展相关工作，并加入各租界领事代表、商会会长、轮船公司代表，海河工程局董事长由领袖领事充任。《辛丑条约》签订后，天津的治理权重新交还中国，海河工程局进行了改组，临时政府委员会退出，由津海关道代之（当时津海关道是唐绍仪），其余人员无变化。根据《辛丑条约》的规定，"北河、黄浦两水路均应改善，中国国家即应拨款补

---

① 吴蔼宸：《天津海河工程局问题》，北京大学图书馆藏，出版时间不详，第 1 页。

助"。① "北河改善河道，在一千八百九十八年合同中国国家所兴各工，近由诸国派员重修，一俟治理天津事务交还之后，即可由中国国家派员与诸国所派之员会办。中国国家应付海关银每年六万两以养其工。"② 上述材料说明，中国不仅是治理海河的主体，而且担负相应的治河费用。但是，随着时间的推移，驻津公使团在海河治理当中所占分量越来越重，原因是海河工程局采用委员制，由两位中国官员（代表招商局与开滦矿务局）、天津海关道台、津海关税务司、首席领事、领事团、外商轮船公司、各国租界、洋商总会及税务司的代表组成海河管理委员会。通常情况下，海河工程局的事务由首席领事、天津海关道、海关税务司三方代表组成的管理委员会处理，实际上主要由英国人把持。中华民国建立后，海河工程局由五人组成董事会负责日常事务，即首席领事、津海关税务司、津海关监督、商会会长、轮船公司代表，所有事宜由董事会会议通过后执行。

（三）海河工程局组织机构。海河工程局自改组后，分为董事部和仲裁部。董事部由董事五人组成，包括驻津领袖领事、津海关税务司、津海关监督、商会会长、轮船公司代表。凡海河工程局局务均由董事会会议通过，以领袖领事为董事长。虽然关于轮船公司代表并无华洋之分的明文规定，但实际上均由外商充任。仲裁部是应各航业公司之要求而设立的，以董事九人组成，三人为洋商会委派，三人为外国航业公司委派，其余三人即为董事部原有之董事（领袖领事、津海关税务司、津海关监督）。此外，局中设秘书长一人，由洋人充任，执行董事部议决之案及管理局内一切事务。

从海河工程局的组织结构看，五个董事中只有津海关道由中国方面选派，其余四人均为外国人。华洋人数悬殊，而董事长又是领袖董事，所以每次开会，中国代表即便有主张也很难被采纳。而且由于津海关监督经常放弃出席会议的机会，所以秘书长的权力日益膨胀，秘书长实际上掌握了董事部的大权。仲裁部自设立后几乎未行使其权力，自该局成立至20世纪20年代末，仅开会七次。1919年以后，近十年的时间未曾开会。之后，为便于工作，海河工程局组织结构有所调整，主要分设

① 吴蔼宸：《天津海河工程局问题》，北京大学图书馆藏，出版时间不详，第2页。
② 吴蔼宸：《天津海河工程局问题》，北京大学图书馆藏，出版时间不详，第3页。

四个部：总务及测量部、工程与船坞部、挖河部、海河部。总务及测量部负责管理图件及河务报告，凡测量绘图人员、河巡、水夫及护岸工役等均属之。工程与船坞部的工作范围为，凡工厂及船坞各项员役等均属之。挖河部亦称浚河科，凡挖泥吹泥各船只员役等均属之。海河部亦称海口工务科，凡大沽海口浚滩及破冰工作员役等均属之。材料科的工作范围为，凡管理及收费材料人员均属之。上述几个部门中，重要职务均由洋人充任，华人仅可充任副手。

从海河工程局的运作过程看，中国在对待海河治理问题上忽视了自己是治河主体这一根本问题。因为根据《辛丑条约》的规定，中国派员与诸国所派之员会办海河事宜。而且，"设局治河纯系我国内政，当然由华人管理，断无任用洋员为秘书长永久把持之理。喧宾夺主，莫此为甚"。[①] 海河工程局的工作本应由中国主导，结果大权旁落，这种格局一直延续到中华人民共和国成立。

（四）海河工程局经费收入。海河工程局经费收入主要有经常费、公债、捐税，以及疏浚河道和吹填造地的经营性收入。

一是经常费。海河工程局成立之初，北洋大臣拨银十万两，英工部局发行公债十五万两。光绪二十七年（1901），天津各国临时政府补助二十五万两，此外，各国每月补贴海河工程局津贴经费银五千两。光绪二十八年（1902），中国收回天津后，每年拨给海河工程局一定的经费，主要包含三项：一是按照《辛丑条约》，中国每年由津海关税项下补助海关银六万两给海河工程局。1926年，经使团同意，该经费转拨给永定河河务局，仍由海关税务司拨交该局转发。到1928年，共计拨银150万两。二是公债。遇有重要工程，海河工程局以两项捐款作抵押，委托外国银行发行公债。海河工程局历年所发公债八次，每次金额从几十万两到上百万两不等。北洋政府时期，海河工程局共发行公债五次，总计银341万两。除已经偿还外，到1926年，尚欠本银210万两。三是捐税。捐税主要包括治河捐、船税等。治河捐由税务司代为征收，凡华洋进口货物按照海关正税值百抽一续增至值百抽四，每年约有39万两。从光绪二十四年（1898）至1928年，总计征收治河捐577.68万两。船税也叫吨捐，凡是进口轮船，每吨征收银一钱。停泊大沽口外不

---

①　吴蔼宸：《天津海河工程局问题》，北京大学图书馆藏，出版时间不详，第9页。

进口者，每吨征收银五分，每年约有十九万两，亦为税务司代为征收。从光绪三十四年（1908）至1928年，共收船税251.66万两。四是疏浚河流、挖淤泥，以及吹填各租界地的费用。疏浚河流与吹填造地每年收入工费白银数万两，是主要收入之一，而且其总收入呈现出逐年增多的趋势。1917—1927年，海河工程局收入的总体情况详见表3-4：

表3-4　　　　　　　1917—1927年海河工程局收入情况统计表

时间	收入
1917 年	331030.50 两
1918 年	302063.58 两
1919 年	459764.59 两
1920 年	474186.55 两
1921 年	533070.23 两
1922 年	626308.00 两
1923 年	590632.00 两
1924 年	624343.12 两
1925 年	671347.99 两
1926 年	648456.60 两
1927 年	667831.04 两

资料来源：吴蔼宸：《天津海河工程局问题》，北京大学图书馆藏，出版时间不详，第5页。

（五）海河工程局职能。海河工程局的工作主要是浚河、建闸、修桥，为完成上述工作，海河工程局购置了破冰船、挖泥船，修建了船厂，建造了堤坝和大桥。

一是购置船只。1914年，海河工程局购置了"中华"号自航吹泥船，该船航行时以两台双缸蒸汽机为动力，功率为235千瓦；吹泥时以1台双缸蒸汽机为动力，功率为338千瓦，生产率600立方米/时，吹泥距离2990米。同年，海河工程局还购置了"西河"号链斗挖泥船，1921年，购置了自航耙吸挖泥船"快利号"，这是海河工程局最早引进的自航耙吸挖泥船，装机功率1100千瓦，舱容500立方米，可挖深9.45米，航速8海里/时。1924年，购置了"高林"号链斗挖泥船。

1926 年，挖泥合计 189000 余方。挖泥船将泥挖出后，通过铁管将淤泥填垫英租界墙子河外一带洼地，前后共挖 250 万余方。破冰船主要用于冬季开冰，维持塘沽至海口的水道。

二是疏浚河道，整治河身。为保持河水宣泄畅通，海河工程局单独或与顺直水利委员会联合主要进行了六次裁弯取直工程，缩短河道13.6 千米，取得了一定成效。海河工程局成立之初主要是疏浚陈家沟、军粮台和西沽三条支渠，并在渠口筑闸以操控洪水。之后，实施了大沽沙滩开挖工程，这次工程较大。由于海河中的泥沙在大沽口淤积成一个拦河沙坝，影响船只进出港口。1917 年，海河工程局采取耙挖法对大沽口外滩河道实施开挖，到 1921 年，大沽沙航道基本挖成。

三是修筑河堤。海河工程局在大沽口筑起了长堤，到 1927 年，北岸已达到一万四千余尺，南岸达一万七千余尺。同时，在海河两岸以柳箱沉入河岸，上边压石块，作为护岸工程。

四是建造桥梁。万国桥即现在天津的解放桥，亦称国际桥，是当时中国最大的一座开启桥。这座桥把当时天津的水陆交通枢纽与银行林立的大法国路与维多利亚路，也就是今天的解放路联为一气，带动了天津城市的发展与繁荣。该桥耗资一百七十万两白银，主要通过海关加征附捐 2% 予以解决。

五是建立船坞，开展船舶修理工作。海河工程局于 1907 年和 1924年先后建立了小孙庄、新河两座船厂，在河东比利时租界及新河处，购地建造了两座大型船坞。

此外，冬季的破冰工程也是海河工程局的一项重要工作。天津每年在航道封冻后均需要破冰，从 1913 年起，海河工程局先后购买了 6 艘破冰船，专门从事破冰工作。

在京直地区的治水机构中，天津的海河工程局与京直各河务机构并行存在，但中国政府官员和河务人员提出的治理海河的方案有时会受到外国公使团干涉。北洋政府内务部总长沈瑞麟曾率领主管司员，以及专门工程师前往海河勘查，提出了一些解决办法。一是在天津北仓开辟新河，使永定河水由新河达金钟河入海，不经海河故道，使北运河的清水尽量流入海河。预算两百万元，由内务部呈请财政部筹款。二是经国务会议议决设立浚治海河河工委员会。三是由直隶省本省海关税收项下加征百分之二或百分之四，专门作为此项浚治工程经费。关于治理海河的办法，顺直水利委员会会员杨豹灵提出了同样的看法。他认为治本计划是筹拟适当之永定河新尾闾以为将来实施之预备。治标计划主要是在治本计划未实施以前，以减轻海河之沙淤为目的。他提出了三点看法：一是北运河水量不得流入海河。二是北塘淤沙受海风影响，日久大沽口恐被淤塞，三是预算二百万元不足敷用。对此，内务部工程师方维因称上述问题不足虑。而海河工程局总工程师平爵内一方面表示赞成治标办法，另一方面私下报告海河工程局董事会对于该办法并非完全赞成，最终海河工程局没有采纳中方的意见，致使计划搁浅。

为加强对海河的管理，在北洋政府内务总长沈瑞麟的推动下，疏浚海河河工委员会于 1927 年成立，并制定了《浚治海河河工委员会章程》。其宗旨是救济海河航运，预防地方水患。浚治海河河工委员会是遵照北洋政府国务会议的决议案，由京东河道督办、内务总长、直隶省长共同组织成立的。该委员会包括委员长一人，副委员长两人，设秘书主任一人，会计主任一人，总工程师一人。为辅助工程进行起见，该会设咨询委员会，在中外素具声望及熟悉河务的人员中选聘。① 浚治海河河工委员会还成立了海河河工咨询委员会，并制定了《浚治海河河工咨询委员会章程》，海河河工咨询委员会附设于浚治海河河工委员会，专备咨询并辅助工程进行事宜。该会人员构成情况如下：驻津领袖领事、津海关税务司、天津总商会会长、天津万国商会会长、中外轮船公司代表，本会各委员由浚治海河河工委员会聘任。本会开会时，临时公推主席，如委员有事，得委托代表列席。本会对于会议事项，以全体委员会过半数之同意决定之。本会对于浚治海河河工委员会抄交之重要工程议案，经开会讨论后，如有意见参加时，得拟具意见书以备采择。②

1927 年以前，海河工程局主要由英、法、日等国控制。1928 年，河北省主席商震建议成立一个专门机构，对海河上游进行治理，但是由于英国人把持天津海关，不予经费支持，该计划搁浅。1928 年，海河淤塞情况非常严重，吃水 10 尺以上船只不能进港，天津商埠几乎废弃。1929 年，南京国民政府建设委员会与外交、内政、财政三部商议收回海河工程局，英租界反对，只同意成立一个临时性治河机构，而且重要

---

① 参见吴藟宸《天津海河工程局问题》，北京大学图书馆藏，出版时间不详，第 31—33 页。
② 参见吴藟宸《天津海河工程局问题》，北京大学图书馆藏，出版时间不详，第 33—34 页。

职务由英国人担任。1929 年 11 月，天津整理海河委员会正式成立。整理海河委员会是专为整理津埠海河而设立的一个临时性治河机构，该委员会以河北省主席为会长，天津市市长为副会长，财政部、内政部、外交部、建设委员会，以及河北省、天津市政府各派代表两人，海河工程局派一人，总工程师一人为委员，但是实权掌握在英国人手中。

为加强海河的疏浚工作，1929 年，南京国民政府还颁布了《疏浚海河工程短期公债条例》，拟募集 400 万元，由整理海河委员会经手具体事宜。1933 年，该委员会解散，之后成立了整理海河善后工程处。1935 年夏，该工程处被取消。整理海河委员会存续期间，制订了详细的治标工程计划。1937 年，整理海河委员会撤销后，海河工程局又接管了海河放淤工作。日军占领天津期间，海河工程局被日本人控制。1945 年，抗日战争胜利后，南京国民政府接管了该局。

在京直水务机构建设过程中，各河务局、顺直水利委员会、海河工程局均承担了一定的治河工作。其中，顺直水利委员会发挥了重要作用，尤其在海河流域综合治理方面进行了初步尝试，取得了一定成绩。1928 年，南京国民政府将顺直水利委员会改组为华北水利委员会，负责华北地区水利建设。华北水利委员会是以科学方法进行水利建设的新式水利行政机构，其组织结构实现了制度化、科层化。同时，通过建立规范的工作管理和人事管理制度，保障了机构的有效运转。其在华北的水利事业主要体现在水利测量与查勘、水利工程计划、水利工程实施三个方面，对华北河道、地形、水文、气象进行了测量，编制了大量水利工程计划，兴建了一批新式水利工程。华北水利委员会建成后，引进西方先进水利科技并运用到水利建设中，转变了水利工程建设方式，培养了一批水利人才，开展水利科学研究，完成了顺直水利委员会所制订的部分水利工程计划，为中国近代水利事业的发展做出了巨大贡献。

总之，自 1912 年中华民国建立后，随着政治体制的变化，水政管理无论是在管理内容还是管理方式上都发生了较大变化，水政管理体系的决策层、管理层和执行层的职能，因外方干预和民间参与而显得较为复杂。从上述关于北洋政府时期京直水利组织的分析看，这一时期水利管理出现多元化的趋向，政府对水利的规划，外人对水权的觊觎，绅民对水资源的获益未能同步，多头期望和利益的不一致导致在河道管理和治理方面出现冲突。此外，由于军阀混战和海河工程局等外人水务管理机构的存在，京直地区的水环境治理异常复杂。虽然政府仍为水利管理的主体，但是多重矛盾和纠葛影响了各项政策的落实。

第二节　改革水政监察制度

　　水政监察是保证水政建设工作正常推进的重要制度，目前，我国为加强水行政执法，组建了水政监察队伍，依法实施水政监察，对违反水法规的行为，根据相关规章制度给予行政处罚和采取行政监管措施。水政监察部门的主要职责是宣传国家水法规；保护水资源、水域、水工程，保护水生态环境，保护防汛抗旱和水文监测等有关设施；对水事活动进行监督检查，维护正常的水事秩序；配合和协助公安和司法部门查处水事治安和刑事案件；受水行政执法机关委托，办理行政许可和征收行政事业性规费等有关事宜。晚清时期，直隶一些州县即设有水巡，负责保护船只安全，维护航路及河道秩序。北洋政府时期，京直地方政府加大了水政监察制度建设，不仅设置了水上警察局，建立了河务局工巡队，而且给予州县官员以较大的监督权力，监管水务部门执法。

一　设立水上警察局维护水事秩序

　　北洋政府时期，京直战乱频繁，盗匪猖獗。为维护水路运输安全，保护河堤，1915 年 3 月，北洋政府公布《水上警察官制》。当年，直隶成立了水上警察局，并建立了一支专门负责河务安全与运输的水上警察队伍。直隶水上警察的主要构成是天津旧有水上警察之一部及大沽造船厂之海防轮船护航人员，并加以扩充。直隶水警成立后，在护堤、维护水上交通秩序等方面发挥了重要作用。起初，水警规模较小，主要在滨海、临河的天津。因不敷分配，直隶省长向内务部提出改组直隶水上警察的计划，在得到内务部许可后对水上警察队伍进行了扩充。

　　（一）水上警察成立的原因。直隶之所以成立水上警察，主要是为了保护堤坝、保护商民、疏导交通。直隶各河历年屡有窃伐堤岸树木及劫掠船只案件，而且每届大汛，沿河村民往往因偷扒堤岸致酿争端，对河务治安有较大妨碍。为保护商民免遭抢劫，直隶还在南运河及海河一带设置临时水上警察百余名，"以保旅客而重航业"。① 在谈到水上警察局职责时，直隶水上警察局局长孙铁臣说："警察原以保护人民治安为宗旨，而吾水警除负此责任外，对于商船更宜注意。"② 所以，水警不仅负责维持水上治安，而且负责疏导水上交通。

（二）水警广布驻防地点。鉴于多年来屡有窃伐河堤树木及劫掠船只案件，为维护内河航运秩序，保证商民生命安全，直隶全省河务筹议处召开会议，议决各河重要地点由水上警察拨派炮船分段驻守以重河防。之后，直隶河务局给各河重要地点配备炮船以便防守。驻防地点主要有：（甲）天津驻防地点：金汤桥、赵家场、金钢桥、黄家花园、大红桥、北大关、金华桥。（乙）子牙河驻防地点：高庄子、王家口、刘各庄桥、臧家桥。（丙）南运河驻防地点：独流镇、唐官屯、捷地镇、码头镇。（丁）大清河驻防地点：台头村、石沟村、苏桥镇、药王庙、史各庄、苟各庄、十方院、新安镇③。此外，对于个别重要地方，直隶加强了水警力量。直隶河务局认为，南运河、北运河、子牙河、大清河各河堤埝的安全问题非常重要，但沿河居民往往有偷挖堤埝的不良习惯，为防止此类事件发生，直隶水上警察局在重要地区加强了巡检。如在静海、独流、献县、臧家桥、五口镇、胜芳、杨柳青、药王庙等处往来巡梭以卫行旅而重河防。水警驻防地点的安排主要是维护河道治安和船只往来安全，但也有因为测量河道，保护相关人员而特设的驻防点。如1918 年，京畿水灾善后事宜处熊希龄督办提出，因南运河屡次溃决为患，派人测量河道，但是遭到吴桥县当地绅民反对。为防止发生冲突，直隶水上警察局局长梁瑞福派中队队长吕富文"率同巡船分别驻防"④，测量工作才得以顺利进行。

（三）水警的主要职责。水上警察自成立之日起，其主要职责是维护商船往来安全，保护航路畅通。

一是保证航道畅通。1915 年，水上警察局为天津、保定一带沿河居民在河道内沤麻有碍行轮一事，请直隶全省内河行轮董事局协调处

---

① 《将设水上警察》，（天津）《大公报》1920 年 8 月 26 日。
② 《水上警察疏通河道》，（天津）《大公报》1924 年 4 月 11 日。
③ 于振宗：《直隶河防辑要》，北洋印刷局 1924 年版，第 34 页。
④ 《局长注重河工》，（天津）《大公报》1918 年月 17 日。

理，以设法维持航道畅通。直隶全省内河行轮董事局在给直隶水上警察局的函文中称：津保航道史各庄、娘娘宫、苟各庄一带居民，均将所有之麻沤浸河中，任意堆积，绵亘三十余里。中间仅留一线之路，宽仅一丈数尺不等，轮船行至该地方时，稍微冲动麻秸，即遭当地居民抛掷砖块，甚至肆口叫骂。更有甚者，不准轮船在该处驶过。甚至出现"被拖之客船，必须用人夫拉牵，方始放行等情"。① 直隶全省内河行轮董事局认为，"河道原系官有，并非个人私产，无论民商，均不能借便私图，致多障碍。而官办小轮原为提倡航业，利便交通，讵该村等居民在河任意沤麻，且不宽留通行航路，客船必限用人夫拉牵方始放行，稍有冲动即百般阻挠，殊于交通大有窒碍"。② 所以，请直隶水上警察局设法整顿，以维护航道运输安全。直隶水上警察局支持了直隶全省内河行轮董事局的做法，下令严禁沿岸居民占用河道，影响船只通行。直隶全省内河行轮董事局在复函中对这一做法表示满意。天津商人非常关心海货的保鲜运输问题，为避免在运输中出现意外状况，天津鲜货商从1922年开始，即和水上警察局达成一致意见，希望在一些重要地点得到水警保护。此后，由天津鲜货商研究所出资，请水上警察局添募水上警察，"以保证往来商船安全"，③ 取得了较好的效果。之后，这种模式一直延续下来。直隶水上警察局在给天津鲜货商研究所的信中称："贵所去岁请在金刚桥上游设缆、添警，救济来往船只，并承年给津贴银二百元，业经办理在案。刻届伏汛之期，河水涨溢，船只经过该桥甚为危险。贵所慈善为怀，仍请按照去年办法将铁锚救生绳安置原处，并将津贴银洋送交敝局，以备添募临时水警购买制服之用。"④ 直隶水上警察局在回复中称："置备棕缆铁锚预防水上危险"，"以保护民命船产而提倡善举事"。⑤ 天津鲜货商研究所代表认为，"本埠金汤桥、金刚桥、大经桥、北大闸等处，每年河水涨溢，汇流沤急。水势过急，来往船只顺溜而

① 《咨雄县任丘县水上警察局津保河沿河居民在河沤麻有碍行轮请设法维持》（1915年）天津市档案馆藏，档案号：J0106—1—000057。
② 《咨雄县任丘县水上警察局津保河沿河居民在河沤麻有碍行轮请设法维持》（915年），天津市档案馆藏，档案号：J0106—1—000057。
③ 《水上警察棕缆公事》（1923年），天津市档案馆藏，档案号：J0129—3—6—002103。
④ 《水上警察棕缆公事》（1923年），天津市档案馆藏，档案号：J0129—3—6—002103。
⑤ 《水上警察棕缆公事》（1923年），天津市档案馆藏，档案号：J0129—3—6—002103。

下，篙不得撑，易致撞碰，极为危险，人人共见。前已呈请钧厅赏示，在金汤桥一处设缆防险。业蒙厅恩指令中一区警署协同东四区查办，并饬呈请水上警察局查核。敝所遵谕禀明已由中一区署员详呈钧厅外，呈请水上警察局。蒙局长传谕研究办理，敝所事凭两歧，欲归该局管辖。先提倡兴办一处，拟在金汤桥以上设置大棕缆大铁锚，由敝所置购。请该局另募水上警察三名，专经管救急遇过路船只，放锚施缆竭力挽救，防患于未然。今仍归敝所存放，敝所力量绵薄，不能普及，惟提倡善举仅在金汤桥左右一处救急，仍望大慈善家在各河桥梁出资挨次照办，庶水上免此祸害，船户咸感大德，皆我厅长之所赐也，事关公益，理会联名公恳天津警察厅厅长大人核准，会同水上警察局长合衔赏发布告，以保护民命船产提倡善举"。① 1924 年，水上警察局回复称："贵所去岁请在金汤桥设缆，添警救济来往船只，并蒙年给津贴银二百元一案，刻已饬警前往照常办理。"② 上述材料说明，商民出资，警察出力，成为维护地方治安的一种合作新模式。

为保证航路畅通，直隶全省内河行轮局致函水上警察局，请求在一些重要地点加派警力，疏导交通。内河行轮局称："本局津保航路抬头猴山一带，河内停泊商船众多，颇形拥挤，以致阻断交通，是以轮船行至该处，不但通过非易，而且危险万分，稍有撞碰，则全船生命财产定遭不测，且本局轮船不时奉令为各军运输，万不可因此误事，贵局酌派巡船一只常驻在抬头地方，随时饬令该商船等。"③ 就直隶全省内河行轮局所反映的问题，直隶水上警察总局回复称，本局津保航路清河口地方，现因水浅轮船不能上驶。只能以木客船代替，用人夫拉牵上行。"惟该处停泊民船过多，将河道壅塞，以致敝局客船行经该处非常困难，大有难以通过之势。该民船等随意泊驻，致碍交通，殊属非是。贵局维持河道交通，夙所钦仰，务请迅派巡船前往，饬令该民船等速即开行，并饬令嗣后不准在该处停泊，以免壅塞而利交通，则敝局客船得以顺利

---

① 《水上警察棕缆公事》（1923 年），天津市档案馆藏，档案号：J0129—3—6—002103。
② 《水上警察棕缆公事》（1923 年），天津市档案馆藏，档案号：J0129—3—6—002103。
③ 《函直隶水上警察局请派巡船驻抬台头以利交通并望见复》（1916 年），天津市档案馆藏，档案号：J0106—1—000312。

上行。"① 尽管警力有限，水上警察局还是克服困难满足了直隶全省内河行轮董事局的请求。

二是处理水上运输中的刑事案件。1916 年，直隶全省内河行轮董事局河利轮船司事华汉臣报告，4 月 22 日，轮船行至三铺地方时，因水浅客船不能上驶。所以，令水手拉纤上行。将至坝台地方时，坝台福盛馆铺掌张宪彪撑载食物小船，以绳缆绑到内河行轮董事局客船上售卖食物。适值风雨交加，且人力拉纤，逆水上行十分费力。加上小船帮靠客船使重量骤增，几乎不能行驶，船长令该小船离开。不料，小船上的张宪彪反出口不逊，回坝台纠集福盛馆铺伙六七人，执木棍、船橹、铁尺等器械在岸等候。等内河行轮董事局客船行驶到坝台地方时，张宪彪等人蜂拥而上，将船截住行凶，将该客船水手王忠打倒，伤及两膀，又将船窗玻璃捣碎三块，个别乘客受到轻伤。事件发生后，船主向水上警察局报案，水警将张宪彪等行凶者带到水上警察局，给肇事者以重惩。这一处理意见得到了直隶全省内河行轮董事局和船主的称赞。

当时，维护水上运输安全成为水上警察局的重要工作。1917 年，直隶水上警察局局长孙方建呈请省长，严惩在清河口、沙河桥两处搅扰行轮的棍徒，并请求沿河各县及水上警察局出示保护书。直隶全省内河行轮董事局向水上警察局申诉称："棍徒搅扰行轮，敬乞转饬究惩并出示严禁以维航业。"② 当时，内河航运的安全问题已经成为阻碍内河航运业的重要障碍。1917 年 3 月 31 号，河利轮船司事潘承璞报告称，轮船从河间县沙河桥经过，突然有棍徒向船上抛砖，打伤水手，棍徒逃散。4 月 13 号，河利轮船林司事又报告，船行至静海县原清河口地方时，忽然听到船底呼呼作响，船身倾斜，赶紧停轮。水手下河探视，结果发现水轮轴已断绝，轴筒也受到损伤，后来在河底摸到一块大石头。他们认为轮船天天往来河中，并未发现大石头，现在忽然出现这种意外，显然是该处棍徒故意与轮船为难，暗中将大石头掷入河中，企图危及轮船，以达到他们拦扰之目的。于是，请求沿河各县及水上警察局出示晓谕："再有抛砖掷石情事，

① 《函直隶水上警察总局近因清河口地方现因水浅请饬令民船不可随意泊驻窒碍交通》（1926 年），天津市档案馆藏，档案号：J0106—1—000313。

② 《呈省长清河口、沙河桥两处棍徒搅扰行轮请令静海河间两县究惩并令沿河各县及水上警察局出示保护》，（1917 年），天津市档案馆藏，档案号：J0106—1—000118。

饬警立即惩办，以重航务而警刁顽。"①

1920 年，天津杨柳青船户水手及搭客被打伤事件发生后，直隶全省内河行轮董事局津保航路静澜轮船司事穆绍祥及时报告了水上警察局。船户称 5 月 5 日轮船上驶行抵杨柳青镇以上摆渡口地方，忽有摆船人乔尚奎因轮船激浪冲荡其船，并肆口大骂，彼时因载客急行，未予理论。迨至 6 日，轮船回津，驶经该处，不料乔尚奎邀集多人，在该处等候。轮船甫到，即用砖块向船抛击，将搭客陈张氏右眼击伤，血流不止。司事见其来势凶猛，若不停理论，势必波及全船搭客，遂登岸询其寻殴理由。乔尚奎等不容分说，即将跟随司事之水手刘少有用木扁棍头部击伤甚重，船长张永海急鸣汽笛，距该处二里许驻扎之巡船，闻声派警赶到。该犯等见水上警察赶到，相率逃散，只将乔尚奎当场抓获。水上警察认为，轮船行驶冲击波浪乃平常事，而该船户竟借此细故纠众伤人，殊属凶顽已极，若不函请贵局送交法庭惩办，恐不足以儆效尤。除凶犯乔尚奎已由巡船派警当场抓获带离外，兹将受伤之搭客陈张氏及本局受伤之水手刘少有送交水上警察局。②此时，因各方均有受伤，上升为刑事案件，水警当即将摆船人乔尚奎并搭客陈张氏，轮船水手刘少有，一并交送天津地方检察厅处置。

1927 年，白洋桥发生抢劫案。安澜轮船船长杨玉亭报告称：8 月 1 日，轮船由天津开往沙河桥站，行至大城县白洋桥下湾时，在下午八点钟，由东岸忽然出来土匪十余人，三人持手枪对船员射击。随船护卫仅有两名，且恐彼此对击伤及全船搭客，未抵抗。等停船靠岸，土匪命令船长上岸，向船上搭客索洋两千元。船长称："搭客均为穷人，这样一笔巨款很难筹到。土匪突然将船长打倒在地，并有两个土匪登船搜索，共抢去大洋二百余元，衣服数件，约值三十余元。"③案件发生后，水上警察局通令各河驻防区队选派干警，限期缉拿罪犯。直隶水上警察局通令沿河各地水陆各警察所、局加大巡查力度，派警检查，以安商旅。

　　① 《呈省长清河口、沙河桥两处棍徒搅扰行轮请令静海河间两县究惩并令沿河各县及水上警察局出示保护》，（1917 年），天津市档案馆藏，档案号：J0106—1—000118。
　　② 参见《函直隶水上警察局天津检察厅杨柳青船户打伤水手及搭客》（1920 年），天津市档案馆藏，档案号：J0106—1—000182。
　　③ 《呈省长添设押船巡役并函天津警察厅天津镇守使直隶警务处水上警察局请饬沿河军警随时协助巡役缉匪》（1927 年），天津市档案馆藏，档案号：J0106—1—000330。

　　三是处理水上交通事故。1916 年，河利轮船在海河被横河缆索撞坏即是一个典型事例。直隶全省内河行轮董事局派河利轮船由水梯浮桥开往海河，行至大口地方时已经天黑，能见度很低，因有人在河道上偷偷横系了一条大缆绳，遂将该轮船烟筒撞倒。船长张兆兰右脚腕砸伤，升火路长贵腰际及两腿两脚被砸伤，水手曹庆生腰际及脚腕被砸伤，王阴芝头部被砸伤。该升火、水手等受伤严重，轮船烟筒及汽笛也均有不同程度的损坏。直隶全省内河行轮董事局认为，横河系缆绳属妨害交通，何况当时天黑，轮船驶过未发现任何指示，遂发生烟筒砸伤多人事件，所以应严惩凶手以儆效尤。"除将受伤人等请由天津医院赶紧调治外，应请贵局速将横河系缆之人拘禁法办，并责令赔偿撞坏轮船各件，以肃法纪。"① 在水警的追查下，追究了当事人的责任。

　　四是维护航运安全。随着轮船运输业的发展，乘船出行人数逐渐增多，一些码头出现了拥挤现象。1924 年，内河小轮船在东浮桥及大红桥以西各码头，因旅客以及接送旅客之栈伙、脚夫等人员较多，十分拥挤，甚至发生了落水事件。若不派警保护，失窃、落水等事将影响轮船的正常运行。"为保护水面安宁起见，水警局在每天小轮靠岸起碇时，即派舢板随时分散旅客，以防意外。"② 这一措施，在保证旅客安全方面发挥了一定作用。

　　（四）设立水上警察的成效。水上警察在疏导水上交通，维护沿河居民财产安全方面有一定成效。1920 年，京直天气亢旱，北运河西河自高庄子以上河水浅涸，凡载重船只不能行驶，所以各船均集中到南运河，以致南运河由津埠西头、济庆、长顺、斗店至金汤桥等处，船只拥挤不堪。水上警察队长吕富文、督察员沈维翰、巡官刘万有不分昼夜指挥交通，"将河道疏通完竣，往来行船得以畅行无阻"。③ 1924年，大清河千里堤两岸民情强悍，不法村民偷挖河堤之事时有发生，天津河务局呈请省长饬水上警察局派拨巡船保护。水上警察派巡船四只，"分驻任丘县属之十方院大树、刘庄、西大坞、李广村四处，往来梭巡

----

① 《咨直隶水上警察局河利轮船在海河被横河缆撞坏》（1916 年），天津市档案馆藏，J0106—1—000112。

② 《直隶水上警察局函本局轮船码头旅客上下及脚夫等时形拥挤恐失窃落水等事应派舢板照料》（1924 年），天津市档案馆藏，档案号：J0106—1—000113。

③ 《水警修理河道》，（天津）《大公报》1919 年 5 月 14 日。

以备不测"。① 天津赵家场河内停泊船只，因久不开桥，不能行船，船户多不满意。该桥属陆地警察管理，非由水上警察管理。水上警察闻报后及时与陆地警察交涉，各船得以开行。"各船商见水上警察如此维护彼辈，无不感激。"② 水上警察局自成立后，在维护水上运输安全，疏导内河航运交通等方面发挥了重要作用。

二　建立河务局工巡队保护堤工

根据内务部颁布的《划一河务局暂行办法》，直隶在各河务局内部建立了工巡队，并制定了相应的办事规程。工巡队的成立是京直地方政府加强水政，加强河务内部监管机制的一个重要举措。根据规定，工巡队主要驻扎在各汛险要工段，负责所辖河段的堤工安全问题。1920 年 3 月，直隶地方政府颁布了《直隶河务局改组章程》，该章程规定，南运河、子牙河、大清河三河分段置工巡队，具体情况如下：南运河工巡队分十段，设工巡队三处：一为上游工巡队置队长一员，三等雇员一员，公役一名，管辖第一段至第四段。二为中游工巡队置队长一员，三等雇员一员，公役一名，管辖第五段至第八段。三为下游工巡队置队长一员，三等雇员一员，公役一名，管辖第九段至第十段。子牙河工巡队分六段，设工巡队三处：一为上游工巡队置队长一员，三等雇员一员，公役一名，管辖第一段和第二段。二为中游工巡队置队长一员，三等雇员一员，公役一名，管辖第三段和第四段。三为下游工巡队置队长一员，三等雇员一员，公役一名，管辖第五段和第六段。大清河工巡队分十段，设工巡队三处：一为上游工巡队置队长一员，三等雇员一员，公役一名，管辖第一段至第三段。二为中游工巡队置队长一员，三等雇员一员，公役一名，管辖第四段至第六段。三为下游工巡队置队长一员，三等雇员一员，公役一名，管辖第七段至第十段。北运河下游及其范围内之各减河，工巡队分为四队，归该河分局长直接管理。靳官屯减河工巡队分为三段，委任九宣闸管理员兼辖之。捷地减河设工巡分队一队，归南运河中游工巡队长管辖之。各河工巡队每段设工巡分队一队，每分队设分队长一员，队兵十一名。靳官屯减河置闸头一名，闸夫十二名，归

---

①　《派炮船保护堤岸》，（天津）《大公报》1918 年 8 月 4 日。
②　《水上警察维护船商》，（天津）《大公报》1925 年 4 月 2 日。

第三段工巡分队长兼理之。各河工巡队分别隶属于各该河河务分局。①

1920 年 6 月，直隶地方政府还制定并颁布了《直隶黄河河务局工巡队办事规程》。该规程规定，直隶黄河河务局"设置黄河南北两岸工巡队，分隶于南岸北岸各河务分局"。② 工巡队组织如下：设队长、副队长、汛长、汛弁、汛目、队兵。队长一人，对于各该管理工程训练及一切应办事宜，兼受该管分局长之指挥，督率弁兵认真办理。副队长一人，承分局长、队长之命分驻各汛险要工段，遇有雨汛险工同时发生，队长力难兼顾时由副队长分投抢办。倘队长因公外出，或因事故请假期内，并得由分局长传报局长派副队长代理之。凡汛期内遇有应修工程，由队长会商驻工办事处主任妥定计划，即由队长指挥各该汛队兵分别厢抛。如情形紧急，本汛队兵不敷分布，得就近调用临汛协助之。如邻汛均有工作，势难兼顾，即报由分局长呈明河务局调用邻局队兵协助之。如邻局队兵亦有工作，即呈由分局长，一面雇集短夫，一面飞报河务局，但非遇必要时，仍需俟呈明后始准雇夫。南岸设汛长三人，北岸设汛长五人，由队长责成汛长于各该管汛内储存正杂各料，督饬队兵分别昼夜轮流值管。并于每月 5 日前将派定轮值队兵造具地点、花名清册，呈由分局长查核，转报河务局备案。每年植树季节，应由队长会商驻工办事处指定地点酌定栽柳植树，派令该汛队兵栽种齐后，并将上年所种柳株成活数目一并开列，呈由分局长转报河务局查验。如成活不及六成以上者，责令如数补栽。每年霜清后，由队长率同副队长秉承分局长设立训练所，照章分班传集队兵轮流教练，其训练规则由河务局拟定呈明省长备案。对于汛兵的要求是，各汛队兵除工作训练时间外，仍应堆积土牛以备工用，其堆积土牛办法由河务局拟定汇案呈明省长备案。各汛队兵每日工作情形，由队长将地点、时间及积土数目、队兵姓名，按十日列表一次呈由分局长转报河务局备案。队长、副队长及所属汛长、汛弁等，除专管河务工程事宜外，不得干预工程范围以外事务。承修埽坝土石等项工程，倘查有减料偷工情弊，该队长、副队长及汛长、汛弁等共同负责。正副队长、汛长、汛弁等均应常川驻工，不得擅离汛地，队兵非遇特别事故不得请假，但假期内需找人替代。逾限不归，即行开

---

①　参见《直隶河务局改组章程》，《河务季报》1920 年第 2 期，章制，第 7—13 页。

②　《直隶黄河河务局工巡队办事规程》，《河务季报》1920 年第 3 期，章制，第 24 页。

除。各汛队兵遇有死亡、斥革等缺，应立时另募补充，不得借延，其新补之队兵由该队长取其姓名清册，呈由分局长转报河务局以备不时查验。各队长每年年终应将所管汛长、汛弁等办事成绩出具考语，呈由分局长转呈河务局核办。汛长、汛弁等如有办公不力或舞弊营私，经该管队长查明属实，即呈明分局长转请河务局复查明确，分别记过，以示惩罚。汛长应随时考核所管汛弁、汛目等勤惰，呈请本管分局局长及队长分别赏罚。

从上述规程内容看，工巡队作为河务局的下属机构，其主要职能是根据各河务局的安排，加强各险要地点的巡查力度，保证河道的日常维护。此外，工巡队还有巡堤、植树等监管任务。南运河河务局、大清河河务局、子牙河河务局、直隶黄河河务局等河务局，通过建立工巡队，加强了对河道的监督、巡查与管理。

京直地方政府是管理河务的主要行政机关，对与河务有关的日常管理，市场监管，以及协调水利纠纷都有直接责任。在建立水上警察局、河务局工巡队的同时，京直地方公署加强了州县地方官对水政的监察力度，对侵扰船户利益的事情予以查办。尤其是对于乱收费的组织，直隶地方政府责成州县官员加强了监督管理。

第三节　调处水事纠纷——三个典型案例

水作为一种资源，在人们的经济和生活中是必不可少的。历史上因为水资源的开发、利用、管理、保护等意见不一致而产生的争执时有发生，有些地方因争夺水资源而产生的水利纠纷非常严重。北洋政府时期，在水资源的管理方面，由于京直地方政府，以及直隶与海河工程局之间的矛盾，出现了几个较大的水权争夺案。其中，天津墙子河水闸案、京东河道案、海河管辖权案是较为典型的三个案例。

一　天津墙子河水闸案

1917年，华北发生大水灾，京直受灾严重，天津租界被淹，英、法、日等国商议在海光寺墙子河内设水闸，通过强行截断墙子河上游水流的方式，维护天津租界的卫生。关于天津租界区域划分情况，详见图3-1。水闸的设立使墙子河上游居民的生存环境受到严重影响，引起当地绅、商、民的抗议，天津《大公报》《益世报》等媒体大力宣传，进行舆论声援。在强大的压力下，英、法、日等国不得不同意将水闸迁移。天津墙子河水闸案是20世纪初一个特殊的水环境事件，是天津绅民通过收回水闸自主管理权，保护环境、维护主权的一个群体维权事件。在这次环境维权事件中，参与人数达到数千人，是民初公共环境事件的典型案例之一。下文将详细分析墙子河水闸设立对环境的影响，天津绅、商、民抗议英法日租界建闸，以及水闸问题解决的方案、途径和结果等问题，并对天津墙子河水闸案中各种力量在这一事件中的作用进行具体分析。

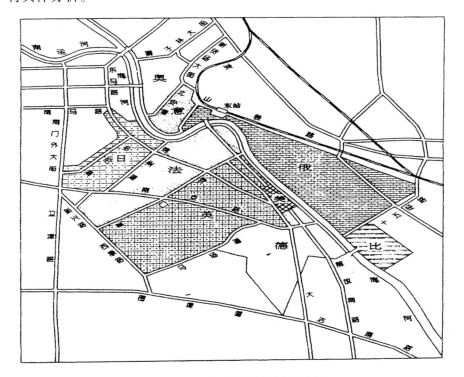

图 3-1　天津租界区域划分示意图

　　资料来源：天津市水利局水利志编辑委员会编：《天津水利志·海河干流志》，天津科学技术出版社2003年版，第47页。

（一）天津绅、商、民抗议英、法、日租界建闸

墙子河（亦称卫津河）之修挖始于清康熙年间，由天津镇总兵监

理、修挖，旱则灌溉，涝则疏泄。雍正、乾隆年间，地方政府又多次修浚。咸丰年间，为增强天津的防御能力，清政府派僧格林沁率兵在原天津老城西部和南部挖壕筑墙，并筑起长三十六里的护城壕墙，形成防御工事，并建有十一座营门与外界沟通。城墙在当时称为"墙子"，而壕沟称为"墙子河"。墙子河全长十余千米，北起今红桥区小西关通南运河，向东南在今天长江道附近和红旗河交汇，再向东在海光寺附近和卫津河交汇，然后向东沿今天的南京路至今天解放南路海河中学附近流入海河。同治年间，李鸿章督直时也曾派盛军挑挖该河。该河与南乡各村居民的生活息息相关，"城厢居民疏泄雨水，以城濠为尾闾"。[①] 从民初墙子河的流向看，它起于南运河滨，蜿蜒南行，经三庆营门大围堤水闸折向东南，接受南开蓄水池之污水，达海光寺分为两支，其一经八里台等处入海河，其二汇赤龙河经旧英、法、日租界、旧特一区而达海河，为旧英、法、日租界、旧特一区及城厢一带总下水道。由于沿途天津居民及天津租界不断向河内排入污水，墙子河水质逐渐变差。天津租界曾在此地修挖河道，并试图建闸。1916 年 6 月中旬，天津国土国权维持会开会，反对租界建闸计划，申明："此会成立之始，欲合吾人民之力，共谋维持国土国权，今日请诸君到会公同一致研究维持之方法，对待手段务取和平，总宜遵守秩序前进为要。此会之名义发生于去年，虽当时未有美满之结果，然由巡按使交涉，在未解决以前，中法两国对于此一块土均不得再有进步之举动，现事隔半年，又起插籤之交涉。"[②] 在天津人民的反对下，天津租界建闸计划始终未能实施。1917 年，京直大水使地势较低的天津租界遭受水灾，英、法、日三国租界受灾最重。为改善租界环境卫生状况，英、法、日三国在与直隶省长交涉之后，准备在天津南营门旁墙子河口修建一座水闸，一是防止水涝时洪水从这里经过；二是防止南市、南开流下的污水流入租界，但此后几年始终未动工。1922 年 6 月 29 日，海河工程局总工程师平爵内代表天津租界向天津县长提出要在海光寺墙子河建水闸，称建闸之事业经省长照准[③]，现

---

　　① 《墙子河之历史与设闸》，（天津）《益世报》1924 年 1 月 28 日。
　　② 《天津墙子河地界之交涉》，《申报》1916 年 6 月 22 日。
　　③ 海河工程局总工程师平爵内所说的省长照准之意，指原直隶省长曹锐同意天津租界在墙子河上设立水闸一事。

在准备开建，需将地势垫高，工竣之后，所垫之地仍归天津县署管辖。天津县长派人查勘后，于 1922 年 7 月 6 日复函海河工程局，认为所拟办法可行，可查照办理。租界修建水闸的消息引起南乡居民的强烈不满，1922 年 9 月，天津、静海两县公民代表恳请省长禁止租界在此修闸，天津乡民认为，天津租界为了自身利益而妨害天津南乡两县一百九十余村的利益，实属不可容忍。称："修闸堵塞河道，不但阻止来往行船，其害犹小，实修闸堵塞河道，凡臭水脏水积于河内、无处可洩，奈民无水可吃、田园无水灌溉，其所以损害民之生灵者，其害更大也，小民安有生活之路？"① 但是，英、法、日三国并未顾及当地百姓的要求，而是着手施工建设，至 1923 年 5 月工程完工。由于水闸设立后破坏了原来的河道环境，水闸周边居民的生产和生活受到影响。1924 年 1 月，天津绅民进行强烈抗议。他们认为驻津英、法、日三领事为维护租界卫生，在天津南营门旁墙子河内设立水闸，以阻止南市、南开流下的污水流入租界。由于墙子河是南乡一带的下水口，所以在墙子河建闸就会阻断交通，对周围环境和居民生活造成很大影响。（1）水闸关闭期间，导致污水宣泄不畅，对环境造成不良影响；（2）水闸关闭后，不仅对船户的运输造成不便，而且使农业灌溉、窑户生产用水紧张，影响当地工农业发展；（3）水闸的设立严重侵犯了中国的主权。墙子河水闸设立后，水闸长期处于关闭状态，导致天津南市、南开等地与其他城区的水循环系统不能正常运行，污水不能宣泄。尤其是夏天，南市一带，道路泥泞，存水没踝，居民苦不堪言。正如他们所称："南乡各村的饮料、农人的灌溉园田以及船户行船均不能行。""船户行船不能走，一家大小亦得饿死；农夫用水浇园田，亦是不行，地土干旱死；窑户造出砖来，亦不能用船运，货物亦不能用船装载。这个闸一设，天津农、工、商业全行停歇。""租界上一讲卫生，吾国人民净都要死了，你听可脑［恼］不可恼，这是立闸后吾民所受的痛苦。"② 天津绅民认为："此闸就在海光寺南桥的旁边，墙子河里头。按这墙子河领土，完全是吾们中

① 《天津、静海两县公民代表为恳禁止修闸事禀直隶省长》，天津档案馆、南开大学分校档案系编：《天津租界档案选编》，天津人民出版社 1992 年版，第 503 页。
② 《津埠市民反对英法日领事设立水闸第一次传单》，天津市档案馆等编：《天津商会档案汇编（1912—1928）》第 4 册，天津人民出版社 1992 年版，第 4975—4976 页。

国的，绝不在各国租借［界］之内，依国土主权大义上说，别说他立一个闸，就是一根草棍，吾们人民是不容的。"① 基于上述几方面原因，天津绅民一方面通过舆论呼吁国人反对墙子河水闸的建立，另一方面，督促直隶地方公署立刻与租界交涉，撤废该水闸。

天津绅民主要通过散发传单、发通电等形式，请求得到舆论、商会及政府的支持。1924 年 2 月 28 日，《大公报》刊登的《津人反对外人设闸之传单》称："驻津英法日三领事，因为租界的卫生起见，在南营门旁墙子河内设立水闸，为是阻止南市南开流下的污水，不使流入租借［界］。这一来不要紧，连南乡各村的饮料，农人的灌溉，园田及船户，行船均不能行，简直他们的生活因这个闸的关系就不能活了。"② 津人反对英法日领事设立水闸，拟就传单，分散城乡，主要目的是"俾各界得知该闸，妨害津人生活之关系"。③ 25 日，各界绅商在天津商会开会，夏琴西、王筱舟、高聚五、王伯辰、刘锦堂、郭芙云等绅商参加。夏琴西发言称："此事前次议决，召开公民大会为群众运动，游行示威，并将此事拟具传单，分散城乡各处，以明此中关系。一面通电各省各地商会、各法团，遥为声援，以期群策群力而谋进行。一面再呈省长，仍行严重交涉，非将此闸撤废不可。"④ 27 日，天津全体市民五十八万七千六百人发出致各省商会、各法团、各报馆的通电。通电称："天祸中国，内忧外患，疆吏背民意以争私权，邻邦乘时机侵我国土，主权旁落，无复民有，伤哉国事，我生不辰。讵今本埠英法日领于吾民领土通衢河内建设水闸，妨害水利，阻遏流通，农工商业，生活斩断，饮料告绝，泄水无沟，似此惨虐中土，蔑视民众，岂止国土主权因此而丧失，全县居民生活亦行将归于中斩。燕赵悲歌，素称慷慨，故询谋而金同，靡不愤死力争，以期撤废，以完全领土。除依法诉争外，国土主权所关全国，民众其负维护天职，谨电以闻，敬望惠予遥为声援，以谋通力合作。"⑤ 天津墙子河水闸的设立严重侵犯了中国的主权，广大民众积极参与到反

---

① 《津埠市民反对英法日领事设立水闸第一次传单》，天津市档案馆等编：《天津商会档案汇编（1912—1928）》第 4 册，天津人民出版社 1992 年版，第 4976 页。
② 《津人反对外人设闸之传单》，（天津）《大公报》1924 年 2 月 28 日。
③ 《津人反对外人设闸之传单》，（天津）《大公报》1924 年 2 月 28 日。
④ 《津人反对设闸之激昂》，（天津）《大公报》1924 年 2 月 27 日。
⑤ 《津人反对设闸之激昂》，（天津）《大公报》1924 年 2 月 27 日。

对设立水闸的活动中。

（二）水闸问题解决方案、途径及结果

由于墙子河水闸影响到天津南市上百个村庄，以及商户、窑户、船户的用水，所以，这个问题一经提出，即得到社会各界的积极响应。在民众的推动下，直隶地方公署开始与天津租界就水闸的设立问题进行交涉。但是，水闸问题的解决一波三折，从解决方案的分歧，到解决途径的选择，天津绅民付出了巨大努力。最终，天津绅民和租界双方均作出让步，租界同意撤废水闸，但要求参与管理。

关于水闸问题的解决方案，当时存在两种意见：一种主张完全撤废水闸；另一种主张只是争取管理权。两种意见反映了不同的立场。主张完全撤废墙子河水闸者，代表大多数天津民众的利益，以绅商、船户、农民、手工业者居多。他们一方面从自己切身利益考虑，另一方面，从国家主权考虑，尤其是天津绅商主张完全撤废水闸，是这次推动撤废水闸的领导者。主张争取管理权者，主要是直隶地方政府官员，其理由是该闸之设，得到了前任省长曹锐的许可，而且在建设该闸时，租界已经投入了大量的财力和物力，现在交涉收回该闸势必遭到租界的阻挠。所以，直隶官方认为该闸"势难撤废，仅可争管理权"①。针对直隶地方政府的态度，天津绅商表示不满，他们通过积极动员民众集会，通过《大公报》《益世报》等报纸的舆论宣传，以及督促直隶地方政府向租界积极交涉，最终得到了较为满意的结果，水闸得以迁移，水闸的管理权亦由中方掌控。

在解决水闸问题过程中，天津绅、商、民，通过多种途径维权。除了在商会的领导下进行有组织的上书、发表通电、散发宣传单等活动外，他们还督促政府通过外交手段收回水闸权。1923 年 9 月 5 日，天津船户直接禀请警察厅，恳请政府"力挽闸权，以除民害而保主权"②。他们认为，挽回"闸权"就是保护了"主权"，"该闸地址实非各国租界之地，确在我中国主权范围之内，该闸即应当由我中国官厅管理，熟意该洋人等蔑视我中国，横虐我商民，竟恃强权，不讲公理，据为己有

---

① 《各界力争水闸案近讯》，（天津）《大公报》1924 年 3 月 16 日。

② 《南乡砖窑户船户为力争墙子河闸权益事禀天津警察厅》，天津档案馆、南开大学分校档案系编：《天津租界档案选编》，天津人民出版社 1992 年版，第 510 页。

迄不交还，商民等不独以生死关头，而且天良尚在，痛主权之丧失、哀民命之遭殃，是而可忍何以为人？"① 并表示要誓死力争，"不速将闸权划归我中国官厅管理之目的不止，一息尚存，除死方休"。② 6 日，警察厅为河闸权益事具文呈报直隶省省长王承斌，提出请省长"令行交涉公署查照，并案迅与英领事严重交涉，以维主权，而平民气"。③ 其实，就水闸问题，直隶省政府已经与天津租界有过交涉，租界工部局公会承认水闸主权操之中国，但不允许中国派人员管理，只允许将管理权给海河工程局。此后，交涉公署致函英、法、日领事，提出"各界公会早经承认其主权操之中国，该问题既已确定，则该闸之管理权自应属于具有主权之中国。今公会议将管理权让归海河工程总局，又声明如遇该局解职时仍归公会主持。既明明认定主权，而又强迫有此主权者始终不能管理，无论措词自相矛盾，揆之公理岂得谓平？"④ 并告诫租界，"墙子河我有完全主权，即使各租界公同筹款修闸，理应交还我国官厅管理。俾一方面顾全租界卫生，一方面维持村民水利。若长此现象，村民等生命攸关，忍无可忍，与其束手待毙，势必激发公愤，誓死抵抗。一旦滋生事端，固为我国官厅酿成交涉，实亦非各租界之福"。⑤ 1924 年 1 月 7 日，天津租界英、法、日领事致函直隶交涉公署，试图进一步强调修建水闸是中国已经承诺之事，所以一定要由天津租界操控，称"前任直隶省省长曹在西一九二〇年六月九日曾复文与英、法、日领事，系允照提议办法，由四界工部局委员会各派代表，共同管理"。⑥ 但是，直隶地方公署认为，当年曹省长并非正式允许建闸，而且建闸方案亦未确定，所以未答应天津租界各国的要求。随后，天津租界方面虽然表示可以让

---

① 《南乡砖窑户船户为力争墙子河闸权益事禀天津警察厅》，天津档案馆、南开大学分校档案系编：《天津租界档案选编》，天津人民出版社 1992 年版，第 511 页。

② 《南乡砖窑户船户为力争墙子河闸权益事禀天津警察厅》，天津档案馆、南开大学分校档案系编：《天津租界档案选编》，天津人民出版社 1992 年版，第 511 页。

③ 《警察厅为力争墙子河闸权益事呈直隶省长》，天津档案馆、南开大学分校档案系编：《天津租界档案选编》，天津人民出版社 1992 年版，第 512 页。

④ 《直隶省长为墙子河闸管理权案令天津警察厅》，天津档案馆、南开大学分校档案系编：《天津租界档案选编》，天津人民出版社 1992 年版，第 513 页。

⑤ 《直隶省长为墙子河闸管理权案令天津警察厅》，天津档案馆、南开大学分校档案系编：《天津租界档案选编》，天津人民出版社 1992 年版，第 513 页。

⑥ 《直隶省长为墙子河水闸管理权函复事令天津警察厅》，天津档案馆、南开大学分校档案系编：《天津租界档案选编》，天津人民出版社 1992 年版，第 514 页。

步，但提出中国官厅管理应遵守相应之条款，即《管理卫津河（即墙子河）水闸条款草底》和《管理卫津河（即墙子河）及抽水机草章》。《管理卫津河（即墙子河）水闸条款草底》主要有四项："一、各界工部局承认两处水闸主权操之中国，一闸设在梁家园，一闸设在海光寺。二、上开两闸由中国官厅管理，委托海河工程局总工程师按照下开章程十条，规定启闭闸门时刻。三、两闸应用专门人员，由该总工程师选任，听从总工程师主张指挥一切。四、所有维持两闸完美，经费暨专门人员等工资各项，由各界工部局负担开支。"① 这个草案虽然承认中国拥有水闸的主权，但管理上实际仍由租界操控。更有甚者，在《管理卫津河（即墙子河）及抽水机草章》中进一步规定，"无论何时，海河水平线在低下大沽水准标线七英尺时，该两闸②即应关闭"。③ 1924 年 1 月 21 日，直隶交涉公署为墙子河闸案再次致函天津警察厅，称："现据该领等提出条款及管理规则各项，与所称完全承认中国自有主权一语仍不符合，自应查据理由，再为切实驳复，以期就范。"④绅民的强烈反对，租界的步步紧逼，使直隶地方政府努力寻找妥善的解决办法，中外双方就墙子河水闸问题一度处于胶着状态。

　　天津人民还努力通过法律维护权利。对于英、法、日三领事在中国领土强设水闸一案，法律界也加入反对水闸的行列。律师夏彦藻在致各界的公函中提出，水闸的设立尽管是由前省长任内立案，允许外人设立的，但是外人不能以此为借口强行设闸。夏律师称："驻津英、法、日领于我国领土之内建设水闸，侵及国土，危害主权，推原祸始，及前省长曹健亭氏为之立案，藻认此种所为实多违法，故特著论述，以伸其意。"⑤ 针对直隶地方政府在撤废水闸问题上的滞后行为，天津绅商积极动员民众参与此事，他们多次召开公民会议。其中影响较大的一次是

<hr/>

①　《直隶省长为墙子河水闸管理权函复事令天津警察厅》，天津档案馆、南开大学分校档案系编：《天津租界档案选编》，天津人民出版社 1992 年版，第 515—516 页。
②　当时，租界在墙子河上建了两个水闸，一个设在梁家园，另一个设在海光寺。本章所涉及墙子河水闸指建于海光寺旁的水闸。
③　《直隶省长为墙子河水闸管理权函复事令天津警察厅》，天津档案馆、南开大学分校档案系编：《天津租界档案选编》，天津人民出版社 1992 年版，第 516 页。
④　《直隶交涉公署为请再彻查墙子河闸案等事致函天津警察厅》，天津档案馆、南开大学分校档案系编：《天津租界档案选编》，天津人民出版社 1992 年版，第 518 页。
⑤　《强设水闸之争议声》，（天津）《大公报》1924 年 3 月 1 日。

1924 年 3 月 9 日，绅商郭芸夫、杜小琴、王伯辰、夏琴西、高聚五、刘锦堂、杨晓林等人，召集民众开会，讨论解决水闸办法。在这次大会上，郭芸夫称该闸至明春不废，南乡农民窑户，均皆有性命之虞。南乡一带，已议定先呈请省长，将该闸撤废，否则即自行管理该闸。之后，王伯辰发言说，该闸不撤，今冬积雪污水，明春即无处宣泄。杜小琴发言称，该闸于城乡关系至巨，民气即如此激昂，吾们必坚持达到所查。会后，参会民众推举夏琴西起草文件，呈递直隶省政府，督促政府尽快向外方交涉，撤废水闸。

　　1924 年 4 月，在天津绅、商、民的努力下，墙子河水闸案最终有了结果，英、法、日三国同意将已建水闸撤废。而且，英、法、日三国领事对于移闸之迁移费、启闭权归中国官员管理没有提出异议。天津《大公报》为此予以专门报道，称"英、法、日领在海光寺墙子河擅设水闸一案，经绅商各界力争之结果，已有将该闸迁移之消息"。[①] 闸系迁移至南乡八里台，津埠绅商各界王小舟、高聚五、张荫堂、夏琴西、宁紫垣、杜小琴、郭芸夫等，在荣业公司齐集，同赴八里台查勘迁移地点是否适宜，有无妨害之处。如无妨害，即可从事迁移。之后，天津绅商宁紫垣、王兰亭、刘锦堂、张升甫、王伯辰等人，又与直隶警察厅相关负责人开会，讨论与英、法、日办理移闸的详细方案。实际上，租界对于迁移水闸并不十分情愿，而且移闸的过程并不顺利，主要是天津租界负责与中国交涉的英国人费克利对于天津绅商提出的六项条件表示不满。移闸之前，为充分体现中国人对水闸的完全掌控权，天津绅商提出六条意见，主要表明三点意思：一是迁移水闸不得由外人主张，应当由天津市民推举熟悉地理人情者负责此事，并且完全由中国监管。二是希望租界遵守条约，不得约外有所行动。三是表明互惠互利的态度，新闸的建设既要保护天津市民用水，又要兼顾租界的卫生。对于天津绅商会议提出的上述意见，费克利表示不能完全赞同，他继而提出了移闸善后办法五条：（1）关于移闸费，由英、法、日三国租界及特别一区公摊。（2）关于放水之事，中国派中国工程师管理，但中国工程师放水之事得磋商海河工程司。（3）英、法、日三领事有权派员查抽水机件是否正常运行。（4）关于经常费，天津城厢与英、法、日三国及特别一区

---

　　① 《海光寺水闸迁移消息》，（天津）《大公报》1924 年 3 月 25 日。

五处公摊，并作预算。（5）对于墙子河之疏导及开挖用挖河船等经费，依照经常费使用办法，仍由天津城厢与英、法、日三国，以及特别一区五处公摊。① 针对费克利提出的条件，天津绅民最后作出让步，在租界同意迁移水闸、中方拥有水闸主权的前提下，允许外方参与水闸的维护、河道的疏通及管理。

（三）媒体舆论助力天津绅民收回水闸

在水闸收回过程中，天津《大公报》、天津《益世报》等天津地方报刊媒体对天津墙子河水闸案进行了追踪报道，在舆论监督方面发挥了重要作用。以天津《大公报》为例，从天津墙子河水闸案发生，直到水闸问题解决，天津《大公报》在短短几个月时间刊登了十几篇文章。1924 年 1 月 27 日，发表了《积极进行之抗争水闸声》一文，该文称："天津城乡商民反对海河工程局在南营门外设闸"②，绅商郭芸先、杜小琴、王伯辰等开会，讨论进行办法，并审查呈省长文稿。1924 年 2 月 16 日，发表了《再接再厉之反对墙子河水闸案》一文，文章称："英、法、日领擅在海光寺以南围墙河口中国内地建闸塞河，杜绝交通，致使南洼乡民田园荒芜，无水浇灌，居民食饮断绝水源，饮食无水，何以为生？船户运输，专资河道，闸住河口，交通中梗，数千船户坐以待毙，南洼窑砖，津埠名产，分运行销，以船为便。水道既闭，行运为艰，窑户歇闭，砖瓦滞消［销］，工人饿死。情实可惨。此关南乡生命财产，不可克日拆废。"③ 并进一步指出："租界阳建水闸，阴实侵占。"④ 1924 年 2 月 28 日，发表了《津人反对外人设闸之传单》一文，再次强调此闸就在海光寺南桥旁边，墙子河里头，租界在此建闸侵犯了中国主权。文章称："领土完全是吾们中国的，绝不在各国租界之内。依国土主权大义上说，别说他立一个闸，就是一根草棍，吾们人民是不容的。"⑤ 1924 年 3 月 1 日，发表了《强设水闸之争议声》一文，针对水闸撤废的不同意见，天津绅商进一步对民众进行了动员。1924 年 3 月 9 日，发表了《交涉员呈中之水闸案》一文，对直隶地方官署的不作为行为予

---

① 《水闸收回之善后办法》，（天津）《大公报》1924 年 4 月 20 日。
② 《积极进行之抗争水闸声》，（天津）《大公报》1924 年 1 月 27 日。
③ 《再接再厉之反对墙子河水闸案》，（天津）《大公报》1924 年 2 月 16 日。
④ 《再接再厉之反对墙子河水闸案》，（天津）《大公报》1924 年 2 月 16 日。
⑤ 《津人反对外人设闸之传单》，（天津）《大公报》1924 年 2 月 28 日。

以驳斥。1924 年 3 月 10 日，发表了《抗争水闸案再接再厉》一文，鼓励民众继续抗争租界随意在中国领土设立水闸的行为，并提出了更加详细的解决方案。1924 年 3 月 13 日，发表了《反对设闸之又一传单》一文，进一步唤起公众的民族热情。这一传单是天津赤心、忠心、良心三救国团，为反对驻津英、法、日三国领事在南墙子外设闸发的通告，文章称："英、法、日驻津领事，强设水闸，城乡内外，污水难消，船户行船，为闸所卡，农夫灌溉，无水可打，窑户造砖，无法转运，生民饮料，无法可取，饮料断绝，生活间断，此闸一设，关系非轻，望我同胞，速起力争。"① 1924 年 3 月 15 日，发表了《南乡农民饮料缺乏》一文，通过水闸设立后对环境，以及当地居民造成的影响，鼓励民众继续坚持撤废水闸。文章还将管理水闸工作人员王某对当地居民刁难，严重影响居民生活的恶劣行径予以揭露，更增强了民众撤废该水闸的决心。文章称："今年各窑户困难已极，未能照前办理，王某即将开放清水时间缩短，每日仅放一点钟，因之南河已将干涸。不但窑户停运，沿河各村农户正值春种之际无水灌田。因王某依靠外势，虽恨之刺骨，皆敢怒而不敢言。该闸尚未经人民承认，管闸者即苛敛刁难，若该闸不废，南河之水任其操纵。"② 此后，天津《大公报》于 1924 年 3 月 16 日发表了《各界力争水闸案近讯》，1924 年 3 月 23 日发表了《玉田商会反对设闸电》，1924 年 3 月 25 日发表了《海光寺水闸迁移消息》，1924 年 3 月 26 日发表了《会勘水闸迁移地点之昨闻》，1924 年 4 月 20 日发表了《水闸收回之善后办法》等文，密切关注水闸案的进展。天津《大公报》的一系列报道不仅将天津绅民反对水闸的经过予以全程报道，让民众了解到了事情的真相，积极推动撤废水闸，并对直隶地方政府决策和租界的活动起着一定的监督作用。

　　天津《益世报》亦对墙子河水闸案高度关注。1924 年 3 月 22 日，该报刊发了《农民对于管闸人之激愤》一文，对水闸管理者肆意征收税费表示强烈不满。1924 年 3 月 23 日刊发了《玉田商会反对设闸电》一文，支持天津绅民的废闸活动。1924 年 3 月 25 日刊发《对于建设新闸之建议》一文，详细报道在得到外人允许将水闸迁至便商利农之地的

① 《反对设闸之又一传单》，（天津）《大公报》1924 年 3 月 13 日。
② 《南乡农民饮料缺乏》，（天津）《大公报》1924 年 3 月 15 日。

许诺后，天津绅商各界积极勘查新闸地点，并提出新闸建成后"归官监督，由民管理"的解决方式。1924 年 4 月 1 日刊发了《设闸交涉之进行办法》一文，报道了天津绅商开会所拟定的六条交涉条件，以及津人要求警厅根据六项条件向各领事交涉的情况。1924 年 4 月 2 日刊发了《南市筹议修筑泄水沟》一文，报道天津绅民准备将建设新水闸与改造天津南市一带污水排水工程同时进行，保证当地商户与居民不再受污水浸泡之苦。1924 年 4 月 4 日刊发了《废闸交涉之积极进行》一文，报道天津绅民在拟定了与租界交涉的六项条件后，继续向直隶地方政府施加压力。并称如果政府不能满足要求，"势非撤闸不止"。① 天津《益世报》所刊发的一系列文章和天津《大公报》相关报道相呼应，充分发挥着舆论监督作用，推动着这次废闸活动向纵深发展。

在追踪报道水闸案过程中，天津《大公报》和天津《益世报》互相呼应，不仅通过舆论发挥监督作用，而且通过激发民族热情，促使民众觉醒，督促官吏反省，进一步给天津租界造成压力。天津《大公报》在刊登的传单中有这样一段话："吾民所受的痛苦，究竟这是谁出的主意呢？你知道有一个海河工程局，外国人叫平爵内，他跟英、法、日领事商量办的。外国人欺负中国人不讲公理实实在在，愈出愈奇。请你注意，我将这段事分着一段一段的说出来，吾想你若真正是中国人，一定不容这个事，而一定要拼着死命去争，将这闸撤废的。"② 针对天津租界所说的曹省长曾答应设立水闸之事，天津人民认为即便有官员答应，也是不合法的。他们说："这件事当初在曹健亭当省长的时候，他认可备过案。你不要拿这备案当作有价值的事，只可看成官违法行为。因我们是共和国家，主权在民，曹健亭是吾们的公仆，他就不能有这个权，将国土许给外人，那算他是违法，丧失道德。然而英、法、日领既无权人取得备案，当然要失效的，吾们人民这个时候万众一心去争，就是十个、百个备案是不行的。况且领事奉他政府命令来吾国是根据条约行使职权，亦不能在条约外任意的侵占国土，这种毫无根据的备案，只可视同废纸。"③ 对于直隶政府在收回墙子河水闸交涉过程中的拖延行为，

---

① 《废闸交涉之积极进行》，（天津）《益世报》1924 年 4 月 4 日。
② 《津人反对外人设闸之传单》，（天津）《大公报》1924 年 2 月 28 日。
③ 《津人反对外人设闸之传单》，（天津）《大公报》1924 年 2 月 28 日。

天津绅民表示不满，并通过《大公报》等舆论对政府施压。《大公报》刊文称："津人反对英、法、日领事设立水闸，因交涉员祝星元呈请省长，声明不能将闸撤废，各界对该交涉员极为激愤，谓该交涉员以水闸前经中国官厅承认，即不能提出向各国领事交涉，而本县选举之调查各国租界，历经办有成案，此次英法日拒绝调查，交涉员交涉已经数月毫无效果，何以不照向办之成案向各领力争，且此闸关系国权国土及乡民的生命，何等重大，竟不敢向领事提出，实属有负厥职。"① 天津报刊媒体的宣传活动产生了较大的舆论影响，促进民众进一步觉醒，也迫使直隶地方政府由消极态度转向配合天津绅民的废闸活动。

（四）天津商会在水闸案中的枢纽作用

为保护天津南市一带的水环境，天津商会通过组织绅商、村民代表上书、发表通电等形式，敦促直隶地方政府支持废闸活动。从撤废水闸案的整个过程看，天津商会不仅发挥了枢纽作用，而且成为废闸活动的领导力量。1924年2月，天津商会为建闸一事，代表天津五十八万多名市民向全国发表通电，在《津埠商民五十八万余人反对英法日在海光寺墙子河建闸代电》一文中提出："天祸中国，内忧外患，疆吏背民意以争私权，邻邦乘时机侵我国土，主权旁落，无复民有，伤哉国事，我生不辰。迄今，本埠英、法、日领于吾领土重要河渠建设水闸，妨害水利，阻遏流通，农工商业生活斩断，饮料告绝，泄水无沟，似此惨虐中土，蔑视民众，岂止国土主权因此而丧失，全县居民生活亦行将归于中斩。燕赵悲歌，素称慷慨，故询谋而佥同，靡不愤死而力争，必期撤废，以完领土。"② 天津商会认为，除依法诉争外，国土主权所关，全国民众共负有维护主权天职，所以通电全国，敬望遥为声援，以谋通力合作。

天津商会还将天津二十六家房产公司呈给商会的呈文转交给直隶交涉公署，督促直隶地方政府抓紧与外方交涉。房产商在呈文中称："本埠南乡数十村庄，专依海光寺墙子河内潮水为饮料，并灌种稻田

---

① 《津人对祝交涉员办理闸案之不满》，（天津）《大公报》1924年3月21日。

② 《津埠市民五十八万余人反对英法日在海光寺墙子河建闸代电》，天津市档案馆等编：《天津商会档案汇编（1912—1928）》第4册，天津人民出版社1992年版，第4980页。

及小贩商贾载运砖土货物，各船只皆以该河水为养生之本，原计赖此河而生活者不下数十万生命。且南市及新市公司一带雨水污水亦均以该河为宣泄之处。今兹英、法、日三国工部局在该河内设立水闸一处，启闭权及管辖权皆由该工部局自主，似此办法，殊为违背条约，且于国土民生亦有极大妨害。"① 而且，因为租界建闸控制水源，天津农业受到一定影响。"稻田因无水灌溉，所有收获十不一二，更兼伏汛时南市一带雨水污水无法宣泄，所有居民均成泽国，其受害之由，均系该闸所致耳。再不严重交涉，急速将该闸收回，划归中国官厅自行管辖，则南市、南乡一带商民不为涸辙之鱼，亦将为泽国之鬼矣！"② 天津绅民希望当局"速与英、法、日等国领事严重交涉，速为索回该河内水闸，拨归中国官厅自行管理，以重国土，而保民生"。③ 在给房产商的复函中，天津商会表示，"墙子河为吾国完全领土，不容他国有丝毫建设，乃今英、法、日领竟尔设立水闸，妨害吾国水利交通，危及全县人民生活，国权所关，岂能漠视"。④ 所以，极力督促省长鉴核，抓紧交涉，撤销已设立的水闸，"以维国土国权，而救居民生活"。⑤

天津商会还以同样的方式将天津铺商、房产公司，以及天津南乡六十村代表要求撤废水闸的意见转呈给直隶省省长，申述墙子河水闸对他们生活的影响。村民代表在呈文中提出，"驻埠外领事只管通商事宜，无干涉内政职权，条文俱在，未可侵越也。乃今有英、法、日

① 《天津二十六家房产公司绅商反对英法日租界当局在海光寺墙子河内设闸文及商会呈文》，天津市档案馆等编：《天津商会档案汇编（1912—1928）》第 4 册，天津人民出版社 1992 年版，第 4969 页。

② 《天津二十六家房产公司绅商反对英法日租界当局在海光寺墙子河内设闸文及商会呈文》，天津市档案馆等编：《天津商会档案汇编（1912—1928）》第 4 册，天津人民出版社 1992 年版，第 4969 页。

③ 《天津二十六家房产公司绅商反对英法日租界当局在海光寺墙子河内设闸文及商会呈文》，天津市档案馆等编：《天津商会档案汇编（1912—1928）》第 4 册，天津人民出版社 1992 年版，第 4969 页。

④ 《天津二十六家房产公司绅商反对英法日租界当局在海光寺墙子河内设闸文及商会呈文》，天津市档案馆等编：《天津商会档案汇编（1912—1928）》第 4 册，天津人民出版社 1992 年版，第 4970 页。

⑤ 《天津二十六家房产公司绅商反对英法日租界当局在海光寺墙子河内设闸文及商会呈文》，天津市档案馆等编：《天津商会档案汇编（1912—1928）》第 4 册，天津人民出版社 1992 年版，第 4970 页。

领擅在海光寺以南围墙河口中国内地建闸塞河，杜绝交通，致使南洼乡民田园荒芜，无水浇灌，居民食饮断绝水源，饮食无水，何以为生？船户运输专资河道，闸住河口，交通中梗，数千船户坐以待毙。南洼窑砖，津埠名产，分运行销，以船为便，水道既闭，行运维艰，窑户歇闭，砖瓦滞销，工人饿死，情实可惨。此关南乡生命财产，不可不克日拆废此闸之迫切情形也"。① 面对津商及村民的困难和损失，天津商会还直接发函给直隶地方政府，敦促地方官积极向租界交涉水闸事宜。商会在呈给省长的公函中进一步表明撤废水闸的决心。《大公报》刊文："南墙子外，驻津各领事设闸有碍津人水利卫生，引起公愤，一致反对。虽迭经交涉，各领事亦有口头之让步，但仍无具体办法，交涉结果不能认为圆满，因是，总商会复于昨日召集各界开紧急会议，报告交涉情形。"② 商会在接到天津绅商有关设闸的说帖后，即转呈省长，恳乞省长和租界积极交涉，以期撤废，而保国土。天津公民也认为此闸不撤，"不足以保国家完全领土主权"。③ 为尽快实现废闸的目的，天津绅商不断敦促省长和外方交涉。在《津郡绅商敦促省长速与英法日租界局交涉墙子河闸主权呈文及省长批并交涉员报告书》中称："驻津英、法、日领于我国领土内设立水闸，妨害全县居民生活，请予撤废一案，曾奉省长训令，以英、法、日领已有条款上让步，并已饬由交涉员严重交涉等因，业经分登各报。公民等逖听之余，仰见我省长关怀国土国权，维护居民生活之至意。"④ 天津绅商肯定了直隶省政府与租界交涉，支持天津人民废闸的行为，但对于直隶省政府的不积极态度予以批评，进一步提出废闸的迫切性，并希望商会担当起督促政府交涉的任务，他们恳请商会："转请省长鉴核舆情，速以职权撤废此闸建设，以顺民意，而维众庶。地方幸甚，国家幸甚，

---

① 《津郡众铺商房产公司并南乡六十村代表申述英法日租界当局墙子河建闸侵我主权危害商民生计文并省长批》，天津市档案馆等编：《天津商会档案汇编（1912—1928）》第4册，天津人民出版社1992年版，第4971页。

② 《反对设闸之紧急会议》，（天津）《大公报》1924年2月22日。

③ 《本埠公民为反对设闸再呈省长文》，（天津）《大公报》1924年2月26日。

④ 《津郡绅商敦促省长速与英法日租界局交涉墙子河闸主权呈文及省长批并交涉员报告书》，天津市档案馆等编：《天津商会档案汇编（1912—1928）》第4册，天津人民出版社1992年版，第4977—4978页。

不胜迫切感祷之至。"① 天津商会不负众望，及时召开会议，将天津绅商的意见转达给直隶省政府，并再次提出撤废水闸。对于天津商会的意见，直隶地方政府起初并未完全支持，提出只争取收回管理权，而不是将水闸移走。直隶政府认为："设闸原案早经中国官厅承认，现在所争持未决者，只有管理权一项。至撤销水闸问题，实属碍难提出。在商民因管理权日久不决，群情激愤或以废闸为进一步之要求，然官厅办理交涉，则必须依据原案，凡业经议准事件，未便根本推翻。""况该闸工程久已告竣，用款约十余万元之多，今为津埠及南乡各商民利益关系，竭力争回管理权则可，若提出废闸问题，并置租界卫生于不顾则不可。本特派员前此面奉钧谕，此案应以达到争回中国官厅管理目的为止。"② 针对这种情况，天津商会向直隶交涉公署提出，"设法与各领婉切磋商，务期该闸完全由中国官厅收回管理，绝不稍有退让"。③ 在天津商会的多次督促下，直隶地方政府的态度也有所转变，对撤废水闸一事予以支持。1924 年 2 月 28 日，直隶交涉公署在给商会的复函中说："墙子河水闸一案，英、法、日各领根据民国九年六月六日前省长曹复文，请将该闸划归四界工局委员会各派代表共同管理。本特派员迭经禀承钧旨设法交涉，坚持该闸主权应归中国官厅自行管理，近各领已函复让步，承认该闸中国有完全主权。"④ 天津商会的督促、政府的努力，最终使水闸案朝着有利于中国的方向发展。在天津商会的宣传下，玉田商会也发表通电表示支持，玉田商会在通电中说："驻津英、法、日领事，在天津南营墙子河内设闸，有碍国土民权，电商遥为声援，以期撤废等因。敝会展诵之余，仰见贵团体为国为民，热诚殊深钦佩。溯自中外交涉以

---

① 《津郡绅商敦促省长速与英法日租界局交涉墙子河闸主权呈文及省长批并交涉员报告书》，天津市档案馆等编：《天津商会档案汇编（1912—1928）》第 4 册，天津人民出版社 1992 年版，第 4978 页。

② 《津郡绅商敦促省长速与英法日租界局交涉墙子河闸主权呈文及省长批并交涉员报告书》，天津市档案馆等编：《天津商会档案汇编（1912—1928）》第 4 册，天津人民出版社 1992 年版，第 4979—4980 页。

③ 《津郡绅商敦促省长速与英法日租界局交涉墙子河闸主权呈文及省长批并交涉员报告书》，天津市档案馆等编：《天津商会档案汇编（1912—1928）》第 4 册，天津人民出版社 1992 年版，第 4980 页。

④ 《津郡绅商敦促省长速与英法日租界局交涉墙子河闸主权呈文及省长批并交涉员报告书》，天津市档案馆等编：《天津商会档案汇编（1912—1928）》第 4 册，天津人民出版社 1992 年版，第 4979 页。

来，条约明定，疆域攸分，不得超越范围，妄加欺犯，何该领事等不守明章，施强硬手段，侵我土地，殃我商民。苟群起而攻，共图曲突徙薪之举，则将来约有甚于此者，而噬脐亦可畏也。凡属国民，孰非天职，理应一致声援，以资共济。""敝会愿为后盾。"①

在强大的压力下，英、法、日三国最终妥协，同意撤废墙子河水闸。水闸案的解决既有地方政府的推动，同时也离不开一般民众的积极参与。在这场废闸活动中，不仅天津绅商积极参与，在新闸选址、选闸夫，以及管理等事项中，农民、窑户、船户等亦较主动。天津南乡一带的农民及船户、窑户等一百九十一名代表曾发布《意见书》，提出了一些具体意见和管理办法：（1）旧闸与新闸之利害。"查旧闸不便宣泄成［城］厢之秽水，更不便于南乡农民之灌溉及船窑各户之运输。新闸实行，城厢内外之秽水无阻碍宣泄之虞。"②（2）闸之监督及管理。"查旧闸之设，害及国权国土，不待言喻，而新闸归我管理，与国权无伤，其监督权应属之官厅，而管理启闭应赋之商民，亦为津埠市政之初步。夫官厅管理，恐日久弊生，难免有勒索情事，且不能尽悉农田灌溉及船窑各户之运输并潮水涨落之时期。由是言之，官厅监督，农商管理，则弊除而有利焉。"③（3）闸夫之选任及工食之负担。"查旧闸害在启闭之非适，该管理之闸夫，必须熟悉农民之灌溉，深晓船窑各户之运输等事，及城厢内外秽水宣泄之通塞方为称职。"④　这些意见大部分被采纳。

天津墙子河水闸案的解决，天津人民得到了一个相对满意的结果，这是中国人民通过水权争回国权的成功案例。这个结果的取得与民众的积极推动，天津商会的领导，以及报刊媒体的舆论监督密不可分。从天津墙子河水闸案的发展过程看，直隶绅民是这场活动的主体，随着水闸

---

① 《玉田商会反对设闸电》，（天津）《大公报》1924 年 3 月 23 日。

② 《南乡并津静两县农民及船窑等户陈述海光寺新闸闸址监督管理与闸夫选任意见书》，天津市档案馆等编：《天津商会档案汇编（1912—1928）》第 4 册，天津人民出版社 1992 年版，第 4981 页。

③ 《南乡并津静两县农民及船窑等户陈述海光寺新闸闸址监督管理与闸夫选任意见书》，天津市档案馆等编：《天津商会档案汇编（1912—1928）》第 4 册，天津人民出版社 1992 年版，第 4981 页。

④ 《南乡并津静两县农民及船窑等户陈述海光寺新闸闸址监督管理与闸夫选任意见书》，天津市档案馆等编：《天津商会档案汇编（1912—1928）》第 4 册，天津人民出版社 1992 年版，第 4982 页。

撤废活动的进行，他们在水权保护方面的意识逐渐增强。该事件之后，他们对于顺直河道管辖权，尤其是海河治河权限问题开始有较多关注，并提出对于海河上游建闸问题应审慎对待。墙子河水闸案由一场因用水问题引起的环境事件，演变为一场保国土争主权的事件，这在中国近代水权争夺案件中是一个代表性事件。从整个事件发展的推动力看，该水案得以妥善解决是合力作用的结果，在商会的领导下，广大绅民的积极参与，地方政府的适时介入，使该事件在与租界交涉中有了对话的官方平台，更有利于水闸问题的解决。尽管直隶地方政府是在民众的裹挟下才开始有所行动，但是这对该案件的解决也起到了很大的助推作用。从事件运用的手段看，天津商会抓住了时人的民族情绪，将水权问题上升到国权问题的高度，使民众的民族意识和国家意识逐渐增强。天津绅民不仅明确提出墙子河水闸应归中国自行管理，而且要求英、法、日三国承认中国对于该水闸拥有完全主权，同时，商会作为新式社团充分调动了社会力量，协调政府力量，成功地实现了社会动员，并和天津《大公报》、天津《益世报》等媒体共同发挥了其在公共领域的责任和担当。

二　京东河道改良案

京东河道的畅通与否直接关系到北京、天津，以及直隶东部居民的用水及航运问题。作为顺直水利委员会会长，熊希龄非常关注京东河道问题，他曾多次提出改良京东河道，以防水灾、通航运、便民生。为此，熊希龄撰写了《改良京东河道意见书》，详细阐述了他关于改良京东河道的计划。1919年8月4日，熊希龄为改良京东河道事呈书北洋政府总统徐世昌。10月1日，熊希龄又以顺直水利委员会名义函送《改良京东河道意见书》给国务院。10月20日，熊希龄就京东河道事致函国务院总理靳云鹏。但是，熊希龄的京东河道改良计划并未按照预期往前推进，更未能实现其最终目的。

（一）京东河道改良案发生的原因

京东河道改良案的发生源于熊希龄制订的《京东河道改良计划》，该计划主要是熊希龄责成顺直水利委员会根据京直治河的需要，"永除水患，以奠民生"而提出的。熊希龄认为，"北运河自南漕停运以后，多年失修，河道淤败，通县以上节节梗阻。民国初年，遂有李遂镇之决口大溜，由箭杆河直趋蓟运。海河水竭，航路甚危"。① 天津租界各国公使也曾提出抗议，他们认为海河泛滥是因为"北河之水全归北塘河而行，海河不得受入此水，系惟一抵抗浑河浊流之清流，今无此水，定致海河之底速行增高，因而轮航往来天津必致停止"。② 所以，要求清政府迅速筹拨经费堵决口，并使该河归入故道。

长期以来，京东河患也给当地民众带来了巨大灾难，京兆和直隶地方政府对于改良京东河道一事均非常重视。1918 年，顺直省议会曾召开会议讨论疏治京东河道办法。会上，京兆议员提出了六点建议。（1）添辟尾闾。拟由杨村铁道二十四号铁桥以下朱庄以南至宜兴埠，挑挖引河，使入新开、金钟等河，以北运为尾闾，而免受永定河混流之阻。（2）疏浚青龙湾减河。拟由青龙湾堤西之月堤李家牌村起，沿月堤向普济上游挑一引河直达七里海，以顺水流而省工费。（3）挑挖七里海引河。拟由乐善庄起向东南至葛楼沽止，挑挖引河，插入蓟运下游，直接入海。（4）疏浚筐儿港减河。拟将人民近来沿河私行修筑之月堤闸口一律堵塞，并疏通下游，借资宣泄。（5）规复通县减沟。拟将民国二年堵毕鲇鱼沟决口时所连带堵塞之旧有减沟，仍行规复，并筑石坝，使入凤河，以泄运河西岸之水。（6）裁弯取直。拟堵塞李遂决口，将河南村挑挖引河，使潮白两河仍入故道，并裁通县所属王指挥庄之支水大坝，以取水道直线，而避三十里回环曲线之危险。③ 上述六项办法是顺直水利委员会听取了天津租界外交团、京兆地方政府、直隶地方政府，以及顺直省议会的意见后提出的一个变通方案，同时也是利用两年时间，对京东河道进行详细测量基础上提出的，考虑较为周详。但是，这一计划仍然引起了京东河道沿岸一部分居民的不满。为此，顺直水利委员会不得不再次回应，并再次变更计划。

（二）顺直水利委员会对官民意见的反应

顺直水利委员会提出改良京东河道计划后，各界作出了不同的反

① 《为改良京东河道呈徐世昌文》，周秋光编：《熊希龄集》第 7 册，湖南人民出版社2008 年版，第 211 页。

② 《为改良京东河道呈徐世昌文》，周秋光编：《熊希龄集》第 7 册，湖南人民出版社2008 年版，第 211 页。

③ 参见《为改良京东河道呈徐世昌文》，周秋光编：《熊希龄集》第 7 册，湖南人民出版社 2008 年版，第 211—212 页。

应。其中，反对的声音很强烈，顺直水利委员会对民众的意见进行了回应，并在吸收各种意见的基础上，对原计划进行了修改。修改后的计划为："于牛木屯开一新河，将潮、白两河之水，由牛木屯引入北运故道，并将箭杆河堵塞，而于青龙湾河另辟新河，容纳二千立方公尺之水，其余六百立方公尺，仍由北河下行。其中，四百立方公尺于杨村附近分泄二百立方公尺，令其循北河下入海河。"① 顺直水利委员会将这一计划公布后，武青、香河等县人民又提出了不同意见。他们认为，不堵箭杆河，并先疏通青龙湾减河尾闾入海不能解决问题。针对这种情况，熊希龄会同京兆尹王达召集武邑、香河、宝坻各属绅民会聚天津继续讨论，再次拟定了变通办法。具体办法如下：（1）箭杆河口设置洋闸两门，分六百立方公尺之水，使入宝坻以至蓟运；（2）于青龙河湾另辟新道，以南堤为北堤，新河槽线与旧河槽平行，槽宽二千米；（3）新河槽下游由潘庄表口村及北淮鱼甸路线，使由北塘河入海，其河身亦展宽至两千米。此方案确定后，顺直水利委员会会同内务部、全国水利局、京兆地方公署，以及武邑、香河、通县、宝坻、宁津五县绅民代表，于北京召开会议，并对上述办法反复讨论。但是，各绅民代表意见不统一，始终不同意京东河道改造计划。他们的分歧很大，"有请将河南村裁弯取直仍入故道者；有请疏治青龙湾河不必另辟新河者；有请将箭杆河仍作为潮、北正流，使由蓟运入海者；甚至有谓外国技师不可恃新式测量不可据者"。② 此外，还有人请求按照顺直省议会的意思，将鲇鱼沟辟为减河的。众说纷纭，意见难以统一。

熊希龄认为绅民的意见不可取，他从四个方面提出了自己的看法：其一，河南村裁直之说，主持者已有多年，本处特派技师详加勘查，实觉其说不可行。而且，北运旧槽，由李遂镇至通县八九十里，淤淀甚高，河槽毁败，若施疏浚，费巨工大，固所不取。且由通县以下之北运河槽，亦复毁败不堪，有数处其两岸之堤距离甚近，不能容纳盛涨。其二，青龙湾旧河槽现状，淤积甚厚，其容纳能力有限，每秒钟仅能排泄

① 《为改良京东河道呈徐世昌文》，周秋光编：《熊希龄集》第 7 册，湖南人民出版社 2008 年版，第 213 页。
② 《为改良京东河道呈徐世昌文》，周秋光编：《熊希龄集》第 7 册，湖南人民出版社 2008 年版，第 213 页。

七百立方公尺。若加疏浚，使成一适用之减河，则每秒钟可排泄至一千三百七十立方公尺，但此项工程经费，共计土方一千四百十七万方，每方估银四角，合银五百八十八万元。本处现筹之费尚不及半，无从得此巨额。且以此多量之水，使就狭槽内奔流入海，其势必非常猛烈，时时有冲突之患。其三，箭杆河之下游河身，迂回宽窄不等，而窄处居多，沿河复多桥梁，有碍宣泄，在八门城入蓟运河之口，离海尚有四百余里之遥，蓟运河道素以屈曲著名，且支流甚多，每遇盛涨，东西泛滥，河身容量已觉不足，岂能再容箭杆河之加入？故箭杆河不能为潮、白两河之正流。其四，鲇鱼沟前此之溃决，即系通县上下河流淤塞之原因，水为所阻，不得不另寻一新道，以泄其怒。假使李遂镇果能堵口，河南村亦能裁直，而通县下流又不大加疏治，则水至鲇鱼沟一带，仍不免复决，而趋入凤河，乃一定不易之势。故为通、武民命计，与其引潮、白河由通县上游入故道，致生十分危险，不如开辟牛牧屯、青龙湾两新河之可获安全。[①] 熊希龄还认为，如果现在迁就绅民，将来必致水灾，为世诟病，为民贻祸。所以他坚持仍恪本治水原则，由顺直水利委员会确定京东河道改良计划，该计划分为甲、乙、丙、丁四项：甲为于牛牧屯附近开一新河，引潮白河水归北运河；乙为于箭杆河口设立上坝下闸之操纵机关；丙为于青龙湾另辟新河一道；丁为于七里海以东至宁河所属以至北塘河，为新青龙湾辟一入海尾闾。熊希龄强调，以上四项是经督办河工事宜处与顺直水利委员会再三讨论的结果，不可更易。

熊希龄将其京东河道改良计划书呈递给内务部，并对内务部所提意见逐条答复，他说：（1）根据内务部原文，请就北运河身，自牛牧屯至青龙湾河三十五里两岸旧堤加高培厚，于河身淤壅较甚处，应培、浚兼施，以顺河流等情。熊希龄认为，该段洪水面倾斜度为一百万分之一百八十五，河身平均面积为二千七百四十平方公尺，用以容纳盛涨时每秒钟二千立方公尺之来水，即照现在情形，亦不致有漫决之患。若再将两旧堤加高培厚，又得新青龙湾河助，其排泄容量当益加扩大，将来工程实行时，对于堤工自当格外注意，以副政府保全民命之至意。（2）内务部原文，请疏浚筐儿港减河，以畅北运下游排泄等情。熊希

———————

　① 参见《为改良京东河道呈徐世昌文》，周秋光编：《熊希龄集》第 7 册，湖南人民出版社 2008 年版，第 213—214 页。

龄认为，该段洪水面倾斜度为一千万分之九百八十七，以洪水位高出大沽平潮线十二公尺，计算河身平均面积为五百七十七平方公尺，每秒钟可容来水二百三十二立方公尺，若洪水位涨至大沽平潮线十四公尺，则每秒钟足可泄来水六百立方公尺，故北运下游宣泄不畅一层，似可无虑。（3）内务部原文，请于箭杆河口之操纵机关，改建六门连珠涵洞，听其自然宣泄，而杜启闭争执等情。熊希龄认为，对于该处之操纵机关，总以能于盛涨时由此排泄每秒钟六百立方公尺之水为度，至究应建造何种机关，原有磋商余地。故内务部拟改建涵洞一节，届时自可酌度情形办理。（4）内务部原文，请宽筹经费，收买新青龙湾河堤内各村庄，悉令迁出堤外，以免重蹈永定河下游故辙等情。熊希龄认为此用意至属可佩，只是此项收买经费，约计当需银数百万元，现在政府财政如此支绌，顺直水利委员会未便再行呈请。因经费不足之故，致使较有把握之计划因而中止，本会以为不可。但堤内村民欲将其地悉以土埝包围，并种树埝上以资巩固，则于盛涨时行水大有妨碍，应请政府严行禁止，且下令不得种植高粱。此种干涉行为，在村民或以为不近人情，其时堤内土地因积淤而所获之利益已属不浅，两相比较，获利实较受害多。①

京东河道改良计划制订后，熊希龄多次催促内务部抓紧布置工作，以防止再现1917年的洪水危害。他说："此案迁延数月，糜费甚巨，冬期在迩，已误工程。然苟能于此时购买地基，筹备材料，明春冰解即可兴工，尚可于伏汛以前竣事。否则，时机一失，又须再迟一年。民困已极，款亦虚掷，殊违政府慎重河工之至意。应恳迅赐核准，并责成京兆尹设局购地，俾得速观厥成。"② 为推动此事，熊希龄就京东河道事致函国务院靳云鹏总理和内务部，请内务部尽快核复该案。此后，熊希龄根据内务部、京直绅民代表、外交团（主要是海河工程局），以及顺直省议会所提出意见，责令顺直水利委员会进一步研究京东河道改良办法，并提出先定治水之原则：第一，应先治理潮、白两河。据顺直水利

---

① 参见《准水利委员会函送〈改良京东河道意见书〉咨呈国务院文》，周秋光编：《熊希龄集》第 7 册，湖南人民出版社 2008 年版，第 239 页。
② 《就京东改良河道事致国务院靳总理电》，周秋光编：《熊希龄集》第 7 册，湖南人民出版社 2008 年版，第 244—245 页。

委员会说明书，以平爵内技师所测 1917 年洪水，潮、白两河最大之流量
为每秒钟二千六百立方公尺，所以疏治该两河所经之上下游，无论干河或
支河，均必有能容纳最大之流量，而后可以无患。第二，京东各河流域地
势之高低，必须测量精确，方能顺水性而定河流。为确保测量准确，顺直
水利委员会测量处曾先后测量了五次，以免有误。熊希龄认为，如果不以
测量数据为依据，"必蹈从前治水之覆辙，非徒无益，而又有害"。① 第
三，疏浚京东各河下游入海之道，使河身能多容纳其他河水。对尾闾能直
接入海的河流加以疏浚，使其通畅，以免两败俱伤。在此三原则基础上，
使潮、白两河引出一部分水以归故道，而刷浑流。熊希龄认为，北运河挽
回故道，不仅可以保证海河通航，而且可以保护京东各县人民的财产和生
命安全。最终，内务部采纳了熊希龄的部分意见。

对于熊希龄京东河道改良计划，既有来自一部分京东百姓的反对，
也有来自外交使团反对的压力，不过，内务部、直隶地方政府和京兆地
方政府持支持的态度。但是由于阻力较大，京东河道改良计划并未大规
模开展。

（三）京东河道改良计划被抵制原因探析

熊希龄所提出的京东河道改良计划被搁浅，原因是多方面的。其
中，最主要的原因有两个方面。

一是因为水源紧张，造成营田、行洪、航运，以及天津市居民用水
之间产生冲突。以天津小站为例，马厂河建于清光绪年间，专为排泄南
运盛涨之水，之后开辟了营田。其中，既有政府营田，亦有少数私田，
收获甚丰。自有营田以后，马厂河即不复有排泄南运河盛涨时余水之功
能。具体原因是春旱之时，稻田将南运河水尽数吸收，其结果则南运河
下游自唐官屯至天津一带均淤高。伏汛时，河槽不能容纳洪流，常有溃
堤之事发生。河水盛涨之时，农家不敢启唐官屯闸门，稻田为水所淹。
如 1917 年水患发生，农民不肯启闸，后来虽然开启闸门但为时已晚。
其实，该闸之设原来是准备河水盛涨时开放泄洪水之用，因稻田之故反
而为害。春旱之时，泄其水以资灌溉已与治水之宗旨相违背。加上人们
用水不知撙节，农民需水之时任其流过稻田，余水全部白白流入大海。

---

① 《为改良京东河道呈徐世昌文》，周秋光编：《熊希龄集》第 7 册，湖南人民出版社 2008
年版，第 212 页。

其实，所用之水量仅仅占所流过之水量的一小部分。此外，由于营田长官不懂调剂供水，其流弊逐渐显现。每到春季，南运河水主要供给灌溉之需，其下游无清水之供，水味恶臭，不适合饮用。自来水公司每年被用户投诉，公司虽说明原委要求改良，但是官厅置之不理，这就造成了天津饮用水受小站营田春溉之不良影响。

二是因为一些民众被利用。京东河道改良计划之所以遭到了一部分民众的反对，是因为一些不明事情真相的民众被利用。据《大公报》报道，当时京东八县三千余人赴京请愿。从请愿的情况看，有情绪化的成分。甚至，一些别有用心的人力谋抵制，以期达其发财之目的。有的人还冒充乡民代表向各机关请愿，以伪乱真。实际上，京东八县灾民大部分还是支持京东河道改良计划的，并进行了请愿活动。他们在文告中称，我们京东八县自永定河决口，至今十一年。此十一年中，人民冻饿而死者数十万人，流离失所逃亡在外者数十万人，所剩下的人民，忍饥受冻，苦痛百般，说起来实在令人落泪。从前，欲由牛牧屯开挖引河以除水患，但未得兴办。去年，又延聘中外技师进行测量，拟由顺义县苏家庄开挖引河，以解决京东数县的水患问题。地已购齐，在就要施工的时候，有些人冒充京兆各团体人员，请个别国会议员出头干涉。有的议员不明真相，质问国务总理及农工商总长，认为京东百姓的呼声是危言耸听，反对治河。

由于意见不统一，京东河道改造计划最终难以开展。仅以天津小站附近的河道改良为例，"开挖新河则小站人民反抗，卫河裁湾则梁家嘴人民反抗。其所以反抗之故，一则为维护营田，一则为保存商业耳"。[1]"在治河者为求永久安澜计，自当图其远者、大者，不能使每人而悦。然人民之迫切呼吁亦各有情实之可悯，则当局尤当审辨而熟筹之者也。"[2] 在人们的反对声中，熊希龄的工作迟迟不能推展，改造京东河道的计划大部分被搁浅，只是修建了一部分治标工程。

三　海河河道管辖权争夺案

与上述两个案例相比，海河河道管辖权争夺案从性质上看有明显的

---

① 《河道与民情》，（天津）《大公报》1918 年 7 月 15 日。
② 《河道与民情》，（天津）《大公报》1918 年 7 月 15 日。

不同。关于海河河道的治理问题，海河工程局以中外所签《辛丑条约》为借口，长期占有海河河道的使用权和管理权，但由于更多的是为自身利益考虑，只是将海河河道为其所用，海河的危害日渐严重，甚至到了影响天津商埠贸易的地步，这自然引起直隶地方政府的不满，为此，直隶地方政府与海河工程局开始争夺海河河道管辖权。

（一）海河河道管理矛盾焦点。根据《天津条约》的规定，海河河道的管理工作主要由海河工程局负责。但是，由于多种原因，海河流域河道管辖与治理权限的争夺一直没有停息，民众对海河工程局侵夺海河管辖权的做法表示强烈不满。尤其是海河淤塞问题日益严重，不仅严重影响天津港的贸易，而且也影响京直航运，直隶省政府多次尝试争取对海河拥有更大的管理权。

1924年，鉴于海河淤浅严重，直隶绅民向北洋政府建议收回海河工程局对海河的管理权，希望从事修治海河工程，而北洋政府当局不愿触及这一矛盾而未积极干预。其后，海河虽然恢复通航，但海河管理中所存在的问题并未根本解决。而这一问题关系到天津商埠的发展，以及京东、京南千百万人民的安全问题。所以有人提出，海河工程局即便一时不能收回，然由中国方面加入若干负责人员督办此事则绝非难事。但是，内务部、京东河道局及直隶省政府三方面均未提出切实可行的措施。而且，"筹款一层，亦以权限问题未能解决"。[①] 由于权限不清，所以互相推诿，治河方案迟迟未能出台。虽然天津商会、顺直省议会积极行动，但效果并不明显。

海河工程局本来负有疏浚海河的责任，但由于始终未能解决海河淤塞问题，严重影响了直隶的进出口贸易。海河淤塞严重时，海河工程局禁止大轮入口。据海河工程总局报告，许多年份，吃水量在十一尺以上的轮船已禁止通行，实际上，亦只有吃水在十尺以下之轮船可以行驶，否则需将载货卸于塘沽，方能空船进口。据记载，"政记、招商、怡和、太古各公司轮船，半多停在塘沽，不能进口"。[②] 海河淤塞不仅影响到城市贸易及经营方式，而且由于轮船在这里需要停泊，所以杂货、旅店业等发达起来。"饮食店、杂货店及绸缎布匹商陆续增加，大商号多设

分支店于该处。日人经营旅馆业亦颇繁昌，该处已成弦歌市街灯红酒绿之巷。"[1] 海河河道管辖权推诿的背后是利益问题，由于海河水势低浅，河道淤塞，中外各公司航业船只均须在塘沽等待一二日，候至潮水盛涨时，始能入口。出口轮船离津亦非常不易，各运输公司均受到一定打击。虽然直隶地方政府与海河工程局交涉，请求竭力修浚。但是，"无相当办法使航运即日恢复原状"。[2]

（二）海河水权纠纷。关于海河的治理问题，直隶全省河务筹议处处长黄国俊约集海河工程司平爵内、测量局局长梁心田、河务局局长宋文轩、海防指挥官吴秋舫、津海道尹姒锡章、政务厅厅长陆长祐及南北运河、大清河、子牙河工警警长李宝森、赵英汉、冉凌云等人商议治河要策，并研究河务进行办法。在讨论过程中，各方之间产生了意见分歧。

海河工程局提出的治河方案与直隶省发生了利害冲突，所以首先向顺直水利委员会提出怀疑。（1）当海河亟须清水之时，何以提起苏庄泄水闸门致使潮白河来水不能下达？天津并设法杜绝以后类似之举动，致使清水耗于无用之地。（2）请考虑海河工程局总工程师所条陈之补救计划，使永定河浑水不能流入海河。海河工程局总工程师认为，欲将永定河改道，需银三千万元至四千万元，为数太巨，一时无法施工。若为救急起见，应将永定含淤之水令其经过闸门，使勿流入海河。照此办法，则永定河原有之出水道界于永定、大清两河入运河之间者，可以恢复而整理之，使与今之新开河相通，且从此永定河浑水可使流入金钟河，不使与大清河之清水混合。此项计划纯系临时补救政策，但在永定河根本改道工程未实行以前，可使永定河浑水不入海河。海河工程局的上述说法其实恰恰说明了其在水源管理权限上出现的掠夺态度，海河工程局不肯投入经费，反而试图派人干预、监控顺直河道管理，尤其是准备加强对苏庄闸的监控。

参与顺直水道治理工作的杨豹灵，对于遏制海河淤塞办法发表了自己观点。他认为，海河目前沦于不良状况，其原因主要是淤塞问题造成的。由永定河淤沙下注壅积日深，以致潮涨时仅能通行吃水十尺

① 《海河淤塞航行不便》，（天津）《大公报》1927年9月2日。
② 《海河淤塞航行不便》，（天津）《大公报》1927年9月2日。

以下之轮船。影响所及，对于天津商埠的发展关系巨大。永定河若仍照现状经北运河入海，不另筹一适当尾闾以为宣泄淤泥水量之用，将必然发生如下结果：（1）溃决堤岸，使数千民命田庐遭淹没。（2）淤塞海河，使华北唯一之通行要道顿为梗阻，津埠繁盛之区并沦荒废。长期在海河工程局工作的平爵内对于海河淤塞也提出了自己的看法，他赞同在永定河另辟永久而且直接之尾闾，以求能在三角淀附近形成一新淀。对于上述不同意见，直隶地方政府提出了解决办法：（1）仍令永定河之水在杨柳青之北泄入两河，并在汇流之处添设调节活闸。（2）培筑三角淀之堤身，并沿北运河堤加做滚水石坝宣泄。（3）修治普济河，并在欢坨做活闸使与金钟河相通。但是此种办法将使永定河下游增高，如果治本办法不能实施，天津商埠之危险将会进一步增加。

　　由于清水资源有限，为争夺清水冲突不可避免地发生了。为灌溉天津小站稻田，直隶地方政府坚持维护自己的利益，设法将永定河改道。直隶河务局局长方作霖在实际考察了天津的情况后谈了自己的看法。他说："海河渐形淤垫，窃恐有碍汛水宣泄，当经面请省长，转饬海河工程局注意疏浚，未见声复。目下愈淤愈甚，而海河工程局救济无术，闻将之委过于各闸泄水，以为卸责地步。""查上游各闸向属其他各机关管辖者，职局未悉其详，至南运河之九宣闸及北运河之新开河闸启闭均照向章办理，并未完全提放。八月二十九日海河工程局函请闭闸，当即饬知各闸遵办。本月十三日，据九宣闸报告，按照规定应提一日，闭一日。因维持海河，改为每日晚闭早启。二十日，据新开河报告，原提六空内有三空早已被淤，不能过水，其余三空轮流起落。因恐全闭，帆船聚众要挟，致滋事端，虑闸门久闭亦将转动不灵也。职局因恐海河工程局仍有诿卸，复令九宣闸完全关闭。新开河之耳闸关系北塘海口及各河交通，船只时有往来，难以永久关闭，已饬将船只放过，随即关闭，每日一潮启放仅三小时，二潮不过六小时。"① 上述做法仅仅解决了一时的用水困难，并未从根本上解决问题。从上述资料看，直隶地方政府试图努力协调灌田用水与租界用水问题，但只是权宜之计。为从根本上解

---

　　① 《顺直水利委员会修治河游沙的办法、计划和各界人士的函》，北京市档案馆藏，档案号：J007—003—00001。

决问题，只有另谋他策。

在制定解决方案时，直隶河务局局长方作霖提出，目前最好的办法是将永定河改道。他认为，海河淤垫实为上游来源含沙过多所致，目前治标办法应为设法减少泥沙输入量。汇入海河的河流当中，含沙量最多的一为滹沱河，二为永定河。滹沱河素无堤防，所含沙顺流而下注，最易停淤。而永定河因其中上游河水含沙量较大，所以要减少海河之淤，除引导永定河水由他途入海外，别无善策。至于解决办法，他认为永定改道不外两途：一个办法是由北运河开挖减河，导永定河水经塌河淀汇入金钟河，这样可以使海河减少淤垫。但是，当春季海河水量不足用时，若令永定河完全改道，不加限制，则海河难免淤垫而水量供给不足，对于航运有所妨碍。所以，还要在拟挖减河及北运河各建一闸，以资调节水量。水小之时，将减河之闸关闭，仍由北运下注用以维持海河水量。伏天水涨，含沙成分较多时，则将北运河之闸闭塞，使河水由减河排泄，不致有因噎废食之弊。另一个办法是将北运河霍家嘴旧减坝开通，导其入金钟河。此线路程较短，经过村落亦稀，且京奉铁路原有过水桥梁无须另建，用费较省。但是，距永定河下口稍远，恐怕其宣泄力弱，不得不详加考虑。为落实上述意见，直隶河务局责令永定河河务局、北运河河务局及时采取措施，以期免除水患。

为协调海河中下游用水矛盾，直隶河务局又向海河工程局提出了许多意见。在谈到唐官屯闸的使用问题时，直隶河务局提出，因小站稻田需要清水等原因，所以该闸不能常闭。此外，对于新开河闸的使用也存在较多矛盾，由于海河工程局和直隶河务局各执己见，事情始终得不到解决。从海河水权纠纷看，海河工程局既然要依靠海河清水供给其日常使用，但是又不肯投入经费帮助直隶改造河道。内务部虽出面协调，但问题终未解决。

（三）海河航运权的争夺。就海河河道航行问题，直隶地方政府与海河工程局，乃至天津租界发生了很多矛盾。以1924年木筏运行问题为例，天津海关税务司提出，嗣后海河内不准木筏行驶。海河工程局指出，《木筏行驶章程》是光绪三十三年（1907）制定的，当时来津轮船数量较少，现在情况发生了变化，这些制度也应相应调整。"一九〇七年来船共八百五十六只，一九〇八年来船共七百八十八只，迨至民国二十年竟有一千四百四十七只。且运木料轮船多半停泊于旧德国租界河沿，此项木料卸下后均乘潮涨时流过万国铁桥，惟进口各轮船亦乘潮涨时同时驶入，故木筏常为轮船危险物品。"① 此外，木料的主人往往任凭木料浮在河边，若勒令移往他处非常困难，在旧德国租界河沿下游情况更为严重。所以，"该处大小船无不受其阻碍"。② 对于天津海关禁止木筏在海河行驶的规定，天津商会坚决反对。天津绅商在呈农商部的公函中称，天津海关税务司提议取消《木筏行驶海河章程》将危及木商全体生命。他们认为，木商转运货物，其质料庞大，需捆筏下水行驶，此种做法由来已久，无法变更。今一旦取消《木筏行驶海河章程》，不啻断绝该商输运之路。在农商部的协调下，天津海关监督、天津海关税务司、天津总商会等部门共同制定了《修改木筏行驶海河暂行章程》。该章程规定："一、凡木料一经卸入河内，即须结筏驶往其所欲往之地点，愈速愈妙。二、所有木筏长不准过十丈，宽不准过二丈。三、木筏两端昼间必须各悬一红旗，夜间必须各悬一白光明灯。四、木筏行驶之时，须沿靠河岸而行，愈近愈佳，俾各项船舶在河道中间行驶无碍，如必须停驶，只准停住河道无弯曲之处。五、木筏驶经本港，务须沿靠河东河岸而行，愈近愈佳。六、如违犯以上定章，应科罚驾驶木筏人，至多不逾关平银一百两。"③ 修改后的《木筏行驶海河暂行章程》，虽然对船商有诸多限制，但还是允许船商得以继续使用海河航道进行运输，最终维护了天津木商在海河运输的权利。

（四）内务部协调海河河道管理权问题。海河河道管理问题长期以来得不到妥善解决，是由于多头管理和互相推诿造成的，海河工程局、顺直水利委员会、直隶省政府均有责任。尤其在涉及投入资金时，三方很难达成一致意见。为此，内务部多次牵头予以调解。在这一过程中，直隶地方政府不仅作出了巨大让步，而且采取了较为得力的措施。

首先，再次明晰各方职责。顺直水利委员会主要职责是改善直隶全省河道及制订并实施避免水灾之计划，但该会成立之前，海河工程局已经成

---

① 《津海关督监刘彭寿会同商会拟定木筏运行海河章程六条》，天津市档案馆等编：《天津商会档案汇编（1912—1928）》第3册，天津人民出版社1992年版，第3216页。

② 《津海关督监刘彭寿会同商会拟定木筏运行海河章程六条》，天津市档案馆等编：《天津商会档案汇编（1912—1928）》第3册，天津人民出版社1992年版，第3216页。

③ 《津海关督监刘彭寿会同商会拟定木筏运行海河章程六条》，天津市档案馆等编：《天津商会档案汇编（1912—1928）》第3册，天津人民出版社1992年版，第3217—3218页。

立。根据规定，海河工程局主要负责海河干流的浚淤和维护工作，以保证
该河段的正常通航。其次，明确我国对于海河及沿海的测量权。我国对于
海底线直到清末一直未能测量，尤其是直隶省作为沿海省份，在我国所居
地位十分重要。为此，北洋政府特设海军测量局，派员着手测量。《益世
报》曾发表文章称："我国创立数千年，领水之界，迄未明定。自与各国
交通以来，因领海界线未定，丧失主权，不知凡几。查领海界线，与国家
主权、人民利益有关者厥有四端：一渔业权、二税务权、三引水权、四防
海权。一二两项仅关国家税收问题，其三四两项，国权所寄，犹为重要。
从前，我国海岸线系由英国海军于前清咸丰年间擅代测量制图，以我国之
领界竟由外人越俎代庖，言之齿冷。年来水面主权已非我有，实因我国平
日海道不自测绘，界线无从明定，只得听外人自由论断。海军当局有鉴及
此，因设立海道测量局，划定领海界线，俾得收回一切主权。……直、鲁
各省在进行之中，此图一出，可以洗从前外人代测之耻。"① 再次，在海
河河道改造过程中妥善处理官民关系。为避免因河道改造引起民众反对，
直隶地方政府采取了相应的措施，即以优厚的条件弥补民众的损失。如海
河裁弯购地局曾以十万元购买新开海河一带地亩，最初，村民抱怨各处圈
地太多，百姓损失太大。后经各县与各村长磋商，采取以清丈地亩后的实
际亩数予以补偿的办法，官民关系得到了较好的处理。最后，成立修治直
隶河道筹办处。因海河工程局办事不力，海河淤浅，渔船不能驶入。北洋
政府内务部采纳顺直水利委员会杨豹灵的意见，由沈瑞麟亲自查勘，决定
工程办法。修治直隶河道筹办处成立后，开始了勘查和测量工作。

　　通过海河管理权、用水权、沿海测量权的探讨和争夺，北洋政府认
识到京直河道管理权的必要性。之后，内务部在维护航道主权方面采取
了一些措施，不仅加强了对海河干流河道的管理，而且制定了《京师河
道管理处规程》《京师河道管理处办事规则》。这两个文件主要对京师
河道加强了管理。《京师河道管理处规程》规定，该处主要负责京师沿
河、池塘、潭淀、沟泡等潴蓄及宣泄事项；京师河道及沿岸管理事项；
京师河道闸门启闭事项；京师河道沿河用水各业户取缔事项。该规程还
对京师河道管理处的职员设置予以规定，设处长、稽查主任、稽查员、
管闸委员、闸官等职。处长一人，由内务总长派充，综理河道管理处事

---

① 《测量直省海道之计划》，（天津）《益世报》1923 年 3 月 12 日。

务。稽查主任一人，稽查员两人，由处长呈请内务总长选派，掌关于河道之稽查及履勘事项。管闸委员由步军统领衙门，京兆尹公署，京师警察厅分别拣派，管理京师河道上下游各闸宣泄事务，但需呈报内务总长核准。闸官由处长委任，管理各闸启闭及巡逻事项，但需呈报内务总长备案。京师河道管理处得酌设管闸派出所，但需呈报内务总长核准。各管闸派出所额设闸目一名，由各该管闸委员遴请，京师河道管理处派充。关于河道整理事项，除由管理处随时自行揭示外，得呈由内务部转行京兆尹警察厅或步军统领衙门，于各该地方出示晓谕。京师河道管理处为缮写文件及其他庶务，得酌用雇员，但需呈内务总长，雇员员额至多不得逾六名。而《京师河道管理处办事规则》则对京师河道管理处的具体管辖范围，以及对河道的稽查提出了要求。该规则规定京师河道管理处管理范围为城外河道与城内河道，内、外河道各置稽查员一人，分担稽查事务。遇有必要情形，得随时报告处长复核转呈办理。内、外城河道应于每星期稽查一次，如认为紧要时，应随时履勘不拘时限。稽查员于每次稽查后，应出具报告书报告处长。各闸派出所应办事项由闸官监督之，随时呈报处长。① 当然，关于河道的管理，因京师河道的特殊性引起了内务部的高度重视，内务部开始直接监管，并出台了一系列规章制度，使京师河道的管理有法可依。而直隶河道的管理问题直到北洋政府结束，始终未能得到妥善解决。

　　一般而言，水事纠纷常常是因为水资源紧张，围绕水源而进行的争斗，而对水资源的争夺主要是对水的所有权和使用权的争夺。而且，在多数水案中，争夺的是水的使用权而非所有权。而北洋政府时期京直地区几个主要水案纠纷却形成了如下特点：其一，水案的焦点不是争夺水的所有权，而是水的治理权。其二，在水资源分配和管理上，既有京直地方社会内部水权分配问题，也有京直地方政府与海河工程局之间水权的争夺。其三，不同用水主体或用水群体在水权问题上进行斗争与妥协。其四，水案解决方式主要通过舆论或争讼，而不再是械斗。在京直水事纠纷中，中央和地方政府的及时介入和协调，并未使水案引起大规模的社会动乱，但是，京直地方政府对水资源的利用和监管并未能达到理想状态。

----

① 参见《京师河道管理处办事规则》，《京兆公报》1917 年第 8 期，第 6 页。

第四章　京直水务政策调整与改革

北洋政府时期，面对频年发生的水旱灾害，京直地方政府对水务政策进行了调整和改革。一方面加强对水利人才的培养，另一方面注重对水资源的保护、开发与利用。主要表现在加强水源的涵养、发展水产经济、发展近代内河航运业、加强农田水利建设，并通过和建立新式水利组织，聚拢水利人才，推动京直地区水利建设。

第一节　水务人才的培养与使用

京直地方政府在水利人才的培养与使用方面，主要通过四个途径：设立水产学校、成立研究所、引进外籍工程师，同时对于归国的留学人员予以重用。

一　培养河务人才

（一）内务部关注河务人才培养。关于培养河务人才，内务部曾多次召开会议商讨办法，并提出了养成河务人才的具体措施。1918 年 5 月，内务部全国河务委员会会员周秉清提出《养成河务人才办法案》。他认为办理河务固以经验为重，先有河海工程学识，而后加以经验，才足以改良河务，否则只有河工经验，"将徒为不良之旧办法所拘囿，而于治河方法从不敢试为变更，将永无改良河务之希望"。① 谈到具体办法时，他认为，一是增设河海工程学校。有河工省份，尚未设有河海工程学校的，应仿照江苏河海工程学校办法择地设立，或一省独设，或与

---

① 《养成河务人才办法案》，内务部编：《内务部全国河务会议汇编》，中国国家图书馆藏，第二编，议决案，第 70 页。

连带省份合设。二是加强学生实践活动，确定实习期限。每年"应以春工最紧急及大汛抢险前后时期为假期，以此假期定为河工实习时期"。① 每届此假期时，由校长开具学生员额，到指定的河务局实习。学生实习期结束，河务局出具证书，缺少证书者不准毕业。其目的是让学生习知各项工料名称及河防利弊，与所学知识互相印证，借以造成河工使用人才。三是规定任用法。周秉清认为学校虽多，成才虽众，倘无出路，"育才之费徒劳"。② 而且，会直接影响后续生源，所以应未雨绸缪。内务部全国河务委员会会员姚联奎也曾呈递《筹拟修守直隶黄河办法案》，提出设立研究所以培植人才。他认为办理河务首重经验，尤贵学识。治水新法，也应与时俱进。"为沟通新旧，灌输学术起见，实为河工应有之事。"③ 内务部对河务人才的重视，也推动着京直地方政府加快了河务人才培养的步伐。

（二）京直培养河务研究人员。为提高河务人员素质，京兆永定河河务局局长孔祥榕对本局工作人员予以培训。他说自改组之后，虽然有技术人员之设置，然而治河新法需要大量与时俱进、富有学识的专业人才，所以决定延聘河海工程专门学校毕业之高才生马永祥、杨保璞二人为京兆永定河河务局练习工程师，以便趁大汛期间，同职局技术人员前往上下两游实地勘测。使将来从事河工者在河流之变迁、流率之迟速、雨水之容量、工程之设施等方面均有所体察。此外，大名道尹设立了河务研究所，召集工员，授以河海工程诸学，对于河图之测量，既可了如指掌，对于水利工程之设施也可胸有成竹。

京兆地方公署还成立了永定河河务研究会，并制定了《永定河河务研究会简章》，"以研究河务工程及全河兴革事务，造就河务人才为宗旨"。④ 会长由永定河河务局局长兼任，会员无定额，以时任候补及曾任本河协防监工之河工人员充任。会址在永定河河务局内，每年秋汛下

---

① 《养成河务人才办法案》，内务部编：《内务部全国河务会议汇编》，中国国家图书馆藏，第二编，议决案，第71页。

② 《养成河务人才办法案》，内务部编：《内务部全国河务会议汇编》，中国国家图书馆藏，第二编，议决案，第71页。

③ 《筹拟修守直隶黄河办法案》，内务部编：《内务部全国河务会议汇编》，中国国家图书馆藏，第二编，议决案，第26页。

④ 孔祥榕编：《永定河务局简明汇刊》，全国图书馆文献缩微复制中心2006年版，兴办事项文件摘要，第2页。

工后至春汛上工前为会期，每星期开会一次，研讨河务。会长及会员均可发表对于河务问题的意见和心得，提出改良办法供研究会讨论。该会实行讨论议决制，议决之各项办法由永定河河务局采择实行。

（三）京直培养河务管理人才。为加强对河务官员的管理，京兆尹制定了《京兆河工官吏暂行任用章程》，该章程规定河防局局长必须有如下资格才可以任职：（1）在本国或外国工科大学毕业，曾办理河工二年以上著有成绩者。（2）曾任河工人员，经该管最高级行政长官预保，以河防水利等局长交国务院存记者。（3）曾任河工道员或河防、水利局长，办理河工三年以上著有成绩者。（4）现任或曾任河防理事，办理河工六年以上著有成绩者。① 此外，对于河防理事、技士、河工县佐汛官的任用亦有较高的要求，均强调在本国或外国土木工科学校三年毕业或一年半以上毕业。其中，对于河工官员任用资格的规范，有助于提高水务工作者的整体素质和管理水平。

（四）京直培养河务专业技术人员。为培养河务专业技术人员，熊希龄在他成立的香山慈幼院内设立土木工程专科。他说："查现在国内之土木工程最缺乏者，为中等人材，凡公私建筑事业，往往为包工人所累，名不符实，得不偿失，难以坚久，鲜克有终。皆由于图样虽佳，而无勤苦耐劳注重道德之中等监工人员，以供指导之故。敝院现有初中毕业一班，中等职业两班，合计学生百余人，英、算、物理均有基础，道德修身皆有训练，正值令其选习分工职业之时，拟令专学土木工程。"② 为达到良好的效果，熊希龄请求顺直水利委员会派选技师到香山慈幼院教授学生功课。他认为这样做有两个好处：一是将来时局稳定后，河工、铁路等皆须兴工。"有此预备中等人材，即可分往练习作工。其他私人建筑，亦可类推。"③ 二是"敝院学生虽有各项专工场、厂，而毕业后，谋生较狭，不如土木工程之广。此次如能兼习，则于生计出路尚

---

① 参见《京兆河工官吏暂行任用章程》，《京兆公报》1918 年第 34 期。
② 《为慈幼院设立土木工程专科致顺直水利委员会函》，周秋光编：《熊希龄集》第 8 册，湖南人民出版社 2008 年版，第 161 页。
③ 《为慈幼院设立土木工程专科致顺直水利委员会函》，周秋光编：《熊希龄集》第 8 册，湖南人民出版社 2008 年版，第 161 页。

有把握"。① 这样，既可为工程事业养成中等人才，又可使慈幼院学生不会中辍学业，一举两得。

二　培养水产人才

河北省自古以来有非常丰富的渔业资源，尤其是渤海湾有白河、大清河、滦河等河川的淡水注入，是鱼类天然的繁殖场所。但由于政府不重视，资源被大量浪费。河北的水产教育开始于清末，光绪三十二年（1906），直隶提学使卢木斋在办理渔业公司时，有感于缺乏水产人才决定兴办水产学校，募集七万余元作为水产教育基金倡办渔业。宣统元年（1909），直隶劝业道孙多森委派直隶工艺局参议兼直隶高等工业学校庶务长孙凤藻，赴日本调查东京当地水产讲习所及水产试验场等事宜。当年，农工商部批准沿江沿海各省成立渔业公司及水产学校，直隶抓住机遇积极筹办。宣统二年（1910），劝业道孙凤藻禀奏直隶总督陈夔龙，筹设水产讲习所事宜。宣统三年（1911），该所改为水产学校，此为直隶省水产教育之开始。中华民国成立后，为充分利用水资源发展水产经济，直隶通过发展水产教育培养了一批水产人才。

（一）加强水产专科学校建设。1912 年，直隶省政府在天津河北种植园内拨地五十余亩，建筑校舍，继续建设水产专科学校。1914 年，直隶奉部令将该校定名为直隶甲种水产学校。1917 年，该校选派包括渔捞科、制造科的学生十余名到日本留学。1920 年，学生回国，到母校当教师。之后，学校选派制造科毕业生到美国留学。对于甲种水产学校建设，直隶省政府十分重视，对于添购渔船一事，直隶省议会也予以支持，在给学校的议复中称："预计需银二万七千余元……由省库筹拨一万元，下余之数目，自该校节存款内提付。"② 1921 年，学校购买了渔轮一艘，专门为渔捞科学生海上实习使用，1922 年，渔轮到天津后即安排学生到渤海实习。1926 年，学校改革学制为四二制，前四年为

---

① 《为慈幼院设立土木工程专科致顺直水利委员会函》，周秋光编：《熊希龄集》第 8 册，湖南人民出版社 2008 年版，第 161 页。

② 《议复交议甲种水产学校造船临时费案》，顺直省议会编：《顺直省议会文牍类要（三）》，天津河北日报社印，1921 年版，第 20 页。

初中班，后二年为高中水产班。1928 年，校内发生风潮停办，经校长
孙凤藻多方协调，该校于 1929 年重新招生，定名为河北省水产专门学
校。为加强水产专科学校建设，孙凤藻校长采取了如下措施：一是添购
渔船。他认为该校渔捞、制造两科先后已经有毕业生百数十人，除制造
科的学生于制造罐头、食品等方面已有实习外，而渔捞一科，除制图、
造网、制勾各术等在校内练习外，其远洋渔业等实习项目尚付阙如。所
以，学校提出购置渔船，内附煤油发动机及网勾附属渔具以备学生实习
之用，购置计划禀呈教育厅及省长后得以批准。二是广泛招徕学生，改
革学制。为吸引生源，招徕更多学生，孙凤藻校长决定减收学费、住宿
费等，并将成绩优秀者改为官费生，后经直隶省公署批准，即行照办。
水产学校自新校长王壬里接手后，进一步改革学制，效果逐渐显现，办
学规模逐渐扩大，办学机制得到社会认可，改革后的水产学校逐渐向高
等水产专门学校过渡。

此外，直隶还在沿海普通学校添授水产课程，以扩大人们的水产知
识而助渔业经济发达为宗旨，根据沿海各校中渔家子弟较多的实际情
况，直隶决定在沿海普通中学和实业学校中添设水产课程，以便学生毕
业后易谋生计。为保证水产学校学生实习，直隶省长公署除饬沿海地方
及水上警察保护外，对于携带枪弹的船只，发给护照一张，以免被盘
诘。省长公署还训令天津县对实习学生加以特别保护，发给护照，以便
"该校学生驾驶实习渔船到境，妥为保护"。① 甚至渔捞科主任亲自率领
渔捞班学生驾驶渔船，前往直、奉、山东沿海一带练习捕捞。渔捞、制
造两科是该校的主要专业。渔捞方面，除注重渔捞学外，也学习海事知
识。制造方面，除水产制造之外，于化学、农产、制造各门，也富有经
验。据报道，该校常年于山东海面经营渔业，制造工厂招收工徒，利用
余暇，兼营实业。养殖池也不断扩大，均开有专室或工厂，以资实习。
到 1929 年，该校在校职员四十五人，学生八十二人，甲种毕业生二百
三十九人，渔捞一百十八人，制造一百一十人，初中十人，专科毕业生
九十一人，渔捞四十四人，制造四十七人。水产学校毕业生大都供职于
全国各地的水产界，约占全国从业者的四分之一，直隶水产学校的毕业
生，为我国早期水产事业做出了杰出贡献。

---

① 《保护水产学生实习之训令》，（天津）《大公报》1925 年 4 月 21 日。

（二）开展水产讲习活动。由于我国渔民技术落后，渔业不发达，所以必须先开民智。1914 年，北洋政府曾下令沿海各省筹设水产讲习会，设置巡回讲演员轮赴各渔区讲演各种改良方法，以开民智而兴渔业。最初创办者只有浙江、山东两省，之后，直隶省着手创办，在当时发挥了一定作用。直隶地方政府督催沿海各县速立水产讲习会，并设置巡回讲演员以开渔民之智识。

劝业道孙多森曾详细阐述筹设水产讲习所的理由，他说水产为天地自然美利，中国鱼盐资源丰富，但人们囿于习惯，鲜知改良，莫能振兴。孙多森自从经办渔业公司后，即注意水产学校一事，派员赴南洋及日本进行调查，又派孙风藻在日本购回图书、标本多种，并在开办经费方面予以支持。在培养学生方面，以捕捞、养殖、制造三科为纲领，毕业后学生即可实地练习。直隶省虽然学堂林立，但水产教育发展较慢。所以决定先参照日本办法，建水产讲习所，专招渔民子弟入所教授，候学业稍有进步，再逐渐推广。为促成此事，孙多森积极遴选校址，最终在种植园挑选了一处五六十亩的地方建筑校舍，并附设水族陈列馆，以资观览。建筑经费，主要通过学务公所余款、官矿公司股息、渔税等多渠道筹集。

此外，直隶还筹设水产试验场。水产试验场一方面供学生实习，另一方面作为改良水产之示范。因缺乏资金，京直渔民所用之渔船、渔具、渔法等多为旧式，不求改进。为改良水产养殖技术，直隶地方公署提出应学习国外先进的经验和技术，这样不仅水产可以发达，渔利可以挽回，而且海权也得以保固。

三　重用国外水利专家

为完成治河计划，顺直水利委员会会长熊希龄延请了许多国外高级水利人才。当时招徕到直隶任职的国外高级工程师有罗斯、方维因、赛雅、梅里克、安立森、戴洛尔等人。

1917 年 5 月，顺直水利委员会任命奥番尼地司为测量总技师。奥番尼地司辞职后，顺直水利委员会又任命赛雅接替他的工作。赛雅辞职后，顺直水利委员会又任命梅里克担任这一要职。梅里克在测量处任主任技师三年时间，1922 年辞职。之后，顺直水利委员会又任命安立森接替梅里克任测量处主任技师。1918 年 3 月，顺直水利委员会在天津设立流量测量处时，聘请英人罗斯为技术部长，负责水文技术、河道整治等技术工

作。顺直水利委员会督办熊希龄在谈到聘请罗斯的主要理由时称："为制
定治河大计划起见，须有一高等河工水利技师赞襄其事。"而且，"高等
技师宜设法于地形流量诸测量未完竣以前延致之"。① 罗斯被聘请到中国
后，主要帮助顺直水利委员会制订了《顺直河道治理计划》。方维因长期
在海河工程局任职，1918 年，顺直水利委员会聘请他为该会技术人员，
自 1917 年 3 月至 1920 年 3 月，方维因为顺直水利委员会管理测量事务的
专员。他将国外先进的水利技术引进到了中国，吸收西方先进的科技思想
和科技理论，在测量技术推广、水文站建立、新型材料使用、水工试验等
方面，改变了中国传统水利的治理模式。戴洛尔为著名的水利专家，来中
国后，对于直隶各河流曾做过多次调查，对于河工之利弊及为患之原因亦
知之最详。之前，他曾与直隶各官绅组织治河同盟会，研究治河新方法。
1917 年，直隶遭受水灾，戴洛尔又亲赴各灾区详细调查，并提出了补救
办法。1917 年，美国工程师费礼门受北洋政府聘请来华，参与运河改善
工程，研究运河、黄河问题。在查勘黄河及大运河时，取水样及河滩土样
数万个，带回美国进行试验。1919 年他再次来华，对于中国水务问题的
思考集中反映在其所著《中国洪水问题》一书中，该书对京直水利提出
了许多有见地的建议。在聘请外国专家参与治理京直河务方面，该处还聘
请日本水利技术人员冲野忠雄、原田真双、三池真一郎、坂本助太郎、细
井喜文、治仓本昌等人来华研究水患，并鼓励日本技师加入该处设立的河
工讨论会，以广泛研讨治河办法。

　　在北洋政府时期，留学归国的水利专家还不多，主要有李仪祉、李
书田、沈百先、杨豹灵等人。对于李仪祉等人的建议，直隶地方政府十
分重视。后来北洋政府关于治理北方河流，以及治黄工作计划，许多想
法均来自李仪祉。1928 年，顺直水利委员会改组为华北水利委员会，
李仪祉担任主席，他对于京直水利的诸多设想逐渐落实。

第二节　水资源的涵养与保护

　　水资源、经济、环境与社会发展是相互制约的，只有合理利用和保

---

　　① 《为延聘高等河工技师致印度政府工部部长罗斯函》，周秋光编：《熊希龄集》第 7 册，
湖南人民出版社 2008 年版，第 187 页。

护水资源，才能使水环境良性循环，社会经济才能可持续发展。北洋政府时期，关注水源涵养是京直水务政策调整的重要政策之一，是京直地方政府水政政策由以防灾为主转向防灾与治理并重的开始。在这一政策推行过程中，民间舆论的呼吁和各地方政府的推动相辅相成。

一 重视水源涵养

森林能够涵养水源，植树造林是水利建设中防灾减灾的重要措施。对于这样的认识，随着近代中西文化交流的增多，这种思想逐渐被人们接受。1917 年，李藩昌在翻译基雅慕的《中国治水刍议》时就认识到了这一点。他认为，中国当时水灾迭见，愈趋愈甚。究其原因，皆与森林缺乏有关系。因为"河流水势之消长固与雨水之多寡为比例，而雨水之多寡又随森林之兴废为转移。故凡森林绝迹之地，则水患频仍，征诸各国皆然也"。[①] 而且，由于中国对于森林经常是有伐无植，生态环境越来越恶劣。林学家凌道扬[②]也在《东方杂志》上发表《论近日各省水灾之剧烈，缺乏森林实为一大原因》一文，他把各省水灾频繁的根由亦归结为缺乏森林所致。从生态学角度看，森林是地球生物圈中能动性巨大的生态系统，在保护环境维护自然生态平衡过程中起着重大作用。尤其在华北石质山区，森林覆盖率对于河川集水量有明显影响，森林覆盖率每增加 1%，集水量相应增加 0.4—1.1 毫米，平均增加 0.83 毫米。森林还能增加大气降水，森林覆盖率增加 1%，丘陵地区年平均降水量增加 7.99 毫米，山区降水年平均增加 83 毫米。森林可以把丰水年的大量降水涵蓄起来，等到枯水期再渲放出来，发挥一种年际和年内调节流量的作用。韩安在其《造林防水意见书》中提出了畿辅防水造林的办法，如划设分区、成立造林总机关、规定造林分区之职务、筹集造林行政经费（包括中央提倡造林费和各县提倡造林费）。[③] 北洋政府时期，

---

① ［瑞士］基雅慕（M. Guillarmod）：《中国治水刍议》，李藩昌译，中国国家图书馆藏1918 年版，第 1 页。

② 凌道扬，中国林业科学的先驱。1917 年，发起创建中国第一个林业科学研究组织——中华森林会，该会后来易名为"中华林学会"，即"中国林学会"的前身。凌道扬被理事会推举为首任理事长，并担任中华林学会第二、三、四届理事长，著有《森林学大意》《水土保持》等著作。

③ 参见韩安《造林防水意见书》，北京市档案馆藏，档案号：J007—004—00014。

人们已经认识到森林涵养水源，保持水土的原理和重要性。

凌道扬多次提到森林的重要性，他认为森林利益可分为两大端，直接利益和间接利益。尤其是林业作为实业的一大要素，是理财的重要手段，植树可获得巨大利益。但是，他发现中国大量土地荒废，人们对于林业带给人类的好处没有足够重视，所以急需开发。他说："吾国须注重林业之故，一国之土地不同，有山田有平原。山田不便于农业，所以一国有农无林则一国必抛荒，其山地而不能完全利用。""依最近之调查，吾国已耕种之土地面积不过两千一百四十七兆亩，荒废之山郊面积约计七千二百五十四兆亩（蒙藏尚未在内），是荒废之土地较已耕种之土地反多三倍有强。然以其中不农之地居多，固难树艺五谷，若以之培植森林，当可野无旷土。试就七千二百五十四兆亩计之，设皆栽植成林，每亩每年之收入平均以银币一元计，为数已属甚巨，吾国财政岂不固之裕如也。""吾人注重森林以利用土地观之，既如上述而森林利益仪器，则森林之重要尤为彰著。"① 中国一方面土地荒芜，不知植树的种种好处。另一方面，大量进口木材。据税关统计，"民国三年所输入之木料，值银六百二十五万一千两，较之民国二年二百六十一万七千两约多三倍。两年之间增加如此，日后漏卮岂堪设想"。② 对于中国来讲，铁路、桥梁及屋宇建筑等需要进口木材，既浪费钱，又耗时日，最好的办法就是兴办中国林业。此外，发展林政可以扩大就业。凌道扬认为："以生计论，吾国生之者寡，食之者众，民穷财尽危重日臻，使林政振兴生计必呈活泼之象。"③ 从国外林政与实业的关系看，"美国全局实业资本关于林政一途，约占五分之一，综计四千五百兆元，此项巨金国人倚之为生计者计数百万人。德国森林占全国四分之一，办理林政之职员九千余人，伐木运木工三十七万五千余人"。④ 森林之直接利益如上所述，森林之间接利益亦非常明显。森林繁盛之区较之森林缺乏之地空气新鲜，森林繁盛之区较森林缺乏之地雨水偏多。而且，"森林可以增加雨量，转移气候，且能使河流不息，无泛滥涸竭之虞"。⑤ 天津《益世

---

① 《凌道扬在天津之森林仪器讲演辞》，（天津）《益世报》1916 年 11 月 7 日。
② 《凌道扬在天津之森林仪器讲演辞（续）》，（天津）《益世报》1916 年 11 月 8 日。
③ 《凌道扬在天津之森林仪器讲演辞（续）》，（天津）《益世报》1916 年 11 月 8 日。
④ 《凌道扬在天津之森林仪器讲演辞（续）》，（天津）《益世报》1916 年 11 月 8 日。
⑤ 《凌道扬在天津之森林仪器讲演辞（续）》，（天津）《益世报》1916 年 11 月 9 日。

报》和天津《大公报》多次刊发文章，对于凌道扬的观点进行广泛宣传，收到了一定效果。

二 加强水资源保护

北洋政府时期，京直水资源保护是在中央政府的推动下进行的，这主要体现在注重水土保持工作，重视森林的保护。同时，直隶实业厅和京兆地方公署颁布了一系列地方性法规，推动相应工作的开展。

（一）中央政府推动。1914 年 11 月，北洋政府颁布了《森林法》。1915 年 6 月，颁布了《森林办法实施细则》。1915 年 7 月，颁布了《造林奖励条例》。1916 年 10 月，颁布了《林务研究所章程》。1928 年2 月，颁布了《大元帅公布森林条例令》。曾任农商总长的张謇认为，我国林政失修，应通盘筹划，普及造林。其目的一是备社会林木之需，二是为国土保安之计。1914 年 5 月，张謇在《规划全国山林办法给大总统呈文》中谈及黄河、扬子江、珠江岁屡成灾时指出，造成这一现象的原因是河流上游发源地缺乏森林以涵养水源，一旦洪水骤发，则水挟泥沙，奔泻直下。溜势稍缓，则沉积而淀，淤塞河道。通常的做法是，筑堤防水，但是不断筑堤的结果是形成了地上河，成为决口隐患。1914年 11 月，北洋政府颁布《森林法》明文规定：凡具有预防水患、涵养水源、公众卫生、航行目标、利便渔业、防风沙等性质之一的国有、公有或私有森林，得编为保安林。"非经该管地方准许后，不得樵采，并禁止引火物入林。"[1] 随后，北洋政府又公布了《森林法细则》及《造林奖励条例》，这些法令的出台无疑有利于保护生态环境。为实现上述目标，张謇认为应重视苗圃建设。他说："各省行政长官区域广袤，时有鞭长莫及之虞。举以责之，各县知事则民事纷纭，不免虚应具文之弊，二者均难期实效。惟各道尹区域适中，职务较简，皆责成各道尹就地筹设苗圃，随时采购各树种分布各县，按期种植，逐渐推行，则林业不难发达。"[2] 在张謇的提倡和推动下，各省开始建设苗圃。

为防止水土流失，植树造林成为涵养京直上游水源的一项重要政

---

① 《大总统公布森林法令》，中国第二历史档案馆编：《中华民国史档案资料汇编》第三辑《农商》（一），江苏古籍出版社 1991 年版，第 425 页。
② 《责成道尹筹设苗圃》，（天津）《益世报》1915 年 10 月 5 日。

策。为此，北洋政府提倡通过建立林业公会等组织加以推动。林会出现在清末，在民国时期得到较大发展。由于财政困难，北洋政府对于荒山造林无法拨出经费。为此，农商部号召民众组织社会团体参与并推动造林工作。根据林业公会的规定，凡乡村邻近的官山及公有山地，村民可按照规则组织公会，共同造林。1916 年 12 月，北洋政府农商部制定了《林业公会规则》，在广大农村推广并设置林业公会，发展乡村自治林业。根据北洋政府的计划，先在交通便利、人口密集的山地做起，然后再分区推广办理。津浦、京汉两铁路沿线及长江沿岸各地。农商部规定每村设公会一所，第一年每公会责令植树一万株，嗣后每年递进，以十年为期。十年而后，次第成材，按年轮伐。各省推广后，全国林业就会日臻发达。关于林业公会的设置，农商部规定，原则上一村设立一个。有特别情形的，两村以上也可以联合设立。林业公会会员为有林业者，有田地者，能任会内公共事务及劳役者。林业公会置会长一人，由殷实绅董或村长担任，负责村内林业的育苗造林工作，每年将造林情形呈报县知事，并对森林进行保护、监督。对于荒废林业，则可公有、私有或公私合办。林业公会就性质而言，为乡村自治的社团组织，与当时的农会性质类似，但更具专业性及经营性质，因而不同于一般的自治团体。

在北洋政府组织的河务会议上，会员们提出了许多有价值的建议。会员张树栅在《永定河根本计画及应行改革案》中提出，永定河上游所经各处，重峦叠嶂，为太行山之支脉，其东与燕山相接，"两山交束，河行其间，水不得肆。自出西山之口，怒涛激湍，汹涌异常，莫可捍御"。① 除另辟尾闾外，上游还应修塘造林。他强调，"森林能调节气候，减轻水旱之灾，为近世学者所发明。我国漠视林业，童山枯岸比比皆然。数年以来，水旱迭至，此一重大原因。欲谋善后之法，培植森林实为当务之急。永定上游及南北两岸土系松沙，雨水冲刷最易坍溃……栽种直柳卧柳为最宜，芦苇次之"。② 这一议案得到了会员们的认可，他们认为培植树木是涵养水源的最好办法。

---

① 《永定河根本计画及应行改革案》，内务部编：《内务部全国河务会议汇编》，中国国家图书馆藏，第二编，议决案，第 55 页。
② 《永定河根本计画及应行改革案》，内务部编：《内务部全国河务会议汇编》，中国国家图书馆藏，第二编，议决案，第 57—58 页。

（二）京直地方政府推动。直隶省对于造林工作非常重视，1918年，直隶地方政府颁布了《直隶劝业森林简明章程》。直隶省长曹锐说："栽种树木实属要政，御水旱防灾疫，为利不可枚举。现值清明节近，县知事亟宜督催民间及时栽种，庶几易于成活。日前，特拟定种《树赏罚章程》若干条，通令各县遵照办理。"① 之后，直隶省长公署训令沿河各县知事及河务局在各河堤种树，之所以这样做是因为"沿堤种树所以盘固堤根，并为险工挂柳塘护之需，关系最为重要"。② 除各河官堤由各河务局督饬官弁等照章种植保护外，直隶地方公署规定，各河民堤均由各县知事督饬民夫购备树秧，分段栽种，不得敷衍塞责。

直隶实业厅具体负责造林工作，实业厅在宣传该项政策时称："东西各邦，对于山地造林一事，无不竭力筹办，以重林业，而辟利源。诚以森林有无，与国计民生关系极重要。查本省西北一带，山林绵亘，无不岩石骨露，濯濯童山，以致市场材木供不应求，水旱频仍，灾侵迭告，自非亟筹兴办，无以为惩前毖后之谋。"③ 关于种树造林等事，直隶实业厅拟定了具体办法，分饬各县遵照办理。靠近山区各县，在山上造林，因苦于无泉水灌溉，所以种树成活率很低。鉴于这种情况，实业厅再次通令各县一定要根据实际情况，在山区分年举办，逐渐推广。"务使所植各树，逼近水泉，灌溉便捷，成活自易，而林业收入日见增加，水旱遍灾亦可藉以减少。"④ 天津劝业所以清明节植树为契机，划定苗圃地，并栽种树株。为扩大影响，天津劝业所还请直隶实业厅厅长、天津县县长亲行典礼，并请津属各机关及附近各村村长、绅董及该所职员参列种树，而资观感。⑤ 经过宣传推广，植树取得了一定成绩。以1921年为例，各县种树册报到实业厅的有一百一十一个县，除新河县等因旱灾种树成活率较低外，河间、清苑、容城、博野、蠡县、深县、平山、冀县等境内种树效果不错。对于种树成绩显著的县，直隶实业厅还进行了表扬。"迁安县在一百九十万株以上，定县在八十万株以上，怀来县在三十万株以上，为数较多，呈报亦早，足见各该知事关心

---

① 《注重种树之汇志》，（天津）《大公报》1919年3月30日。
② 《令栽沿堤之柳株》，（天津）《大公报》1922年3月14日。
③ 《提倡荒山造林之训令》，（天津）《大公报》1922年11月4日。
④ 《提倡荒山造林之训令》，（天津）《大公报》1922年11月4日。
⑤ 参见《举行植树节典礼》，（天津）《大公报》1922年4月1日。

林政，倡导有方，深堪嘉许。"①

为使造林工作制度化，1925 年 9 月，直隶颁布了《直隶全省造林分年进行章程》，"以促进全省林业为宗旨"。② 该章程规定，直隶的造林工作分为三期，第一年为预备期，第二年至第十一年为实行造林期，第十二年为开始采伐期。造林各期内，道旁、村边等地植树应由县知事督饬实业局劝导栽种。各乡苗圃成立之时，所需籽种应由县筹款购买。为推广植树事宜，实业厅规定，各县知事应将本章程印刷多份发交实业局及各村正副分给各户阅看，并随时派员分赴各村讲演森林利益。为保证造林效果，直隶地方政府要求对于各县知事要逐年考核，对于造林确有成绩的县知事予以奖励。1927 年，直隶省农会专门召开会议，就种树、护树等问题提出了意见。农会认为，"本会会员提议各县道路两旁开扩各项公地、私地，一律种树，复分区实行森林警察以资保护"。"振兴林业为富国之基础，查各县道路两旁空地甚多，有归公有者，有归私有者，均应责令尽先种树，将来郁郁苍苍不惟庇荫行人，且于振兴林业利益无穷。"③ 为切实保证植树效果，直隶农会提出加大树木保护力度，添设农林警察，配给枪械分班巡逻，以尽保护之责。此外，直隶还建立了两个苗圃基地，在河北省立第二苗圃基地建立时，还制定了《直隶省立苗圃简章草案》，该草案规定："苗圃选择优良树种，养成苗木分给各县领种以兴林业。"④ 苗圃经费主要由实业厅承担，苗圃培育工作主要由实业厅向各县推广。据天津《益世报》记载，直隶实业厅核准了苗圃章程，并训令各县认真办理苗圃事宜，呈送苗圃经费预算，办事规则、兴办经费预算、计划说明书等。实业厅对天津苗圃工作非常重视，要求呈报《天津县第一苗圃办事规则》。该规则规定：（1）由天津县公署筹资创立，即命名为天津县设立第一苗圃。（2）地址在大下庄以北阎家洼、王家泊，占地 102.2 亩，本苗圃专门养育幼苗，以立普设森林之基础。此外，兼附设桑圃一区，甚至种植果品及其他各树，作为提倡，试验之准备。职员设管理员一员，督理全圃一切事务，并兼任

① 《实业厅注重林政》，（天津）《大公报》1922 年 3 月 28 日。
② 《直隶全省造林分年进行章程》，（天津）《益世报》1925 年 9 月 29 日。
③ 《振兴林业之厅令》，（天津）《大公报》1927 年 6 月 2 日。
④ 《实业厅拟直隶省立苗圃简章草案》，（天津）《大公报》1923 年 5 月 22 日。

办事员、会计等。设夫役及长夫两名，短工可随时雇佣。苗圃内盖房数间，打水井两眼。关于苗圃开办经费，由劝业所呈请县署支领。苗圃需要在春、秋两季向劝业所报告成绩，劝业所所长也可随时调查。苗圃每年应将分发树苗株数、种类及成活数目呈报县公署，以便转呈实业厅查核。每年年终，苗圃造具经费决算表，呈报县公署，转呈实业厅备查。此后，直隶还制定了《苗圃及林业传习所章程》等规章，以期从制度上加强对林业的管理。在政府的推动下，直隶的育苗成绩显著，尤其是天津县苗圃工作取得了不错的成绩。

在造林工作中，直隶主要呈现出如下特点：一是制定植树奖罚措施。1918 年，直隶省颁布了《直隶劝办森林简明章程》，该章程共分为办法、保护、调查、赏罚、分利五部分。"办法"主要包括："一、各属选举一、二公正绅耆为农会总帮董，使之联合同志，组织农会，先从筹劝种树办起。会所即附于农学堂。如农学堂尚未成立，则附于巡警局，以节经费。二、栽树宜先栽最易成活之树，如槐、榆、椿、柳、枣、栗、小叶杨、大叶杨、赤松、黑松、落叶松之类，各视本地土性所宜者为之。三、自本年冬至起，至明年清明止，均宜预备栽种，以免误时。四、种树详细章程，各就本地情形斟酌组织。"[①]

该章程在"保护"方面提出："种树非难，保护为难，各国所以有森林巡警之设也。中国此时虽不能专设森林巡警，然亦宜略仿其意，使保护树木之责归之巡警。如有盗贼偷窃或愚民故意摧折，皆应随时禁止。俟树木长成，所有删修之枝叶，即归巡警以资津贴。"[②]

"调查"主要是为了弄清楚植树的详细情况。"乡民遇有官长劝办之事，每多敷衍塞责。即以种树而论，既种后或不加灌溉，或无人保护，任其自然，有名无实。拟令各州县于清明后，将劝种各项树木情形并数目，先行禀报职局，俟成活后，自行调查清楚，再将成活实在数目报明，然后由职局派员切实调查。其调查之员，由职局酌给夫马，不准

① 《直隶劝办森林简明章程》，中国第二历史档案馆编：《中华民国史档案资料汇编》第三辑《农商》（一），江苏古籍出版社 1991 年版，第 446 页。

② 《直隶劝办森林简明章程》，中国第二历史档案馆编：《中华民国史档案资料汇编》第三辑《农商》（一），江苏古籍出版社 1991 年版，第 446 页。

受地方供应及需索差费，违者则从严惩办。"①

"赏罚"规定如下："乡民每人种树成活至二千株以上者. 由地方官给匾奖励；至五千株以上者，详请督宪赏给六品功牌；至万株以上者，详请督宪赏给五品奖札。地方官劝种树木成活至万株以上者，记功一次；至十万株以上者，详请记大功一次。如有□□□□□州县坐视不理者，详请分别记过。民人故意摧折及窃伐小株者，每一株责令赔种三株。其有树已长成而窃伐变卖者，除每一株赔种三株外，仍计赃科罚。"②

为调动人们种树的积极性，该章程对于如何"分利"进行了详细规定："官地官种之树，日后变卖所得之利，均归农会。官地民种之树，所得之利，以六成归种树之人，以四成归入农会。民地民种之树，利尽归民，有愿捐助农会者听。"③

1914 年，农会在京西一带荒山植树 47 万多株，次年继续植树 30 多万株。至 1920 年，直隶新种树株数目如下："津海关道属各县共种树二百二十九万三千余株，保定道属各县共种树二百八十九万九千余株，大名道属各县共种树二百八十五万八千余株，口北道属各县共种树七十三万三千余株，统计四道所属共种树八百七十八万五千余株。"④ 另外，各河务局也将植树护堤作为本局的职责。1920 年，"直隶河务局呈报南运河各段种树五万五千余株，北运河下游各段种树一千四百余株，子牙河堤岸种树九千五百余株，大清河堤岸种树六千一百余株，黄河河务局呈报黄河南北两岸共种树六万七千余株。统计两局所属共种树十三万九千余株"。⑤ 为提高成活率，各河务局还派人对所种树木进行灌溉，妥为保护。1914 年，北洋政府定清明为植树节，提倡全民植树造林。这

① 《直隶劝办森林简明章程》，中国第二历史档案馆编：《中华民国史档案资料汇编》第三辑《农商》（一），江苏古籍出版社 1991 年版，第 446 页。

② 《直隶劝办森林简明章程》，中国第二历史档案馆编：《中华民国史档案资料汇编》第三辑《农商》（一），江苏古籍出版社 1991 年版，第 447 页。

③ 《直隶劝办森林简明章程》，中国第二历史档案馆编：《中华民国史档案资料汇编》第三辑《农商》（一），江苏古籍出版社 1991 年版，第 447 页。

④ 《直隶省长曹锐呈大总统恭报直隶各县各河本年种树成绩造具表册呈鉴文》，《河务季报》1920 年第 2 期，第 39 页。

⑤ 《直隶省长曹锐呈大总统恭报直隶各县各河本年种树成绩造具表册呈鉴文》，《河务季报》1920 年第 2 期，第 39 页。

项法令无疑有利于调动农民植树、护树的积极性。然而，这一时期滥伐森林致使生态环境破坏的事情十分严重。如遵化、清东陵一带原有较多森林，1912 年，北洋政府准许木商进山采伐。1915 年，修筑兴（兴隆山）蓟（县）公路，交通大为便利，此地林木也遭到了大肆采伐。各河堤所植树木也多被当地居民破坏窃伐，或是放牧牲畜，致使树木成活不多。后来人们逐渐认识到滥伐森林所带来的隐患，认为森林"关系直省水患，实为数千万生命财产所由托，亟应加意培护，计岁增植，方免积雨横流，千里溃淤之患。若图目前近利，恣意砍伐，后此水患必且十倍今岁"。① 虽然有这样的认识，但滥采滥伐的问题并未解决。重点在沿河堤坝造林。河务局注意到，无论官堤、民堤，每当夏、秋之间，河水泛滥，时有冲决之虞。而树木茂盛者，堤埝较为牢固。所以，每年在清明节，直隶河务局通令沿河堤埝分局及居民，"多备树秧，沿堤栽植，不惟坚固河防，将来森林成立，获益亦非浅鲜"。② 大清河河工警警长冉凌云认为，种植树木对于保护堤岸有莫大之利益。他说大清河"沿岸两旁树木鲜少，亟宜从事栽种。入手之初，先调查官堤、民堤，官堤由河工、泛弁栽种，民堤由民间自行栽种，责成河工员弁及巡警竭力看护。每年春间插栽，秋后刈取枝叶，其有老朽树株，即时砍去，另换新秧。俟年后，所刈取枝叶即可供看守费用，以斯堤岸坚固免致冲决为患"。③ 通过林业会造林。如临城县以山地为主，该县王知事设立林业总会，劝民种植树木，后因款项支绌裁撤林会。杨知事到任后，认为林业为国家要政，所以又恢复了林业总会，并委任薛绅鸿恩为经理。之后，该县开展植树活动有了专门的组织，成绩也较为显著。其他各县的林会组织也逐渐建立，但是，成效不太明显。直到 20 世纪 30 年代，京直地区的林会活动才逐渐发挥了作用。

为推动林业工作，京兆尹王达鼓励各县成立林业公会，并准许林业公会经费从地方公款内拨付。同时，他强调地方政府一定要对乡村林业公会认真劝导。随后，京兆尹指令京兆各县知事呈报各区林业公会成立

---

① 《请禁滥伐东陵森林以防水患呈冯国璋文》，周秋光编：《熊希龄集》（中册），湖南出版社 1996 年版，第 1128—1129 页。
② 《河务局注意河堤植树》，（天津）《益世报》1923 年 3 月 24 日。
③ 《河岸种数之办法》，（天津）《大公报》1918 年 11 月 6 日。

情况。为鼓励林业公会开展工作，京兆尹王达还准许武清县知事及农场管理员呈请河堤林业公会经费准于地方公款内筹拨，以示对林业公会的支持。此外，京兆尹训令京兆二十县知事准农商部咨送林业公会组织办法，并告知百姓立即遵办。他说倡办伊始，一般人民不知组织程序，"故所具呈请书率未填载适宜，依该规则第一条之规定，设立主旨分为保护现有森林、恢复荒废林野及育苗造林三种，并可合并为数种情形"。① 在下发该文件的同时，京兆尹王达还将农商部颁发的《林业公会组织办法》予以详细转述，主要内容如下：甲，为保护现有森林而组织者。"此项组织须先各将私有或公有森林之界限、面积及树种并所受危害情形绘图具说，详细呈报。""第一项，标明以保护现有森林为目的，并注保护事业之计划及因保护冀护之利益。至其利益在保安上，或在生产物，均须分别详注。第二项，载明森林坐落之处所、四至、面积及树种。第三项，填明本公会系由某村设立或某村联合设立，定名为某村或某某村林业公会。第四项，填明会长及会员之姓名、住址及其职业。第五项，填明本公会会所设于何处。第六项，填明公同决议经费分担之规约，分别记载甲出若干，乙出若干，共计若干，将来如何收支，如何经管等事。至收益分配，则目的既在保护收益，当归无形，或各归原主。无可分配，不必记载。第七项，详记公同议决，彼此共守之保护方法，或轮派各会员或公雇看护夫，或用法限制。与森林附近人民，以樵采等利益，约令担任保护之责均可，但需记入明订规约。乙，为恢复荒废林野而组织者。此项组织须先勘定林野界限、面积，并将荒废情形树木有无及树种株数绘图具说，详细呈报。如系官有，则依《森林法》第十二条拟具承领书先行呈请，无偿给予。若属私有，亦需分别勘定绘图说明。"② 京兆地方公署在辖区内推广林业公会，有利于植树工作的开展。

为进一步推进造林事宜，1918 年 8 月，京兆地方公署成立了京兆森林事务所，并公布实施了《京兆森林事务所简章》，该简章称，京兆

① 《训令二十县知事准农商部咨送林业公会组织办法请转行各属布告人民令即遵办文》，《京兆公报》1917 年第 10 期。

② 参见《训令二十县知事准农商部咨送林业公会组织办法请转行各属布告人民令即遵办文》，《京兆公报》1917 年第 10 期。

尹公署为振兴各署林业起见，设立森林事务所，专管造林事宜。森林事务所遵照《森林法》承领官荒山地，开始造林以树模范，其造林区域之面积，经呈请政府特准不限于《森林法》第十三条之规定。森林事务所得于造林地方设立若干林场，分管规定区域内的造林事宜，并得设置范围。该简章初步确定了森林事务所及设立林场之地址，并提出如有适宜地址得随时呈请添设之。森林事务所，京城安定门外地坛。第一林场，京城安定门外土城。第二林场，京城卢沟桥镇。第三林场，京城小黄林西山。第四林场，京兆密云县。前项所规定之造林区域内，如夹有民地或为人民私垦地，除私垦地由事务所酌量情形给以相当之垦费收用外，其民地如认为与造林有关系者得以土地收用法收买之。森林事务所各林场假定十年为完全成林期，其按年分区，办法由该所自行规定。森林事务所对于国有林及国有林地受部委托得管理或经营之，森林事务所对于公有或私有森林得督察指导之。森林事务所内应设置下列两部，即事务部和技术部，设所长一人，事务员及技术员若干人，但因事务之繁简，所长得由本公署科员兼任，事务员得由技术员兼任。所长由本公署委任富有森林学识者充之，事务员及技术员由所长遴选具有林业知识或经验者呈请委任。所长综理所场事务，督率职员、事务员及技术员承所长之指挥分别掌理各部事宜。造林经费依每年预算所定额内分别支配之，每年林产及林场副产等收入核明呈报均留作扩充林业之用。各林场得由事务所派定专员管理，其距京较远之林场所在地委托该管理地方官经理之。附近各林场之京兆属学校，得就林地指定若干亩作为学校实习林。每届年终该所长应将本年办事情形及林场状况编制各项表册并次年度林业进行计划书呈报本公署查核，表式另定之。京兆尹提出："每届植树节前一月，该所长应将林场苗木提出若干呈明本公署，分配各属栽植以资提倡。"①

从该简章可以看出，京兆森林事务所是京兆尹公署为振兴各署林业起见，专门负责造林的组织。京兆森林事务所内专门设事务部、技术部，聘请富有森林学识者充事务员及技术员。而且，规定森林事务所设所长一人，由京兆尹公署科员兼任，便于开展工作。之后，森林事务所遵照《森林法》承领官荒山地，从事造林工作并树立模范。为

---

① 《京兆森林事务所简章》，《京兆公报》1918 年第 56 期。

便于管理，森林事务所设立了若干林场，分管规定区域内的造林事宜，并给了各林场固定的办公场所。为推广造林，京兆公署规定造林经费依每年预算定额内分别支配之，经费的预算与划拨保证了造林工作的顺利开展。

不久，京兆公署又制定了《京兆森林事务所办事细则》，该细则详细规定了技术部的具体职掌。如关于树苗、树种之拣定及培植事项；关于土质、气候之测验事项；关于益害之动植物及荒地调查事项；关于病害及天灾之防治事项；关于森林之工艺及制材事项；其他关于造林及整理各事项等。此外，对于林业管理者提出了更高的要求。如在"林夫服务之规则"中规定：凡雇佣之林夫皆有遵守本规则之义务，就林夫中造林熟练者选充工头，率领林夫实地作业。其额数视工作之繁简定之，遇有必要时得酌雇临时林夫。工头受管理员之指挥，率同林夫工作。

每日工作均于前日晚间由工头禀请制定，中途如需变更者，亦必随时报告。至工作完毕时，应将所用器具材料整理保管，并率同林夫清扫庭院。工头于工作时间外，应巡视林区，报告状况于管理员。此外，规定林夫必须遵照规定的时间工作。林夫于工作时间外，应随同工头周巡林区，防护林木。凡林夫未经管理员之许可，不得使用牲畜及武器。此细则还制定了对于林夫的奖惩措施，一定程度上有利于激励林夫的工作热情。同时，对于懒惰者也是一种惩罚。如规定：凡林夫具有下列情事之一者应酌予奖励。一是无过失至一年以上者。二是不逾规定假期至一年以上并未尝请特假者。三是督率临时林夫有方者。四是能别出心裁改良工作方法或器具者。五是于工作上能补助管理员之不及者。六是平日留心防护林木，紧急时格外出力者。七是服务勤慎，性质纯良，素为他人模范者。凡林夫具有下列情事之一者应酌予惩罚：一是服务时间嬉戏喧哗，妨碍工作进行或草率了事者；二是不请假擅自停止工作至一小时以上者；三、屡次与人喧闹者；四是有意掷毁器具者；五是因饮酒而至言行失常者；六是就眠后点灯、吸烟、谈唱、读闲书或博弈，有碍他人熟睡者；七是夜间未经许可外出者；八是违犯各项规则或不听受指挥者；九是屡次请假有误工作者；十是假期已满不续假而又不雇替工者；十一是酗酒滋事者；十二是聚众赌博者；十三是互相群殴者；十四是游荡旷工者；十五是屡次惩戒不悛者；十六是在外行动有损本所名誉者；

十七是偷窃林场用具或生产物者；十八是隐留匪人者。① 在京直地方公署的努力下，各县造林均有一定成绩。以 1922 年密云县造林苗圃为例，种树种类及数量如下：柘树 44800 棵，槐树 41600 棵，榆树 458000 棵，楸树 18800 棵，白果树 120 棵，果松树 1200 棵，橡树 250 棵，核桃树 22 棵，"苗圃所植树苗共计八种，合计五十七万四千七百九十七棵，均经成活"。②

京兆尹在植树、护树、严禁毁树方面也采取了积极措施。1919 年，京兆尹发布公告，严禁焚烧山林。京兆尹公署曾接到督办京畿一带水灾河工善后事宜处咨文，称京畿一百英里内有人大举焚烧山林。山林能防止水患，堵截流沙，保存河身，"决不可听其焚毁，自应严行禁止，以维河政"。③ 京兆尹因为此事关系重大，下令京兆地区所辖二十县，禁止毁林。不久，京兆尹下发公告，提出要学习直隶省实业厅提倡植树护树的措施，通令二十县及京兆农林事务所切实奉行，并函知永定河、北运河两河务局及京兆国道第一、第二养路局遵行。他认为植树造林与农工商矿诸业均有关系，其利益不胜枚举，而在永定河沿堤上下植树更为刻不容缓之事。京兆尹还积极响应直隶省实业厅的号召，组织清明节植树。在 1919 年植树节当日，他亲自率同职局人员兵弁，并召集浚河工程处，挑挖引河，发动附近灾民五百余人分植柳秧。在他的带领下，永定河沿堤栽种树苗两千五百棵，蔓延六里之遥。京兆公署还专门设立了林科，以加强对林业的管理。

1925 年，为加强京东河道管理，京兆地方公署下发了委任京东河道造林区域职员令，委任张辑熙为京东河道造林技术员，委任曹汝兰为京东河道造林区管理员。京兆尹认为，京兆地区许多河岸堤埝和山岭原有不少林木，"近以屡年滥伐之故，影响于京兆水患者甚大"。④ 所以，训令各知县"遵即查明所属溪边河岸旧有森林，切实保护，严禁砍伐，以重林政而防水患"。⑤ 为此，制定了《京东河道堤埝造林办法》。根据

---

① 参见《指令森林事务所所长李谦光呈送本所办事细则文》，《京兆公报》1918 年第 61 期。
② 参见《指令密云县知事呈送造林苗圃种植种类株数一览表文》，《京兆公报》1918 年第 60 期。
③ 《严禁焚烧山林》，《京兆通俗周刊》1919 年第 4 期，第 7 页。
④ 《训令各县严禁砍伐溪边河畔森林以重林政文》，《京兆公报》1925 年第 291 期。
⑤ 《训令各县严禁砍伐溪边河畔森林以重林政文》，《京兆公报》1925 年第 291 期。

京东河道堤埝情况，京兆地方公署决定在京东河道堤埝造林，并规定京东河道堤埝造林区为京兆第一造林区。本林区以顺义苏家庄引河堤身为起点，至通县平家疃村为止，计长十二里，堤面及河身两旁余地计宽七十余弓①，除低洼外，有造林地 1000 亩。选择适宜树种分区栽植。在堤上种植桑树及刺槐，堤下种植柳树、杨树等。本区造林分三年，1925 年至 1926 年为第一年，造林 3 万株，约占地 300 亩。第二年造林 3 万株，约占地 300 亩。第三年造林 2 万株，约占地 200 亩。共计造林面积 800 亩，约需造林费 1100 元。在造林区设管理员、技术员各一人，负责造林、护堤等事。每年植树完毕，应将植树情形呈报京兆尹公署实业厅及农林事务所备案。至于造林经费，树苗费及所需工资主要通过河堤地租解决。即先将河堤出租给居民，每亩收租两元，三年可收租金达 2600 元。三年造林完竣，共造林 800 亩，剩余 200 亩从第三年起出租，可收租 400 元，作为管理和技术人员的薪水开支。京兆地方公署甚至将农林工作经验作为选拔官员的重要指标。《京兆各县劝业所章程》规定，劝业所所长任职资格条件之一是"曾充农林分局主任一年以上著有成绩者"。② 关于劝业员的任职资格，该章程提出必须是"曾充农林分局技术员著有成绩者"。③

（三）顺直水利委员会推动植树。为确保京直的植林工作卓有成效，顺直水利委员会会长熊希龄极力推动直隶省与山西省政府联合植树，以使京直上游水源地植被得到保护。在谈到植林问题时，熊希龄说："余闻山西省长对于该省植林事业甚为关心，并盼此事即行举办。直省多数河流均发源于该省，故余愿由本省特派一会员赴晋省与该省省长协商各种植树林事宜，并于直省河道有关系之山脉中先事开办。"④ 方维因也非常重视造林工作，他认为植林一事需有专学，建议派林务专家到国外学习，他的建议被顺直水利委员会采纳。

顺直水利委员会将损毁山林提高到法律的角度予以重视，并就此问题进行了专门讨论。顺直水利委员会委员在报告中称，在北京四周一百英里

---

① "弓"是旧时丈量地亩的计算单位，1 弓等于 5 尺。

② 《京兆各县劝业所章程》，《京兆公报》1925 年第 295 期。

③ 《京兆各县劝业所章程》，《京兆公报》1925 年第 295 期。

④ 《植林问题》，顺直水利委员会编：《顺直水利委员会第十七次常会记录》1919 年 2 月 25 日。

之内所有森林尽遭损毁，为此，除了大规模植树外，还需要制定相关法律保护树木。同时，顺直水利委员会将英国公使馆职员赫定所作《关于森林损毁之抗议》一文予以宣传。在《关于森林损毁之抗议》中，赫定提出："中国政府于近年来对于办理植林事业设立专门机关，所耗甚巨。查国内毁坏山林，影响所被至今日尤甚，所以某铁路局业已筹拨巨款于沿路线各山种植林木，缘该铁路历年被水冲刷，修理动辄巨款，此举尽所以消弭以后之漏厄也。""由密云县入山境一带境况与京西之山景相仿佛，山地则尽属不毛，甚至有数处即草植亦不能托生于其间，平地则旷野无垠。"① 中国现在正缺乏木料，所以对森林应更加注意。但是，目前"当道对于森林之毁坏，不但不肯制止且居间鼓励，谓其放弃责任实为过耶。尤可叹者，政府一面任人民毁坏森林，另一面又动支巨款，提倡林业。由此观之，所谓提倡林务者，乃表面之行动，实无系统之政策"。② 对于《抗议损毁山林案》，顺直水利委员会在第六十七次审查会议上予以通过，并以此为契机，督促直隶地方政府制定了严禁毁林的相关立法。

第三节　利用水资源发展水产经济

北洋政府时期，发展水产经济是各级地方水政的重要内容。随着沿海及内河的开发，渔业以及渔政管理的任务越来越重，鱼税的征收，渔业法规的健全，渔业保护措施的落实，直接关系到水资源是否能够得到合理利用。

一　直隶发展渔业的诉求

民众是直隶制定水权保护政策以及渔业保护政策的直接推动者，他们通过多种方式督促中央政府保卫领海主权，协调水产、渔利、海权三者之间的关系。

（一）渔民督促政府保护领海。直隶沿海民众对于渔业非常关注，他

---

① 《抗议损毁山林案》，顺直水利委员会编：《顺直水利委员会第十七次审查会议记录》1919 年 1 月 17 日。

② 《抗议损毁山林案》，顺直水利委员会编：《顺直水利委员会第十七次审查会议记录》1919 年 1 月 17 日。

们认为国家对于渔业政策的制定、调整，与海权维护、水产经济密切相关。为此，天津沿渤海一带渔业团体，特联合沿海各省渔业界全体同人就他们的生存现状，以及保卫领海的建议向政府建言。他们认为："吾沿海区域线一万一千余里，渔业人民有四十万户之众，每年海产物价格达两万一千万元之多。只以各省连年内争不已，政令不能划一。中央对于沿海区域内渔业保护事业，缺少有统系之组织，致使海盗盘踞岛屿，外轮侵入渔区，数千万渔民生计日形短绌。二千万国税收，莫由整理，割裂破碎，完全归于中饱，渔民呼吁，不足以劝当道垂听。"[1] 当时，沿海七省数千万名渔民，曾呈请海军部、国务院，由海军整理沿海渔业，设立海军保卫沿海渔业监督处，颁布沿海渔民保卫团规程。渔民提出，海军部应派舰经常巡海，切实保卫领海主权。同时，渔户遵章编组成渔团，实行自卫，共同维持生计。开办一段时间后，取得了一定成效。"政府并未增加支出，而渔民已咸称所得。"[2] 渤海渔民认为，若要保护领海渔业，必须允许渔民参政，这样才能制定出符合国情的政策。他们提出："国家根本改造，主权在民。……沿海七省渔业团体，地广人众，关系重大，当然有选举国民代表之权利。况将来兴办各种海洋事业，容纳各省剩余兵额，关系海军饷源，保护侨民商务，养成海军独立精神及高尚人格。……增加我中华民国之海军国际地位。种种重要问题，皆赖沿海渔业之发展以为前提。"[3] 国务会议经过充分调研，采纳了渤海渔民的建议。

（二）政府支持发展沿海渔业。随着民众的领海意识逐渐增强，他们希望利用国家行政力量发展水产，振兴渔业。水产学校的毕业生徐金南在呈农商部条陈振兴水产以挽利权的文章中提出，"实业之振兴赖社会之实力进行，尤赖公家之积极提倡。现今我国水产事业于生计、海权均关重要，而国人反少注意。若非先由公家督率前进，安能日见发达，绝流外溢"。[4] 我国渤海、黄海、东南诸海，以及江河湖沼之间，物产丰富。而在沿江海地区，居民多以水产物为主，水产在我国经济中的重要性无须赘言。所以，面对西方列强侵夺我国渔利的情势，国人认为提

---

[1]　《渤海渔民力争代表权》，（天津）《大公报》1925 年 3 月 6 日。
[2]　《渤海渔民力争代表权》，（天津）《大公报》1925 年 3 月 6 日。
[3]　《渤海渔民力争代表权》，（天津）《大公报》1925 年 3 月 6 日。
[4]　《水产学校毕业生徐金南呈农商部条陈振兴水产以挽刘权而固国本文并批》，（天津）《益世报》1917 年 3 月 5 日。

倡水产为当务之急。

徐金南认为，我国海岸线很长，但是渔业不发达，所以国家亟应提倡渔业。一是在沿海各省筹设水产学校以培养人才。凡事业之振兴皆赖人才，而人才之造就尤待兴学。东西洋各国之水产事业蒸蒸日上，能获大利并非偶然，是因为国家重视。而我国"视渔业非士人所应有之事，以致书无专科，学无专门"。① "对于内则供给不足，对外则益形见绌。"② 若要渔业发达，"惟有于沿海各省筹设甲种水产学校，专授以水产上必须之知识技能，并注意实习，俾得学成致用，以开拓水产天然之大利。再于渔业较盛之沿海各县，筹设乙种水产学校，招集渔民子弟，教授以水产上实用之技能知识"。③ 二是于沿海各省渔业较盛之区筹设水产试验场，作为改良水产之模范。对于渔民所用之渔船、渔具、渔法等，参照国外先进的方法进行新法试验。三是督催沿海各省速立水产讲习会，设置巡回讲演员以开渔民之智识。四是希望在沿海中学、师范、实业各学校添授水产课程，以贯彻水产知识而助渔业之发达。农商部对于徐金南的建议予以批复，并给予了极高的评价。农商部在批复中说："沿海中学、师范、实业各学校添授水产课程一节，尤为根本之图，候咨商教育部酌定课目，咨行各省长转饬遵办。"④ 教育部对于徐金南的建议也很快予以批复，批文称："关于甲乙种农业学校者，本有水产学科之规定。关于师范学校者，本有视地方情形可加授水产之规定。至中学校课程现时正拟修订，该教授员所请各节应候酌量采择。"⑤ 之后，直隶设立了多处水产讲习所，在渔业方面予以加强。

（三）要求加强对渔商权利的保护。1913 年 1 月，直隶劝业道制定了《征收渔税划一办法》和《检查渔业规则》，将全省划分若干区，按区征

---

① 《水产学校毕业徐金南呈农商部条陈振兴水产以挽利权而固国本文并批（续）》，（天津）《益世报》1917 年 3 月 7 日。

② 《水产学校毕业徐金南呈农商部条陈振兴水产以挽利权而固国本文并批（续）》，（天津）《益世报》1917 年 3 月 7 日。

③ 《水产学校毕业徐金南呈农商部条陈振兴水产以挽利权而固国本文并批（续）》，（天津）《益世报》1917 年 3 月 7 日。

④ 《水产学校毕业徐金南呈农商部条陈振兴水产以挽利权而固国本文并批（再续）》，（天津）《益世报》1917 年 3 月 8 日。

⑤ 《水产学校毕业徐金南呈农商部条陈振兴水产以挽利权而固国本文并批（再续）》，（天津）《益世报》1917 年 3 月 8 日。

收渔税，并制定了详细的征税办法。直隶劝业道派人分赴各地检查渔业征税情况，守定渔业范围，"以保护商民，力祛弊窦为宗旨"。① 对于征税中可能存在的问题提出了惩戒措施，规定征收处办事人员如有作伪情事，立即撤换。"如有借端兹扰或索贿徇私，暗与商贩勾通作弊者，一经查明，立与重惩不贷。"② 渔商和渔民在沿海打鱼是近海先占权的体现，所以保护渔民是保护海权的主要表现。为加强对渔民的管理，直隶出台了《直隶渔税招商代收章程》《直隶渔业船捐局章程》等文件，这些条例和章程规定，各渔税征收所应由本总局令行该管县公署及警察所出示告示予以保护。当然，这些措施一方面加强了对渔商和渔民收益的保护，另一方面，一定程度上加强了对他们的盘剥力度，加重了他们的负担。

二　加强渔业制度建设

渔业资源的保护与利用是北洋政府时期水政建设的重要内容，所以加强渔业制度建设显得非常必要。直隶地方政府主要通过设立渔税征收所、制定一系列渔业法规，不仅规范了市场，而且对直隶水政制度的完善与发展奠定了良好的基础。

（一）设立渔税征收所。直到晚清时期，直隶尚无专门管理渔业的行政机构。当时，在天津、清苑等经济较发达地区形成了渔行，地方政府发给其谕帖，代客买卖，抽收佣金，而渔行每年向县公署缴纳一定的费用。天津本埠当时设有四个分公司，直辖于渔业总公司。沿海、沿淀设分公司若干处，招商包办，其性质是一种营业兼租税的机关。代客买卖后抽收买卖双方佣金各三分，外加钱色二分。同时，直隶地方政府于沿海歧口、大沽、北塘、神堂、柏各庄设置渔船捐分局五处，直辖于劝业道。按船之大小，每年收捐一次。直隶工艺总局成立后，渔业总公司事务遂划归该局管辖，以专责成。

1912 年，中华民国成立后，天津县议、参两会以共和告成为由，呈请直隶省地方公署豁免渔税，直隶地方公署训令渔业公司停征三个

---

① 《直隶劝业道为征收渔税划一办法及检查渔业规则呈都督文并都督府令（续）》，（天津）《大公报》1913 年 1 月 23 日。

② 《直隶劝业道为征收渔税划一办法及检查渔业规则呈都督文并都督府令（续）》，（天津）《大公报》1913 年 1 月 23 日。

月，任由渔户、渔商自由买卖，免纳公司费用，以示体恤。三个月期满后，各县渔户纷纷续请豁免，其请求得到了直隶省地方公署的批准。不久，渔业公司改为渔业稽征处，在天津陈家沟、大红桥各设一处，其下设销售所十处，由津市各渔行承办，所收费用，缴稽征处一半，其余一半归销售所所有。当时渔业事务改归直隶劝业道管理，于农林科内设立水产股，并另设渔业事务所以总其事，添设渔业调查员，督征天津本市及各县渔税，委任朱大信为调查员。当年，朱大信以稽征处徒靡省款，建议劝业道史履晋根据各地情况，划沿海、沿淀渔区为四大区："天津市为一区，静海、文安、大城、霸县、安新、任邱、雄县为二区，庆云、盐山、沧县、天津海河一带、宁河为三区，丰润、滦县、昌黎、乐亭、抚宁、临榆为四区。"① 四区成立后改为包商制，税率值百抽六。天津为销场税，值百抽三，其沿海渔船捐，亦划归包商代征。改制初期，北塘、滦县等地渔户，以包商制度不善为由进行抵制，劝业道史履晋委任朱大信为直隶渔业检查员，分赴各区稽查包商，劝导渔户，并会同北塘绅士高赓恩恢复船捐渔税。

1913 年，朱大信检查员以沿海船捐费太高，建议劝业道梁建章在直隶省沿海、沿淀改设东、西二路局，东路局设在柏各庄，西路局设在北塘。同时，将渔区割分为七，以免包商把持。以天津为一区，青县、静海、沧县、盐山为二区，文安、大城、霸州为三区，安新、任县、雄县为四区，宁河及天津海河为五区，丰润、滦县为六区，昌黎、乐亭、抚宁、临榆为七区。"招商承包船捐按两路设局，收归官办。"② 1914 年，直隶省财政厅设立渔税征收所，招商承包。1916 年，三、四两区因淀河水势渐涸，该两区渔商借端把持，五次投标均不足额，财政厅厅长汪士元委令渔税检查员朱大信兼直隶第二、三区渔税稽征处委员，直接征该两区渔税，办事处设在胜芳镇。这年，沧、盐、津、宁海岸的李文祥、周馥庭、翟子香等创设商渔联合会。1917 年，朱检查员以渔区太大，包商担负包额过巨，难保不拖欠税款，建议财政厅改划全省渔区为九区。具体规定如下：第一条，直隶渔税由本厅分区招商包办，除第一区检查事宜，由天津县知事兼管外，其余各区，由检查专员经常到各区认真稽查，以重税收。

---

① 河北省地方志编纂委员会编：《河北省志·水产志》，天津人民出版社 1996 年版，第 186 页。

② 河北省地方志编纂委员会编：《河北省志·水产志》，天津人民出版社 1996 年版，第 187 页。

第二条，直隶征收渔税地，由本厅相度地势，划分九区，每一区准由一商人承包以专责成，而免流弊，其区域划分如下。第一区，天津本埠；第二区，青县、静海；第三区，文安、大城、霸县；第四区，安新、任邱、雄县；第五区，沧县、庆云、盐山；第六区，天津海河警区、宁河；第七区，丰润、滦县；第八区，昌黎、乐亭；第九区，临榆、抚宁。第三条，直隶渔税，以鱼、虾、蟹、蛤四种鲜货为限。第四条，税率定为六分，由卖主买主各半完纳，纳税之后，领取税票，不再重征，唯天津本埠，应作为特别区域，征收销场税三分，其由天津运往他处者，收过路费，每筐大洋四角，每篓三角，每包二角，他处运津销售之货，如查无本区税票，由第一区补税三分。第五条，各商承包某区渔税，其办事处，即名为某区渔税征收所，所有该区渔户，均应对于该所照章纳税，但民间购买自食之零星渔货，估价在津钱三吊以内者，得免纳税，若本系大宗渔贩，故意分作零星，捏称自食，希图免税者，一经查明，仍责令照章缴税，并照偷漏罚额，加重科罚。第六条，渔户捕得鱼鲜，就海滨咸晒，制成干货，先未完过渔税，不问是否出境，完纳关税厘捐，一律补收渔税，唯虾油，虾酱，不得收税。第七条，招商包办渔税，照投标方法办理，共规则另行规定之。第八条，各征收所应用税票，由本厅订定式样，发给各包商，自行刷印制用，不得改用小票。第九条，渔户偷漏及渔贩取巧，应由该征收所呈请该管县公署讯明，按照应纳税额，加二十倍罚办，不得私自处罚。此项罚金，由主管县知事以二十分之一发给该包商具领外，其余径解本厅核收。第十条，承包区域，有与他区毗连者，应任渔税，任便投税，不得拦截强征。第十一条，包商对于渔户只能照章令其纳税，此外不得强为干预。第十二条，各征收所所在地，应由本厅令行该管县公署，出示保护。

　　另外，对于违反上述规定者，财政厅有权进行处罚。如（1）有浮收勒索及留难情事等。（2）过秤时意为高下者。（3）税票上有虚伪情事者。（4）于应征渔货外巧立名目者。（5）对于执有税票之渔户违章从征者。（6）强定市价，干预渔业。以上各项情弊，经检查员或该管地方官，查出报厅，或由渔户呈揭，由厅调查属实，分别科以罚金。[1]《直隶渔税征收所章程》内容十分具体，是直隶各地征收渔税的保证。

---

① 参见张元第《河北省渔业志》，河北省立水产专科学校出版委员会编印，1936年版，第101页。

当然，这些措施一方面维护了渔业市场秩序，另一方面由于渔民需要交税，加重了他们的负担。其中，有些税的征收是不合法的。有渔民提出，直隶河务船捐局奉省长之命在天津设立总局，在郑家口、龙王庙设有分局，所收船捐作为治河专款。船只分六等，上等每只每季收捐十元，二等每季收捐八元，其下各等依次递减。各船除正捐外，需纳旗照费四角。之后，北洋政府认为直隶船捐过重，征收项目有不合理之处，与部章违背，命令直隶取消相关税种。

（二）设立直隶渔业船捐局。1916年，为便于收取捐税，直隶渔业船捐局分设东路和西路两个船捐局。东路船捐局设于滦州之西河南，经收乐亭、昌黎、抚宁、临榆、滦州五县之船捐；西路船捐局设于宁河县之北塘，经收天津、丰润、宁河、沧县、庆云、盐山六县之船捐，具体情况，详见表4-1。

表4-1 船捐征收等级情况统计表

等次	船长	捐银（每年一船之捐）
头等	四丈二以外	洋十八元七角
贰等	三丈七以外	洋十四元七角
叁等	二丈七以外	洋十元三角
肆等	二丈七以内	洋八元八角

资料来源：张元第：《河北省渔业志》，河北省立水产专科学校出版委员会编印，1936年版，第102页。

1930年，直隶省变更渔业船捐局组织及征收章程，对于征收船捐的标准进行了调整，主要是对于缴纳船捐的时间有了更详细的要求。船捐的征收对于当时并不发达的直隶渔业而言，实际是一种负担，在实施中也遇到了一定的困难，《直隶渔业船捐局章程》的推行并不顺利。

（三）规范渔业市场。直隶在沿江和沿海地区首先发布了《饬填渔业调查表》，对于全省的渔业情况进行了摸底。在这项工作中，直隶实业厅将渔船及渔业之数目、渔场之位置、渔具之种数、获渔之种类及数量、获渔之价值、历年盛衰之比较、征税之状况等逐项进行了调查。在此基础上，有针对性地进行了渔业建设，责令各地着手建设望鱼台等。① 直隶还规范了渔业市场。一是颁布保护渔税之训令，二是鼓励创办渔业公司。直隶财政厅在天津、青县、静海、文安、大城、霸县、安新、任丘、雄县、沧县、庆云、盐山、宁河、丰润、昌黎、乐亭、临榆、抚宁等县渔税包限届满之时，提出另行招商包收，由县公署出示布告，并饬警察所随时保护。对于渔户、渔商违章抗税，或者本地匪棍借端滋扰等情事，立即传案讯明，照章罚办。包商有违章浮收情弊，亦严传讯究。同时，天津警察厅准财政厅函，以第一区渔税准由邵延龄等继续包办，第六区分为两段，系宁河及天津海河警区所辖地面，第一段由吴国端包办，第二段由杨景泰包办。为防止匪棍借端抗违，直隶警察厅提出包商可函请转行各警区认真保护。为规范市场，直隶财政厅规定："凡渔货到津，须先赴征收所查验估价、纳税，发给税票，方准投入鱼店发卖，违则将货充公。如鱼店容留无税票之鱼货，处十元以下一元以上之罚金。"② 如果有奸商故意滋扰，抗不纳税，一经察觉，照章罚办。此外，直隶省署还修订了《渔商章程》，令实业厅遵照执行。并制定渔业调查表，调查表所含内容包括："（一）渔船及渔业之数目。（二）渔场之位置。（三）渔具之种数。（四）获渔之种类及数量。（五）获渔之价值。（六）历年盛衰之比较。（七）征税之状况。"③ 在鼓励人们创办渔业公司方面，直隶的渔业公司最早出现在袁世凯督直时，光绪三十一年（1905），袁世凯下令取消渔行，改设渔业公司，以长芦盐运使张镇芳总其事。开始时直辖于劝业道，直隶工艺局成立后，又划归该局管辖，河北渔业税捐之征收及渔船之保护，即由渔业公司办理。北洋政府时期的渔业公司实际为渔业行政机关，渔政归渔业公司办理。1931 年 6 月，南京国民政府成立江浙渔业管理局。1932 年 3 月，北洋政府公布《海洋渔业管理局组织条例》，将全国沿海海洋渔业区划分为江浙、闽粤、冀鲁和辽宁四个区，各区相应设立管理局，与渔牧司平行，原来的管理模式才被打破。

---

① 参见《徐兆光签注渔业法草案》，（天津）《大公报》1925 年 3 月 18 日。
② 《鱼贩照章纳税》，（天津）《大公报》1920 年 5 月 7 日。
③ 《饬填渔业调查表》，（天津）《大公报》1920 年 5 月 1 日。

三　促进水产经济发展

加强渔业管理是北洋政府时期水政工作的重要组成部分，为此，京直地方政府在发展水产经济，推动渔业公司建立等方面做了大量工作。

（一）加强沿海地形测量。我国海底线直到晚清时期尚未系统测量，海权多为外人所夺。中华民国成立后，海军测量局派员着手测量。对于政府在近海管理方面存在的问题，时人多有诟病："按一国土地，具有领有之界，谓之领土。其在此界内，施行管辖权者，谓之领土主权。领水犹之领土，苟领有之界未具，则管辖无从着手，此理之至显也。我国立国数千年，领水之界，迄未明定。自与各国交通以来，因领海界线未定，丧失主权，不知凡几。查领海界线，与国家主权、人民利益有关者厥有四端：一渔业权，二税务权，三引水权，四防海权。一二两项，仅关国家税收问题，其三四两项，国权所寄，尤为重要。从前我国海岸线，系由英国海军于前清咸丰年间，擅代测量制图。以我国之领界，竟由外人越俎代庖，言之齿冷。年来水面主权已非我有，实因我国平日海道，不自测绘，界线无从明定，只得听外人自由论断。海军当局，有鉴及此，因设立海道测量局，划定领海界线，俾得收回一切主权云云。闻该局对于领海界线一节，经挑海军初级军官，调充测量员，分途实行测量。扬子江下游闻已竣工，不日即可出图，直鲁各省在进行之中。此图一出，可以洗从前外人代测之耻。"① 此后，直隶地方政府制定了相关条例，加强了沿海地区的测量工作。直隶省公署根据交通部咨文，在沿海省份设立水路测量所，专事测量航线并记载海面事项，以统一航权。制定了《水路测量所条例》，该条例规定：（甲）水路测量所：设测量、图志两班。（乙）测量班职务：实施水路测量，编纂水路志，推算航海历，查勘灯塔望楼。（丙）图志班职务：制图，印刷，管理测器，保存图志。②

（二）发展沿海水产经济。一是在沿海各县设立水产试验场，二是在沿海各县设水产专课。为发展水产经济，直隶实业厅训令沿海各县知事筹设县立水产试验场，并于县署内添设水产专课，以广利源而资提

① 《测量直省海道之消息》，（天津）《大公报》1923 年 3 月 12 日。
② 参见《设立水路测量所条例》，（天津）《大公报》1922 年 9 月 24 日。

倡。直隶实业厅厅长称："中古以降，川泽失官，上乏提倡之政，下无改进之人，遂使天赋利源，沉沦莫兴。无尽宝藏，弃如草芥，良可惜也。我省海线蜿蜒达数百里，滨海之区，多至十县，汪洋巨浸，蕴蓄独丰，鳞介之属，何啻千万？犹以因陋就简，袭故蹈陈，新法既未前闻，旧制复多颓废，以致波涛万里，人之资以取多用宏者，我则弃若石田而不恤。天然美利，人之恃以裕民富国者，我则以图温饱而不足。兴言及此，太息滋深，补而救之，非公家首先提倡，其道莫由。"① 针对直隶的情况，他提议在沿海县署添设专课。他说："事业振兴，要在提倡奖掖，督饬尤贵有人。东西各国，对于水产重要区域，无不设有专官，董理其事。"② 所以，直隶沿海地区应重视水产试验场建设。具体办法是在各县水产试验场设场长一人，技术员一人，司书生一人，工役兼渔夫三人，渔夫等由场长雇用，报县署备案。此项试验场在开办之初，暂不建筑场所，可先择渔区内相当地方，假公用处所，以省经费。场内应备办公室、宿舍三、渔具存储室二、实验成绩陈列室三、仓库一。场中试验上应用之渔船渔具，以及一切杂品，由各县斟酌，其适宜者购置之。开办之初，先由场长详细调查该县渔业操作状况，渔民生活程度，以为将来改良试验之张本。试验顺序宜先择其费用无多，简而易行者举行之，以期费轻易举，而使渔民仿效。每年的试验，均于渔期内举行，至渔期终了时，由场长选择相当地点召集渔民，开办渔间讲习会，授以渔业新知在劝导改良讲演时，得备各项图书标本及渔业幻灯，以资启导，而助兴趣。关于各场试验情况，均需于试验完毕后，呈由该县知事，呈报省长查核。其成绩特别优者，由省长奖励之。渔民之中，有以改良渔业意见，商询试验场者，试验场需极力襄助。其已自行改良中或仿效试验新法，因而卓有成效者，亦得由场长呈报该管县署奖励之。

关于在沿海各县设水产专课一事，直隶实业厅训令沿海各县知事筹设水产试验场，并于县署内添设水产专课，以广利源，而资提倡。在谈到添设水产专课的原因时，直隶实业厅厅长认为："我国今日状况，设官固未易言，然能于县署内添设一课，举凡渔业之应兴应革，渔民之宜惩宜劝，以及渔村之设备，渔法之改良，悉归办理而专责成。如是则纲

---

① 《筹设水产试验场之厅令》，（天津）《大公报》1923 年 1 月 6 日。
② 《筹设水产试验场之厅令》，（天津）《大公报》1923 年 1 月 6 日。

举目张，振兴正自易易矣。"① 在实业厅的号召下，直隶沿海各县在两年内均添设了水产专课，加强了渔业管理。

（三）成立渔业公司。直隶成立的规模较大的渔业公司主要有北洋淑兴渔业有限公司和中华渔业股份有限公司。早在 1912 年，直隶河间商人就创设了北洋淑兴渔业有限公司，并制定了《北洋淑兴渔业有限公司招股简章》。该简章规定，北洋淑兴渔业有限公司为股份公司，公司事务所在天津南市街富有里。公司股份以一百万元为额，先招足五十万元，由发起创办人等合出现洋十万元，招集四十万元，每股银洋十元，官利常年八厘，以交股次日起息。一切权利，无论官绅商庶及渔民、渔户入股者，一律均平，毋稍轩轾。本公司专集华股，不附洋股，如有华人影射洋股者，一经察觉，立将该股注销。根据规定，本公司特设优先股，以十万元为额。凡首先入股者，每十股照加一股，以昭优先之利益，足额后均作正股。② 该公司发起人为冯国璋，创办人为王新一、张子衡、仇福庆、卢馥瀛、徐忠清、赵庆荣、张玉潭、郭俊藻、王鸿藻、李润田、张书森、王树槐等。为推广渔业起见，该公司提出，"凡有愿将已有船网、港地、池沼各产业入股者，经本公司勘定合用，均可作价入股。"③ 沧州水资源丰富，该公司的成立不仅为个人开辟了富源，而且"可以增长国殖，挽回利权，杜绝外人觊觎，其利益良非鲜也"。④ 1913 年 2 月，冯国璋等创办民富渔业股份有限公司，资本 100 万元，总公司设在天津，在北京、保定等处设分公司。在这期间，直隶水产经济开始得到了较多关注。

1921 年，中华渔业股份有限公司成立，公司所在地为天津总商会东院。在谈到该公司成立原因时，该公司主席张品题说："吾国幅员占领海面至为广袤，水产丰富足供本国食用之需，竟为外人侵入，我国人习焉不察，利益尽为外人攫取。水产取自舶来，金钱外溢，海权丧失，诚为可惜。鄙人不才，略识水产之利，故与职公商榷，组织中华渔业股

---

① 《令各县设立水产试验场》，（天津）《益世报》1923 年 3 月 19 日。

② 参见《北洋淑兴渔业有限公司招股简章》，天津市档案馆等编：《天津商会档案汇编（1912—1928）》第 3 册，天津人民出版社 1992 年版，第 3017 页。

③ 《北洋淑兴渔业有限公司招股简章》，天津市档案馆等编：《天津商会档案汇编（1912—1928）》第 3 册，天津人民出版社 1992 年版，第 3018 页。

④ 《直隶渔业之发展》，（天津）《大公报》1919 年 4 月 6 日。

份有限公司,以挽利权共谋实业。"① 该公司为股份制公司,既有个人入股,也有公司入股,详见表4-2。

表4-2 中华渔业股份有限公司股东姓名股份簿

股东名称	年岁	籍贯	住址	股数
严范孙		天津	文昌宫西	20 股
杜克臣			南门外	200 股
孙俊卿			贺家楼后	80 股
张品题			河东小盐店	120 股
范莲青		青县	天津三马路树德里水产学校	20 股
刘伯敏			城内二道街	20 股
刘楣卿			河北老营务处旁	20 股
陈席珍			古楼西	20 股
徐襄周			贺家楼后	20 股
王筱舟			西头	120 股
卞滋如			乡祠前	160 股
高朴斋			贺家楼后	40 股
孙振轩			大沽	40 股
孙子文			河北杨桥	80 股
张樨棠			糤店街	100 股
丁敬斋		遵化		40 股
李政庵			小西关	200 股
郭云夫			南门外	120 股
卞俶成			英界	120 股
王蔓生			糤店街	20 股
王翰臣			北门西	20 股
杨甫青		乐亭		100 股
马庶徵		昌黎		80 股
白虹一		昌黎		80 股
田润之				80 股
李纯诚			宫北	20 股
武向泉				200 股
杨冠三		昌黎		20 股
新中罐头公司				60 股
包括:京兆水产				12 股
夏元信		山东		8 股
邹惟戈		山东		4 股

资料来源:《中华渔业股份有限公司股东姓名股份簿》,天津市档案馆等编:《天津商会档案汇编(1912—1928)》第3册,天津人民出版社1992年版,第3023—3024页。

———————

① 《中华渔业股份有限公司创立会议决录并注册表及概算书》,天津市档案馆等编:《天津商会档案汇编(1912—1928)》第3册,天津人民出版社1992年版,第3019页。

公司选举严范孙、白虹一、李政庵、杜克臣、卞滋如、郭芸夫、孙俊卿、孙子文、张稚堂为董事，王筱舟、卞淑成为监察人。

公司还发行了股票，样式如下：

中华渔业股份有限公司
正 式 股 票

本公司经　　　部立案，额定资本二十五万元，作为二千五百股，每股银币一百元。今收到　　　认入股份　　　股，计银币　　　元正。除单息另发外，给此股票收执为据。

董事
监察
总经理
中华民国　　年　　月　　日
字　　第　　号

存　　根

今收到
认入股份　　　股，计银币　　　元正，除发股票外，特记存根备查。

董事
监察
中华民国　　年　　月　　日
字　　第　　号　　股票存根

资料来源：《中华渔业股份有限公司创立会议决录并注册表及概算书》，天津市档案馆等编：《天津商会档案汇编（1912—1928）》第 3 册，天津人民出版社 1992 年版，第 3021 页。

从中华渔业股份有限公司的成立看，一方面是为了兴利，另一方面是为了防止利益外溢，维护海权。所以，渔业公司的成立对于维护民族利益有一定的积极意义。

第四节　发展近代航运业

直隶地方政府利用丰富的水资源，开辟内河航线，发展了直隶内河航运业。在京直航运公司发展过程中，直隶地方官予以支持，商会积极协调，使京直的水政工作由单纯的治水、防水，发展到合理利用水资源进行综合治理。

一　直隶近代航运发展的契机

直隶有丰富的水运资源，南运河、北运河、大清河、子牙河等内河航道纵横交织。东部沿海的海运航线辐射面广，由国内领海一直延伸到

东南亚等地区。直隶近代航运的发展，是随着天津开埠后港口贸易发达
而逐渐发展起来的。当时，外轮侵入直隶海河，使传统的木帆船运输迅
速衰落。直隶近代轮船航运业的发展比较缓慢，最早建立海上轮船队的
是开平煤矿，主要用于煤炭运输。进入民国后，直隶内河航道失修状况
严重，南运河等主要通航河道中的浅滩、沉船、倒树及各种碍船桥、拦
河坝等使行船非常困难，河道整治工程也因战争、经费短缺而搁浅。
1914 年，直隶全省内河行轮董事局成立后，开始经营内河轮船客运。
随着第一次世界大战的爆发，直隶航运迎来了发展契机。

（一）外国航运业务减少。受第一次世界大战的影响，1914 年至
1918 年是中国航运业发展的黄金时期，主要是因为外国航船来华数量急
剧减少。如 1915 年，除俄国一只船由海参崴来往津埠外，由欧洲直驶津
埠之法国商轮概行停驶。其余各国船只，几乎在中国绝迹。因外洋航运业
务锐减，全年内所有航海各船皆不敷用，以致水脚费昂贵。大量船只撤离
的结果，"使吨位之不足不能满足国内国外日益增长贸易量的需求。"①

（二）直隶地方政府支持。近代中国发展航运十分必要，一是可以逐步
打破外国垄断我国内河航运的局面，二是给居民带来方便。自晚清以来，
国际航运公司对中国实行运价联盟政策，操纵运价。为打破这种垄断，中
国商人积极筹建航运公司。1912 年，商民刘济堂呈请兴办内地浅水航业，
准备组织津保轮船有限公司，购置小轮，先行试办。航线自天津起，直行
三百六十九里，至保定止。在天津、保定两处设立公司办事处，并将沿途
所经过之码头十处详列呈核。当时，津、保内河还未设立轮船公司，该商
所开航线能否行驶小轮，于两岸居民有无妨碍，都不得而知。直隶劝业道
认为："津、保内河向无小轮行驶，该商刘济堂禀请兴办，自系为振兴航业
起见，惟事属创始，于航线经过处所，有无妨碍自应详细查勘，以凭呈
报。"② 在直隶地方政府的支持下，直隶近代航运业逐渐兴起。

（三）直隶绅商呼吁。直隶商人曹钧提出创设津保浅水轮船公司，
署直隶劝业道史履晋委托天津商会调查此事。曹钧详细说明了创办轮船

---

① 聂宝璋、朱荫贵编：《中国近代航运史资料》第 2 辑（1895—1927）（上册），中国社
会科学出版社 2002 年版，第 325—326 页。

② 《直隶全省劝业道董请调查商人刘济堂创设津保轮船公司是否可行照会并津商会复
函》，天津市档案馆等编：《天津商会档案汇编（1912—1928）》第 3 册，天津人民出版社 1992
年版，第 3220 页。

公司的理由：一是津保贸易往来的需要；二是可以与外国争利；三是可以创造利润。他说："津地为通商大埠，保定为省会要区，商业盛衰关系全省，徒以河道不利航行，致货物输转迟滞。查东、西各国铁路密如蛛网，而于内河航路尤必竭力经营，广为修浚，以致帆、汽各船来往如织，无非谋交通之便利，商业之发达。吾国近年来，颇以商业为重，然自三月兵燹之后，津保一带市面萧条。且查两地运输货物，如粮米、木料、磁、铁、布匹、茶、糖、棉花等物，每年不止一百余万担，皆系日用必需之品，必须多设交通利器，然后商业可日见发达，此所以创设浅水轮船不容稍缓也。"① 所以，为振兴实业、保护利权、便利交通起见，他恳请地方政府发展水运，鼓励民间创办轮船公司。不久，直隶船业公会董事穆长清呈请设立顺直通利河运公司，这一计划得到了直隶地方政府的批准。总之，这一时期航业的发展使直隶的水政工作内容逐渐延展，不仅面临新的机遇，也面临新的挑战。

（四）直隶开展航政调查。为充分利用内河水资源，直隶地方政府逐渐认识到内河航运的重要性，开始加强航政建设工作。1918 年，直隶实业厅提出首先对直隶航政进行摸底调查。为此，直隶实业厅设计出了航政统计征集表式，主要涵盖 12 项内容：轮船重要事项、轮船公司重要事项、省轮船概况、省轮船公司总况、轮船公司员役及薪水、公司运输状况、局专用轮船重要事项、船厂成绩、省船厂成绩、省港埠出入船舶、省官商渡船、省航政标识等。（1）轮船重要事项包括船主姓名及隶属省份、资本、吨数、船价、船质、马力、船位、船龄、制造地、航路（内河、沿海、近海）、装货吨数、载客人数、收入（货物运费、旅客运费、其他）、支出（薪俸费、运送费、其他）、两抵（盈、亏）、员役（职员：船上船员、俸金；公司职员、俸金。佣役：船上佣役、俸金；公司佣役、薪工），本年有无遇险情事，本年有无死伤情事。（2）轮船公司重要事项包括资本、吨数、船价、船质、马力、船位、船龄、制造地、航路（内河、沿海、近海）、装货吨数、载客人数、收入（货物运费、旅客运费、其他）、支出（薪俸费，运送费，其他）、两抵（盈、亏）、员役（职员：船上船员、俸金、公司职员、俸金；佣役：

① 《直隶劝业公所请调查曹钧等创设津保浅水轮船公司函并津商会复函》，天津市档案馆等编：《天津商会档案汇编（1912—1928）》第 3 册，天津人民出版社 1992 年版，第 3222 页。

船上佣役、俸金、公司佣役、薪工），本年有无遇险情事，本年有无死伤情事。（3）省轮船总况包括船龄、船质（木造、铁造）、制造地（本国、外国）、航路（内河、沿海、近海）。（4）省轮船公司总况包括船数、吨数、装货吨数、载客人数，平均每船装货吨数，平均每船载客人数。收入（平均每船收入）、支出（平均每船支出）、两抵（盈、亏）。（5）轮船公司员役及薪水包括船数、吨数、职员、佣役。（6）公司运输状况包括装载吨数、载客人数、收入（货物运费、旅客运费、其他）、支出（薪俸、运转、其他）。（7）局专用轮船重要事项包括资本、吨数、制造地、马力、往来区域、使用日期、员役（职员、佣役）、载客人数、装货吨数、收入、支出、两抵（盈、亏）。（8）船厂成绩包括制造、修缮、合计。（9）省船厂成绩包括制造、修缮、合计。（10）省港埠出入船舶包括出港、入港、总计。（11）省官商渡船包括官办、商办、合计。（12）省航政标识包括夜标、灯基、灯杆、灯船。

直隶省实业厅还对1917—1920年直隶省内河轮船公司的重要事项予以统计，主要包括船只、航路、载客量、船只动力等情况，详见表4-3。

表4-3　　　　　　　直隶内河轮船公司主要事项统计表

事项 轮船公司	吨数	船质	马力（匹）	制造地	航路	载客（人）
伏波	25.63	钢及木	57	大沽造船所	津保	35
河清	17.53	钢及木	30	大沽造船所	津保	24
河徽	31.6	木造	27	大沽造船所	津保	21
安澜	27.97	钢及木	60	大沽造船所	津磁	66
静澜	27.99	钢及木	60	大沽造船所	津磁	66
河利	30.82	钢及木	60	大沽造船所	津磁	61
河达	30.99	钢及木	60	大沽造船所	津磁	61
河丰	32.07	钢及木	70	大沽造船所	津沽	81
河裕	32.53	钢及木	70	大沽造船所	津沽	81
总计	257.13					

资料来源：《直隶实业厅函请造送航政征集表》（1918年），天津市档案馆藏，档案号：J0106—1—000143。

从直隶轮船公司的运行情况看，当时上述轮船公司的业务主要集中在内河航行，在沿海及海外航运方面的承运能力十分有限，这不仅说明其活动范围有限，而且说明其尚未有能力与列强在沿海及近海利益争夺方面发挥作用。

二　京直航运的发展

晚清时期，中国的海上航运主要由外人把持。进入民国后，中国人开始组织轮船公司，并将光复沿海之利益推及海外，直隶兴办内河轮船公司，并与山东、河南各要港联络，官资、民资共同经营直隶航政。

（一）成立直隶全省内河行轮董事局。1914年9月，直隶地方政府成立全省内河行轮董事局，作为推动直隶内河航运的主要机构，并制定了《内河行轮董事局组织大纲》。从该组织大纲看，该局成立的目的是"添设商股以期航业进行"。① 根据组织大纲的要求，先组织董事局，并依部订公司条例规定股份有限公司章程，先由直隶地方行政公署及大沽造船所以股东资格各推一人作为董事。

直隶全省内河行轮董事局是由直隶行政公署和大沽造船所筹集官款共同成立的，彼此共同商订办法并签订了合同。合同主要内容包括：直隶行政公署与大沽造船所，彼此议定各出官款十万两办理直隶全省内河行轮事务。其地点先从津保、栏沽、蓟运、津磁、滦迁五路举办，其余随时查看情况逐渐推广。关于筹办直隶全省内河行轮公司事务，由直隶行政公署任之，关于各河船只由大沽造船所任之，每年所得余利按照资本多寡分配。自合同签订后，商股附入，官股可减少。各航路所需船只，由大沽造船所定造。双方各出五万两，交存省银行以备用。② 直隶全省内河行轮事务归直隶实业厅主管，官股代表董事由实业厅另行聘任，以重责成。经过官方提倡和培育，这一时期直隶内河航运得到了较快发展。直隶省内河行轮总局除负责开辟内河航线外，还在解决船户及

运输公司运输环节遇到的问题方面发挥了一定作用。

直隶内河行轮局筹办之初，直隶行政公署给予政策支持和优惠，不纳税，不上缴利润，但经营状况不乐观，盈利不多。主要是因为法商仪兴公司和行轮局在航线上重合，形成竞争，后经调整航线，行轮局逐渐盈利。1920—1924 年，随着直奉、直皖战争爆发，一部分轮船被军队征用。另外，行轮安全受到严重影响，甚至出现亏损。此外，行轮局主要是客运，没有在货运方面拓展业务。1914 年至 1928 年，直隶行轮局经营情况，详见表 4 - 4。

表 4 - 4　　　　直隶内河行轮局经营情况一览（1914—1928 年）　　　单位：元

时间	收入	支出	盈亏
1914 年 6—12 月	16116.572	23807.708	（ - ）7961.136
1915 年	44471.268	43409.291	1061.977
1916 年	74447.536	51894.808	22552.728
1917 年	61076.405	53361.054	7715.351
1918 年	103416.671	67986.111	35430.560
1919 年	92944.918	67237.949	25706.969
1920 年	80692.311	69906.120	10786.191
1921 年	83372.912	74039.823	9333.089
1922 年	94920.494	87069.100	7851.394
1923 年	107599.582	86095.830	21503.752
1924 年	64816.187	82423.350	（ - ）17607.163
1925 年	117963.920	102995.656	14968.264
1926 年	130049.880	117630.492	12419.388
1927 年	133022.530	125048.270	7974.260
1928 年 1—7 月	43974.745	69843.035	（ - ）25868.290
合计	1248885.931	1122748.597	126137.334

资料来源：王树才主编：《河北省航运史》，人民交通出版社 1988 年版，第 143 页。

直隶全省内河行轮局为加强全省内河航运，制定了《直隶全省内河行轮章程》《搭客规则》等。该章程对行轮局创办宗旨、组织机构、管理体制予以规定，在管理体制上，内河行轮局主要由直隶行政公署监督，行轮局的决策权、用人权、开辟航线、财务、修造船、票价制定由直隶地方公署决定。

（二）直隶内河航运公司及其航线。京直内河航运业务自天津开埠后并未得到发展，航运公司的成立也并非一帆风顺。究其原因：一是铁路运输排挤水路运输；二是木帆船运输占有一定优势；三是外国轮船挤占内地运输市场；四是京直河道航行条件制约了水路运输的发展。

运输的市场化经营虽然已经提到议事日程，但是由于利益关系，航运公司在成立过程中遇到了很多阻力。其中，既有同行为防止垄断而进行的排挤，也有商会的误会。尤其是商会，担心航运公司成立后会形成航业垄断，对成立航业公司态度并不积极。天津商会在致直隶劝业道的复函中称："前据商人刘济堂呈请，内河行驶小轮船，原为交通、商业保守利权起见。敝会约董调查，因航线所经各河时患淤浅，水闸、桥梁所阻，行驶亦多不便。而河水涨发时轮航鼓荡，又恐于堤防有碍。并刘济堂续呈办法，均经敝会议复贵道查照核办在案。今商人曹钧等创办津保内河轮船股份有限公司，核与刘济堂组织情事相同。查核该商等所拟修治津保运河各项手续，并浅水轮船进行及公司组织办法，对于敝会调查诸要点均极注意，核其招股章程亦甚周妥，似可准其试办。惟创办伊始，又刘济堂呈请在先，应如何办理之处，仍请贵道查核办理，以昭审慎，望切施行。"①

因为之前的直隶河运常受揽把人等间阻勒抑，商务受阻滞，船业往往被垄断。为此，各船户集会，联合创办直隶河运船业公会。该公会创办后，入会之船户日渐增加，但船业营运仍苦乐不均。经绅商集议改良办法，筹资三万元，设立顺直通利河运公司。在天津新铁桥河岸设总公司，在东西南北各河流埠头推设分公司，以便承运客货。为防止垄断，天津商会致天津县公署称："查船户营业自由，不受何等羁束，而穆长清竟肯以三万元巨资设立公司，难保不无垄断恶意，倘因此船户多受钳制，间接害及商业，实于市面大有窒碍，当经一再审议，决定否认其成

① 《直隶劝业公所请调查曹钧等创设津保浅水轮船公司函并津商会复函》，天津市档案馆等编：《天津商会档案汇编（1912—1928）》第 3 册，天津人民出版社 1992 年版，第 3223—3224 页。

立。"① 尽管在航运公司成立问题上有分歧意见，直隶地方政府还是将成立公司事情呈请农商部，并得到农商部支持。同时，为防止流弊发生，直隶地方政府加强了航业公会的管理职能，使其成为全省航运公司的重要管理组织。1912 年至 1928 年，直隶全省内河行轮局在内河开辟航线，尤其是对津保航线的开辟和经营方面发挥了重要作用。②

1913 年，商人曹钧等创设津保浅水轮船公司。曹钧认为，津保运河"中多板沙，时有淤塞，航业不兴，弊皆坐此。今欲创修航路，必须种种建设，以利行驶"。③ 而且，"外人屡在津保一带测量河路，深恐援万能轮船公司之例，侵入内河坐攘其利"。④ 如果由公司修浚河道，筑桥建闸，添设灯楼浮标，并购造轮船，不仅可杜外人之觊觎，而且能谋实业之进行。我国航业尚未发展，而外人已操内河主权，此不可不预防。现在准备筹集资金成立轮船公司，主要开通津保航线，既便客旅，又便交通。而且河道修治后，可免历年水患，沿河村民亦得借沾余利。"绅等为振兴实业，保守利权，便利交通起见，为此呈请俯准立案，实为公便。"⑤

1917 年，穆长清请求设立顺直通利河运公司。直隶船业公会董事穆长清等呈请天津县公署，拟筹集资本三万元，协同船会，仿照铁路转运公司成案，设立顺直通利运河公司，请准予立案。穆长清称，为推广船会，改良办法，设立船运公司以保商务而利船运，并附呈《简章十条》。该简章称，公司宗旨是"便利商民，免除间阻抑勒，变通扩充，以期有利无弊"。⑥ 总公司设于天津新铁桥南岸，承运天津及塘沽等处客货。辐射范围包括："北河至通县、香河；西河至冀县、献县、衡水、武邑；东河至宝坻、庙山、河头等处；西河至青县、静海、龙王庙、郑

① 《天津县拟请调查穆长青设立顺直通利河运公司咨并津商会复函》，天津市档案馆等编：《天津商会档案汇编（1912—1928）》第 3 册，天津人民出版社 1992 年版，第 3227 页。

② 关于这一问题，苗卫芳在其硕士论文《大清河水系与津保内河航运研究》（硕士学位论文，河北大学，2011 年）中进行了较全面的研究。

③ 《直隶劝业公所请调查曹钧等创设津保浅水轮船公司函并津商会复函》，天津市档案馆等编：《天津商会档案汇编（1912—1928）》第 3 册，天津人民出版社 1992 年版，第 3222 页。

④ 《直隶劝业公所请调查曹钧等创设津保浅水轮船公司函并津商会复函》，天津市档案馆等编：《天津商会档案汇编（1912—1928）》第 3 册，天津人民出版社 1992 年版，第 3222 页。

⑤ 《直隶劝业公所请调查曹钧等创设津保浅水轮船公司函并津商会复函》，天津市档案馆等编：《天津商会档案汇编（1912—1928）》第 3 册，天津人民出版社 1992 年版，第 3223 页。

⑥ 《天津县拟请调查穆长青设立顺直通利河运公司咨并津商会复函》，天津市档案馆等编：《天津商会档案汇编（1912—1928）》第 3 册，天津人民出版社 1992 年版，第 3226 页。

家口等处。"① 并在上述地方设立分公司。

1919 年，杨明僧等人向天津县行政公署提出组织中华航业转运公司。杨明僧在呈请天津县公署的公函中称，津埠为南北交通枢纽，水路又歧商旅云集，内地各县轮轨交通之处，所有百货运输，悉借民船。但在运输过程中，一些不法商家借运输货物为名，假设船局，代客雇运，即俗名揽头。所雇之船，易于出险，客商常常受到损失。"欲责之船户，则毫无长物，何能赔偿；欲索之揽头，则百计支吾，拖延为术。遂使商旅往来，血本无归，身家俱破，害商病民。"② 为克服上述弊端，杨明僧准备通过联合集资的形式成立轮船公司。他说："拟联合同志，筹集资金一万元，护本金四万元，设立中华航业转运公司，订立规章，专办四路客商船运事宜。"③ 他认为这样做有十大好处："本公司招集现有民船，择船体坚固者与订契约，为本公司承运货物，不至失事，其利一。本公司所约定之船，皆择身家殷实，并加铺保，不至偷窃货物，其利二。本公司择冲要之地，分设办事处，所有商家欲运货物，只到本公司面商，写立运货联单，本公司即为之运往到达地点，免自行觅船运载之劳，极形便捷，其利三。本公司为商客包运货物，除天灾外皆照价赔偿，使商客毫无危险，其利四。本公司随时派员沿河侦察，遇有宵小，立即报告水警拘办，水面安全，商货无恙，其利五。凡本公司约定之船，皆由本公司立册，登载船籍编列号数，遇有货物立时即运，无有货无船之弊。其利六。本公司约定之船，皆算明程途，计日到达，无中途延搁之弊，其利七。本公司承运货物，重量若干，路程若干，皆有一定价目，无从前高价刁难之弊，其利八。货物运往何处，本公司皆派押运人随时前往，沿途照料，商客自往与否，均听其便，其利九。本公司责任攸关，皆雇精细老练之人，代商客装载货物，不至倾倒压坏，其利十。"④

　　① 《天津县奉请调查穆长青设立顺直通利河运公司咨并津商会复函》，天津市档案馆等编：《天津商会档案汇编（1912—1928）》第 3 册，天津人民出版社 1992 年版，第 3226 页。
　　② 《杨明僧等组织中华航业转运公司呈文并天津县齐耀珹请商会详查函》，天津市档案馆等编：《天津商会档案汇编（1912—1928）》第 3 册，天津人民出版社 1992 年版，第 3228 页。
　　③ 《杨明僧等组织中华航业转运公司呈文并天津县齐耀珹请商会详查函》，天津市档案馆等编：《天津商会档案汇编（1912—1928）》第 3 册，天津人民出版社 1992 年版，第 3228 页。
　　④ 《杨明僧等组织中华航业转运公司呈文并天津县齐耀珹请商会详查函》，天津市档案馆等编：《天津商会档案汇编（1912—1928）》第 3 册，天津人民出版社 1992 年版，第 3228—3229 页。

按照计划，中华航业转运公司成立后，商客的货物从甲地运至乙地，只需到公司事务所或分事务所订立契约，将货搬至码头，该公司即可挑选约定之船为之运送，该商客只将运货联单寄至乙地，届期凭单取货，非常便捷。再就船户方面而言，从前受揽头苛虐，商客所付费用被揽头抽去十分之三四，船户所得仅十分之六七。而该公司设立之后，凡有船舶皆可报明该公司，经公司验明船体坚固与否，即与之订约，作为该公司约定之船，登册编号，轮流承运。运费按货物重轻，路程远近，皆有定数，毫无克扣。从这一点而言，该轮船公司成立后，其好处不言而喻。

1921 年，商民刘济堂呈请兴办内地浅水航业，拟组织津保轮船有限公司，购置小轮，先行试办。自天津起至保定止，航线 369 里，沿途所经过之码头有十处。津保轮船公司航线经过处所里数情况，详见表4－5。

表4－5　　　　　　　　**津保轮船公司航线经过处所里数情况表**

所经地点	里程
杨柳青	天津县属距三十里
胜芳	文安县属距杨柳青六十里
苏桥	文安县属距胜芳四十里
药王庙	霸州属距苏桥十八里
保定县	距药王庙八里
史各庄	雄县属距保定县八里
苟各庄	任邱属距史各庄三十五里
赵北口	任邱属距苟各庄三十里
新安镇	安州属距赵北口三十里
安州	距新安二十里
保定府	距安州九十里。

资料来源：参见《直隶全省劝业道董请调查商人刘济堂创设津保轮船公司是否可行照会并津商会复函》，天津市档案馆等编：《天津商会档案汇编（1912—1928）》第 3 册，天津人民出版社 1992 年版，第 3221 页。

轮船公司的成立推动了直隶内河航运的发展，到 1927 年，直隶省内河航运已经发展到了一定规模，主要有如下几条大的航线。津保航路由天津起至保定南关大桥，长 385 里，经静海、大城、霸州、任丘等地。津磁航路，由天津起至磁县码头，长 1380 里，经静海县、大城县、河间县、献县、武邑县、衡水县、宁晋县、任县、平乡县、鸡泽县、曲周县、永年县、邯郸县。蓟运航线，由天津起至新安镇，长 450 余里。新安镇以上至蓟县一带，因种种原因未开行轮。栏沽航线，由天津起至通县止，长约 200 里。由通县至牛栏山一带，因河道年久失修难以通航。南运河航线，由天津县起至河南新乡县为止，长 1905 里，沿线由天津小西营门外起，经行杨柳青、静海县、青县、沧县、南皮县、东光县、吴桥县、景县、固城县、清河县。① 此外，直隶内河轮船公司的业务也有一定发展。开辟了多条航线，拥有一定数量的船只，如开平矿务局的开平、太平、广平、西平、新平等轮船均开往烟台、上海等地。肇兴公司的肇兴号兼驶大连、龙口、秦皇岛等港口。政记公司的广利、福利、同利兼驶大连、营口等港口。新益公司的航线主要是开往烟台、上海。上述情况说明直隶的海运也得到一定发展，开辟的航线有：天津至烟台航线，260 里；天津至上海航线，756 里；天津至营口航线由烟台转。当然，受河水深度和冰冻影响，一般在每年十一月底十二月初，到第二年三月或四月，直隶各河航线基本处于封闭状态。除了维护大的航线外，直隶还开辟了一些小的航线，如津沽线（海河），由天津至大沽，津德线（南运河），由天津至山东德县。永定河个别地段也开始行驶小型汽船，但开通的航线较少，主要有 1925 年开通的从周家庄到黄将的航线，约 250 里。1926 年开通的从黄将到新铁桥的航线，约 100 里。②

　　京直航运的发展与直隶地方政府的支持密不可分。1914 年 6 月，直隶的内河行轮事宜改为官办，并开通津保线，为保护航运安全，直隶巡按使朱家宝为津保线开轮招募巡警，并拨给枪支弹药以资保卫。1914 年 9 月，为蓟运内河行轮筹办开轮事宜，督理直隶军务巡按使饬津保行

　　① 参见《津保、津磁、蓟运、栏沽、南运各河流域县各并水程里数及水势大略情形》（1927 年），天津市档案馆，档案号：J0106—1—000323。
　　② 参见《顺直水利委员会关于永定河汽船的材料》（1921 年），北京市档案馆藏，档案号：J007—004—00223。

轮事务所，并发给股本洋 1000 元，以资周转使用。当时蓟运航线预备用河清、河征这两艘船，朱家宝担心仅有两只轮船不敷用，提出"拟请将前与大沽造船所订造之双机浅水快船造成，交到时拨给二只，以便广为搭载，而免货多船少之虞"。而且，"公署官股项下，照数拨给，以资开办"。①

京直内河航运业的发展是铁路运输的重要补充，促进了沿海与腹地的经济交流与发展，尤其带动了京直经济发展。以天津为例，1921—1930 年，内河航运中棉花的运输能力逐渐增加，从 1921 年的 19.8% 增加到 1930 年的 77%。北宁铁路沿线民船运输超越了火车运输，火车的货运量由 1922 年的 74% 减少到了 1930 年的 47%，内河民船所占货运比例从 1922 年的 23% 增加到了 1930 年的 50%。在京直内河航运中，所运输货物包罗了生产和生活的各个方面，如棉花、小麦、稻米、洋布、土布、皮毛等物品。这些物品沿着内河航线，经大清河至琉璃河再到北京。冀中地区的货物可由大清河、子牙河及其支流运到山东西部、直隶南部各府州县，甚至在临清沿卫河直至河南北部。其中，西河、南运河在水路运输方面发挥了重要作用。1925 年，由西河进出天津的民船达 50065 艘，运量达 100.66 万吨，居直隶各河系运量之首，占当年民船总运量的 45%。同年，通过南运河进出天津的民船达 13166 艘，运进运出的货物为 47.33 万吨，也居于直隶其他内河航运之前列。当然，从总体发展趋势看，内河航运能力还是大大削弱了。以南运河为例，清光绪三十一年（1905），通过南运河进出天津的民船有 33992 艘，货物运输量贸易额达 1600.8 万海关两，占当时直隶水路贸易总值 5436.39 万海关两的 29%。北洋政府时期，无论从行船数量，还是运输货物总量，这一比例大大降低。

此外，这一时期京直内河航运因受到铁路运输冲击。尤其是北运河，随着漕运停运后，航道因疏于管理，航运量减少。但是，北洋政府时期，直隶内河货运依然是重要的运输方式。1912 年，天津对内贸易总额 12478.7 万海关两，民船贸易额为 5436.4 万海关两，占 43.6%。将输出、输入贸易额分别计算，民船运输占输出贸易额的 41.6%，占

---

① 《督理直隶军务巡按使朱家宝为蓟运内河行轮筹办开轮事饬津保行轮事务所》，天津市档案馆编：《北洋军阀天津档案史料选编》，天津古籍出版社 1990 年版，第 433 页。

输入贸易额的 45.9%，1922—1928 年，军阀混战，内河运输受到很大影响。1926 年，"进出天津的民船约为 98076 艘，运输货物 1939409 吨，占当年各种运输方式运输总量的 54%。从河北内地输往天津的货物，以粮食、棉花、煤炭（邯郸、井陉所产）为大宗；由天津输往河北境内的，以日用工业品、面粉、煤炭（开滦煤矿所产）、原盐、煤油为大宗，运进、运出量基本持平。在通航的河流中，除北运河民船运输受铁路影响迅速衰减外，其它各河货运依然兴盛不衰"。[1] 1925—1926 年，直隶进出天津港的船只运输情况可见一斑，详见表 4 - 6。

表 4 - 6　　1925—1926 年河北内河民船进出天津码头艘数、运量统计表

| 航线 | 1925 年 | | | | 1926 年 | | | |
| | 运入 | | 运出 | | 运入 | | 运出 | |
	船只数	吨数	船只数	吨数	船只数	吨数	船只数	吨数
南运河	7597	248960	7569	224751	5402	165614	5515	174132
西河	24898	497846	25167	508735	22344	508678	22167	503831
北运河	4221	49334	4230	48247	4898	87264	4809	81031
东河	12826	143458	11871	143626	16997	208792	16144	210067
合计	49542	939598	48837	925359	49641	970348	48635	969061

资料来源：河北省地方志编纂委员会编：《河北省志·交通志》，河北人民出版社 1992 年版，第 241 页。

从直隶内河航运与社会经济发展关系看，直隶的内河运输同漕粮运输路线不同，"冀、鲁、豫地区的粮食，大多经过河北各内河向天津集运，供出口、粮食加工和民用。经过加工的部分面粉，又从天津运往沿河各地。运进天津的粮食，以小麦、玉米及杂粮为主，运出的主要是面粉和大米。民国 17 年（公元 1928 年）以前，每年的粮食运量，约占内河年总运量 250 万吨的四分之一"。[2] 此外，子牙河等航线（包括滏阳河、滹沱河）运输的大宗物资，除了粮食外，还有棉花和煤炭等。

---

① 河北省地方志编纂委员会编：《河北省志·交通志》，河北人民出版社 1992 年版，第 241 页。

② 河北省地方志编纂委员会编：《河北省志·交通志》，河北人民出版社 1992 年版，第 251 页。

由于长期战乱，北洋政府时期直隶的水运管理较为混乱。直隶河务船捐局等机构制定的《河工船捐征收章程》，主要是从征收船捐税的需要出发，只管理船舶检查、登记、签发航行证明等事项，而航行监督、安全保障、船员考核等项则无人管理。直隶内河运输的民船运费一般根据航道状况、运输里程、船舶大小、货物种类和上水下水等情况，由货、运双方自行议定，没有统一的运价标准。

南京国民政府成立后，在原来内河运输航线基础上建立了华北内河航运局，在京直地区规划了五条主要航线，这五条航线与北洋政府时期所创设的航线基本吻合，说明直隶在北洋时期的航运建设为后来的航运发展打下了良好的基础。

第五节　建立新式水务组织

随着社会各界对水利事业给予极大关注和重视，各种与水利有关的新式组织相继成立。在中央及地方政府的推动下，京直各地相继成立了水利会、水利公会、水利联合会、航业公会、河工讨论会、渔会等与水利发展有关的新式水利组织。

一　成立水利会及水利联合组织

关于新式水利组织的研究，以往学界关注较多的是成立于1931年的中国水利工程学会（该学会是中国水利学会的前身），对于北洋政府时期的水利组织很少涉及。其实，水利组织的创办古已有之，但是规模小，职能单一。北洋政府时期，新式水利组织受多种因素影响逐渐萌芽，并不断发展。到1921年，在直隶的一些地区，组织较为完善的新式水利组织已经出现。

（一）水利会的兴起。为应对水旱灾害，北洋政府开始通过召开河务会议，成立全国防灾委员会水利公会、水利委员会、河务研究会等多种形式研究防灾、救灾措施。1914年10月，颁布了《各省水利委员会组织条例》，1918年2月，颁布了《内务部全国河务会议章程》，1918年4月，颁布了《全国河务会议议事细则》。1921年，北洋政府成立了全国防灾委员会，下令各省办理水利公会，合理开凿河渠，引流灌溉，穴井筑库，取水备荒。同年12月，直隶实业厅通令各县筹划水利会，将《全国防灾委员会水利公会规则》在全省颁布并推广实施。之后，京直许多地方设立了水利会，宛平、万全、怀来、涿鹿、大名等县的水利公会成立较早，这些县在水利公会的组织下，凿井、建造引取水灌溉工程，使农业逐渐发达。涿鹿县在可灌溉地区，每亩平均收获粮食四五石，粮食产量比过去有明显提高。水利会的兴起，既是灌溉的需要，也是水利社会发展到一定阶段的产物。这一时期，水利公会的推动工作是在直隶实业厅的直接督导下进行的，地方政府在政策上给予水利公会很大支持。直隶实业厅训令各县知事、各劝业所、各农会，将可利用的渠道、河流务必督饬地方绅民切实筹划，拟定公会办法。根据全国防灾委员会的意见，《水利公会规则》主要包括以下内容：凡市乡人们为兴办水利均可以设立水利公会，水利公会由一乡或联合数乡设立。凡与公会兴办事业有利害关系之人们均为公会会员。公会设会长一人，副会长一人或两人，干事若干人，均由会员互选。公会设立时需呈请县公署核准。呈请书将设立的目的，公会会长及会员姓名、住址，兴办水利之区域及工程图说，经费分担及事业保管之规约等进行详细说明。水利公会因兴办水利所用地亩，可以照公用地亩办法，得备价征取，或者向地主租用。水利公会需受县知事之指挥，监督办理。有成绩时，县知事呈请核奖。水利公会每年年终应将办理情形呈报县知事备案，水利公会发现有破坏公会事业之行为者，应即呈请主管官署严惩。水利公会会长、会员有违背现约时，由公会公议，罚金充公会经费。①

京直水利会的发展模式不尽相同，有闸会、渠社、水利社、水利会、水利公会等组织形式。一是将闸会、渠社水利组织改组为水利社，二是农民招集股款开设水利社。闸会、渠社等各种民间水利组织及其制度在明清以来的农业活动中发挥了积极作用，为更好地发展农田水利，1921 年，邯郸蔺百川等人将闸会、渠社水利组织改组为水利社。之后，这一地区的水利会继续完善河渠开发工作。在农民招集股款开设水利社方面，1920—1921 年，平山县旱灾非常严重，农民对于灌溉带来的好处有了更深入的认识，热心水利者于 1920 年起纷纷开设水利社。水利社主要从事开渠工作，其资本多由受灌溉农户按亩

① 参见《通令各县筹划水利会》，（天津）《益世报》1921 年 12 月 14 日。

分摊，也有招集股款的。京直地区水利社之组织大致相仿，其规模较大者设总事务所，内设总经理一人，技术员一人，事务员及工头若干人。也有的设副经理或协理若干人。农户自营之渠，总经理则由分经理互选，而分经理则由各村之水户推选。在用水各村设分事务所，负责各村水利事务。内设分经理一人，以及司账、工头各一两人。或以事务简单，分事务所只设水头一人或两人。若水利社是股份公司，则由股东会及董事会组织。

顺直水利委员会在技术上对于各地水利会给予了不同程度的支持，大名水利会急需测量设备，如高低测量器、水准测量器、测量杆、卷尺、标记旗等，于是向顺直水利委员会提出希望将设备借给大名使用，1923 年 11 月，顺直水利委员会不仅派人携带测量设备帮助大名水利会测量，而且赠送该会《大名河道水准图》一份以示支持。

（二）建立水利联合组织。北洋政府时期，京直水利联合会得到了一定发展，但是由于经费欠缺等原因，发展速度较慢。1918 年，顺直水利委员会拟定《咨直隶省长、京兆尹通令京直各县筹设水利联合会并颁发简章文》，并附《水利联合会简章》（十三条），下令各属从速举办，以防水灾。该简章规定"凡为筹画数村或数县之水利，及筹御数村或数县之水害所组织联合会，得定名为某某村某某县水利联合会"。① "此项联合会应由有利害关系之县知事发起，或由有关系之绅董请求各该县知事照章组织。"② 联合会会员的选定与员额由县知事确定。"联合会应由会员互举会长一人主持会务，议决应开会之次数时间及其他进行各事项。"③ 联合会成立后，各县知事需要呈报长官备案。"联合会职务以通筹水利及共防水害，解决纷争，商定适当办法，陈请县知事转呈本处。"④ "县知事认议案为重要时，得随时列席报告

---

① 《水利联合会简章》，顺直水利委员会编：《京畿河工善后纪实》卷 2，顺直水利委员会编印，出版时间不详，第 19 页。

② 《水利联合会简章》，顺直水利委员会编：《京畿河工善后纪实》卷 2，顺直水利委员会编印，出版时间不详，第 19 页。

③ 《水利联合会简章》，顺直水利委员会编：《京畿河工善后纪实》卷 2，顺直水利委员会编印，出版时间不详，第 20 页。

④ 《水利联合会简章》，顺直水利委员会编：《京畿河工善后纪实》卷 2，顺直水利委员会编印，出版时间不详，第 20 页。

讨论。若于该会议决陈覆之件认为未尽妥协时，得提交覆议。"① 会员全是义务做事，但对于办事公正之人员，县知事可呈请酌给奖励。关于联合会日常经费支出规定，县级联合会会员旅费开支每月不得超过五十元，村联合会不得超过二十元。经费先由县知事垫付，事竣后准予报销。从该章程看，县、村联合会的建立是直隶加大地方治水力度的一个重要举措。

在会长熊希龄的推动下，永定河沿岸各县成立了永定河河防联合会。永定河频年泛滥，沿河居民因田庐淹没漂泊而死者数以千万计。1923 年，刘锡廉等人为治理永定河洪水之危害，约集同志发起河防联合会，以从根本上防治水患，并制定了《永定河河防联合会章程》。该会由宛平、良乡、涿县、固安、永清、安次、霸县、武清八县绅民组成，以协助主管官厅预防水患为宗旨。该会事务所最初先暂借京兆教育会处办公，设会长一人，主持会务；副会长两人，协助会长工作；会长、副会长均由大会公推产生。该会设评议部及干事部，评议部由八县各出评议四人，由各县旅京同乡自行推定，主要决议本会应建议及执行一切事宜。干事部设主任干事一人，干事若干人，均由会长任定，负责日常会务工作。本会经费由会员自由捐助或由本会劝募。② 永定河河防联合会的建立有其必然性，也有其必要性。正如该联合会发起人所说："鉴于永定河水，频年危害桑梓，近则河身淤垫，堤埝卑薄。若不亟图挽救，倘有不幸，再见溃决，恐沿河八县，尽成泽国。惟该河前则专赖官治，今须借箸自筹，兹事体大，究应如何防治，必须纠合同人，组织成会，以便集思广益，共作良图，遂有永定河河防联合会之发起。"③ 1923 年 8 月 11 日，沿永定河之八县绅民在京兆教育会开永定河河防联合会成立大会，由张树栅首先报告筹备经过，之后讨论联合会会章。大会公推孟宪彝为会长，恽宝惠、张树栅为副会长，刘锡廉为主任干事。每县推选评议员四人，筹备员一人。当选的筹备员为宛平县贾伯雄、良乡县苏慕尧、涿县萧鸣九、固安县

---

　　① 《水利联合会简章》，顺直水利委员会编：《京畿河工善后纪实》卷 2，顺直水利委员会编印，出版时间不详，第 20 页。
　　② 参见《永定河之河防联合会》，（天津）《益世报》1923 年 3 月 8 日。
　　③ 张恩祐：《永定河疏治研究》，志成印书馆 1924 年版，第 72 页。

高荫斋、永清县孟宪彝、安次县张文熙、霸县张竹浮、武清县刘宾候。该联合会成立后，在治理永定河过程中发挥了重要作用。关于永定河河防联合会职员情况，详见表4-7。

表4-7　　　　　　　　　　永定河河防联合会职员录

任职情况	会员姓名
会长	孟宪彝
副会长	恽宝惠、张树栅
评议长	赵云书
副评议长	张恩祐、赵允协
主任干事	刘锡廉
起草委员	王仲簏、马志恒
评议	张万祥、苏九如、李堪、孙贻安、贾振雄、刘尚志、韩殿元、李伯林、杨祖培、丁震、王元明、萧述宗、解光煜、张鹤浦、朱迈、边祝三、孙广誉、赵俊卿、萧广傅、张庆祥、姚克恭、高增高、杨蕙田、高树荣、朱念典、张星藻、王善昌
文牍股	
股长	张文熙
副股长	郭鸿文、张培芷
股员	赵广仁、韩宝田、李振荣、萧荫堂、高尚武、王庭芳、赵宝珩、王建铭、董汝俊、徐炽昌
交际股	
股长	刘继勋
副股长	蒋鸿遇　张继先
股员	安会抡、扈承灏、魏汝枫、张连珠、曹乃升、杨同霖、王桂照、张连璧、王葆璐、曹殿林、王庭兰、李宝纲
调查股	
股长	崔畏三
副股长	张翀翼、王士儒
股员	张有为、张庆慈、王礼恭、刘玉芳、张星福、马树龢、孙允修、孙家珍、崔以钧、徐守宗、董恒山、刘凤魁、李振铎、于廷献、高凤文、范士瑞
会计股	
股长	黄豫鼎

续表

任职情况	会员姓名
副股长	阎力宣、谢澜
股员	崔以铎、萧承宗、贾桂馨、郭鸿藻、陈秀峰、刘漱兰、陈树德、徐维藩、张培经、张晨光、朱尔汉
庶务股	
股长	郝鈇
副股长	张文照、徐景智
股员	李恩桂、杨肇鑑、胡德纯、马钟秀、冯树椿、王钟吉、马熙杰、苑钟山、孟宪恩、朱颖苏、冯作民、王旭享

资料来源：根据张恩祐：《永定河疏治研究》，志成印书馆 1924 年版，第 78—80 页材料整理而成。

　　为扩大联合会的规模，永定河河防联合会还制定了《永定河河防联合会征求会员简章》，该简章提出，本会为预防水患起见，亟应征集八县各界博学热心人士为本会会员，以图会务之发展。本会所征求的会员应具有下列情况之一：（一）能以学识经验赞益本会者。（二）能助本会常年捐及代募集特别捐者，或者由本会员两人以上之介绍者得为会员。本会会员无定额，任何会员对于河防遇有应行提议事件可以向评议部建言。本会会员十人以上对于本会会务进行有疑义时，可以请求评议部或干事部随时为详确之解释。① 从该简章看，永定河河防联合会是一个较为开放的平台，对于会员的要求几乎未设门槛，只要关心水务问题，经人介绍即可入会，这些做法有利于吸纳会员。

　　永定河河防联合会议决了许多重要议案。自 1923 年 3 月至 1924 年 7 月底，评议部评议的议案主要有：（一）公推赵云书为评议长，张恩祐、赵允协为副评议长，一致赞成通过。（二）议决本会经费请由永定河河务局杂支项下按月酌拨，借资办公。（三）议决函请京兆尹令行八县禁伐沿堤树株，遇有盗伐等事，希即严为惩办。（四）议决订期公宴冯检阅使，并将永定河危险扼要处演照幻灯，令人注意。（五）刘锡廉提出征求会员简章，结果交张恩祐修正实行。（六）议决由本会三会长

① 参见张恩祐《永定河疏治研究》，志成印书馆 1924 年版，第 81 页。

与内务部委员接洽勘查河道事宜。（七）议决防灾委员会现有余款允给修河，函向该会请款。（八）议决六月十日假青年会欢迎冯检阅使。（九）议决张恩祐提出《永定河治标办法意见书》。（十）议决关于各县直接解交永定河款项问题一案，议决沿河六县由会派出代表分投劝筹。永清县代表孟宪彝、王善昌，安次县代表张文熙、张恩祐，霸县代表张鹤浦、冯建候，固安县代表刘锡廉、高增高，涿县代表萧述宗、杨祖培，良乡县代表苏九如等人参与。（十一）议决疏浚下口裁弯取直建议案，分呈内务部、国务院、财政部、京兆尹公署。推定交涉代表：会长恽宝惠、张树栅，主任干事刘锡廉，评议长赵云书，副评议长张恩祐。①

　　1918 年 3 月，京兆各县在京兆尹的推动下成立了水利联合会。《京兆公报》刊布了《督办京畿一带水灾河工善后事宜处咨送拟订水利联合会简章颁行各县照章组织该会文》。京兆尹王达认为，之所以动员京兆各县成立水利联合会，主要是因为"京畿各河干道多年失修，支、减各河尤缺浚治，致濒河田亩未获灌溉，时有淹没之虞。其支流分派各河道关涉民间水利者，往往两造因开浚河渠，培筑堤坝，或此村与彼村利害相反，或甲县与乙县宣壅殊宜。每至缠讼频年，甚者酿成械斗"。②所以，当时的形势急需京兆各县加强水利联合会建设，以防止类似事情再次发生。京兆公署拟定的《水利联合会章程》详细规定了该会的权利和义务。内容主要包括十二条："第一条，凡为筹画数村或数县之水利，及筹御数村或数县之水害所组织之联合会，得定名为某某村或某县某水利联合会。第二条，此项联合会应由有利害关系之县知事发起，或由有关系之绅董请求各该县知事照章组织。第三条，联合会员额应视该河流利害关系，区域之大小，由县知事酌定名额，但至多不得逾十二人。第四条，会员资格应以与有河道利害关系之人占全会员额之半，余以无关系之公正士绅及通晓水利工程者组合之。第五条，会员组织应由县知事查明与有河道利害关系，其人明通公正，足以代表舆论者通知为会员，若员数过多，得使此有关系者推选代表人为会员。至无关系之公

　　① 参见张恩祐《永定河疏治研究》，志成印书馆 1924 年版，第 81—87 页。
　　② 《督办京畿一带水灾河工善后事宜处咨送拟订水利联合会简章颁行各县照章组织该会文》，《京兆公报》1918 年第 35 期，第 9 页。

正士绅及通晓水利工程之会员，应由县知事令由四乡公举。若员数过多，得使被举者推选代表人。以上二项代表人数，均由县知事酌定之。第六条，联合会应由会员互选会长一人主持会务，议决应开会之次数、期间及其他进行各事项。第七条，联合会组织成立后，应由各该县知事分别呈报本管长官及本处备案。第八条，联合会职务以统筹水利及共防水害解决纷争，商定适当办法，陈请县知事转呈本处核定饬令执行为终结，惟所筹议之区域应以该联合会上冠之地名为限。第九条，县知事认议案为重要时，得随时列席。报告讨论若于该会议决陈覆之件认为未尽妥协时，提交覆议。第十条，县知事认为筹议终了，得函知联合会闭会。嗣后遇有仍需筹议时，并得通知原有各会员续行开会。第十一条，会员全系义务，事竣闭会后得由县知事择办事公正之员胪陈事实，呈请酌给奖励。惟道路较远之会员，亦得酌给旅费。第十二条，会内纸墨缮写及会员旅费等每月开支，县联合会不得过五十元，村联合会不得过二十元，均由县知事先行垫拨，事竣准予作正开销。"①

　　不久，京兆尹王达指令各县呈报组织水利联合会情况，京兆尹在《指令武清县知事呈报组织水利联合会情形并送简章名册文》中，具体表达了京兆尹公署的指导性意见，即互助联合。该文件规定遇有关系二村以上暨二县以上之水利争执问题，"应即由各该县知事分别照章组织，该会以资筹议并解决一切办法仍候本处核定转饬执行，藉翕舆情而重河务"。② 武清县根据此文件，立即召集各区有河道利害关系及通晓河工之士绅，公同议决遵章设立武清县水利联合会，制定了《武清县水利联合会简章》③。该简章规定，"（一）宗旨，本会以统筹水利共防水患为宗旨；（二）名称，本会定名为武清县水利联合会；（三）会所，本会设于武清县城内；（四）成员，本会会员以与河道有利害关系之士绅及通晓河务工程之士绅组合之；（五）会期，每年春、秋两季各开会一次，名常年会，遇有紧要事件得召集临时会。每届应开会时，均由会长

---

　　① 《指令武清县知事呈报组织水利联合会情形并送简章名册文》，《京兆公报》1918 年第 65 期。

　　② 《指令武清县知事呈报组织水利联合会情形并送简章名册文》，《京兆公报》1918 年第 65 期。

　　③ 《指令武清县知事呈报组织水利联合会情形并送简章名册文》，《京兆公报》1918 年第 65 期。

以公函知会，会期之长短，须视议案之多寡由县长临时酌定之"。① 武清县水利联合会设正、副会长各一人，主任会员四名至六名。其主要职责是："（甲），关于全境干河支流筑堤、设闸、建坝、疏浚事宜；（乙），关于全境引河灌溉及宣洩积潦事宜；（丙），关于伏汛、冰汛联合防险事宜；（丁），关于各河利害及变更兴革事宜；（戊），对于河务利害有建议之职务；（己），对于县长交议事件有议决之职务；（庚），对于河工用款有预算、决算之职务；（辛），对于各河险工有预为调查之职务；（壬），对于河防纷争缪辖有排解之职务；（癸），对于河务工程一切利弊有稽查报告之职务。"② 会员以六年为任期，期满由各区公民另行选举，会员均为名誉职，不支薪俸。差役工食及茶、煤、纸、笔、油墨等费由地方公款支给，但每年不得超过一百五十元。本会主任会员经该处绅民公推，得兼充分会正、副会长，但分会所议决之案件如与本会议决之案件有抵触时，需协商更正。本章程有未尽事宜，经多数会员之同意可以随时修补。

跨省成立水利联合会是京直地方绅民治水的又一特点。直隶和山东交界的绅民成立了直鲁水利联合会。从地理位置看，直隶的景县、吴桥县与山东的德县地境犬牙交错，运河贯穿其间。河东为吴桥、德县属地，河西为景县属地，居民往往因水利争执出现纠纷。水灾河工善后事宜处督办熊希龄曾给山东和直隶地方政府发出准备举办水利联合会之通告，景县项知事、吴桥张知事、蠡县金知事，曾就设立水利联合会事宜与各县绅商共同协商，拟具了章程，并呈请熊希龄督办及直隶、山东省长立案。但是，水利联合会在推行过程中出现了问题，主要是因为经费短缺，联合会难以为继。根据实际需要，每一县联合会经费至少需四百余元，一乡联合会经费至少二百余元。而经过大水灾后，直隶财政收入减少，平时政费尚不足，没有多余经费用于治水，而北洋政府内务部又不肯拨付经费，所以，为地方谋利益起见，只得令各县知事体察各地方情形量力筹措。在无法筹备经费的地方，只有暂时缓办。

---

①　《指令武清县知事呈报组织水利联合会情形并送简章名册文》，《京兆公报》1918 年第65 期。

②　《指令武清县知事呈报组织水利联合会情形并送简章名册文》，《京兆公报》1918 年第65 期。

　　水利会的主要职能。京直各地水利会虽然均以发展水利为主旨，但是其工作差异较大。京兆地区的水利会主要以维护河道及堤防为主，直隶中南部的水利会主要以经营为突出特点。

　　渠道建设及养护是水利会的重要工作，以石芦水利会为例，该水利会是京兆地区规模较大的一个，在修筑水渠方面也发挥了重要作用。石芦水利会会员们认为，京西一带山荒地瘠，近年来，水旱频仍，民生凋敝，急需兴办水利以发展灌溉经济。有鉴于此，石芦水利会向中国华洋义赈会借款八万三千元以工代赈，兴办石景山至卢沟桥水渠，以便利农业。1925 年，石芦水利会制定了《石芦水渠计画书》。该计划就灌溉区域、用水办法、工程建筑方面等予以详细统筹与规划。（1）灌溉区域："石芦水渠起点在石景山之南，终点在卢沟桥之北"①，灌溉之田约七万亩。石芦水利会认为，该渠建成后，若有成效，仍可逐渐推广。（2）用水方法：干、支各渠均设有新式闸门，可以随时启闭，支配水量。为用水经济起见，石芦水利会采用"轮流灌溉法"，即"旬日定为一周，每日灌七千亩，轮流旬日则可灌七万亩"。② 这样，各田每月得水三次，每次水量以二寸为标准，一月之中，各田均可得水六寸。有了较为稳定的水源，农田灌溉得到了保障。此外，在灌溉技术方面，石芦水利会起到了积极指导作用。该水利会在何时放水灌溉，何时闭渠，采取怎样的方式灌溉，均予以详细宣传，对于农民灌溉起到了一定的帮助作用。

　　在直隶南部，新式民间水利组织在北洋政府时期也已经出现，磁县的裕华渠较为典型。该渠是在乡绅的支持下修成的，其在统筹利用水资源，有效解决水资源紧张的问题等方面发挥了重要作用。直隶南部的水利会以经营为主的特点逐渐突出。1913 年 3 月，蔺百川、王国玺、王宪谟、王纯儒等人集资两万元开凿裕华渠道。在民众的支持下，三个月建成四十余里，灌溉三十余村，四百余顷土地。裕华渠的所有权归股东所有，这是带有市场经济意义的水利工程，渠道后来出租给了共济水利

---

① 《训令永定河务局据宛平县呈准石芦水利公会函以工代赈兴办石景山至卢沟桥水渠送工程计划书等情令仰知照文》，《京兆公报》1927 年第 382 期。

② 《训令永定河务局据宛平县呈准石芦水利公会函以工代赈兴办石景山至卢沟桥水渠送工程计划书等情仰知照文》，《京兆公报》1927 年第 382 期。

社。自 1916 年起，租期十年。1921 年，蔺百川改组水利社，从国际统一救灾会借到 9000 元改造渠道，至 1923 年，该渠灌溉田地由 200 余顷增加到 400 余顷。"裕华渠的经营是乡村水利社会向商品经济转型过程中的一种形式，这种形式与以前由镰户所形成的闸会管理体制有明显不同。但这种体制仍不免受传统地域社会的影响，争水事端时有发生。"①1929 年，裕华渠与安阳三民渠民众为争水发生武装冲突，经营性渠社不得不改变为依靠地方社会为基础的渠社，该社乃由沿渠各村组织民治渠社。1937 年以后，因战事裕华渠未能再发挥更大作用。

对于灌溉所需费用，水利会统一组织收取，所收项目有地租和水费。地租的收取主要看渠线所占地亩，除旧有滩渠及少数渠道之小部分渠线外，皆为租地。渠道规模较大的，干渠之长往往十数千米。地租为渠社较大的负担，各村之间，或因利害关系不同，渠线所经之地，往往对于渠线地租漫天索价，引水渠尤为严重。据兴盛渠社报道称，该渠的引水渠租井陉官地约三十亩，租价为每年一千四百元，这在当时价位是较高的。又据民生实业渠社报称，该渠租赁井陉寺庄地，"每亩年租价十六元余，又占井陉西焦村官道，长约三丈，宽约一丈许，年租价一百元"。② 水费的收取差异较大，各渠水费轻重不同，即同一渠道，其水费亦有差等。最轻的水费约每亩五角，重者原为两元，因农村经济凋敝，渐减轻为一元余。提斗水费按平时浇水费七折收取，挑杆水费按平时浇水费五折收取。商办水利事业水费每年按地亩均摊，其经费包含地租、工料费、薪金、办事费，或有借款息金及还本。水利会还兼具介绍轻息贷款的职责，各渠社当中固然有经济充裕者，而资本不足，或者濒于倒闭者亦不少见。而且当地贷款利息往往在年利三分以上，因贷款利息太高，农户往往退水免溉。

此外，水利会还负责解决村民的水利纠纷。以平山县为例，水利纠纷大致是由以下几种情况导致的。积欠水费，水源水量之争，渠社内部权益及意见之争。如因农民经济凋敝，无力缴纳水费而产生纠纷。为争

① 王建革：《传统社会末期华北的生态与社会》，生活·读书·新知三联书店 2009 年版，第 42—43 页。
② 戴建兵编：《传统府县社会经济环境史料（1912—1949）——以石家庄为中心》，天津古籍出版社 2011 年版，第 203 页。

夺水源，上游渠口设临时拦水坝影响下游水源，而遭到下游各渠反对产生纠纷。或因账目问题，一些水渠的管理者之间发生控告案也形成纠纷。为解决上述各种问题，有些水利会还设立水利专员，致力于各水利社之间的纠纷及通盘筹划水利事宜，以期各渠道工程得以改善，促进水利事业发展。从现有资料看，京直未出现因争夺水资源而发生大规模械斗事件，水利会在其中也发挥了重要作用。当然，我们也应客观地看到，尽管水利会发挥了重要作用，但是政府在水利建设中所发挥的作用仍然是主导性的。著名水利专家李仪祉认为，中国民间水利大抵由地方官吏代为兴设，成立后即交人民自管，虽然有组织但颇不健全，以致工程废弛，水利日微，甚至全废。王建革教授也认为："目前学术界夸大灌溉水利中的家族和乡村社会力量，相对忽略了政府的作用。实际上，灌溉水利自古至今都与地方政府的介入有一定关系。乡村社会或小农本身即使有能力经营井灌，也极为有限。"① 总之，北洋政府时期外国势力、民间力量在水利问题的控制力方面虽然有所增强，但是政府仍为主力，官营水利的局面仍未改变。

二 成立航业公会

京直船业公会的成立与当时的国内外形势密切相关，为了摆脱西方列强的控制，直隶商人多次提出建立船业公会的要求，他们希望通过成立船业公会维护其权益。

1916 年，天津商人焦雅亭等申请组织船业公会，这是在航业公司业务增多的情况下，船户要求联合的必然结果。他在给天津县令的公函中称："窃维竞争时代，无自立营业难免天演之淘汰，不固结团体何御他人妨害，所以创立商会而商务因之发达，设立农会而农业借以振兴，皆系固结团体公同研究进行之明证也。""为维持船业借便运输，恳准转详立案。"② 他认为，津埠为百货荟萃之区，船业是运输之枢纽，如果没有统一的航业组织，势如一盘散沙。若不设法维持，不仅航业受其

① 王建革：《传统社会末期华北的生态与社会》，生活·读书·新知三联书店 2009 年版，第 56—57 页。

② 《天津县拟章请调查焦雅亭等可否组织船业公会咨并津商会复函》，天津市档案馆等编：《天津商会档案汇编（1912—1928）》第 3 册，天津人民出版社 1992 年版，第 3232 页。

累，商务也会受到间接损失。在绅商们的共同努力下，滏阳河上游船户组成了冀南商船公会，经巡按使批准立案。有鉴于此，会员们即联合滏阳河下游船户数百家组织了船业公会，共同研究整顿航业事宜，这是直隶较早出现成立船业公会的活动。对于船业公会的设立，焦雅亭等人以服务船商的公益性为目的，这从其成立宗旨中即可看出。当然，该会还有维持船商运输秩序，监督收取捐税等目的。

为加强航运建设，北洋政府交通部颁布《航业公会暂行章程》，并训令各地于1922年7月起实施。此后，航商请求设立船会者络绎不绝。1924年，直隶商人任劭亭等人提出申请组织天津中国航业公会。在致津商会及直隶实业厅的请示函中，任劭亭认为："航船一业职在运输商货，利便交通。其于一省、一埠之商业进步，尤有密切关系。惜以同业知识未充，计划未广，或则因陋就简，泥守旧规。或则思想固执，莫知改善，倘能因势利导，集思广益，则航业上定可日见发达，其影响所及于振兴商业一事，决可得伟大之助力。"[①] 有鉴于此，"特联合同业，议创天津中国航业公会，宗旨在联络同业，力谋改良，辅助商业，提倡公益"。[②] 在提出申请航业公会的同时，任劭亭等人还付诸行动，成立了天津中国航业公会筹备处。此外，船户田俊英等人亦呈请组织天津航业公会。对于商人们呈请组织航业公会的要求，直隶地方公署积极支持，并下发布告催促商民限期进行。布告称："前据西河船户代表田俊英等拟组织天津航业公会，先后呈送章程、履历等件，当经转咨核办，嗣准交通部咨以该船户等应与轮船联络，共同组织，以期厚集商力等因到署，业经本署布告该船户等迅速筹备。"[③] "航业公会等专为筹办公益事项，并无权利可言，凡属轮帆船员，皆当同力合作，固结团体，以图航业之发展。"[④]

航业公会组织的出现主要有两方面的原因：一是与当时中国航业权旁落有重要关系，二是与当时的国际环境有关。绅商们希望通过建立这

---

① 《商民任劭亭等情组织天津中国航业公会呈并津商会致实业厅请示函》，天津市档案馆等编：《天津商会档案汇编（1912—1928）》第3册，天津人民出版社1992年版，第3238页。
② 《商民任劭亭等情组织天津中国航业公会呈并津商会致实业厅请示函》，天津市档案馆等编：《天津商会档案汇编（1912—1928）》第3册，天津人民出版社1992年版，第3238页。
③ 《航业公会限期成立》，（天津）《大公报》1927年11月21日。
④ 《航业公会限期成立》，（天津）《大公报》1927年11月21日。

种组织，联合商力，发展航业。以天津为例，至 1919 年，所有从事中国远洋及沿海贸易的轮船公司都在天津设置分行或代理人，在正常情况下，所有主要海运国家的船只都进出于本口。第一次世界大战爆发不久，抵达天津的船只数量减少。"欧战爆发不久，法商轮船公司（The Compagnie des Messageries Maritimes）就撤离直航欧洲航线，英国政府征用该国各家轮船公司在远东的很多船只以应战争之需。天津是俄国义勇舰队定期航线顺访的口岸之一，但很久以前已中断。"① 而中国航业由于力量较弱，不足以形成大规模运输能力，需要联合起来才能形成一个较大的航运市场。对于民间申请建立船业公会的请求，直隶地方官顺应了民意。1916 年，《天津县姒锡章请调查焦雅亭等可否组织船业公会咨并津商会复函》中提出，为维持船业借便运输，恳准立案。函文称："此次焦雅亭、高寿峰等禀请设立船业公会，察阅简章虽与船运保险公司规则不同，然亦有会费等项。究竟与商民有无窒碍，应否设立，自应咨请详确查明，妥议函复，以凭核夺。"② 后经查明，该会以维持船业，保护商民为宗旨，直隶地方政府予以支持，加快了直隶船业公会组织的发展进程。

然而，成立航业公会并非一帆风顺，其中也产生了许多误会。尤其是中国航业公会在筹备过程中出现的耿树和等人指控刘芳萍的案件，经天津商会查明是一场误会。之后，直隶成立航业公会的各项工作正常进行。

1924 年，商民耿树和等指控刘芳萍等非法设立航业公会，并向天津商会报告此事，报告书称："津埠经营航业者八百余家，常被外国轮船撞落水内，因之丧家败产者不一而足。中国官厅限于条约，无能过问。被害同业素无联络，势力微弱，欲与抵抗，尤所不逮。树和等因于本年二月间，公请任劭亭等十人以上发起组织天津中国航业公会，曾在南善堂召集同人选开会议，并在河北三马路东兴里二号设有筹备处，对于会章逐条修改力求完善……不意有刘芳萍等并不合部章第五条第一项

---

① 聂宝璋、朱荫贵编：《中国近代航运史资料》第二辑（1895—1927）（上册），中国社会科学出版社 2002 年版，第 325 页。

② 《天津县姒章请调查焦雅亭等可否组织船业公会并津商会复函》，天津市档案馆等编：《天津商会档案汇编（1912—1928）》第 3 册，天津人民出版社 1992 年版，第 3233 页。

及第三条，竟以九人秘密集议，亦假公会之名，尽先呈明省长转咨交通部，希图朦混核准，以达鱼肉航业之目的……议决对刘芳萍所组织不合法之公会决不承认，公推树和等代表，于八月十七日电呈交通部以揭破其私。""虽刘芳萍等诡计多端，想贵会明镜高悬，一经调查，必能水落石出，是非判而正义伸，一可整顿航业之会务，二可保护航业之利权。俾树和等代表八百二十五家之船户出水火而登衽席，则感戴无既矣。"① 此后，天津县公署通过调查澄清了事实。最终，船户们公举刘芳萍、吴辅臣、岳鸿源、尹沐波、刘鸿儒、柴咏、王玉珂、王朝凤、蒋文焕、曹耀廷十人为代表，遵照部章，组织公会，借天津三条石六十五号为筹备处。之后，召开成立大会，并召集会员票选会长、会董执行会务，以谋航业之进步。

三　成立其他水务组织

（一）河工讨论会。1917 年，京直水灾发生后，顺直水利委员会会长熊希龄准备在天津造币厂内河工办公处设立临时河工讨论会，适值日本政府派遣内务技监博士冲野忠雄、技师原用真介来华视察，亦准备借此机会集合中外专门技师共同研究京直水务问题。所以，该会制定了简章，明确规定以讨论水患、河工为目的，会员以精谙河道土木工程之中外专门工程师充之。河工事宜处督办及本会会员均得提议案交本会讨论议决办法，会议议案有须付审查者，得由主席就会员中指定数员审查后再行开会报告公决。② 根据规定，河工讨论会每星期开会一次，有紧急事件时得临时召集。河工讨论会在推动京直河道治理方面发挥了一定作用，得到了社会各界的关注。

（二）京兆河务讨论会。为推动水利工作，京兆还成立了京兆河务讨论会，并制定了章程。1925 年，京兆公署公布了《京兆河务讨论会章程草案》③。该草案规定，本会以讨论京兆全区河务根本计划及兴革

---

① 《商民耿树和等指控刘芳萍等非法设立航业公会呈并咨商会调查股报告书》，天津市档案馆等编：《天津商会档案汇编（1912—1928）》第 3 册，天津人民出版社 1992 年版，第 3239 页。
② 参见《天津将开临时河工讨论会》，（天津）《大公报》1917 年 10 月 29 日。
③ 《顺直水利委员会关于京东河道工程事项的材料及京兆河务讨论会章程草案》（1925 年），北京市档案馆藏，档案号：J007—004—00268。

事宜为宗旨。成员主要有内务部土木司人员、顺直水利委员会会员、京兆水利联合会会员、永定河河防联合会会员、永定河及北运河河务局局长等。本会讨论的事件除由京兆尹随时提交外，每个会员均可提出议案，共同讨论。凡提交讨论事件，由指定会员先行审议提出意见书，然后共同讨论。本会每月十五日举行例会，如遇重要事件，可以召集临时会议。本会讨论的事项，一般交由京兆尹查酌办理。从上述草案看，京兆河务讨论会是联系京兆地区各种水利组织的纽带，为切磋水政问题创造了一个良好的平台。

（三）京畿河道善后研究会。1918 年 3 月，京直绅民在北京成立了京畿河道善后研究会，该会有较为健全的机构，设名誉会长一人，会长一人，副会长两人，名誉副会长一人，理事五人，名誉理事和干事若干人。会长和理事由投票选举产生，干事由会长在会员中指定。会员的资格较容易取得，凡京直同乡绅、商、学界，经二人介绍即可。该会会议分职员会和大会，职员会每星期一次，大会由会长随时召集。为便于做事，该会设四股：文书股、调查股、会计股、庶务股，每股设主任干事一人，干事若干人。该会会费由会长负责筹集。根据规定，该会于京畿河道善后工程完全告成时取消。① 该会还制定了《京畿河道善后研究会简章》和《京畿河道善后研究会宣言》。该简章规定："本会为研究河道利害，辅助行政机关而设。"② 从《京畿河道善后研究会宣言》看，该会主要是针对京直河流的治理进行理论研究和工程监督。该宣言提出了建立该会的必要性，对于国家而言，"京畿水患为吾乡切肤之害，今国家派员督办其事，所有任事之人，从事调查，未必有吾人历年经验之周详，欲其事半功倍，则言论补助，责在吾人，此对于国家不可不有此研究会也"。③ 对于乡里而言，"此次治河，不从根本上解决，则吾乡永无宁日。欲从根本上解决，则不免另辟河道，小有牺牲，此等计划，非由各县明达，以国家眼光熟察全体利害，公同决定之，则私心作用必启

---

① 参见《京畿河道善后研究会拟定之宣言和章程》，天津市档案馆等编：《天津商会档案汇编（1912—1928）》第 3 册，天津人民出版社 1992 年版，第 3210—3211 页。

② 《京畿河道善后研究会拟定之宣言和章程》，天津市档案馆等编：《天津商会档案汇编（1912—1928）》第 3 册，天津人民出版社 1992 年版，第 3208 页。

③ 《京畿河道善后研究会拟定之宣言和章程》，天津市档案馆等编：《天津商会档案汇编（1912—1928）》第 3 册，天津人民出版社 1992 年版，第 3209 页。

争端，筑室道谋未见其可，此对于乡里不可不有此研究会也"。① 从京
畿河道善后研究会的宗旨看，主要是对京直河流进行根本治理的研究。
在其计划实施过程中，沿河居民虽然会有一些牺牲，但是从国家利益和
民众的长远利益看是有利的。

（四）堤工会。顺直省议会认为，通常情况下沿河各县堤埝每年由
县署督催民间修补，但往往工程被拖延。为充分利用民间力量修护堤
坝，顺直省议会提出各县应成立堤工会，以加强对河工的统筹协调工
作，所购材料及所雇佣民夫均由绅董经手。从直隶兴办堤工会的情况
看，水灾发生后，各县堤工会在修堤筑防工程中发挥了一定作用。

1919 年，直隶文安、任邱、雄县等很多地方成立了堤工会，1919
年 6 月，文安、大城、河间、肃宁、蠡县、安新、新镇、霸县、雄县、
静海、高阳、任邱等 13 县旅津同乡组织成立了河道研究会，并在省议
员俱乐部召开成立大会，大会选举边洁清为会长，王浚明为副会长，主
持工作，研究河道问题之改良办法。

各县堤工会的设置情况有较大不同，在沿河或地势低洼地区，堤工
会成立较早，而且组织较为完善。1912 年，文安县堤工会成立，王树
南被选为会长，李冠群等 7 人任委员。堤工会下设 7 个分会，各区设专
职主任 1 名，兼县堤工会副会长。堤工会的任务是："组织群众修筑堤
坝，开挖渠道，抗洪救险，保护民众的财产安全。经费筹措按水势大
小、受灾面积、灾情轻重或修挖任务的大小而定。农民按耕种土地亩数
多少，收成好坏纳款，铺店按买卖大小，分类交纳。"② 堤工分会的任
务主要有："组织民工修筑堤埝，开挖河道，抢险救灾，并为堤工会筹
集各项费用。堤工会在当地政府领导下进行工作。"③ 遇到大的维修，
资金往往紧缺，有时需要挪借常平仓。1921 年 8 月 4 日，文安堤工会筹
款防汛遇有要工，就先从常平仓挪借，以应工需，约定秋后由受益各村
如数归还。堤工会的日常工作主要是维护堤岸，1923 年 4 月，文安堤

---

① 《京畿河道善后研究会拟定之宣言和章程》，天津市档案馆等编：《天津商会档案汇编
（1912—1928）》第 3 册，天津人民出版社 1992 年版，第 3209—3210 页。

② 河北省文安县地方志编纂委员会编：《文安县志》，中国社会出版社 1994 年版，第
615 页。

③ 河北省文安县地方志编纂委员会编：《文安县志》，中国社会出版社 1994 年版，第
615 页。

工会栽树固堤，筹款 300 元购买树秧，种植到河堤岸边以固岸身。

安新县地处九河下梢，由于地势低洼，水灾频繁。1914 年，安新县成立堤工会，管理河堤。当时规定："堤工会长由各村选举产生（实为地方豪绅所把持），二年为期，由省政府每年拨给银元 320 元作为经费，其堤岸树木一半归堤工会所有。"① 1920 年，堤工会会长杨木森从天津义岩会贷款 40 万元，并募捐 10 万元，杨自出 5 万元，复修四门堤。1923 年，南堤溃决，县堤工会"借'华洋义赈会'91000 元，将全堤修复。日本侵略军占领境内后，堤工会解散"。② 1919 年 7 月，大城县各村设立堤工会，以便"遇有工程，通力合作以期保障"。③ 1923 年 7 月，任丘县组织堤工会。从堤工会的运作模式看，一般由堤工会会长具体负责本区的堤防安全，必要时政府协助工程的实施。

总之，这一时期，京直水务政策改革出现了一些新特点：各河堤防的修筑既有官修，又有民修，还有民间慈善机构的资助，这反映出当时京直地方水利建设的多元化特点。同时，人们的水资源保护意识逐渐增强，舆论推动作用明显。此外，出现了官民一体的治水模式。鉴于政府财政困难，民间组织水利会、水利联合体的活动越来越多，这些做法得到了地方政府的支持，这种治水模式，改变了以往治河社团的地域性限制，有利于对水域的综合治理。

---

① 安新县地方志编纂委员会编：《安新县志》，新华出版社 2000 年版，第 812 页。
② 安新县地方志编纂委员会编：《安新县志》，新华出版社 2000 年版，第 812 页。
③ 《大城成立堤工会》，（天津）《大公报》1919 年 7 月 5 日。

第五章　京直水利工程建设

　　水利工程建设是水政工作的核心，从水利规划至水利建设，再到发挥水利工程的作用，服务地方社会经济需要多个环节的工作。其中，水利规划是基础，水利建设是关键，水利工程的利用与维护等是保障水利工程发挥效益的重要方面。水利规划作为水利科学的一个独立分支是随着近代水利技术的发展，于19世纪末逐步形成的。最初主要开展有关水利基本资料的搜集和调查工作。20世纪30年代前后，开始编制较大范围的水利计划和较大规模的工程规划。至40年代末，已初步形成了包括调查方法、设计技术、规划方案论证与评价准则等较完整的近代水利规划的理论体系。在北洋政府时期，顺直水利委员会编制了《顺直河道治本计划报告书》《顺直水利委员会整理永定河计划大纲》等，这些规划虽然在科学性、完整性上有很多不足，但在当时产生了很大影响。至于这一时期的水利工程建设，从工程建设目的的角度看，为水利科学施工提供精确数据的水利基础测量工程，为防止洪水灾害的防洪工程，为农业生产服务的农田水利工程，将水能转化为电能的水力发电工程，改善和创建航运条件的航道和港口工程等开始逐步建设。其中，这一时期水利基础测量工作较为突出，防洪工程、农田水利工程、水利枢纽工程也有一定发展。

第一节　京直水利规划

　　北洋政府时期，京直水灾频仍，治理水害成为人们关心的问题，社会各界对于京直水利问题从不同的角度提出了不同建议。孙中山、顺直水利委员会、京直地方官员、京直社会团体，以及关注京直水利的专家，对于京直水利都有不同的规划和构想，对于当时京直水利工程建设均产生了一定影响。

一　孙中山对华北水利的设想

发展水利既是孙中山先生实业建设计划的重要内容，也是其民生主义思想的有机组成部分。孙先生对于华北，尤其是海河流域的治理有较深入研究。他认为，因江河紊乱和政府在水利建设方面的不作为，是导致民生日艰的主要祸根。要从根本上解决华北地区的水害问题，必须依托政府管理职能，将植树作为防止水土流失、保护生态环境的治本之策，将浚河、开辟航运通道、南水北调、开辟商港、发展渔港作为解决百姓疾苦的最迫切手段，科学利用水利资源，将治理水务与开发华北腹地经济有机结合。孙先生关于华北水务的思想不仅在当时有积极指导意义，而且对后世产生了一定影响。

（一）孙中山认识到华北发展水利的必要性

面对华北经常发生的旱、涝灾害，孙中山先生在很多场合发表了治理河道、发展水利事业的看法，他认为，解决华北水务问题不仅十分必要而且非常迫切。

孙中山先生早年就认识到水务与农业发展之间的关系，他在《上李鸿章书》中提到："水道河渠，昔之所以利农田者，今转而为农田之害矣。如北之黄河，固无论矣。"[①]孙先生认为，正是由于"农民只知恒守古法，不思变通，垦荒不力，水利不修，遂致劳多而获少，民食日艰"。[②]从民国初年的实际情况看，尽管广袤的华北河流纵横，但位于华北平原中北部的海河水系十年九涝，位于华北平原南部的黄河水系，亦因沟渠湮废或河水泛滥，导致百姓流离失所，社会动荡不安。虽然明清以来治河问题历来受到政府的关注，但是由于缺乏科学的开发、利用和管理，导致水害这一顽疾到民国时期一直未能得到有效解决。孙中山先生面对河水的泛滥和百姓的疾苦感到非常痛心，他说："黄河之水，实中国数千年愁苦之所寄，水决堤溃，数百万生灵，数十万万财货，为之破弃净尽。"[③]当时，孙先生看到整治水务已刻不容缓，但由于在任

---

① 《上李鸿章书》，《孙中山选集》（上卷），人民出版社1957年版，第9页。
② 《上李鸿章书》，《孙中山选集》（上卷），人民出版社1957年版，第9页。
③ 《建国方略》，《孙中山选集》（上卷），人民出版社1957年版，第202页。

总统时间较短，未能推行其治河计划。孙中山先生卸任大总统职务后，专心实业规划和建设，提出了宏大的水务整治计划，并将其水务改革方案与交通发展、实业建设、城市规划相联系。

华北频繁的旱、涝灾害，使孙中山感到整治水务的迫切性。作为华北主要水系的海河，是直隶、京兆全部河道之总尾闾，但"海河容量约得永定河五分之一，若加以其他河水，则仅容全部三十分至四十分之一耳"。① 其下游河槽容量不足以供其上游河水全部宣泄，导致海河流域夏季河水泛滥的情况几乎年年发生。而且，永定河、滹沱河等发源于黄土高原，河水挟带的大量泥沙淤积于河底，使河床增高，河流不畅。所以，北京、沧州、天津一带水灾迭见。尤其是 1917 年的华北大水灾，永定河、南运河、北运河、潮白河等相继溃堤，洪水泛滥，京汉、京奉、津浦铁路相继中断，一百余个村庄被淹，数百万人受灾。1920 年的华北特大旱灾，不仅使直隶粮食歉收，有些地区甚至绝收，而且灾情迅速波及河南、山东、山西、北京等地。据统计，这次直、鲁、豫、晋、陕五省大旱灾，是 40 年以来未有之奇灾，"灾民二千万人，占全国五分之二，死亡五十万人，灾区三百十七县"。② 仅直隶受严重旱灾的州县就达 103 个。与旱灾同时并发的还有蝗灾、疫灾等灾害，这些灾害不仅使农业歉收，给农村社会经济造成极大危害，而且直接影响到农产品的进出口贸易。与此同时，难民四出、流民队伍陡增等社会问题，已经严重威胁到北洋政府的统治。

黄河的经常决口与河水泛滥，也使华北经济与人民生活受到严重影响。黄河以善决、善徙著称，其下游河道的变迁极为复杂。自清咸丰五年（1855）决口以后，黄河下游结束了 700 多年由淮入海的历史，又回到由渤海湾入海，这一变化再次增加了黄河泛滥给华北带来的危险。尤其是自武陟、荥阳以下，黄河正式进入华北平原后，由于河水流路紊乱，溃堤事件经常发生。洪水过后，不仅农田被吞没，留下的大量泥沙，使大片土地碱化或成为沙荒地，对华北的农业生产带来十分不利的影响。所以，孙先生认为整治华北水务，改善农业生态环境已经迫在

---

① 《军政府内政方针草案》，张研、孙燕京主编：《民国史料丛刊》第 272 册，大象出版社 2009 年版，第 447 页。

② 邓拓：《中国救荒史》，武汉大学出版社 2012 年版，第 33 页。

眉睫。

（二）孙中山对华北水利建设的构想

为从根本上解决华北水务问题，孙中山先生大胆提出了其水务改革思路。即在强化政府对水务管理职能的基础上，将治水与保护生态环境有机结合，加强河道与港口的立体开发，最终实现治水与用水结合、治标与治本结合、政府管理与民间参与结合、治水与发展经济结合的目标。

一是强化政府对水务的管理职能。孙中山从国内的实际情况和国外的管理经验两个方面，谈了政府加强水务管理职能的必要性。孙先生认为："铁路、矿产、森林、水利及其他大规模之工商业，应属于全民者，由国家设立机关经营管理之。"① 而且，一个国家建设的首要任务是关注民生，对于解决全国人民之衣、食、住、行四大需要，政府有天然的职能。所以，政府在"修治道路、运河，以利民行"② 等方面理应发挥重要作用。而且，由于"土地之岁收，地价之增益，公地之生产，山林川泽之息，矿产水力之利，皆为地方政府之所有"，③ 政府亦有责任"经营地方人民之事业，及育幼、养老、济贫、救灾、医病，与夫种种公共之需"。④ 孙先生还认为，从西方国家的经验看，"泰西国家深明致富之大源，在于无遗地利，无失农时，故特设专官，经略其事，凡有利于农田者无不兴，有害于农田者无不除。如印度之恒河，美国之密士，其昔泛滥之患亦不亚于黄河，而卒能平治之者，人事未始可以补天工也。有国家者，可不急设农官以劝其民哉！"⑤ 中华民国成立后，政府加强水务整治及发展农田水利事业的任务已经提到了议事日程。孙中山先生就任南京临时政府大总统不久，即在中央政府机构中设立了实业部，在实业部下设的四个司中，农政司负责农政、林政、河政等事务。孙先生辞去临时大总统职务后，仍力促北洋政府在中央设立农林部，主

---

① 《中国国民党宣言》，中山大学历史系孙中山研究室、广东省社会科学院历史研究所、中国社会科学院近代史研究所中华民国史研究室合编：《孙中山全集》第 7 卷，中华书局 1985 年版，第 4 页。

② 《建国大纲》，《孙中山选集》（下卷），人民出版社 1957 年版，第 569 页。

③ 《建国大纲》，《孙中山选集》（下卷），人民出版社 1957 年版，第 570 页。

④ 《建国大纲》，《孙中山选集》（下卷），人民出版社 1957 年版，第 570 页。

⑤ 《上李鸿章书》，《孙中山选集》（上卷），人民出版社 1957 年版，第 10 页。

管全国农务、水利、畜牧、蚕业、水产、垦殖等事务；在地方设置劝业科，负责山林、河泽及土地事宜。

　　1918 年，孙中山以英文发表了《国际共同发展中国实业计划——补助世界战后整顿实业办法》一文，1921 年，该文章以中文发表时改名为《建国方略之一——实业计划（物质建设）》（简称《实业计划》）。这是一个以国家工业化为中心，使国民经济全面发展的建设规划。其中，水利方面以民国初年江、河、海初步勘测成果为依据，提出兴建北方、东方、南方三大海港，整治长江、黄河、海河、淮河、珠江五大河，发展航运、水电、灌溉等水利发展规划。

　　二是将治水与保护生态环境有机结合。孙中山先生认为，治水是一项综合工程，要达到水务综合治理的目的，必须标本兼治。治标主要是疏浚河道、建筑堤坝；治本主要指种植森林，以加强水土保持工作。只有将治水与保护生态环境有机结合，才能使生态环境良性循环，最终达到保护民生的目的。

　　首先，疏浚河道、建坝立闸。孙中山先生认为，华北遭遇水灾的原因主要有两个方面：一是黄河及海河的主要支流发源于黄土高原，每年雨季，大量的泥沙被裹挟而下，之后在平原地带沉积，导致河床逐年增高，影响下游河水的宣泄，进而导致黄河、海河泛滥。二是上述河流从高原到平原的落差较大，一旦遇到大雨或暴雨，极易使河坝被毁。所以，对于黄河、永定河、汾河等其发源地在黄土高原的河流，"清淤"是治理的关键。而对于危害较大的黄河，还应当重点将其出口疏浚，以畅其流，"俾能驱淤积以出洋海"。① 孙中山先生提出，"把河道和海口一带来浚深，把沿途的淤积沙泥都要除去。海口没有淤积来阻碍河水，河道又很深，河水便容易流通，有了大水的时候，便不致泛滥到各地，水灾便可以减少。所以浚深河道和筑高堤岸两种工程要同时办理，才是完全的治标方法"。② 在此基础上，修筑长堤，并使堤坝远出深海。修堤时，使堤坝两岸成平行线，以保河幅划一，河水流速，且防积淤于河底。在地形条件较好的地方，还应加筑堰闸。

　　其次，开展大规模植树造林活动。孙中山先生认为，要从根本上解

---

　　① 《建国方略》，《孙中山选集》（上卷），人民出版社 1957 年版，第 202 页。
　　② 《三民主义》，《孙中山选集》（下卷），人民出版社 1957 年版，第 818—819 页。

决山地及丘陵地区的水土流失问题，必须广植森林。他说："近来的水灾，为什么是一年多过一年呢？古时的水灾为什么是很少呢？这个原因，就是由于古代有很多森林，现在人民采伐木料过多，采伐之后，又不行补种，所以森林便很少。许多山岭都是童山，一遇了大雨，山上没有森林来吸收雨水和阻止雨水，山上的水便马上流到河里去，河水便马上泛涨起来，即成水灾。所以要防水灾，种植森林是很有关系的。"[1] "有了森林，遇到大雨时候，林木的枝叶可以吸收空中的水，林木的根株可以吸收地下的水。如果有极隆密的森林，便可吸收很大量的水。这些大水，都是由森林蓄积起来然后慢慢流到河中，不是马上直接流到河中，便不至于成灾。所以防水灾的治本方法，还是森林。"[2] 此外，多栽树木不仅是防治水灾的根本办法，也是防治旱灾的有效途径。孙中山先生认为，因为有了森林，"天气中的水量便可以调和，便可以常常下雨，旱灾便可以减少"。[3] 不仅如此，森林还可以防止水土流失、保持生态平衡，所以，"我们研究到防止水灾与旱灾的根本方法，都是要造森林，要造全国大规模的森林"。[4]

三是加强河道与港口的立体开发。为充分利用华北的水利资源，孙中山先生主张对华北的河道和港口进行立体开发，除了在华北建设三个大商港外，还要建电厂、开辟航线、建渔港，并使海运线路与陆路交通相呼应。

首先，建商港。关于商港之开辟，孙中山先生提出，在中国中部、北部、南部各建一大洋港口，并沿海岸线建种种之商业港及渔业港。同时，在通商航河沿岸，建商场船埠，使"铁路中心及终点并商港地，设新式市街，各具公用设备"。[5] 这样，水路交通与陆路交通可以相辅而行。孙先生认为，在华北首先应建三大港：北方大港、黄河港、芝罘港，这三个海港的建设，将在华北形成三条东西向重要交通线的陆路终点和海上运输枢纽。按照孙中山先生的规划，北方大港（见图5-1）位于直隶湾（今渤海湾），与今天河北省曹妃甸港位置大体相当，这一

---

① 《三民主义》，《孙中山选集》（下卷），人民出版社1957年版，第819页。
② 《三民主义》，《孙中山选集》（下卷），人民出版社1957年版，第819页。
③ 《三民主义》，《孙中山选集》（下卷），人民出版社1957年版，第820页。
④ 《三民主义》，《孙中山选集》（下卷），人民出版社1957年版，第820页。
⑤ 《建国方略》，《孙中山选集》（上卷），人民出版社1957年版，第190页。

港口的建设主要是为解决华北北部东西向交通及商贸出口问题。

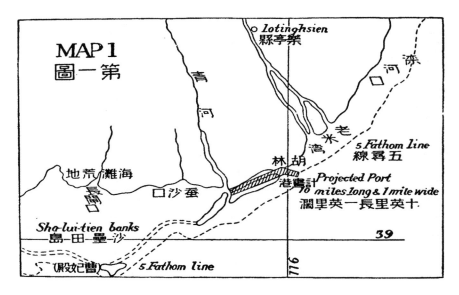

图 5 - 1　北方大港图

资料来源:《孙中山选集》(上卷),人民出版社 1957 年版,第 195 页。

　　该港口"自北方大港西北行,经宝坻、香河以至北京。由北京起,即用京张路轨,以至张家口,由此以进入蒙古高原,于是循用商队通路,向西北行,以至陈台、布鲁台、哲斯、托里布拉克。自托里布拉克向西,取一直线,横度内外蒙古之间平原及沙漠,以至哈密,以与东方大港塔城线相联络,而该线则直通于西方新疆首府之迪化,故此线即为迪化城与北京及北方大港之直通线"。① 这条线路建成后将成为华北北部的东西向大通道。孙中山提出他的想法后,美国派专门技师往北方大港考察、测量,认为这里确实为直隶沿海"最适宜于建筑一世界港之地"②。孙中山建立北方大港的计划,在直隶引起了较好的反响,"为直隶省人民所热心容纳,于是省议会赞同此计划,而决定作为省营事业,

---

① 《建国方略》,《孙中山选集》(上卷),人民出版社 1957 年版,第 281—282 页。

② 《建国方略》,《孙中山选集》(上卷),人民出版社 1957 年版,第 194 页。

立即举办"。① 孙中山先生还计划在黄河口建黄河港，该港位于黄河河口北直隶湾之南边，离计划中之北方大港约八十英里。该港建成后不仅可以大大加强直隶与山东、河南、湖北等省的联系，而且与北方大港相呼应，进一步增强了华北中北部沿海的货物转运能力。芝罘港的兴建主要是为解决华北中南部东西向交通及内货外运问题，"此线起于山东半岛北边之芝罘，即横断此半岛，经过莱阳、金家口，以至于其南边之即墨；由即墨起，向西南，过胶州湾顶之洼泥地，作一直线，至于诸城，既过诸城，越分水界以入沭河谷地，至莒州及沂州，进至徐州，与津浦海兰线相会。自徐州起，即用津浦路轨，直至安徽之宿州，乃分路至蒙城、颍州，过省界，入河南光州，即于此处与北方大港汉口线相会，由之以至汉口。此线自芝罘至光州长约五百五十英里"。② 这条线路不仅可以加强山东、河南、安徽、湖北等省腹地与海港的联系，而且，自芝罘港向西的通道穿越了许多偏僻和贫穷地区，必将为当地经济发展带来转机。

其次，开辟航道。孙中山先生提出，"我们要解决将来的吃饭问题，可以运输粮食，便要恢复运河制度，已经有了的运河，便要修理，没有开辟运河的地方，更要推广去开辟"。③ 所以，应当重视并利用人工河，尤其是运河，使其作为铁路运输的重要补充。而且"中国古时运送粮食最好的方法是靠水道及运河。有一条运河是很长的，由杭州起，经过苏州、镇江、扬州、山东、天津，以至北通州，差不多是到北京，有三千多里路远，实为世界第一长之运河。这种水运是很利便的，如果加多近来的大轮船和电船，自然更加利便"。④ 孙先生在《建国方略》的"实业计划"篇首中提到，要开发交通，修浚现有运河是非常必要的，尤其是杭州至天津间的运河。为使航运计划顺利推行，应根据我国的实际情况建造船厂，发展本国的商船队。针对中国商船运输落后的状况，孙先生按照中国当时的人口比例提出，"至少须有航行海外及沿岸商船一千万吨，然后可敷运输之用"。⑤

① 《建国方略》，《孙中山选集》（上卷），人民出版社 1957 年版，第 263 页。
② 《建国方略》，《孙中山选集》（上卷），人民出版社 1957 年版，第 283 页。
③ 《三民主义》，《孙中山选集》（下卷），人民出版社 1957 年版，第 816—817 页。
④ 《三民主义》，《孙中山选集》（下卷），人民出版社 1957 年版，第 816 页。
⑤ 《建国方略》，《孙中山选集》（上卷），人民出版社 1957 年版，第 273 页。

最后，兴建渔业港。利用本国的海岸线建渔港，开发渔业资源，是西方各国增强实业的重要途径。孙中山先生认为，中国沿岸有许多地方适合建渔港，可以在中国北部、东部、南部先建设十五个渔港。根据孙先生的计划，可先行在奉天、直隶、山东三省海岸设五个渔业港，这五个渔港是："（1）安东，在高丽交界之鸭绿江。（2）海洋岛，在鸭绿湾辽东半岛之南。（3）秦皇岛，在直隶海岸，辽东湾与直隶湾之间，现在直隶省之独一不冻港也。（4）龙口，在山东半岛之西北方。（5）石岛湾，在山东半岛之东南角。"① 这样，中国的海岸线百英里以内有一港口，渔港与商港相呼应，可以达到地尽其利的目的。在兴办渔港的同时，孙先生建议，还应建造内河浅水船及渔船，以便将水产品及时转运，获得更大的经济效益。

四是引江入河。即将长江之水引入北方干旱地区，以缓解南涝北旱的状况。孙中山先生发现，长江流域的洪灾与黄河流域的旱灾不是同时发生，往往是长江洪水泛滥时，黄河流域正干旱无水。如果能够引长江洪水进入黄河，则江无洪灾，河无干旱，双赢双益，齐利中华。基于此，孙先生提出了南水北调的两个方案：一条路线是从甘肃的康县、成县，到陕西的凤州、宝鸡峡，引水入渭河，通过渭河补充黄河水量，即西线；另一条路线是在三峡筑坝拦截长江，修渠引水过南阳盆地，流入新郑、郑州，直接进入黄河，之后再引水北上，即东线。尤其是东线，在施工难易程度以及南水北调后的受众范围方面，均有极大的可取性。

孙中山先生关于华北水务整治的思想不仅在当时有重要的指导作用，而且对京直的水利建设产生了积极影响。

一是推动了植树造林活动。孙中山先生一直重视植树造林活动，他明确提出我们防止水灾与旱灾的根本方法，就是要造森林，要造全国大规模的森林。尤其是"于中国北部及中部，建造森林"。② 孙先生就任临时大总统后，即布告国民，振兴实业。他认为推广农林以兴实业的关键在于兴办农林之学，防止水灾和旱灾的根本方法就是要造林植树。受其影响，1914年，北洋政府颁布了中国近代第一部《森林法》。1915年，北洋政府又规定每年"清明为植树节"。之后，京兆、直隶、河

① 《建国方略》，《孙中山选集》（上卷），人民出版社1957年版，第271页。
② 《建国方略》，《孙中山选集》（上卷），人民出版社1957年版，第190页。

南、山东等地相继制定了《种树赏罚章程》，将植树多少作为考评各县劝业业所政绩的依据之一。二是兼顾京直水务改革与华北腹地经济发展。孙中山认为，只有通过航道的疏浚，增强华北水上运输能力，使河运、海运成为陆路交通的重要补充，才能使京直乃至整个华北的水利资源得到充分开发和利用，促进华北腹地经济发展。这样，治河不仅可以防止水患，而且能增强华北内部，以及华北与外部之间的贸易交流。根据孙中山先生的计划，在兴建北方大港、开浚运河的同时，亦修筑铁路，并将铁路修至中国西北端，使沿海与腹地的联系得到进一步加强。就北方大港而言，该港与海河流域铁路网建设有机结合，使甘肃、山西、陕西三省可以"循水道与所计划直隶湾中之商港联络，而前此偏僻三省之矿材物产，均得廉价之运输矣"。① 这样既可以利用山西煤铁矿源，设立制铁、炼钢工厂，又可以使西部的原料及各类产品很便捷地运抵沿海。这一计划如果实现，其受众范围将大大扩大，因为该港口"西南为直隶、山西两省，与夫黄河流域，人口之众，约一万万。西北为热河特别区域及蒙古游牧之原，土旷人稀，急待开发"。② 此外，孙先生的这一计划还有利于收回利权，推动中外贸易的发展。作为对外贸易的重要口岸，天津为北方最大的商业枢纽，每岁冬期，封冻数月，中外贸易受到严重影响，而北方大港作为优质不冻港，它的建成将会大大改变这一状况。总之，北方大港的兴建，不仅有利于华北的水路与陆路运输发展，而且有利于华北、西北、华中等地的联系。同时，水陆交通运输网络系统进一步完善，可以促进华北区域开发，以及加强华北与国际的经济往来与合作。目前，作为河北省重点开发的曹妃甸港与孙中山先生所说的北方大港的选址非常接近，这足以说明孙中山先生有远见之明。三是"引江济河"设想奠定了"南水北调"蓝图。孙中山是倡导南水北调的先驱人物，为解决长江洪水泛滥时黄河干旱无水的状况，孙先生提出了东线和西线两个引水方案。目前，我国正在实施的"南水北调"工程与孙先生所提出的东线引水北上方案，在思路上几乎是一致的。孙中山先生在京直水利规划方面的"治理—开发—利用"思想，集中体现了其关注民生的价值观。其水务改革构想不仅将京直水务放到华北水利区考

① 《建国方略》，《孙中山选集》（上卷），人民出版社 1957 年版，第 202 页。
② 《建国方略》，《孙中山选集》（上卷），人民出版社 1957 年版，第 193 页。

虑，而且将华北水利区、黄河水利区、长江水利区相联系，为华北摆脱水害之苦提供了有效的解决思路。而且他注重生态环境保护与经济可持续发展的关系，推动了政府在水务问题上由"自在"到"自为"的意识转换，为当今发展水利事业提供了重要的借鉴和参考。

二 京直官民与地方水利规划

在京直水利规划中，京直地方官民也对当地水利问题提出了一些建议，其中有些建议有一定的可行性。

（一）直隶地方官民与京直水利构想。连年不断的水灾，使地方政府官员对水灾之害有了比较清醒的认识。1912年，中华民国建立不久，时任直隶督军的冯国璋即商请天津商会，研讨根治直隶水患办法。他说："吾直河道久废弗治，频年漫决，居民重罹沈灾，虽工赈兼施，而补葺已晚。考其积弊，实因河身淤垫日高，下游宣泄不畅。岁例修防之款，仅敷培筑堤工，财政支绌，无为久远之计者。是以每遇霖雨倾注，则漫溢为患，沿河地方尽成泽国。国璋上月由保旋津，亲历河干，目睹横流泛滥，民田积水未消，怒焉心伤，神明内疚。窃以为河患已久，亟宜从根本规划，断难仅顾目前。"① 之后，冯国璋派人与海防河工局洋工程司及红十字会顾问美国人福开森联系，详细规划疏浚全省河道之事。

张恩祐是永定河河防联合会的主要成员，对永定河治理有自己独到的见解。他在《永定河治本治标办法之我见》中提出，治理永定河的计划一是治本办法，二是治标办法。针对当时人们所主张的治河应使下游畅尾闾，中游造大湖，开沟渠，上游种植森林等观点，他认为这样的计划大而周，工程浩大，需款动辄数千万。当此民穷财乏之际，即使政府有疏治之决心，能否同时举办数项大工程是最大的问题。所以，目前治本之办法，应当在永定河下流与北运河汇流处北辛庄地方向东开辟一新道，穿过塌河淀，泄入金钟河，由北塘口入海。此道新河一开，不仅可以宣泄永定河之洪水，而且可以宣泄北河及凤河支流之水。关于治标办法，张恩祐提出永定河发源于山西，绵长千里，两面环山。从直隶之

---

① 《冯国璋请商会出席研讨根治直隶水患办法函》，天津市档案馆等编：《天津商会档案汇编（1912—1928）》第3册，天津人民出版社1992年版，第3206页。

怀来县，由水关而入，然后达石景山。石景山以东始有堤岸，水流壅泥夹沙十分浑浊。而且善决善淤，迁徙不定。到北洋政府时期，永定河河底高出堤外平地丈余，而堤则更高一二丈不等，俨然筑墙堵水。一经溃决，则沿河八县庐舍将被淹没成一片废墟。而且，只要上游决口，下游即淤，尾闾日塞。所以，为今之计唯有用治标之法，"先将河之尾闾展挖宽深，使洪流得以畅然下注，然后再用治本之法"。① 具体而言，其治标办法包括四个方面：（1）裁弯取直以正河形。每届大汛，山水暴发，永定河水专恃卢沟桥以下之减水坝、金门闸等不足以宣泄，河身年年淤垫。每年伏水盛涨，宣泄稍有不及，则下游村庄成为一片汪洋。所以，欲使河道不淤堵，必须将下游弯曲处予以挑直，使水流宣泄顺畅。（2）疏浚下口以决其壅滞。永定河水性猛烈，夹泥带沙，导致下口淤塞。以致上有来源，下无去路。所以，应投入人力物力挑浚下口。（3）铲除水坝。鉴于永定河堤内土坝较多的情况，张恩祐提出应对河道进行大力整治，铲除河道内的土坝，使水流畅通。（4）疏浚河道。为提高治河效率，应当多购置挖泥船，以疏浚河道。张恩祐说："以上所拟四条，如能依次施治，则尾闾之势既畅，胸腹之气自舒，南淹北溢，立可消除。否则，专讲修培堤埝，不言疏浚河身，乃河之下游，已塞归壑之路，而上游犹筑居水之垣，是厚蓄其毒以待溃耳。"②

从上述资料看，京直官民对当地的水利改良计划主要集中在永定河。

（二）京兆尹薛笃弼与京兆水利规划。薛笃弼③在任京兆尹期间，非常关注水利问题。他拟定了《治理京兆计划书》，提出治理京兆河务的12条建议。（1）堵筑永定河决口。1924年，永定河决口使数百万灾民的生活受到严重影响。所以，修护永定河已是势在必行。至于资金问题，他提出由京兆尹公署设法请求政府允盐余担保借款七十万元，专为堵决大工之用。至于堵筑工程的施工问题，他提出由政府派员督办。

① 张恩祐：《永定河疏治研究》，志成印书馆1924年版，第90页。
② 张恩祐：《永定河疏治研究》，志成印书馆1924年版，第93页。
③ 薛笃弼（1890—1973），山西运城人，山西法政学校毕业。早年参加同盟会，辛亥革命后先后任河津县地方审判厅审判长、临汾地方审判厅厅长，1914年任陆军第十六混成旅秘书长兼军法处处长，1923年任北洋政府司法部次长、国务院代秘书长，1924年任内务部次长、京兆尹。1925年，他所著《治理京兆计划书》由京兆尹公署印刷发行。

（2）疏浚永定河下游。薛笃弼认为，筹款疏治与堵决工程应同时并举。
（3）筹办永定河善后工程。1924年，永定河决口后，两岸土石被洪流冲刷坍塌，使两岸保护民产之堤岸全无御水之能力。因京兆地方政府财政困难，所以他希望内务部筹款办理。（4）修理河堤东路。为巩固堤防运输便利起见，永定河河务局曾商请赈务处拨给赈粮四百五十石办理工赈，并就永定河北岸河堤筑成长途汽车路。不久，这条由京西跑马场至天津的河堤路开始行车。不但全河运输便捷，堤埝更加巩固，商民皆称便利。（5）修补北运河河堤。北运河水性虽不似永定河之难治，然而1924年大水，沿河居民亦遭受了巨大损失。所以，辖区内河务局应随时修护河道，以免再生水患。（6）修理通惠河路。通惠河南北两岸是由通县直达京师之孔道，因年久失修，易成水患。薛笃弼令北运河河务局一并勘估，就春工岁修项下拨款交付村民，官督民办，以期修治。
（7）减滚水坝高度。王家场滚水坝原为操纵流入北运河之洪水，顺直水利委员会所定该坝高度为高出大沽水平线二十七公尺六公寸六公分。经交涉，已减去六公寸六公分。此举可免无数危险，滚水坝高度减去后，下游居民获益颇多。（8）苏庄水闸挖沙。苏庄水闸本为顺直水利委员会所修，1924年雨水过大，泥沙堆积，若不挖浚，有很多危险。
（9）督促浅水闸工。薛笃弼认为浅水闸之关闭与东南各县人民生命财产关系至为重要，因李遂镇未决口以前，东南各县尚无收获春麦。自决口后，数年来屡被淹没，所以应尽快关闭此闸。（10）分配补助堤款。京兆各县民堤、民埝急需修理。薛笃弼给督办赈务处发电，请拨给京兆赈款七万元，补助京兆各县民堤、民埝经费。（11）堵筑三河决口。三河决口，宝坻首当其冲，该两县绅民因此发生利害冲突。薛笃弼特准从本署赈款中拨二千元，由三河县知事会同宝坻县知事负责办理，限期合拢决口，并另定修守方法，以期永固堤防。（12）注意王庄险工。青龙湾减河王庄一带民堤连亘武邑、香河、宝坻三县地方，堤段绵长。1924年，该堤冲刷殆尽，若不特予补助，将来危险不堪设想。薛笃弼建议用赈款补助民堤，遂将所余之二千元全部拨交该三县。京兆尹薛笃弼的上述建议非常有针对性，其中许多建议得以实施。

永定河河务局局长兼浚河工程处主任孔祥榕也制定了永定河引河工程计划，其计划分两段：第一段引河自南上二工第一决口至第三决口迤下止，工长三千一百公尺，挖深自数公分至二公尺不等，底宽三十公尺，做成河底为三千一百分之一斜度，两帮均为一五坡，右岸出土须距口边五十公尺。第二段引河自南上三工第四决口迤上起，工长四千四百公尺，挖深自数公分至三公尺不等，底宽三十公尺，做成河底三千分一之斜度，两帮均系一五坡，左岸出土须距口边五十公尺。为使工程顺利实施，1925 年，进行了招标施工。①

（三）水利专家著书立说表达对京直水利的看法。地理学家白眉初发表了《华北水利论》《论直隶水灾之由来及将来水利计划》等文章。白眉初认为，直隶治水之病是防而不泄，多挖运河使各河连接，就不会造成河水泛滥。另外，多辟入海口，使"渤海之涯处处纳水"。② 这样，"虽秋霖不止，波涛壮阔，而水以分而旱小，河以多而善泄"。③ 之后，再设闸引水，不仅不会受旱涝之苦，而且对于农业和交通大有裨益。

李桂楼、刘绂曾在《河北省治河计画书》等著述中，详细分析了直隶省五大河水患之由来，河北省五大河水患之总因以及救治办法，认为直隶省西、北两面是山脉，地势较高，南邻黄河，东滨大海，中部为广大的平原。这种地形，再加上地处温带季风气候，降水量集中在夏季，极易造成河水泛滥。在民国建立之前，历代治理措施无非修堤防，开减河，这些只是治标办法。他们认为，对于永定河而言，最好的办法是另辟尾闾，此计划不能实行，直隶水患将无停止之日。而且，"大清、滹沱、南运诸河，同受永定急流顶托之害，只要永定另辟尾闾单独入海，则各河之水皆易宣泻"。④ 如果再施以浚淤裁弯之工程，则直隶水患即可得到治理。李桂楼、刘绂曾还提出了华北应兴的水利，他们认为："吾省河流纵横，号称河北多水之区，然只闻有水患，不闻有水利，不善用之也。"⑤ 为改变这种情况，河北兴水利可以分为如下四种类型：（一）灌溉（人工灌溉、机器灌溉）；（二）航运（帆船、轮船）；（三）水力（各种工业）；（四）水产（鱼、苇、菱、藕等）。在直隶境内，在

---

① 参见《浚河工程文件摘要》，孔祥榕编：《永定河务局简明汇刊》，全国图书馆文献缩微复制中心 2006 年版，第 2—3 页。

② 白眉初：《论直隶水灾之由来及将来水利之计画》，《地学杂志》1917 年第 8 卷第 11、12 期合刊，第 28 页。

③ 白眉初：《论直隶水灾之由来及将来水利之计画》，《地学杂志》1917 年第 8 卷第 11、12 期合刊，第 28 页。

④ 李桂楼、刘绂曾：《河北省治河计画书》，中国国家图书馆藏 1928 年版，第 3 页。

⑤ 李桂楼、刘绂曾：《河北省治河计画书》，中国国家图书馆藏 1928 年版，第 23 页。

各河上游水流较缓的地方，人们引水灌田的已经较多。各河下游，尤其是海河两岸，河流稳畅，引流种稻者也较多。只是在中游，春季无水可引，夏季水涝严重，无水利而有水患。所以，应注重对河流中游河水的利用。大清河、南运河、滏阳河虽然有灌溉之利，但是没有普及。之后，应加大开发力度。李桂楼认为，欲中游春季有水可引，必须做好三方面的工作：第一，上游山中多种树（树能吸收地下之水，蒸发为云，落而为雨，又能涵养水泉）；第二，多凿水源；第三，择地建设蓄水池。①

李仪祉②在《永定河改道之商榷》中也提出永定河必须改造，而且，改造的重点在另辟尾闾，以减轻永定河的压力。其理由是："一．防水患。河床高出地面数丈，失水由地中行之旨，溃崩堤埝，淹毁民地，防不胜防，不如另辟槽道使得安澜。二．省河工。河道陵紊，失其轨驭，春工汛守，补堤镶坝。岁岁年年，巨款虚耗，不如根本图治，河防大省。三．保海港。永定为携沙最多之河，下通海河，停沙积淤，海河以塞，轮舶外闭，天津商埠，大受其病。不移永定，海河终难根本清导。大沽沙槛，亦且愈长愈宽。四．畅尾闾。海河在天津一带，宽不及百公尺，其下端复迂曲诡状，而容纳五河之水。平时诸河水小，尚无显害，若过洪涨，宣泄不及，横决旁溃，所在皆是。不如另为永定多辟一口，以畅其出海之道。五．减阴水。由河堤渗入堤内之水，其性寒瘠，大害农植。"③

林传甲④在《大中华京兆地理志》中，对于京兆在沟渠、湖泊、堤闸，以及河防局建设等方面均提出了自己独到的见解。他认为，京兆地

---

① 参见李桂楼、刘绂曾编《河北省治河计划画书》，中国国家图书馆藏 1928 年版，第23—24 页。

② 李仪祉是我国著名水利学家和教育家，现代水利建设的先驱。他把我国治理黄河的理论和方略向前推进了一大步，主持建设陕西泾、渭、洛、梅四大惠渠，树立起我国现代灌溉工程的样板，是陕西近代水利的奠基人，为我国水利事业做出了巨大贡献。

③ 参见李仪祉《永定河改道之商榷》，《华北水利月刊》1928 年第 1 卷第 1 期，论著，第3—5 页。

④ 林传甲（1877—1922），号奎腾，侯官县（今福州市区）人。早年就读于西湖书院，博览群书，尤长经史、地理、文学，1917 年，愤于"外人谋我之急"，在中国地理学会发起编纂《大中华地理志》，并出任总纂。编纂出版有浙江、江苏、安徽、福建、京师、京兆、湖北、直隶、山东、湖南、吉林等省地理志，以及《大中华直隶省易县志》《察哈尔乡土志》等。

方水利莫急于沟渠，城市赖以宣泄，陇亩赖以灌溉。自清代即有营田治水，始于康熙，成于雍正，道光以后沟洫废弛。京兆水多源远流长，弃之则为患，用之则为利，防水患莫重于堤防，蓄水利莫重于闸坝。近代河工着力在堤防，然堤高淤亦高，淤南则决北，淤北则决南。所以，"疏为治本之策"。①

长期在海河工程局任职的水利专家平爵内针对海河淤塞问题，提出了自己的规划意见。他认为要重视淀的作用。他说一般人们认为应在永定河另辟永久而且直接之尾闾，以求能在三角淀附近形成一新淀，此项计划实为当务之急，如再迟延，必致酿成天津商埠之莫大损害。所以，应重视淀的作用。从前引永定河入淀本为淤沙之用，近来三角淀淤沙效用已至止境，势非另觅新淀代替不可。此外，平爵内也提出另辟尾闾入海的观点。他认为，北运河清水在北仓以上与浑河汇流，颇能减轻灾害，海河工程局之所以屡屡要求将潮白河在苏庄附近东决之水局部引回故道，也是这一原因。这种做法虽能阻止永定河灾害于一时，但终非根本救治之法，根本之法仍为在永定河另辟新尾闾入海。而且，目前实已不容再缓，这才是治本之法。为解决问题，他提出了如下办法：（1）仍令永定河之水在杨柳青之北分流下泄，并在汇流之处添做调节活闸。（2）培筑三角淀之堤身，并沿北运河堤加做滚水石坝宣泄。（3）修治普济河，并在欢坨做活闸使与金钟河相通。但是此种办法系使永定河下游增高，如果治本办法不能见诸实施，天津商埠之危险更必尤甚。

三　顺直水利委员会与京直水利规划

顺直水利委员会作为专门治理京直水务的机构，自成立后即全面展开京直水务的规划与建设工作。后来有人评价说顺直水利委员会的工作是"专为计画解决五大河流域之水利问题而设，十年以来，办理治标工程及治水根本计画"。②顺直水利委员会制定了《整理永定河计划大纲》《顺直河道治本计划》等治水计划。此外，顺直水利委员会会长熊希龄

---

① 林传甲著，杨镰、张颐青整理：《大中华京兆地理志》，中国青年出版社2012年版，第61页。

② 《接收后之顺直水利委员会》，（天津）《大公报》1928年8月13日。

撰写了《顺直河道改善建议案》。上述计划主要包括了顺直水利委员会长期关注的整治京直水务的治标计划和治本计划，以及熊希龄提出在水利建设中应遵循的八条原则。

（一）永定河治本计划。顺直水利委员会针对永定河危害较大的特点，重点对永定河提出了改造计划，制定了《顺直水利委员会整理永定河计划大纲》①。在治理永定河的计划中，顺直水利委员会将永定河分为四段：卢沟桥上游段、卢沟桥至双营段、双营至北河段、北河至海段。之所以这样划分，主要是根据永定河的水流和堤坝现状而定的，同时也考虑到其治理的工程问题。（1）卢沟桥上游一段：上游之左岸，当时已有建筑堤坝，若能按年修理，即可无泛滥之虞。（2）卢沟桥至双营一段：永定河在本段中，流行于两岸高堤之间，大水泛滥时水面高出地面数尺。治理办法是于两堤前部建筑与堤成直角之短堤，以减少水流沿堤之冲力，并令其所含之泥沙杂质，因流速之减慢，而沉积于短堤之间。（3）双营至北河一段：永定河在本段中所占面积较大，两岸围堤相距较远，水流迟缓，沙土壅积，河身为之阻塞。所以应实行各种开流之方法，凡遇大水淹没之区，应紧急疏浚河道以宣泄洪水。（4）北河至海之一段：本段之整理，应自北河交流处至金钟河，开辟一新河于北塘，上与蓟运河相连接，此新河不仅可以宣泄永定河之洪水，并可以宣泄北河及其支流之洪水。而且，新河完竣后，永定河自双营至北河交流处一段之河身也可渐渐发展，这样可以使洪水加以节制。要完成上述计划，不仅需要资金数百万元，而且需要迁移许多村庄，困难很大。所以，这一计划直到1928年仍未落实。华北水利委员会成立后制定了更加详细和系统的《永定河治本计划》，并开展了部分工作。后来，由于经费及专业人才的缺乏，该计划未能全部实施。直到新中国成立后，永定河泛滥的问题才得到根本解决。

（二）顺直河道治本计划。为彻底解决京直水患，顺直水利委员会编制了《顺直河道治本计划报告书》，并于1925年公布。其主要内容包括：在永定河上游建官厅水库拦河坝；疏浚治理海河各支流中下

---

① 张恩祐：《永定河疏治研究》，志成印书馆1924年版，第85—87页。

游河道，分流入海，减轻洪水对天津的威胁。由于时局动荡，加上社会上一些人的反对，该计划未能完全顺利实施。但是，顺直水利委员会编制的治标工程和治本工程为顺直水利委员会之后的工作奠定了基础。

顺直水利委员会的治标计划主要包括三岔口裁直工程、天津南堤建筑工程、马厂河建闸及新河工程、新开河建闸及疏浚工程、苏庄建闸及新河工程、土门楼建闸及王庄培堤工程、北运河培堤工程、青龙湾河整理工程、永定河堵口工程等。顺直水利委员会的治本计划主要包括地形测量、流量测量、雨量测量等。顺直水利委员会成立的宗旨是专为解决顺直省区全部治水之根本问题，但是于治水之前附带办理治标工程，以救目前之危机，而所最重者为治本工程，此为该会设立的主要原因。1917 年，京直大水之后，北洋政府委托京畿水灾河工善后事宜处督办水灾善后事宜。但是由于中央和地方政府对于顺直省区之各河流，既无精确地图，又无雨量、流量之记载，材料不全，讨论皆属空议，于是一致主张先行开展测量工作作为治河之基础。而《顺直河道治本计划报告书》就是在测量工作的基础上，通过水利工程建设以解决蓟运河及箭杆河、北运河及各减河、永定河、大清河、卫河或南运河的危害，尤其以解决永定河危害为最要。

在治水计划制订过程中，顺直水利委员会注重水利工程与经济效益的关系。1918 年，顺直水利委员会在第二次审查会上提出了"牛牧屯裁直问题"。委员会认为：牛牧屯是沟通箭杆河与北运河的枢纽，裁直后一方面可以使宝坻等地消弭水灾之患，另一方面杨村以下白河水面复行增高盛涨之际，即足以阻止浑河之浊流，减海河之淤患。当时，专家们提出，关于控制洪水的办法主要有两种：一是建造能应付最大洪水流量之充分的河槽，二是减少流域面积之泄水量，消减洪水之烈度。具体而言就是通过开辟入海尾闾改善现有河槽的容水量，并开地造林，建设蓄水池等措施涵养水源。

顺直水利委员会在治本计划中提到的整理各河计划如下：

对于蓟运河的整理工程计划主要有：牛牧屯操纵机关，京奉路加增六十公尺桥孔桥，宝坻县新河。此外，还要在朱家庄以上裁弯四处，共有土工 2333000 立方公尺。在大薄庄以下裁弯两处，土工 5366000 立方公尺。在此过程中，需要收买民地，宝坻新河需要买地 31666 亩，上游裁弯四处需要买地 3300 亩，下游裁弯需要买地 4900 亩。此外，还需要购买挖泥船。修建工程、挖泥、买地、买船的所有开支，需要 5896000元，加上行政费 1179200 元，全部工程款需要 7075200 元。①

北运河是天津与通州之间重要的运输通道，1912 年之前，潮白河大都流入北运河，之后，因为潮白河在李遂镇决口，大股洪水入箭杆河，于是潮白河上游的雨水将箭杆河作为主要尾闾，只有一小部分洪水取道北运河。为将北运河部分水流挽回故道，顺直水利委员会准备整理青龙、筐儿港河、金钟河、凤河，拟投入工程款 12620300 元。②

永定河汛期的水量在部分河段的流量过大，极易导致决口，所以，顺直水利委员会决定修建水坝、水库拦截洪水，缓解洪水对河岸的冲击。拟办工程主要有永定河双营以上之工程，卢沟桥至金门闸工程，金门闸至双营工程，永定河新沙涨地工程，天津迤南入海新河工程，拟投入的工程款总数为 32795900 元。③

对于大清河的治理，顺直水利委员会主张在天津附近另辟一入海新河，一方面可以排泄西河洪水，另一方面被淹没的地亩也可以早日复耕。顺直水利委员会认为，永定河采取新沙涨地计划后，永定河一部分下行之水需要注入大清河，所以，在大清河开辟新河入海计划更是刻不容缓。这一计划共需经费 12632400 元。④ 此外，对于大清河的整治，顺直水利委员会也建议将大清河浚深，使河流容量加大，以方便船只往来。

对于子牙河及其支流，顺直水利委员会认为，滹沱河、滏阳河两河在未入子牙河之前，两条河的河道往往因壅塞造成洪水泛滥，所以主张开辟一条新河，自子牙河横穿南运河导水，然后由捷地减河入

① 顺直水利委员会编：《顺直河道治本计划报告书》，北京大学图书馆藏 1925 年版，第65 页。
② 顺直水利委员会编：《顺直河道治本计划报告书》，北京大学图书馆藏 1925 年版，第70 页。
③ 顺直水利委员会编：《顺直河道治本计划报告书》，北京大学图书馆藏 1925 年版，第82 页。
④ 顺直水利委员会编：《顺直河道治本计划报告书》，北京大学图书馆藏 1925 年版，第 82 页。

海。但委员会认为，新河修建也会有不利的方面。一是新河横穿南运河后，自交点以下，南运河等于废弃，这样就会导致通天津之航路受到极大影响，二是小站营田原来主要是借南运河入马厂之水以资灌溉，新河造成后，此利益将不复存在。顺直水利委员会提出为挽救航运起见，可以自马厂河造一小引河，以达新河。由于该河所需水量来自子牙河，一旦接济马厂河，冬季天津的水源会因之减少。所以，子牙河的改造牵涉多方利益，但顺直水利委员会认为，如果以救济上游水灾为重的话，采取开挖新河政策较为妥善。至于开挖新河经费，委员会认为，如果以开挖底宽为 50 公尺计算，需要 1500 万元。此外，委员会计划在滹沱河上游南庄附近修建一座水库，各项工程费用需要 2000 万—2400 万元。①

卫河及南运河：顺直水利委员会认为，主要工程是对四女寺河、捷地减河加以整理，减少卫河灾区。四女寺河上游整理需要 65 万元，捷地减河上游整理需要 37 万元。②

（三）顺直河道建设原则与管理。熊希龄所著《顺直河道改善建议案》，主要对京津冀一带的河道治理方案进行了详细的论证和说明，是北洋政府时期北方河防建设史上一部重要文献。熊希龄作为顺直水利委员会会长，掌管京直水利十年，对于治河颇有心得。他不仅建立健全了顺直水利委员会，制订了有关京直水利的治标和治本计划，并提出了在水利建设中应遵循的八条原则。一是改造河流应审慎。熊希龄认为，改良河道最重要的是要考虑科学性，否则可能会造成水患。例如，南运河水并入海河，增加了海河的负担，容易造成洪灾。全国各河发源多自西而东流入海，京直河流基本如此。人工开凿南运河后，将河流天然就下之性因之改变，仅恃海河为排泄之尾闾，所以水灾不断。熊希龄认为，治河重点不外排泄、灌溉、运输三种目的，三者兼顾很难做到，然亦必权其轻重利害以定改善之法。这样，对于国家社会经济才不致有所妨碍。二是应注重历史经验。熊希龄认为，过

---

① 顺直水利委员会编：《顺直河道治本计划报告书》，北京大学图书馆藏 1925 年版，第 83 页。

② 顺直水利委员会编：《顺直河道治本计划报告书》，北京大学图书馆藏 1925 年版，第 84 页。

去京直之河流全恃有东淀、西淀、宁晋淀、三角淀、塌河淀等作为储蓄水池，上游洪水泛滥时，赖此洼淀以减缓汹涌的水势。而且，政府对子牙河之东堤、南运河之西堤的高度有一定限制，不许增加，主要是备大水时之疏泄。淀池内年年挑浚，北运河、大清河借清水刷沙，无非备大水时之淤垫。但是，这样做效果并不明显。之前，贾镶曾提出徙冀州之民，不使人民与水争地。熊希龄认为此办法有一定的可行性，为此他提出在被水淹积之洼地，设法筹款，将人民迁往他处。三是治本工程之难缓。顺直水利委员会花费十年时间搜集了大量材料，绘制了较为精确的地图，并且制订了《顺直治本计划书》以备治水工程之用。熊希龄希望中央政府与地方政府积极推进工程建设，否则时过境迁，前期投入的工作将会化为乌有。四是河道管辖权应改革。历史上，各朝代在全国河道治理方面，国家设立专官以总其事。但是，自中华民国成立后，中央财政因支绌之故，遂以各河事权分归各省担负，河务国有制度从此遭到破坏。永定河、北运河同在畿辅，而京兆、直隶各分其上下游以为界。京兆每年收入仅百余万元，而永定河、北运河两河每年所需经费就达上百万元，京直地方政府可以投入水政的经费有限，而财政部也无款可拨，河工废置。不仅京直如此，其他地方也存在因治河权分割到各省而影响水利建设的问题。熊希龄建议，河流归国家统一治理，国家统一治河可以统配资源，有较多好处。当然，在执行这一政策时也应灵活掌握。如"凡属干线河流，有数省联带者，均归国有，其支线河流全在一省内者，均归省有。照此划分，亦可免除纠纷"。① 五是应设立统一之水利机关。熊希龄认为，管理河道之机关不统一会造成很多弊端。中华民国成立后，在中央既设内务部，又设全国水利局。而在京直地区，永定河上下游受京兆、直隶两地管理，不便统一事权。而从河务机构而言，既有河务局，又有其他水利等处所，职权分散。六是应去除河流变迁之隐忧。京直河流不易治理，主要是因为河流善徙。永定河含沙量大，淤塞河道后水道往往迁移，河流改道造成的危害极大，这一点应特别注意。七是加

---

① 《顺直河道改善建议案》，周秋光编：《熊希龄集》第 8 册，湖南人民出版社 2008 年版，第 209 页。

强工程的后期维护。工程的后期管理非常重要，尤其是管理机构之间的协调工作必不可少。顺直水利委员会的治标工程，如马厂新开河、苏庄、青龙湾、金钟河之闸门及新河之堤防，其有十余处之多，工竣以后，工程的维护成为非常重要的问题。闸门砖石难免受洪水冲击受损，若不随时修理，即可溃堤。此外，马厂新开河、苏庄各闸启闭，往往因地方官所辖屯田、船闸或残堤之利害互相冲突，若不加强管理，必导致出现纠纷，所以做好闸门的管理工作亦非常必要。八是应储备土木专业人才。熊希龄认为，治理河道需要专门测绘人员，顺直水利委员会曾经聘请过一批工程测量人员，他们均为本国及东西各国专门大学毕业。熊希龄认为养成上等技术人才非常不易，各大学应多设立土木工科，并给学生提供训练场所以增加其经验。

第二节　京直水利工程建设

北洋政府时期，京直水利工程建设工作主要是在顺直水利委员会成立之后，在该委员会的领导下展开的。同时，海河工程局面对年复一年的海河干流淤塞，采取疏浚河道、裁弯取直等措施以保障航道的畅通。京兆地方公署、直隶地方政府也制定了相应的措施以从根本上防治水灾。在多方努力下，京直水利建设从基础性水利测量工作，到农田水利工程、防洪水利工程、航运水利工程、水利水电工程等逐渐提到议事日程，并通过建设取得了一定成绩。

一　水利测量工程

现代测量技术在水利工程中的运用始于晚清时期。中国通商口岸开放后，出于通航的需要，咸丰十一年（1861），英国海军开始测量长江水道。光绪十五年（1889），河南、山东河道总督吴大澂对河南至山东利津海口的河道进行测绘。光绪十九年（1893），张之洞派人在淮河进行测量，1912年，各流域相继成立了水利机构，测量工作逐渐展开。20世纪20年代，水文测验开始由水位、雨量观测向综合测量发展。实际上，海河工程局自光绪二十八年（1902）始，在潮白河、温榆河、永定河、滹沱河上建立水位站，开展测量工作。测量内容包括流量、含沙量、雨量、蒸发量等。京直地区的水利测量工作主要是在顺直水利委员会成立后开展的，顺直水利委员会所制订的治本工程计划中有一个重要任务就是进行水利测量，包括地形测量、河流流量测量、雨量测量、绘制地图等。主要工作如下：

（一）成立地形测量处

1918 年 6 月，地形测量处成立，设总技师（后改为主任技师）1人。测量处有六个测量队，每个测量队分管不同区域的工作。第一队测量南运河、卫河；第二队测量东淀、大清河上游、保定府附近各淀；第三队测量滹沱河、冶河、滏阳河；第四队测量青龙湾减河、箭杆河及蓟运河、金钟河、七里海；第五队的主要任务是测量马厂减河水准、子牙河、南运河两河河底相差高度、红桥水准基点之移植、凤河之履勘、大沽至天津之精密水准测量、西河务至赶水坝及马头镇并由通州至赶水坝之水准测量、杨柳青维度之观测、戈登堂天津维度之观测、臧家桥维度之观测；第六队主要负责马厂减河、子牙河、四女寺、北运河、捷地减河的各项测量工作。

（二）地形测量

在地形测量方面，顺直水利委员会主要从以下五方面着手：
（1）搜集资料，分类编列。所搜集资料范围包括华人或水利局所或海河工程局等所有的各种中西官局地图。（2）测量河道。首先从潮白河（天津至牛栏山）、永定河（天津至卢沟桥）、大清河（天津至西淀，包括西淀）、滹沱河（天津至正定府）、南运河（天津至临城）等河开始测量。（3）水准测量。对于以上所提之河道并道线实施水准测量工作，测各河纵断面，记明低水位线并一堤之堤顶线，每隔一英里测横剖面，每隔三英里或五英里置固定水准标一具。此外，测地面大道线以补益现存之测量。同时，制备平原地形粗图一份，同高线间距离五英尺。（4）复核现有之测量并随时进行必要之补测。（5）选择测量点时结合日后后续工作开展而予以确定，以求其所测重要之点有永远之价值，亦方便日后扩充。

地形测量是根治京直地区水患的基础工作，顺直水利委员会成立后的第一次审查会就讨论了地形测量问题。地形测量主要用两种方法，最初用三角测法，后来由于平原之上施行三角测量有窒碍之处，乃改用钢结构测量法。顺直水利委员会采用三角法测量的京直区域河道及其附近地面主要包括：潮白河自天津起至牛栏山，永定河自天津至卢沟桥，滹沱河自天津至正定，南运河自天津到临清。最终测绘地图，成者二十四张，未成者五十余张。地形测量完成后，据测量结果绘制成的地图是当时中国最为精确的图本，是治理京直河道的重要参考资料。详见图 5 - 2。

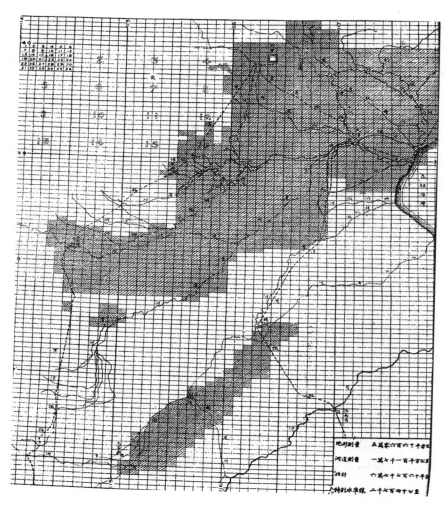

图 5 - 2　1920—1924 年顺直水利委员会地形测量成绩图

资料来源：顺直水利委员会编：《顺直水利委员会总报告》，上海图书馆藏 1924 年版。

顺直水利委员会在直隶北部水准网之整理方面也取得了一定的成绩。1918年，詹美生所测量的水准线，以天津为起点的就有五条：一是沿北运河至杨村，二是沿永定河至卢沟桥，三是沿子牙河至献县，四是沿南运河至泊头镇，五是沿海河至大沽。此外，测量处还沿下列各河做了测线：一是捷地减河（南运河分流），二是兴济减河（南运河分流），三是北运河上流（自牛牧屯至马头镇），四是青龙湾河（北运河分流），五是蜈蚣河（北运河分流），六是瞀口河东引河及西引河（青龙湾河之出口），七是北塘河。此外，自北运河下流至北塘河有一线，在永定河内三角淀中有数线，南运河与子牙河间有两条连结线，一是自青县至白洋桥，二是自泊头镇至献县。①

顺直水利委员会经过十年努力，到1927年，水平测量已经达到八千四百九十三平方里，河流特别测量已经达到一万七千一百平方里，地形测量已经达到八万零二百六十平方里，合计十万零五千八百五十三平方里。其误差率最初时常在两千分或三千分之一，之后，测量技术逐渐熟练，经验增多，方法改良，竟能达到万分之一。到1928年，京直重要河流基本测量完毕，所余不过百分之一。地形测量在永定河堵口工程中发挥了重要作用，因顺直水利委员会有此精密之测量为标准，所以开挖引河皆能准确把握。当时，守旧河员对于引河之高低率尚有怀疑，至放水下行，测量之功效得以显现。

（三）河流流量测量

测量河流流量为治河要件，从前，顺直治水机关从未设立流测站。顺直水利委员会成立后，特别重视河流流量测量。1918年4月，顺直水利委员会流量测量处设立，杨豹灵任主任。受多种因素影响，当时主要是对海河流域各大支流的尾闾进行测量。主要包括潮白河、永定河、大清河、子牙河、滹沱河、卫河等。为此，顺直水利委员会建立起了测量站，主要观测各河水位之高低、水面各高度之流量、淤沙、流速流量、比率线、含沙量曲线、周年流量曲线、周年水平曲线等。

---

① 参见顺直水利委员会编《顺直水利委员会测量处年终报告书》，北京大学图书馆藏1919年版，第56页。

　　顺直水利委员会不断加强流量测量机构建设，尤其是逐渐扩大了机构规模。至1918年，流量测量处职员情况如下：流量副技师1人，绘图员1人，观测员12人，测夫24人，船夫12人。1919年，流量正技师1人，副技师2人，观测练习技士19人，测夫46人，船夫16人。1920—1921年，流量正技师1人，副技师3人，观测练习技士19人，测夫68人，船夫25人。

　　测量站所需经费最初由政府拨给十二万两，1920年6月，财政部在海关余额项下每月拨给三万两作为顺直水利委员会的测量和行政经费。顺直水利委员会以此费用，在各河设置测量站。1918年，设置了13处。潮白河：顺义县一处、通县一处；永定河：卢沟桥一处、贺尧营一处；大清河：新城县一处；滹沱河：正定府桥下一处、献县一处；滏阳河：献县一处；卫河：临城一处；天津：南运河一处、北运河一处、西河一处；北塘河：芦台一处。① 此后雨量记载站略有增加。后经顺直水利委员会逐渐推广，至1925年，测量站达到44处。测量站数量越多，观测时间越长，则记录越精确。顺直水利委员会所设测站数目情况，详见表5-1。

表5-1　　　　　**顺直水利委员会设立测量站情况统计表**

（1918—1925 年）　　　　　　　　单位：处

时间（年）所设测站类型	1918	1919	1920	1921	1922	1923	1924	1925
流量测站数目	13	30	41	41	41	44	44	44
永远雨量测站数目	11	23	39	38	51	53	55	58
临时雨量测站数目	无	无	无	无	4	16	28	36

　　资料来源：顺直水利委员会编：《顺直河道治本计划报告书》，北京大学图书馆藏1925年版，第12页。

　　各测量站主要测量水位、流速、洪水流量、河流含沙量。每月的降

---

　　① 顺直水利委员会编：《顺直水利委员会会议记录》（1918年1—6月），中国国家图书馆藏1918年版，第19页。

雨量，并绘制出各测量站的历年各月雨量汇总表、各河的挟沙量表等。经过十年时间的积累，顺直水利委员会对于京直一带河流最高和最低水位，河身容量宽狭，以及各河不同地段的流量情况进行了详细记录。流量站的设立为治河工作提供了科学依据，而大量的测量数据能直接反映流量站的成绩。从 1917 年至 1925 年《直隶省各河道历年水尺记载之最大高度》，以及 1917—1925 年《直隶省各河道历年洪水流量表》可见一斑。详见表 5 - 2 和表 5 - 3。

表 5 - 2　直隶省各河道历年水尺记载之最大高度情况统计表（1917—1925 年）

单位：公尺

河名	流量测站	水尺记载之最大高度（沿京汉铁路所设之水尺俱在桥梁上游十至十五公尺处）								
		六年	七年	八年	九年	十年	十一年	十二年	十三年	十四年
潮白河	苏庄	29.27	25.29	28.73	24.92	25.11	28.28	25.20	28.04	27.20
温榆河	通州	23.00	18.75	20.34	19.13	18.80	21.80	19.12	23.10	22.17
永定河	三家店	107.0			102.95	103.52	106.48	103.76	106.95	104.30
琉璃河	京汉铁路桥 48＋553 公里	31.18				28.65	28.63	24.83	30.37	29.47
挟活河	50＋865 公里	31.18					30.48		30.90	30.41
胡良河	55＋239 公里	31.82					29.43	26.46	31.27	29.62
拒马河	57＋579 公里	32.03					29.69	27.11	31.16	29.80
马村河	85＋859 公里	29.34					28.89	29.45	31.35	30.29
拒马河	97＋325 公里	25.95					22.94	21.52	24.22	22.48
瀑河	122＋160 公里	20.90					20.07	18.98	20.12	19.55
漕河	132＋708 公里	18.73					17.19	16.48	18.64	18.07
府河	145＋939 公里	19.25					17.87	17.88	20.14	19.33
清水河	146＋963 公里	18.32					16.30	16.28	19.30	18.33
新唐河	198＋189 公里	55.75					53.77	53.06	54.82	53.60
老唐河	201＋829 公里	55.49							54.27	53.74
唐河上游（近钓鱼台）		81.23					80.55	80.11	83.73	80.23

续表

河名	流量测站	水尺记载之最大高度（沿京汉铁路所设之水尺俱在桥梁上游十至十五公尺处）								
		六年	七年	八年	九年	十年	十一年	十二年	十三年	十四年
沙河	228+072 公里	70.65				65.77	67.22	66.58	67.43	66.64
木道沟	241+230 公里	75.15						72.42	74.12	73.01
滹沱河	268+579 公里	75.24			72.64	72.29	72.78	72.61	73.04	72.35
槐河	318+833 公里	52.08					50.32	49.85	51.24	50.14
砥河	353+928 公里	64.40				61.88	62.90	61.74	64.40	62.36
小马河	368+670 公里	80.91				79.51	79.99	79.29	79.78	80.11
白马河	382+373 公里	73.02				71.65	71.95		72.43	71.48
七里河	394+003 公里	72.92				69.63		69.88	70.42	69.57
沙河	403+866 公里	72.83				67.61	67.88	68.59	69.43	68.46
洺河	419+895 公里	63.77				60.18	59.56	62.65	63.87	61.10
滏阳河	474+081 公里	74.75				70.36	72.70	74.79	74.59	74.68
漳河	488+260 公里	93.26				91.76	91.26	91.68	91.96	93.36
安阳河	505+725 公里	78.43				71.73	72.20	73.78	78.09	72.22
淇水	549+441 公里	95.59				88.95	89.78	91.08	92.11	89.30
蜈蚣河	559+920 公里	85.94				84.21	83.91	83.60	85.64	82.32
昌河	575+017 公里	87.11				87.44	84.80	84.91	87.25	85.52
卫河	613+384 公里	74.16				72.54	72.21	72.43	73.34	71.52

（附注）沿京汉铁路各河测站，公里数均自北京起算。水尺高度以公尺计，由大沽标准面起算。

资料来源：顺直水利委员会编：《顺直河道治本计划报告书》，北京大学图书馆藏1925年版，第12页。

表5-3　直隶省各河道历年洪水流量统计表（1917—1925年）

洪水流量以每秒钟立方公尺计

河名	流量测站	测站上游之流域（以平方公里计）	六年	七年	八年	九年	十年	十一年	十二年	十三年	十四年
潮白河	苏庄	18000	3300	七月廿日 502	七月十九日 3000	八月二十九日 196	七月十六日 431	七月廿三日 3120	八月十六日 375	七月十六日 4500	七月廿六日 3300
温榆河	通州	2200	1300	八月廿九日 26	七月十九日 220	七月十八日 57	八月四日 32	八月十八日 500	八月十六日 64	七月十七日 600	七月廿六日 550
永定河	三家店	47000	5000		七月十七日 2000	七月十八日 296	六月三十日 560	八月九日 3760	八月九日 1100	七月十三日 5000	七月廿四日 1500
琉璃河	京汉铁路桥 48+553 公里	1130	3000				512	七月廿三日 640	七月廿七日 27	七月十三日 1600	七月廿四日 1500
挟活河	50+865 公里							八月一日 23		65	七月廿三日 50
胡良河	55+239 公里	7860	4000 至 5000					七月廿四日 480	七月卅一日 68	七月十三日 890	七月廿四日 610
拒马河	57+579 公里							七月廿四日 640	七月卅一日 240	七月十三日 2400	七月廿六日 1600
马村河	85+859 公里							七月廿三日 57	七月廿日 126	七月十二日 450	七月廿五日 230
拒马河	97+325 公里		5000 至 6000					七月廿二日 1102	七月十七日 260	七月十三日 2150	七月廿四日 520

续表

河名	流量测站	测站上游之流域（以平方公里计）	洪水流量以每秒钟立方公尺计								
			六年	七年	八年	九年	十年	十一年	十二年	十三年	十四年
瀑河	122+160公里	580						七月廿二日 113	八月十一日 80	七月十二日 250	八月二日 130
漕河	132+708公里	1165						七月廿四日 161	八月廿一日 87	七月十二日 530	七月廿五日 275
府河	145+939公里	1120						七月廿五日 29	七月廿日 27	七月十二日 230	七月廿六日 130
清水河	146+963公里							八月一日 21		七月十二日 215	七月廿六日 120
新唐河	198+189公里	5950						七月廿二日 446	八月十六日 170	七月十二日 1200	七月廿九日 540
老唐河	201+129公里									七月十三日 200	七月廿九日 110
唐河上游（近钓鱼台）		5600					七月廿八日 107	七月廿二日 1373	七月十九日 687	七月十三日 2550	七月廿九日 1100
沙河	228+072公里	4290						七月廿二日 2300	八月十五日 680	七月十三日 3420	七月廿九日 1000

续表

洪水流量以每秒钟立方公尺计

河名	流量测站	测站上游之流域（以平方公里计）	六年	七年	八年	九年	十年	十一年	十二年	十三年	十四年
木道沟	241+230公里	1220							七月廿二日 95	八月十九日 900	七月廿六日 200
滹沱河	268+579公里	23800	10000		2000		八月一日 140	七月廿四日 1163	八月九日 910	七月十二日 1750	七月廿八日 900
槐河	318+833公里	1050	1800					七月廿四日 345	八月十一日 184	七月十三日 1280	八月一日 210
砥河	333+928公里	830					七月卅一日 260	七月廿三日 1430	八月十一日 103	七月十六日 4000	七月廿六日 360
小马河	368+670公里	220					八月八日 4	七月廿三日 118		七月十六日 700	七月廿六日 290
白马河	382+373公里						八月八日 18	七月廿三日 194		七月十六日 1600	无水
七里河	394+003公里	580	5000				七月卅一日 28	七月廿四日 164	八月十一日 32	七月十六日 1260	七月廿六日 23
沙河	403+866公里	1820					八月十日 42		八月十一日 1200	七月十六日 2500	七月廿六日 870
洺河	419+895公里	1840	3500				七月廿日 88		八月十二日 1700	七月十六日 4600	七月廿六日 1150

续表

洪水流量以每秒钟立方公尺计

河名	流量测站	测站上游之流域（以平方公里计）	六年	七年	八年	九年	十年	十一年	十二年	十三年	十四年
澄阳河	474+081公里	330	700				七月三十日 8	七月十七日 250	八月十一日 725	七月十六日 700	七月廿六日 635
漳河	488+260公里	17000	5000				七月廿八日 1600	七月十八日 1560	八月十一日 1620	七月十六日 1700	七月廿六日 3350
安阳河	505+725公里	1580	3300				八月八日 117	七月十五日 330	八月十一日 780	七月十日 3000	七月廿六日 288
淇水	549+441公里	3120	3100				八月五日 28	七月十五日 212	八月十日 778	七月十日 920	七月廿八日 100
蜈蚣河	559+920公里	130	700				七月十七日 321	七月廿八日 162	八月十一日 198	七月十六日 680	无水
昌河	575+017公里	265	350				七月卅一日 493	七月廿四日 76	七月十五日 73	七月十六日 420	无水
卫河	613+384公里	3880	400				七月十八日 155	七月廿六日 105	八月二十日 117	七月十六日 250	八月廿三日 100

（附注）沿京汉铁路各河测站公里数均自北京起算。测站上游之流域以平方公里计。

资料来源：顺直水利委员会编：《顺直河道治本计划报告书》，北京大学图书馆藏1925年版，第12页。

(四）雨量测量

表 5-4 1919—1925 年顺直水利委员会在本会所自设雨量计记载雨量

月份＼年份	1919	1920	1921	1922	1923	1924	1925
1	10.0	6.2	3.8	0.2	0.7	0.8	1.0
2	0.0	6.5	0.1	3.7	0.0	10.0	0.0
3	9.5	4.9	5.1	0.0	24.8	3.7	4.4
4	0.1	6.0	23.7	5.4	33.3	0.7	47.9
5	38.6	56.3	34.3	19.9	15.5	25.0	52.4
6	35.8	15.9	93.5	61.4	91.2	24.6	100.7
7	344.0	116.7	105.7	184.6	160.1	323.7	344.3
8	94.6	39.6	167.5	84.4	286.8	176.1	128.0
9	11.4	49.0	34.6	16.0	36.9	24.3	26.4
10	21.4	2.2	0.0	4.0	33.8	7.8	1.0
11	10.0	8.0	0.6	10.8	5.1	10.5	4.8
12	3.3	5.0	0.0	6.3	14.0	2.7	0.0
总计	578.7	316.9	468.9	396.7	702.6	609.9	710.9

资料来源：顺直水利委员会编：《顺直河道治本计划报告书》，北京大学图书馆藏 1925 年版，第 19 页。注：降水量以公厘计。

顺直水利委员会的雨量测站分为永远和临时两种，通过推广，永远测站共有 54 处，临时测站共有 36 处。从 1918 年到 1923 年，顺直水利委员会记载雨量较全的测站主要有：滦河流域内承德府测站（测站建设于 1922 年 3 月 1 日）、北塘河流域内玉田县测站（测站建设于 1923 年 7 月 7 日）、潮白河流域内粪庄测站（测站建设于 1919 年 3 月 16 日）、北运河流域内北京测站（测站建设于 1919 年）、北运河流域内通州测站（测站建设于 1918 年 9 月 1 日）、永定河流域内大同府测站（测站建设于 1919 年 4 月 16 日）、永定河流域内张家口测站（测站建设于 1919 年 5 月 1 日）、永定河流域内怀来县测站（测站建设于 1923 年 6 月 22 日）、永定河流域内卢沟桥测站（测站建设于 1918 年 9 月 1 日）、永定河流域内双营测站（测站建设于 1918 年 9 月 16 日）、大清河流域内保定府测站（测站建设于 1920 年 6 月 25 日）、大清河流域内雄县测站

（测站建设于 1919 年 6 月 17 日）、滹沱河流域内石家庄测站（测站建设于 1918 年）、滹沱河流域内献县测站（测站建设于 1918 年 8 月 1 日）、滏阳河流域内顺德府测站（测站建设于 1922 年 4 月 1 日）、滏阳河流域内衡水测站（测站建设于 1922 年 4 月 1 日）、卫河流域内彰德府测站（测站建设于 1919 年 5 月 1 日）、卫河流域内临清测站（测站建设于 1918 年 8 月 1 日）、卫河流域内天津测站（测站建设于 1919 年）。顺直水利委员会通过雨量测站所记载之雨量，与北京观象台、天津英领事馆所设测站之记载相互印证，为科学治河提供了更加客观的数据。可以说，测量设施的建立为水利工作的开展打下了良好的基础。1918 年，顺直水利委员在漳、卫两河汇流之临清设有流量测站，据该站记录的资料显示，"该站最近报告七月二十一日该处流量每秒钟为四十五立方公尺，至本月（八月）五号，增至四百立方公尺。又本月七日，该站报告已增至四百八十立方公尺，因南运水量骤增，以致七月二十四日马厂河九宣闸处水平高逾大沽平潮线三十五英尺，换言之，即较去年水平最高时，尚超出十英寸也"。① 顺直水利委员会针对这种情况，采取措施，将九宣闸门及时开闸放水，避免了大范围洪水泛滥。

顺直水利委员会在雨量测站建设，以及雨量测量方面做了大量工作，所测量地域已经涵盖了京直大部分地区。京直地区测量站建立情况，详见表 5 – 5 至表 5 – 25。

表 5 – 5　　　　　　　滦河流域内承德府测站雨量统计表

年＼月	一月	二月	三月	四月	五月	六月	七月	八月	九月	十月	十一月	十二月	总计
1922			1.0	30.0	32.0	34.0	395.0	233.5	70.0	2.5	22.5	6.0	826.5
1923	0.0	0.0	28.0	8.0	29.0	70.0	94.0	230.0	21.0	24.0	6.0	3.0	513
1924	0.0	3.9	7.5	0.0	4.5	45.0	316.0	158.5	17.0	49.5	8.0	0.0	609.9
1925	0.5	0.0	12.5	86.5	90.3	223.0	157.5	84.0	39.5	19.0	6.5	0.0	719.3

资料来源：顺直水利委员会编：《顺直河道治本计划报告书》，北京大学图书馆藏 1925 年版，第 15 页。注：降水量以公厘计。

① 《顺直水利委员会之通告》，《新闻报》1918 年 8 月 13 日。

表 5 - 6　　　　　　　　北塘河流域内玉田县测站雨量统计表

月 年	一月	二月	三月	四月	五月	六月	七月	八月	九月	十月	十一月	十二月	总计
1923							214.3	364.2	73.0	41.0	0.0	13.6	706.1
1924	2.3	1.7	1.7	0.0	17.0	12.2	330.0	164.7	21.0	3.5	4.0	1.5	559.6
1925	1.8	0.0	0.1	65.5	52.2	142.3	243.3	205.5	25.0	6.5	3.5	0.0	745.7

资料来源：顺直水利委员会编：《顺直河道治本计划报告书》，北京大学图书馆藏 1925 年版，第 15 页。注：降水量以公厘计。

表 5 - 7　　　　　　　　潮白河流域内粪庄测站雨量统计表

月 年	一月	二月	三月	四月	五月	六月	七月	八月	九月	十月	十一月	十二月	总计
1919			0.0	6.1	33.1	84.7	374.1	85.6	12.0	78.2	4.3	2.9	681
1920	1.2	9.4	4.3	3.5	11.0	54.3	114.8	76.3	23.1	14.1	4.8	7.2	324.0
1921	1.7	0.0	13.1	2.8	50.8	51.3	82.9	117.3	7.4	3.3	1.6	0.0	332.2
1922	1.7	4.0	3.4	17.4	10.9	121.9	376.3	267.2	42.8	3.9	5.0	4.0	858.5
1923	0.4	0.0	23.5	23.2	7.5	48.1	132.1	169.5	26.1	9.2	4.7	7.7	452.0
1924	1.1	10.8	4.0	0.0	9.9	27.3	549.7	270.6	22.9	1.2	12.4	6.0	915.9
1925	2.7	0.0	5.6	27.3	33.8	99.1	415.3	110.2	74.0	0.0	4.8	1.9	774.7

资料来源：顺直水利委员会编：《顺直河道治本计划报告书》，北京大学图书馆藏 1925 年版，第 15 页。注：降水量以公厘计。

表 5 - 8　　　　　　　　北运河流域内北京测站雨量统计表

月 年	一月	二月	三月	四月	五月	六月	七月	八月	九月	十月	十一月	十二月	总计
1914	1.4	10.4	39.8	0.0	9.0	116.9	256.2	86.4	33.3	95.8	71.0	0.8	721.0
1915	2.9	4.4	2.5	0.5	58.0	90.5	415.0	82.4	33.2	19.2	5.2	4.2	718.0
1916	1.6	6.0	2.7	8.1	28.3	46.4	81.3	178.7	32.7	8.4	21.0	7.4	422.6
1917	0.2	0.2	2.6	0.0	19.3	37.3	438.3	120.3	122.4	38.5	0.0	1.8	780.9
1918	0.9	0.8	14.9	21.0	116.5	67.7	114.9	142.0	5.0	0.6	26.9	1.4	512.6
1919	3.7	0.0	8.0	3.6	23.8	94.1	264.1	87.8	26.4	52.1	4.0	1.6	569.2

续表

年＼月	一月	二月	三月	四月	五月	六月	七月	八月	九月	十月	十一月	十二月	总计
1920	2.8	5.4	5.4	1.0	12.6	42.4	143.6	27.1	24.6	0.9	3.9	6.9	276.6
1921	0.6	0.0	4.0	0.4	35.2	44.4	98.9	62.1	8.9	1.1	0.1	0.0	255.7
1922	0.9	4.0	3.3	11.2	8.2	135.1	297.9	337.4	35.8	0.5	3.2	0.3	837.8
1923	0.3	0.3	16.4	11.9	3.5	8.6	137.8	156.2	35.6	3.7	1.1	4.1	379.5
1924	0.4	6.0	2.9	0.0	19.7	54.7	641.1	253.6	37.4	21.3	15.1	7.1	1059.3
1925	2.7	0.0	6.8	43.2	61.6	133.8	467.4	197.2	65.8	0.9	6.0	0.0	985.4

资料来源：顺直水利委员会编：《顺直河道治本计划报告书》，北京大学图书馆藏 1925 年版，第 15 页。注：降水量以公厘计。

表 5－9　　　　　　　　　北运河流域内通州测站雨量统计表

年＼月	一月	二月	三月	四月	五月	六月	七月	八月	九月	十月	十一月	十二月	总计
1918									8.8	7.4	31.4	1.0	48.6
1919	11.2	0.0	7.2	2.2	29.3	68.0	183.8	58.0	14.5	60.3	3.7	3.3	741.5
1920	1.5	9.0	4.7	3.4	17.6	33.5	423.2	83.3	26.1	13.2	5.2	9.8	340.5
1921	1.5	0.0	12.3	4.4	40.8	55.0	96.6	189.2	12.2	10.0	1.0	0.0	423.0
1922	1.8	4.0	4.6	17.1	20.1	210.2	366.5	287.9	49.8	1.6	7.6	1.5	972.5
1923	0.4	0.0	24.2	23.0	7.3	37.5	143.9	173.3	37.9	7.7	5.6	5.3	466.1
1924	1.3	9.7	3.8	0.0	11.2	38.6	583.9	222.8	20.4	4.1	16.7	4.3	916.8
1925	2.4	0.0	6.5	46.4	42.9	114.6	324.3	184.7	75.1	1.5	6.3	0.6	823.3

资料来源：顺直水利委员会编：《顺直河道治本计划报告书》，北京大学图书馆藏 1925 年版，第 15 页。注：降水量以公厘计。

表 5－10　　　　　　　　　永定河流域内大同府测站雨量统计表

年＼月	一月	二月	三月	四月	五月	六月	七月	八月	九月	十月	十一月	十二月	总计
1919				0.0	72.6	51.8	116.9	20.8	65.3	48.7	0.0	0.0	376.1
1920	4.3	10.6	10.7	8.6	40.4	34.3	33.9	37.8	32.4	29.9	0.3	4.6	247.5
1921	0.0	0.0	2.9	14.1	38.9	56.1	103.5	73.1	0.0	45.0	0.0	0.0	333.6

续表

月\年	一月	二月	三月	四月	五月	六月	七月	八月	九月	十月	十一月	十二月	总计
1922	0.0	0.0	10.7	16.9	30.8	95.9	135.4	205.7	55.0	6.1	4.2	0.0	560.7
1923	0.0	8.7	4.2	79.9	23.0	6.1	113.8	45.0	45.9	6.1	0.0	0.0	302.7
1924	0.0	5.3	0.0	10.1	0.0	31.9	203.6	111.5	38.0	31.8	9.5	1.1	442.8
1925	0.0	0.0	15.3	0.0	53.2	48.2	71.9	152.1	2.5	0.0	0.0	0.0	343.2

资料来源：顺直水利委员会编：《顺直河道治本计划报告书》，北京大学图书馆藏1925年版，第16页。注：降水量以公厘计。

表 5 - 11　　　　　　　**永定河流域内张家口测站雨量统计表**

月\年	一月	二月	三月	四月	五月	六月	七月	八月	九月	十月	十一月	十二月	总计
1919					23.4	45.0	89.9	30.1	49.6	56.7	4.2	3.0	301.9
1920	4.5	13.6	4.1	2.5	16.1	40.7	9.3	33.7	6.7	0.0	0.9	0.8	132.9
1921	1.0	0.0	1.2	1.2	49.2	32.3	177.9	53.4	11.9	24.0			352.3
1922	0.0	0.0	0.0	3.4	74.9	43.9	186.1	122.6	33.7	0.3	3.4	0.0	468.3
1923	0.0	2.5	12.7	7.7	26.6	29.3	76.0	147.6	31.0	4.6	0.8	1.1	339.9
1924	0.2	3.0	5.8	2.3	17.2	49.2	272.5	110.3	25.2	21.9	2.6	0.5	519.7
1925	0.0	1.2	9.1	4.1	73.5	83.8	165.6	137.4	52.7	2.4	7.4	7.1	544.0

资料来源：顺直水利委员会编：《顺直河道治本计划报告书》，北京大学图书馆藏1925年版，第16页。注：降水量以公厘计。

表 5 - 12　　　　　　　**永定河流域内怀来县测站雨量统计表**

月\年	一月	二月	三月	四月	五月	六月	七月	八月	九月	十月	十一月	十二月	总计
1923						9.0	173.0	185.0	40.0	0.0	0.0	0.0	407
1924	0.0	5.0	9.0	10.0	8.0	41.0	301.0	168.0	16.0	35.0	30.0	2.0	625.0
1925	5.0	4.0	9.0	26.0	44.0	75.5	238.0	84.0	44.0	4.0	6.0	1.0	540.5

资料来源：顺直水利委员会编：《顺直河道治本计划报告书》，北京大学图书馆藏1925年版，第16页。注：降水量以公厘计。

表 5 - 13　　　　　　　　永定河流域内卢沟桥测站雨量统计表

年\月	一月	二月	三月	四月	五月	六月	七月	八月	九月	十月	十一月	十二月	总计
1918									6.2	1.5	31.5	5.8	45
1919	12.0	0.0	9.3	7.3	28.8	56.6	320.8	67.8	10.5	50.4	0.7	0.5	564.7
1920	3.0	22.4	0.9	1.9	17.7	24.7	151.2	27.3	27.5	1.9	6.0	8.3	292.8
1921	2.5	0.0	7.8	1.3	34.5	79.6	150.1	85.8	62.6	0.0	0.0	0.0	424.2
1922	0.0	4.2	5.8	22.1	7.1	62.7	401.4	258.5	25.1	0.0	1.3	0.0	788.2
1923	0.0	0.0	21.4	19.7	12.7	3.2	101.7	189.3	37.7	2.0	4.5	2.2	394.4
1924	0.0	3.5	0.4	0.0	20.5	99.9	537.5	225.6	24.5	11.0	13.0	2.1	938.0
1925	2.4	0.8	5.0	31.6	90.0	110.8	442.2	129.1	117.0	0.0	9.7	0.3	938.9

资料来源：顺直水利委员会编：《顺直河道治本计划报告书》，北京大学图书馆藏 1925 年版，第 16 页。注：降水量以公厘计。

表 5 - 14　　　　　　　　永定河流域内双营测站雨量统计表

年\月	一月	二月	三月	四月	五月	六月	七月	八月	九月	十月	十一月	十二月	总计
1918									27.7	7.2	50.0	2.5	86.9
1919	14.7	0.0	12.5	0.7	37.0	93.3	180.7	56.5	7.5	30.3	8.8	5.5	447.5
1920	3.7	5.4	11.2	9.5	36.2	15.8	107.4	73.2	40.8	13.0	4.7	8.0	328.9
1921	3.1	0.0	4.3	4.5	36.3	91.0	117.0	116.9	12.0	0.0	0.0	0.0	385.1
1922	0.0	0.0	0.0			99.6	154.2	151.3	19.2	4.0	3.2	3.7	435.2
1923	0.0	0.2	22.4	20.2	13.2	28.0	107.5	185.6	44.0	23.0	0.0	6.4	450.5
1924	0.0	7.2	4.9	0.0	0.5	24.5	370.8	216.3	18.0	0.3	17.0	0.9	660.4
1925	0.3	0.0	4.0	44.3	61.2	102.4	308.7	221.7	15.8	0.0	0.0	0.0	758.4

资料来源：顺直水利委员会编：《顺直河道治本计划报告书》，北京大学图书馆藏 1925 年版，第 16 页。注：降水量以公厘计。

表 5 - 15　　　　　　　　大清河流域内保定府测站雨量统计表

年\月	一月	二月	三月	四月	五月	六月	七月	八月	九月	十月	十一月	十二月	总计
1920						1.2	62.0	6.9	62.2	5.9	0.0	0.0	138.2

月 年	一月	二月	三月	四月	五月	六月	七月	八月	九月	十月	十一月	十二月	总计
1921	12.7	0.0	6.3	9.1	46.0	53.0	87.8	51.3	13.9	8.6	0.0	0.0	288.7
1922	2.0	10.0	0.0	9.8	38.1	5.8	85.8	120.1	22.1	0.0	0.0	0.0	293.7
1923	0.0	0.0	17.9	14.6	17.0	23.6	121.6	216.7	35.8	17.8	0.0	4.2	469.2
1924	0.0	8.5	7.4	0.0	7.7	12.3	456.3	149.9	17.1	0.0	3.1	2.1	664.4
1925	0.0								21.0	0.0	2.5	0.0	23.5

　　资料来源：顺直水利委员会编：《顺直河道治本计划报告书》，北京大学图书馆藏1925年版，第17页。注：降水量以公厘计。

表 5 - 16　　　　　　　　**大清河流域内雄县测站雨量统计表**

月 年	一月	二月	三月	四月	五月	六月	七月	八月	九月	十月	十一月	十二月	总计
1919						13.3	175.2	43.4	52.5	0.1	1.1	5.6	291.2
1920	6.5	6.7	9.0	6.5	24.8	17.2	126.1	45.8	57.6	9.6	0.7	1.0	311.5
1921	1.7	0.0	0.0	4.0	38.8	58.5	98.7	150.8	17.4	10.3	2.1	0.0	382.3
1922	0.7	0.4	0.0	5.7	37.1	16.6	189.2	167.0	24.3	3.4	4.7	0.3	449.4
1923	0.0	0.0	36.7	15.6	9.3	53.1	79.9	191.8	53.5	28.2	0.8	5.1	474.0
1924	2.6	6.0	12.6	0.0	6.1	20.0	278.7	188.8	26.7	7.2	12.2	0.0	560.9
1925	0.2	1.9	5.7	29.9	72.6	109.4	189.5	144.3	50.2	0.0	1.1	0.0	604.8

　　资料来源：顺直水利委员会编：《顺直河道治本计划报告书》，北京大学图书馆藏1925年版，第17页。注：降水量以公厘计。

表 5 - 17　　　　　　　　**滹沱河流域内石家庄测站雨量统计表**

月 年	一月	二月	三月	四月	五月	六月	七月	八月	九月	十月	十一月	十二月	总计
1910			3.0		11.0	88.0	97.0	154.0	132.0	20.0	14.0		519
1911			18.0	27.0	21.0	13.0	96.0	112.0	110.0	8.0			405
1912		3.0			51.0	88.0	312.0	56.0	51.0	16.0			577
1913			3.0	19.0	3.0	148.0	27.0	424.0	25.0	6.0	1.0		656
1914			23.0	7.0		95.0	369.0	45.0	24.0	17.0	61.0		641

续表

月 年	一月	二月	三月	四月	五月	六月	七月	八月	九月	十月	十一月	十二月	总计
1915					17.0	39.0	135.0	84.0	31.0	12.0			318
1916						24.0	85.0	125.0	85.0		57.0		376
1917						29.0	459.0	270.0	226.0	59.0			1043
1918				5.0	26.0	47.0	114.0	146.0	27.0	1.0	31.0		397
1919						58.0	203.5	99.5	5.5	11.0			377.5
1920			12.0	1.5	2.5	27.0	59.5	10.5	87.5				200.5
1921				5.5	22.5	107.5	121.5	96.0	16.0	34.5			403.5
1922				45.5	46.4	6.2	158.0	145.8	19.5				421.4
1923			15.5	18.0	18.0	27.5	83.5	136.0	58.7	22.5			379.7
1924			4.0	0.5	1.0	7.3	278.6	181.2	29.2	1.0	2.0		504.8
1925				28.5	29.4	41.9	151.1	183.7	13.9				448.5

资料来源：顺直水利委员会编：《顺直河道治本计划报告书》，北京大学图书馆藏 1925 年版，第 17 页。注：降水量以公厘计。

表 5 – 18　　　　　滹沱河流域内献县测站雨量统计表

月 年	一月	二月	三月	四月	五月	六月	七月	八月	九月	十月	十一月	十二月	总计
1918								155.1	23.3	2.5	24.5	7.0	212.4
1919	17.5	0.0	6.0	0.0	62.0	101.6	116.8	56.7	2.5	9.5	2.0	6.0	380.6
1920	4.5	4.5	2.2	5.0	11.5	9.5	40.6	2.0	82.8	3.4	9.1	6.7	181.8
1921	4.5	12.5	4.0	11.5	28.5	107.2	75.6	102.4	34.0	4.0	0.0	0.0	384.2
1922	0.0	1.5	0.0	18.1	26.5	19.5	121.5	168.5	0.0	0.0	0.0	0.0	355.6
1923	0.8	0.0	20.0	11.5	6.5	8.5	99.5	174.0	60.0	25.0	0.0	2.0	407.8
1924	3.5	5.2	4.5	1.5	2.5	63.5	218.0	78.0	12.0	1.5	0.0	3.5	393.7
1925	0.0	0.0	0.0	8.5	38.0	94.5	96.5	43.0	4.3	0.0	0.0	0.0	285.0

资料来源：顺直水利委员会编：《顺直河道治本计划报告书》，北京大学图书馆藏 1925 年版，第 17 页。注：降水量以公厘计。

表 5-19　　　　　　　　**滏阳河流域内顺德府测站雨量统计表**

月　年	一月	二月	三月	四月	五月	六月	七月	八月	九月	十月	十一月	十二月	总计
1922				58.0	55.5	17.0	182.5	80.0	13.0	0.0	0.0	0.0	406
1923	3.0	10.2	26.0	38.0		25.0	99.0	121.0	3.0	24.5	2.5	0.0	352.2
1924	0.0	2.0	4.0	19.0	0.0	9.5	610.5	161.0	12.0	22.0	15.0	5.0	860.0
1925	0.0	0.0	0.0	9.5	36.5	74.0	232.5	128.0	16.0	21.0	0.0	0.0	517.5

　　资料来源：顺直水利委员会编：《顺直河道治本计划报告书》，北京大学图书馆藏 1925 年版，第 18 页。注：降水量以公厘计。

表 5-20　　　　　　　　**滏阳河流域内衡水测站雨量统计表**

月　年	一月	二月	三月	四月	五月	六月	七月	八月	九月	十月	十一月	十二月	总计
1920				0.5	6.2	13.3	69.3	20.9	83.3	0.8	3.4	8.0	205.7
1921	4.5	11.1	0.9	17.1	23.0	71.4	79.3	113.0	32.1	5.7	0.0	0.0	358.1
1922	1.9	3.0	0.0	27.3	48.2	30.8	125.6	65.4	9.1	0.0	0.0	0.2	311.5
1923	2.7	0.0	36.9	9.7	25.1	3.9	106.8	175.0	25.4	24.6	0.0	2.1	412.2
1924	1.1	6.0	10.9	11.1	0.0	18.9	396.5	44.2	13.7	6.8	3.6	2.3	515.1
1925	0.0	0.0	0.0	14.6	49.0	87.4	155.5	189.3	0.0	6.3	0.0	0.0	502.1

　　资料来源：顺直水利委员会编：《顺直河道治本计划报告书》，北京大学图书馆藏 1925 年版，第 18 页。注：降水量以公厘计。

表 5-21　　　　　　　　**卫河流域内彰德府测站雨量统计表**

月　年	一月	二月	三月	四月	五月	六月	七月	八月	九月	十月	十一月	十二月	总计
1919					33.8	69.3	113.9	81.6	29.3	0.0	0.0	0.0	327.9
1920	0.0	5.8	0.0	0.0	0.0	19.1	19.8	5.9	89.4	47.5	0.0	34.9	222.4
1921	15.0	0.0	24.5	17.3	21.4	33.4	194.6	158.2	72.2	18.0	9.2	0.0	518.8
1922	0.0	7.7	0.0	57.9	50.7	29.8	172.2	27.8	5.9	0.0	0.0	0.0	352.0
1923	14.4	30.2	24.1	31.3	40.7	28.1	119.9	477.8	138.0	19.5	0.0	0.0	924.0
1924	0.0	3.5	7.7	41.8	9.2	1.8	358.9	102.2	12.6	22.2	0.0	0.0	559.9
1925	3.5	0.0	5.1	6.3	19.0	110.4	374.1	75.4	6.2	3.1	0.0	0.0	603.1

　　资料来源：顺直水利委员会编：《顺直河道治本计划报告书》，北京大学图书馆藏 1925 年版，第 18 页。注：降水量以公厘计。

表 5 - 22　　　　　　　　　卫河流域内临清测站雨量统计表

月 年	一月	二月	三月	四月	五月	六月	七月	八月	九月	十月	十一月	十二月	总计
1918								95.8	12.5	0.0	32.0		140.3
1919	27.0	3.5	4.5	2.0	23.2	78.6	87.8	70.9	0.0	3.3	0.0	0.0	300.7
1920	10.0	10.0	3.1	4.3	20.5	18.0	24.7	2.7	68.0	0.0	2.9	10.0	174.2
1921	89.5	6.3	0.0	13.4	2.5	46.6	245.3	97.5	47.5	3.0	2.6	0.0	554.2
1922	2.8	7.0	0.0	25.3	54.5	44.9	140.2	201.6	33.2	0.0	3.0	0.8	514.3
1923	11.5	19.0	37.0	10.0	46.0	56.2	172.4	160.8	54.9	25.4	0.0	2.0	595.2
1924	0.7	9.5	6.8	23.9	6.9	13.7	164.8	36.2	9.2	20.8	1.0	0.0	293.5
1925	1.3	0.0	0.0	10.6	31.3	52.7	147.3	120.0	2.9	16.5	1.0	0.0	389.6

　　资料来源：顺直水利委员会编：《顺直河道治本计划报告书》，北京大学图书馆藏 1925 年版，第 18 页。注：降水量以公厘计。

表 5 - 23　　　　　　　　　卫河流域内天津测站雨量统计表

月 年	一月	二月	三月	四月	五月	六月	七月	八月	九月	十月	十一月	十二月	总计
1887										4.6	5.6	0.0	10.2
1888				36.1	0.0	15.2	276.4	225.0	31.5				584.2
1889					5.1	102.1	160.3						267.5
1890		0.0	1.0	38.1	66.0	19.1	861.3	164.6	9.1	50.0	0.0	12.7	1221.9

　　资料来源：顺直水利委员会编：《顺直河道治本计划报告书》，北京大学图书馆藏 1925 年版，第 18 页。注：降水量以公厘计。

表 5 - 24　　　　　　　　　黄河流域内太原府测站雨量统计表

月 年	一月	二月	三月	四月	五月	六月	七月	八月	九月	十月	十一月	十二月	总计
1919						22.4	164.6	66.5	34.2	23.4	0.0	0.0	311.1
1920	0.0	2.9	5.3	2.6	19.7	92.1	53.6	51.5	115.6	42.8	0.0	5.0	391.1
1921	8.0	0.0	12.7	16.1	32.8	21.8	85.8	70.9	15.7	27.9			291.7
1922													
1923								93.7	12.0	8.0	0.0	0.0	113.7

续表

年\月	一月	二月	三月	四月	五月	六月	七月	八月	九月	十月	十一月	十二月	总计
1924	6.3	0.0	5.3	0.0	3.2	25.0	175.8	49.2	52.2	0.0	16.7	0.0	333.7
1925	14.0	0.0	12.0	15.0	27.5	37.5	172.6	167.0	6.8	16.0	0.0	0.0	468.4

资料来源：顺直水利委员会编：《顺直河道治本计划报告书》，北京大学图书馆藏1925年版，第19页。注：降水量以公厘计。

表5-25　　　　　　　　**黄河流域内陕州测站雨量统计表**

年\月	一月	二月	三月	四月	五月	六月	七月	八月	九月	十月	十一月	十二月	总计
1919				5.6	59.8	148.5	172.5	25.0	29.0	10.0	1.0	2.0	453.4
1920	1.0	10.4	24.6	19.5	100.9	32.8	34.8	50.7	144.5	18.0	7.0	19.1	463.3
1921	15.0	1.0	22.0	47.3	79.2	33.0	171.0	212.9	76.8	20.0	3.4	1.0	682.6
1922	2.0	5.1	14.4	17.9	52.2	5.0	61.7	16.2	18.9	0.0	3.6	0.4	197.4
1923	9.9	1.0	4.0	24.0	22.0	29.3	76.7	177.8	70.0	32.5	2.5	0.6	450.3
1924	1.5	0.0	14.9	2.5	98.0	25.0	88.2	4.5	130.5	110.0	13.5	0.0	488.6
1925	1.5	0.0	6.5	2.70	30.0	128.0	138.0	221.7	2.4	3.5	1.6	2.2	562.4

资料来源：顺直水利委员会编：《顺直河道治本计划报告书》，北京大学图书馆藏1925年版，第19页。注：降水量以公厘计。

表5-26　　　　　　　　**1921年顺直水利委员会雨量报告表**

地名	粪庄	通州	蔡村	大同府	浑源	天镇	张家口	三家店	卢沟桥	金门闸	双营	祈州	保定府
一月	1.7	1.5	2.2		2.8	1.8	1.0	3.23	2.5	4.2	3.1		5.4
降雨日数	1	1	1		2	1	2	1	1	1	1		2
二月	0.0	0.0	0.0	0.0	0.0	0.0	0.0	0.0	0.0	0.0	0.0		0.0
降雨日数													
三月	13.1	12.3	5.6	2.9	4.3	5.9	1.2	7.4	7.8	6.1	4.3		6.3
降雨日数	2	3	2	1	4	2	2	3	2	3	2		1

地名	粪庄	通州	蔡村	大同府	浑源	天镇	张家口	三家店	卢沟桥	金门闸	双营	祈州	保定府
四月	2.8	4.4	1.56	14.1	14.7	15.8	1.2	2.9	1.3	6.4	4.5		9.1
降雨日数	3	3	7	1	5	3	2	4	1	3	3		2
五月	50.8	40.8	30.7		55.7	54.3	49.2	60.6	34.5	35.4	36.0		46.0
降雨日数	5	7	9		8	8	5	6	5	7	8		4
六月	51.3	55.0	54.7	56.1	32.8		32.3	94.5	79.6	77.8	91.0		53.0
降雨日数	10	10	7	4	7		6	10	8	12	9		3

表5-26　　　　1921年顺直水利委员会雨量报告表（续1）

地名	码头镇	高桥	雄县	新镇	代州	忻州	石家庄	深泽	献县	武安	萧张	衡水	潞安
一月	4.1	2.8	1.7	2.3		4.0		4.8	4.5	17.6	2.0	4.5	7.4
降雨日数	1	1	1	1		1		1	1	1	1	2	1
二月	0.0	0.0	0.0	00.4		0.0			0.0		22.0	11.1	0.0
降雨日数				1								1	1
三月	4.4	0.0	0.0	0.0		17.2		0.0	4.0	0.0	2.0	0.9	12.1
降雨日数	3					1			1		1	1	2
四月	11.8	6.5	4.0	4.0	11.6	16.9	5.5	10.9	11.5	24.4	24.4	17.1	23.9
降雨日数	5	3	3	5	1	1	2	3	3	4	4	4	3
五月	34.8	42.5	38.8	27.8	15.8	37.7	22.5	77.1	28.5	14.6	12.6	23.0	47.7
降雨日数	6	6	6	6	5	9	4	2	4	2	1	3	5
六月	63.3	58.2	58.5	69.0	28.9	29.3	1075	44.9	1072	23.2	93.9	71.4	20.5
降雨日数	9	6	7	5	4	3	5	3	6	1	4	7	5

表 5 - 26　　　　　　1921 年顺直水利委员会雨量报告表（续 2）

地名	卫辉府	彰德府	馆陶	临清	唐官屯	杨柳青	天津	归化厅	太原府	平遥县	陕州	洛口
一月	18.1	15.0	79.2	89.5	37	32.3	37.6	15.0	8.0	7.6	15.0	6.8
降雨日数	1	2	1	1	1	1	2	1		1	1	1
二月	17.4	0.0	51.7	63.1	0.0	0.0	0.1			0.0	1.0	9.9
降雨日数	1		2	2	1		1				1	1
三月	13.5	24.5	6.8	0.0	5.9	9.3	5.1	5.5	12.7		22.0	10.9
降雨日数	4	1	1		2	2		2			3	1
四月	25.6	17.3	23.5	13.4	10.4	15.9	23.7	0.0	16.1	29.2	47.3	12.0
降雨日数	2	2	4	3	2	4	4		2	3	6	5
五月	27.5	21.4	7.5	2.5	37.5	35.8	34.3	55.4			79.2	12.8
降雨日数	5	2	2			7	5	6			8	4
六月	35.9	33.4	70.0	46.6	67.9	70.8	93.5	1395	21.8		33.0	51.4
降雨日数	4	2	3	4	4	6	7	11	4		8	3

　　资料来源：《观象丛报》1921 年第 7 卷第 1 期，第 55—56 页。

　　说明：新镇二月份降水量，原资料为 "00.4" 疑有误。归化厅六月份降水量，原资料为 "1395"，疑有误。石家庄六月份降水量，原资料为 "1075"，从其他资料所见为 "107.5"，此表数据疑有误。献县六月份降水量，原资料为 "1072"，从其他资料所见为 "107.2"，此表数据疑有误。

　　注：降水量以公厘计。

　　从表 5 - 26 可以看出，在顺直水利委员会建立后的三四年时间里，已经在海河流域的大小支流建立起了 38 个雨量站，详细记录了该流域的水文情况，为水利工程建设奠定了基础。

　　顺直水利委员会还根据所测量到的数据，对于 1923 年 7—8 月、1924 年 7—8 月的雨量绘制出了较为精确的曲线图，详见附录 4：1923 年 7 月雨量及同雨量曲线图、附录 5：1923 年 8 月雨量及同雨量曲线图、附录6：1924年7月雨量及同雨量曲线图、附录7：1924年8月雨量及同雨量曲线图。

（五）绘制地图。顺直水利委员会在每次地形测量工程结束后，即着手绘制地图，其比例为五万分之一，后又精确到一万分之一，主要是各河纵剖面及横剖面图。地图绘制后，直隶各河的详细情况得以明悉，并可推算各河于大汛期内流量大小、河决何处，何处遭水淹没，一目了然。据顺直水利委员会技师安立森报告，他们利用最小二乘法校准测量导线之法，所制地图精确度高。顺直水利委员会自成立后三年内，共绘制一万分之一比例图两千五百张，每张有一导线，用最小二乘法校准之后，此两千五百张可以合成一大图，为京直地区治河工作提供了精准的资料。仅1923年，顺直水利委员会所测地段，绘成图者10800平方公里，即4170平方英里，连前时所测绘者，合计58000平方公里有奇，即22500方英里。[①] 顺直水利委员会通过其测量数据绘制出的地图，在水利工程建设中发挥了重要作用，为治理河道，提供了重要依据。详见附录8：直隶河道图。

总之，顺直水利委员会自成立后，在测量、绘制图表等方面所做的工作还是较为突出的。据不完全统计，目前所能看到的顺直水利委员会绘制的图表有80余张，图表名称、图表类型及收藏地点，详见附录9：顺直水利委员会所绘制地图现存情况统计表。顺直水利委员会对河流流量、雨量和地形的测量，地图的绘制充实了京直地区的水文资料，使顺直水利委员会较全面地掌握了这一区域的水文情况，为兴修京直地区水利，进行治标和治本工程建设做了必要准备。

测量为水利规划和建设制订科学的方案奠定了基础。经过顺直水利委员会的测量，已经基本上弄清楚了直隶屡遭水灾的地区。顺直水利委员会在1924年的总报告中称："数年以来，本会在直隶省内地施行地形、流量两种测量，于地势、河流业已洞悉，故对于省内北部及中部平原所以屡次演成水灾之缘故，已能言其倚伏之所在矣。"[②] 并且得到验

① 吴弘明编译：《津海关贸易年报（1865—1946）》，天津社会科学院出版社2006年版，第412页。
② 顺直水利委员会编：《顺直水利委员会总报告》（1924年9月），北京大学图书馆藏1924年版，第3页。

证的是 1922 年大水，箭杆河的水势情况与顺直水利委员会的预测相一致。1924 年，直隶又遭遇大水灾，由于顺直水利委员会有详细的资料记载，所以能解释清楚洪水的走势。根据分析，直隶发生大水的诸河分为四区：甲区、乙区、丙区、丁区。甲区中演变为水灾之河流主要是潮白河、箭杆河、蓟运河及其支流，此区域受水灾影响的为香河、宝坻、玉田、宁河、丰润等县。乙区诸河为北运河、龙河、凤河、永定河，受影响的地区为武清、安次、天津等县。丙区诸河为大清河、子牙河，被灾区域遍及直隶中东部，其中，受灾最严重的是天津、静海、大城、文安、任丘、高阳、雄县、容城、霸县。丁区为卫河流域，"凡直鲁豫三省沿河两岸之地，莫不受其影响"。① 其水面高时，介于滏阳河、子牙河两河中间之地，天津以南各地也均会受到影响。

二 农田水利工程

直隶的农田水利自古已有，但是发展缓慢，只在唐代前期以及元明清略有可述。元明清时，南粮北运的局面已经形成，兴修水利的呼声虽然很高，但是未能做出较大成绩。其中，以雍正时怡亲王允祥主持的营田水利规模最大，之后水田逐渐减少。李鸿章任直隶总督时，认为近畿水利受病过深，永定、大清、滹沱、北运、南运五大河及其支流的闸坝毁坏较多，减河、引河无一不塞，而南泊、北泊、东淀、西淀亦被淤塞，河水不畅，节节皆病，为此修复了一些水利工程，但是以防洪工程为主，农田水利工程不多。清代水利营田做得较好的是周盛传在小站的屯垦。从同治十三年（1874）始，周盛传所率淮军驻军青县马厂，在海河南岸开发水田。光绪元年（1875）周盛传军队移驻天津小站，开始大规模的屯垦活动，开发民田十几万亩。当时，天津小站灌区的布局很有特色，既可引南运河水灌溉，又可以引海河水灌溉，主要工程分为渠系、渠首工程、富民闸（在小站营田区域的西端）。周盛传的军队营田 20 多年，开发了以小站为中心的大片土地。随着清朝的灭亡，一部分官兵在营田区定居，仍种植稻田。进入民国以后，因为水田灌溉的问题经常出现纠纷，天津小站周围农田水利工程未能再扩大。

---

① 顺直水利委员会编：《顺直水利委员会总报告》（1924 年 9 月），北京大学图书馆藏 1924 年版，第 4 页。

　　受水旱灾害的影响，北洋政府时期，京直地方政府对于利用地下水发展灌溉农业开始逐渐重视。直隶实业厅训令各地凿井灌田，兴工浚渠。直隶省公署也颁布《整理农田水利之省令》，训令直隶各河务局及各县兴办农田水利。直隶省公署认为长期以来，直隶旱涝为患。究其原因主要是"水利未兴"①，以致宣泄均失常度。所以，训令直隶各地"或开浚沟渠，或疏治河道，或兴工凿井，或修堤筑堰。举凡地方农田水利所关，均应加意整理，力图补救，以淡天灾，而兴农利"。② 通过顺直水利委员会、顺直省议会和京直地方政府的推动，京直农田水利建设有了一定发展。

　　（一）提倡凿井灌溉。为推动灌溉事业，直隶省政府通饬各县劝谕凿井，并提出对于独资添凿井眼者，应酌予奖励。1922 年，顺直谘议局议员在顺直省议会开会期间，提出《培养凿井人才议案》，该议案提出通过设立凿井技师养成所以培养凿井人才，得到了直隶地方公署的支持。同时，在顺直谘议局议员们的推动下，《培养凿井人才议案》在大会上议决通过。该议案主要包括《直隶锥井技师养成所章程》及《直隶各县锥井工人传习所章程》。

　　《直隶锥井技师养成所章程》主要对于如何培养和如何利用锥井技师进行了详细说明，之后直隶地方政府下令各地执行。《直隶锥井技师养成所章程》规定：

　　"第一条，本所以造就锥井技师，能传授多数锥井工人以御旱灾为宗旨。第二条，锥井之意义系就普通已成之井锥孔下管而言，学习锥井时应兼学普通凿井之法。第三条，本所由实业厅长择相宜地点迅速设立，至少须前后成立三班，每班由三十人至四十人。第四条，每班三个月毕业，考其成绩确能及格者，发给锥井技师证书，并将其姓名、籍贯登报宣布。第五条，本所设所长一人，由实业厅长委任之，设教习一人，副教习二三人，庶务一人，会计兼书记一人，由所长聘任之。第六条，本所经费由省款支给，但第一班费用不得过一千元，第二班及第三班均不得过八百元。第七条，凡在本所肄业者，均称练习生，由全省县知事各保送一人或二人，以粗识文字，资质灵敏，年在十八岁以上，其

　　① 《整理农田水利之省令》，（天津）《益世报》1922 年 9 月 16 日。
　　② 《整理农田水利之省令》，（天津）《益世报》1922 年 9 月 16 日。

身体强健，确能入井做工者为合格。如能素习木工或泥瓦工者尤佳。第八条，各县保送练习生之先后由所长呈由实业厅长规定之，但有特别情形者得实业厅长之允准可以免送。第九条，本所练习生每月食宿费四元，由各该县支给。第十条，练习生毕业后由各县聘为锥井工人传习所教习，经本县许可者得自由营业。第十一条，本所教授略于理论，而特重实习，遇必要条件得在讲室讲演或发讲义，但讲义以简单为主。第十二条，本所附近官地或官井得借为实习地点，如私人土地经双方同意者亦可借用，所得酬金以一部作为本所经费，一部作为练习生奖励费。"①从上述内容看，该章程已经涵盖了培养凿井技师的所有环节，在当时是一个范例。

为推动凿井工程，直隶谘议局的议员们还要求各县设立传习所，以期培养更多的凿井工人。不久，直隶颁布了《直隶各县锥井工人传习所章程》。该章程规定："本所以造就多数锥井工人，使锥井事业能以普及为宗旨。"② 每县至少设立一个班，每班至少三十人，每班三个月毕业，参加学习者成绩确能及格，发给锥井工人证书，并将其姓名、住址宣示城关及各村镇，以便其自由营业。本所设所长一人，由县知事委任，劝业所所长兼任，无劝业所者以劝学所所长兼之。本所经费由县知事会同绅董就地筹措，但每班费用不得过五百元，凡入所学习者均称工徒，由县知事指定殷实村庄或民户保送。以身体强健，确能入井做工，资质灵敏，素有做事能力者为合格，工徒食宿费由保送之村庄或民户供给。锥井工人传习所专重实习，实习地点及酬金适用技师养成所第十二条之规定。对于各县办理成绩突出者，由实业厅长呈请奖励。③

上述两个章程的颁布，对于推动直隶凿井事业产生了重要影响。《直隶锥井技师养成所章程》主要侧重对凿井专业技师的培养予以制度保证，《直隶各县锥井工人传习所章程》主要对学有所成的凿井工人的选拔、培养与任用进行了更详细的规定。

① 《议咨请省长令行实业厅迅速设立锥井技师养成所及锥井工人传习所草案》，直隶实业厅编辑处编：《实业来复报》1922年第1卷第7期，选录，第2—3页。
② 《议咨请省长令行实业厅迅速设立锥井技师养成所及锥井工人传习所草案》，直隶实业厅编辑处编：《实业来复报》1922年第1卷第7期，选录，第3页。
③ 参见《议咨请省长令行实业厅迅速设立锥井技师养成所及锥井工人传习所草案》，直隶实业厅编辑处编：《实业来复报》1922年第1卷第7期，选录，第3—4页。

　　之后，直隶实业厅大力推行掘井重农计划，训令各县知事凿井灌田。直隶实业厅认为凿井灌田为农业要政，不知讲求水利以防旱灾至为可惜。尤其是 1928 年，入夏以来，雨水稀少，旱象又成，非督劝凿井，不足以救旱荒而维民食。虽然直隶实业厅于 1919 年曾颁布《凿井办法大纲》，并通饬各属遵办在案，但各县凿井事业尚未普及，井泉之利成效未现，天亢旱时补救无方，所以实业厅再次通饬各县知事与实业局及农会各机关切实筹办水利，并拟具全县凿井进行办法呈报实业厅查核。同时，直隶省公署训令各道尹加大奖励力度，规定："各知事对于凿井一事，每视为无足重轻，而民间又多习故安常，未能积极筹备，以致各县凿井尚未显著成效，自应设法奖励以策进行。"① 为推动凿井灌溉事业，1923 年 7 月，直隶实业厅在农林讲习所内添设凿井班，造就凿井专业人才，以发展本省水利。凿井班课程分为两期教授，前学期教授凿井理论知识，后学期到相应地点实地练习。实业厅要求各县知事及劝业所认真遴选 20 岁以上，粗通文字，身体强健者前来学习，免收学费。第一期招收 40 名学员，学习一年后回原县，并到乡村轮流传习，路费由农林讲习所供给。为保证培训效果，该培训班将学员毕业前的报告与考卷送实业厅一并考查。

　　为此，直隶地方政府制定了奖励凿井政策，明确规定各级奖励办法。一级奖励为："劝导各村开凿新井达一万眼以上，或捐资补助人民凿井满一千元者，由省公署记大功一次，并酌给奖章。"二级奖励为："劝导各村开凿新井达八千眼以上，或捐资补助人民凿井满八百元者，由省公署记功一次，并酌给奖章。"② 此外，直隶推行《临渴掘井之重农计画》。在上述政策推动下，直隶凿井数量增多，灌溉面积大大增加。此外，直隶实业厅在扩充计划中有农林讲习所，其中添设了凿井班，以进一步培养凿井人才。

　　直隶地方政府还编写了《劝导凿井浅说》广为刊布，以开风气。提出"救永远的旱灾，非凿井灌田不可"。③ 凿井最大的好处是灌田，"一昼夜可浇田地五亩，假定每三十五亩田地，凿井一眼，一星期灌溉一次，既

① 《奖励各县凿井之省令》，（天津）《大公报》1923 年 1 月 15 日。
② 《奖励各县凿井之章程》，（天津）《大公报》1923 年 1 月 16 日。
③ 《直隶实业厅训令第三十九号》，《直隶公报》1926 年 2 月 7 日。

遭旱魃之虐，亦不致大减收成"。"开一眼井，用费不过百元，每亩月投资三四元，所费无几，利益很大。""凿井一眼，此数家亦可消除经济上的恐慌，小农十数家凿井一眼，凶年可以免于饥荒。"① 这样，"中田可变为上田，不但救济荒旱，并可改变土宜。数年以后，地无荒芜"。② 此外，《劝导凿井浅说》中还提出多凿井泉，可以得奖。直隶通过这种宣传方式，吸引农民打井抗旱。

为发展农田水利，京兆公署也开展了挖井灌田动员工作。京兆尹提出了凿井灌溉计划，制定了《凿井传习章程》，并予以推广。在《凿井传习章程》中，京兆尹王达提出，为推广旱地灌溉起见，于农林传习所设凿井传习一科。"生徒由各省区选送其资格以年二十岁以上三十五岁以下，粗通文字，身体强壮，吃耐劳苦者为合格。"③ 四个月为一期，采用寄宿制，期满成绩合格，可给予凿井工证书。京兆尹公署还制定了《京兆劝导掘井章程》，该章程提出掘井为救荒政策之一种，京兆人民皆有遵守本章程之义务。凡种地五十亩以上者，不论地系自有或租种，应力倡掘井，约以五十亩得井一眼为比例。关于掘井位置，该章程规定掘井应择距道路较远之地，掘后因井栏或井盖不周，有人失足时应视同公共井泉，不得以讼事缠扰掘主。至于掘井所需经费，主要通过向民间征收。文件规定："地主自任之租户，得预向地主报明数目，分年于应缴租金项下扣还之。已届缴地之期而扣还未清者，准向地主索偿。"④ 地虽出租，而地主愿自掘者听之。对于无力掘井者，由该管区区董从公会所储余款中借用，但应妥定归还办法。京兆尹公署对于凿井技术提出了指导性意见，如"井之广轮及深度，以能用水车灌地为上乘，井墙砖石最佳，荆条次之，草盘又次之"。⑤ 上述政策的出台，为凿井灌溉提供了制度保障。

（二）建造沟渠工程。通过沟渠工程建设灌溉农田，古已有之，而且一直延续下来。北洋政府时期，直隶主要在冶河、滹沱河上开挖沟

---

① 《直隶实业厅训令第三十九号》，《直隶公报》1926 年 2 月 7 日。

② 《直隶实业厅训令第三十九号》，《直隶公报》1926 年 2 月 7 日。

③ 《训令三河等十七县知事准农商部咨为凿井传习科开办在即希查照前咨饬属选送合格工徒来京实习令即遵办抄发章程文》，《京兆公报》1917 年第 7 期。

④ 《训令二十县知事令发劝导掘井灌田章程令仰布告周知并责成区董等切实促办遵式呈报文》，《京兆公报》1920 年第 143 期。

⑤ 《训令二十县知事令发劝导掘井灌田章程令仰布告周知并责成区董等切实促办遵式呈报文》，《京兆公报》1920 年第 143 期。

渠。直隶省议会议员梁逾等在议案中提出："治水之道固贵乎疏浚下游，而开辟上游支流，尤当切要之图，此不独滹、冶二河为然也，而滹、冶二河为特甚。盖滹、冶二河上游地高，水之趋下也甚猛。下游地势平坦，水无所约束。以甚猛之水至无约束之地，尤易泛滥横流。"[①] 根据上述提案，1920 年 6 月，直隶省长予以批复，支持沿滹、冶二河上游各县开辟沟渠，引水灌田。直隶省长通令："沿滹冶河二河上游各县相度地势，开挖沟渠引水以灌溉田亩。为上游兴水利即为下游弭水患，一举两得，莫善于此。果能举而行之，上游各处既得引水灌田之利益，而水势既分下游，各处亦获安澜之庆。"[②] 在直隶地方政府的支持下，在冶河和滹沱河上，当地绅民开始动工建设灌溉工程，建成了大同渠、兴民渠、源泉渠等多处水渠，灌溉面积达万亩。其中，影响比较大的是大同渠和兴民渠。

大同渠位于冶河西岸，筹建于 1920 年，发起人为李树藩、刘继先等人，经费由灌田农户按亩均摊。1923 年，正式开工建设，1925 年竣工。大同渠设总事务所，总事务所设总经理一人，溉田各村设分事务所。渠口在井陉县洛阳村东，渠线经王平、南庄、西冶、凹里、史家湾、岗上、逯家湾、泽营、望楼、孟贤壁、白楼、贾壁、沿庄、王母等村，共长约十二千米。因水量不足，各支渠间只得循序输流灌溉。该渠修成后，灌田最多时达一百一十顷。后因农村经济凋敝，农民不肯担负水费，有的自行停溉，经营萧条时只溉田八十顷。渠线地租一般根据县境及地之肥瘠而异，每亩由二元至八元不等。

兴民渠位于冶河东岸，始建于 1920 年，最初称兴盛渠，后改为兴民渠。由平山县烟堡村、东关村、高村等村联合兴建，历时 3 年竣工，花费 3 万银圆，经费由溉地农户按亩均摊。该渠设总事务所及各村分事务所，分事务所设分经理，由十五亩以上农户选出，由分经理之有地二十亩以上者，选出协理数人。由协理互选总理一人总司全渠事务。下设事务员、技术员各二三人。兴盛渠渠口在井陉七亩村西，冶河右岸，渠

　　① 《议决滹冶两河上游各县多辟沟渠振兴水利案（1920 年 5 月 29 日）》，顺直省议会编：《顺直省议会文牍类要（三）》，天津河北日报社印，1921 年版，第 36 页。
　　② 《议决滹冶两河上游各县多辟沟渠振兴水利案（1920 年 5 月 29 日）》，顺直省议会编：《顺直省议会文牍类要（三）》，天津河北日报社印，1921 年版，第 36 页。

线经过东冶、孟堡、西庄、王子村、新安、东庄、平山县东关、高村、南胜佛、北胜佛、南义羊、北义羊、烟堡，共长约十三千米，灌田平山城东一带共计 22 个村 120 余顷土地。该渠实行经营性管理，水费无定价，一般水费租价与渠道所占位置有关。

井平获源泉渠由热心水利的绅民于 1923 年集资开办，定名青峰渠，聘南京河海工程学校毕业生张廷谦进行技术指导。1929 年，藁城县名绅李渭泉增集资本，继续经营，更名为源泉渠。该渠渠线共长约二十八千米，渠口在井陉县之北防口村东，冶河右岸，经过王庄、西焦、七亩、东冶、寺庄、里庄、烟堡、孟岭、庄头、鲍庄、马山、新寨、裴村、南白沙、张堡、李村、回北、郑村。[①]

民生实业渠由井陉、平山两县之寺庄、西庄、王子、平山南关、新安、东庄、义洋、烟堡八村联合，于 1920 年开办，定名联合渠，经费按灌水地亩均摊。1926 年，由福田渠社接办，改为商营。1928 年，又由获鹿县宋向南接办，更名民生渠。该渠渠口原在七亩村南，后来向上游移一千米左右，位于王庄村北，冶河右岸。渠线除经上述八村外，又经孟岭、邱陵、庄头、蒲吾、永乐等村，"渠线共长十五公里有余"。[②]所溉地亩除联合渠原有六十四顷外，后渐渐扩充，共约百顷。

平山县慰农渠是南京河海工程学校毕业生孙绍宗于 1926 年独资兴办的，资本四万五千元。渠口在古贤村西北，主要利用和顺川坊等渠清水沟之水，导入引水渠南流。其引水渠主要利用原有水沟而加以挖浚，古贤南庄西南半千米地方设抽水机场，汲水上升，以灌溉其东南一带高地。南北二干渠各长三千米余，经过古贤、白沙镇、张堡、阁村、黄壁村，溉田多时曾达到一百顷。因积欠水费以及管理上的困难，该渠逐渐荒废。

马峪渠在滹沱河右岸，由平山县马峪村西起，至村东止，长约一千米，溉田一顷三十亩，由马峪村刘焕文等人于 1925 年创办。

从管理模式而言，滹沱河上各渠基本由当地民营，经费由用水地户

---

① 参见戴建兵编《传统府县社会经济环境史料（1912—1949）——以石家庄为中心》，天津古籍出版社 2011 年版，第 204 页。

② 参见戴建兵编《传统府县社会经济环境史料（1912—1949）——以石家庄为中心》，天津古籍出版社 2011 年版，第 204 页。

按亩均摊，由地户公举田头进行管理。但是，每当滹沱河盛涨时，往往河岸塌陷，不但良田受到损失，而且渠道之维持经营也很困难。所以，很多渠道利用率不高。

在直隶南部，滏阳河的裕华渠是民间参与修筑和管理水渠的典范。1913 年 3 月，蔺百川、王国玺、王宪谟、王纯儒等集资两万元，开凿裕华渠，当年 5 月动工，仅三个月工程告竣。该渠起首一段，借用天顺渠道加以扩充，经北屯头马李洼蜿蜒东下，直抵高家庄村南，到达漳河，全长四十余里，灌溉三十余村四百余顷土地。该渠建成后，在灌溉方面发挥了重要作用。详见表 5 - 27。

表 5 - 27　　　　　　**磁县南区裕华渠道灌溉村庄及水田亩数表**

村名	灌溉田亩数
岳城镇	五十九顷
北屯头	八顷二十八亩
上七垣	十四顷三十一亩
马家坟	二顷六十五亩
李家庄	六顷二十三亩
小屯洼	一顷零七亩
撒谷村	六顷零八亩
曹家庄	十顷零三十三亩
时村营	三十二顷零二亩
陈家庄	十五顷六十四亩
下七垣	三十一顷二十一亩
武吉村	二十顷二十亩
朝冠村	二十九顷六十二亩
窑底村	三顷五十八亩
讲武营	二十二顷十四亩
讲武城	二十一顷二十八亩
西小屋	二十五顷九十五亩
东小屋	十七顷七十二亩
双庙村	十六顷五十一亩
东曹村	十二顷十亩
申家庄	五顷九十七亩
八里冢	五顷八十三亩
孟家庄	三十二顷五十二亩

续表

村名	灌溉田亩数
王家店	十二顷四十五亩
高家庄	五顷四十九亩
南白道	十二顷四亩
北白道	十五顷四十六亩
西陈村	四顷
东陈村	三顷
共二十九村	共三百九十八顷七十五亩

资料来源：史红霞、戴建兵编：《滏阳河史料集》，天津古籍出版社 2012 年版，第 115—116 页。

此外，京兆地方公署在永定河上还修建了一些灌溉工程。1917 年，华北义赈会兴办石卢灌溉工程，自石景山下引永定河水，穿左堤以灌溉石景山东南之地。当时，"建成干渠 4.6km，支渠 16.8km，灌溉面积约 56km²"。[①]

（三）引泉水灌溉工程。除大力推广凿井外，顺直水利委员会还提倡利用泉水灌溉农田。1926 年，会长熊希龄在《为修复香山引泉石槽致京师救联合会函》中提出，从长远计，"必须使各村田亩利用西山泉水以为灌溉，庶可无忧旱荒"。[②] 他认为，凿井不如引泉，尤其是在香山附近，原来已经有旧的导水槽，可以循石槽达玉泉山。虽然已经破败，但是遗址尚存。如果尽快修理此段石槽，可以灌田数千亩。他认为京汉铁路以西依山各县，均可仿此办理，"以规复前清怡贤亲王营田水利之制，实属有益甚大"。[③] 在各方的努力下，京兆地区可灌溉的农田数量有一定增加。到 1928 年，自石景山起至卢沟桥止，除去村庄所占地面及山冈不宜耕种外，可灌溉计划之面积约四十四平方千米。

---

① 北京市永定河管理处编著：《永定河水旱灾害》，中国水利水电出版社 2002 年版，第 32 页。

② 《为修复香山引泉石槽致京师救济联合会函》，周秋光编：《熊希龄集》第 7 册，湖南人民出版社 2008 年版，第 865 页。

③ 《为修复香山引泉石槽致京师救济联合会函》，周秋光编：《熊希龄集》第 7 册，湖南人民出版社 2008 年版，第 865 页。

（四）建立蓄水池。蓄水池有两个功能，一可以节制洪水，二其所吸之水可以补助干燥时期河流之不足。顺直水利委员会成立后，认识到蓄水区的重要性。1921 年，顺直水利委员会派安立森工程师于滹沱河上游进行了探测，调查蓄水池的地点。安立森认为，在忻口、东冶、龙花口、南庄四处建造蓄水池最为适宜，尤其是南庄蓄水区建成后可发挥较大作用。在京直地方政府的推动下，顺直水利委员会开始规划建立蓄水区，以服务农业灌溉。在详细掌握了滹沱河的水文特点及地质条件之后，安立森工程师就忻口、东冶、龙花口、南庄四处的水文情况及施工计划予以规划。详见表 5 - 28。

表 5 - 28　　忻口、东冶、龙花口、南庄水文情况及施工计划统计表

地名	流域面积（平方公里）	蓄水区水面距河底之高（公尺）	蓄水量（百万立方公尺）	淹没之面积（平方公里）	堰之长度（公尺）	应迁徙之村庄	受影响之居民	购地（万元）	堰坝工费（万元）	总计（万元）
忻口	6200	16	360	60	325450	13	9000	400	200	600
东冶	8800	16	470	60	350500	17	11500	400	225	625
龙花口	13230	60	250	未详	200360	未详	未详	50	1600	1650
南庄	16300	45	600	50	500700	20	未详	400—800	1600	2000—2400

资料来源：参见《顺直水利委员会总报告》（1923 年 4 月），《河务季报》第 9 期，第107—108 页。

安立森工程师认为，建成忻口蓄水区之后，即可引水以供其下游忻州平原灌溉之用。再者，蓄水区两岸山泥土很厚，河底石层距水面较深，建筑土堰较易。东冶蓄水区情况和忻口相似，河底石层距水面较深，但建造蓄水区时必须淹没一些村庄。龙花口蓄水区因两山均为石质，河底石层距水面较浅，但水面之上地形狭小，虽可以建一座高六十公尺的堰坝，但其蓄水量也不过二十五万万立方公尺。而且堰高费巨，储水量又小，成本较高。南庄蓄水区，其优点是储水量大，如筑高四十五公尺之堰，即足以蓄纳四日间平均每秒一千七百四十立方公尺所积之总量。但是如果在此地建蓄水池，将有二十余村受其影响。如东黄泥、西黄泥、洪子店三村，尤其是洪子店为商贾荟萃之区，商务繁荣。若在此购地、迁庄、设池，其费用

将在两千万元至两千四百万元。虽然建设成本较高，但是，该蓄水池的建立，将解决滹沱河灌溉的一部分问题。直到北洋政府结束，蓄水池仍未建立，一方面是资金问题，另一方面是需要迁移村庄，村民因自身利益受损而反对蓄水池工程建设。关于蓄水池的建造，顺直水利委员会还曾建议在官厅建造拦水坝，这个地方的地理形势利于存水造坝，其蓄水量拟定为250兆立方公尺。该蓄水池的使用方法是，"仅于水势汹涌时开放之，一俟水势稍杀，立即将水泄空"。① 根据测算，"永定河于数小时中，其最大流量可变为每秒钟五千立方公尺者能减为于数日中流量为每秒钟一千五百立方公尺"。② 由于水的进出时间较短，所以也不会形成巨量淤积。但也因种种原因，这一计划未能实施。

三 防洪水利工程

在防洪水利工程方面，为保证河道畅通，作为负责京直水利专门机构的顺直水利委员会，以及民间组织均发挥了重要作用。

（一）修护河道工程

熊希龄任顺直水利委员会会长时，对京直河流的情况进行了认真分析，针对河道淤积的情况，他认为应当将疏浚河道放在首位。尤其是对于永定河的修治工作他有独到的认识。他说："该河之病，贵由来源，挟沙太重，河身淤垫日高，以致偪成左右横流之势。横流力大，堤身不足以抵御，年年筑扫［埽］护堤，亦只为苟且补苴之策。盖今年此岸扫［埽］成，目前势已平稳，而横流之水，循自然之动力，势必渐趋于彼岸。明年下游对岸，又生险工，又需筑扫［埽］，险象循环而出，扫［埽］段与年俱增，迄今验查该河厢埽，已及四千五百余段之多，全河几无完肤，长此以往，何所底止？"③ 所以，较有效的办法是"疏浚中泓，裁湾取直，驯水之性，导之顺流，庶几河患减轻，可收一时之效"。④ 之所以这样做，是在治水时应坚持一个原则，即"欲求治本，

---

① 吴蔼宸：《天津海河工程局问题》，北京大学图书馆藏，出版时间不详，第65页。
② 吴蔼宸：《天津海河工程局问题》，北京大学图书馆藏，出版时间不详，第65页。
③ 《拟具永定河本年施工办法呈徐世昌文》（1919年1月11日），周秋光编：《熊希龄集》第7册，湖南人民出版社2008年版，第18页。
④ 《拟具永定河本年施工办法呈徐世昌文》（1919年1月11日），周秋光编：《熊希龄集》第7册，湖南人民出版社2008年版，第18页。

首重清源，次宜改道"。① 顺直水利委员会将这一计划上报中央，随后
得到了批准。但是工程施工并不顺利，原因是资金迟迟未能到位。为进
一步督促政府早日下拨资金，顺直水利委员会还提出："政府若不迅即
拨款兴办，万一有前年决口之事，则非数十百万不能堵筑，因小失大，
固不合算。民命攸关，尤难漠视。应恳政府，无论财政如何为难，此款
必须赶紧筹拨，交京兆尹转饬主管河员，严切遵办，以免贻误事机。"②
在熊希龄的多次恳请下，北洋政府下拨资金，对河道进行修护。1917
年，根据各县知事报告，京直各河官堤民埝"决口计五百七十余道"③，
仅南运河决口就达十余处。熊希龄认为，北运河的青龙湾、金钟河、新
开河，南运河的四女寺、捷地、靳官屯等，"历年淤垫，河面浅狭，几
至不能容纳，是亦各河溃决之一大原因。但此项工程，向来多归民修官
守，现在因关系各干河通塞，均各派专员前往勘估，分别疏浚"。④ 顺
直水利委员会承担起了疏浚引河的任务，从 1917 年至 1919 年，开展了
引河疏浚工程，1919 年秋天全部竣工。

在河道修护过程中，京直地方政府主要对河道进行了扩挖减河，挽
回故道，建闸立坝等工程。其中，较大的工程有马厂新减河工程、北运
河部分挽回故道工程、青龙湾河之整理、新开河建闸及疏浚工程。

一是马厂新减河工程。马厂减河是南运河的一条减河，在李鸿章督
直时开浚，当时开挖减河的目的：一是为了排泄南运河的河水，二是为
马厂小站驻兵开辟水道，便利用水。得到河水灌溉的便利，小站营田的
灌溉水源有了保障，而小站下游河身则由于淤塞严重，不能通船航行，
上游亦年年决堤。为兼顾小站营田与河道疏浚问题，1918 年，顺直水
利委员会讨论整理该河事宜，使该河既能达排洪目的，又不影响小站营
田灌溉。熊希龄提出，一方面废除上游旧木闸改建为新式洋闸，另一方
面，为排泄小站上游马厂减河内的洪水，另开辟一条新的减河。自

---

① 《拟具永定河本年施工办法呈徐世昌文》（1919 年 1 月 11 日），周秋光编：《熊希龄
集》第 7 册，湖南人民出版社 2008 年版，第 18 页。

② 《为永定河施工款致大总统国务院电》（1919 年 4 月 26 日），周秋光编：《熊希龄集》
第 7 册，湖南人民出版社 2008 年版，第 163 页。

③ 《沥陈京直各河工程完竣保荐异常出力人员呈徐世昌文》（1919 年 5 月 10 日），周秋
光编：《熊希龄集》第 7 册，湖南人民出版社 2008 年版，第 174 页。

④ 《沥陈京直各河工程完竣保荐异常出力人员呈徐世昌文》（1919 年 5 月 10 日），周秋
光编：《熊希龄集》第 7 册，湖南人民出版社 2008 年版，第 175 页。

1921年新闸修建和新减河开辟后，该河未再溃决。不仅屯田之利益得到保障，南运河洪水得以疏解，而且也保障了天津的安全。关于马厂减河水闸概貌，详见图5－3。

图5－3　马厂减河新泄水河口进水闸摄影图

资料来源：顺直水利委员会编：《顺直河道治本计划报告书》，北京大学图书馆藏 1925年版。

二是北运河部分挽回故道工程。1912年，北运河上游的潮白河在顺义县李遂镇附近决口，决口后潮白河水的大部分下泄至箭杆河，箭杆河本来河槽不大，潮白河水注入后容易引起泛滥，其下游宝坻一带往往被淹。由于北运河上游潮白河决口后，清水不再下行至海河，刷淤能力骤减，对海河航道也造成了不利影响。1916年，北洋政府拨款30万两白银，交由海河工程局在决口处修建一滚水坝，挽北运河归故道。但1917年大水，滚水坝再次被冲毁。顺直水利委员会成立后，决定在牛牧屯附近开辟一条长约七千米的引河，沟通箭杆河与北运河，在引河口建一水闸，导水归入北运河。该引河的北端始于苏庄附近箭杆河，南端则于平家疃附近连接北运河旧槽，又在苏庄新河口处修建一进水闸，于北运干河之上建一泄水闸，工程历时两年方得以竣工。关于苏庄附近潮白河规复工程情况，详见附录10：苏庄附近潮白河规复工程图。

三是青龙湾河之整理。整理青龙湾本是为北运河挽回故道，拓宽新河，加大排放洪水量。但因沿河居民反对，计划被迫改变。仅在1925年春季将土门楼滚水坝进行了修建，改为西式新闸，共计 40 个闸门。但因未加宽河身，只是疏浚旧淤，遇有洪流盛涨，天津宝坻等地仍难免于水患。重修后的土门楼水坝外观宏伟，详见图 5-4。

图5-4　青龙湾河工程土门楼旧坝加修水闸摄影图

资料来源：顺直水利委员会编：《顺直河道治本计划报告书》，北京大学图书馆藏1925年版。

四是新开河建闸及疏浚工程。天津新开河是北运河下游的一条减河，每年洪水盛涨之季，北运河赖以宣泄。河口原有滚水坝一道，因年久失修，河身淤塞严重。为消弭津埠水患，熊希龄提出改良新开河石坝议案，交顺直水利委员会议办理。经过讨论，会议决定拆去石坝，改建新式洋闸，并委任顺直水利委员会会员、天津海河工程局工程师平爵内办理。经过三个月建设，1919 年 6 月完工，花费十四万五千四百多元。该闸用涵门操纵之连珠涵闸，有涵洞十四孔。改坝为闸，下游河底不加疏浚，恐怕在开闸放水时，其禾草不足以容，比较危险，所以必须将河道挑浚。为此，直隶地方政府拨付经费十五万元，由盐款准备金项下开支用于疏浚河道。经过这样处理之后，河水流速加快，排水量增大，从每秒钟 35 立方公尺增至每秒钟 220 立方公尺。1922 年和 1924 年大水，海河能够安然无恙，与此新开河的改造有很大关系。新开河水闸在所使用材料上以水泥、沙子、石头为主，较为坚固，其外观概貌详见图 5-5。

图 5 - 5 新开河水闸摄影图

资料来源：顺直水利委员会编：《顺直河道治本计划报告书》，北京大学图书馆藏 1925 年版。

当然，在顺直水利委员会加紧河道修护的同时，海河工程局也做了一些工作。1922 年，海河工程局制订在大沽开辟新航道的计划，1926 年开挖。由于资金紧张，借债 1250000 元，利率 7%。但该工程由于计划失当，所以实际修建过程中遇到了很大的问题，不得不另拟新计划。本次计划失败的原因主要有以下几个方面：（1）堤顶过低，尤其是北堤情况更为严重。（2）原计划筑造堤坝达大沽海面以下四呎，而到 1930 年完成堤仅达大沽海平面以下 2 呎。（3）来自上游的泥沙量过大，而北堤顶过低，堤岸线与浪形成 150 度的角度，浪挟带泥沙越过堤顶淤积到新的航道中。（4）即使此新航道在陆上一段得以修成，自新道口至深水之航道需要在海洋中浚渫，在当时的条件下很难实现。

（二）修护堤坝工程

北洋政府时期，京直各河多次决堤，修筑和保护堤坝的任务十分艰巨。京直各河以永定河最大，为害最烈。因永定河上游为桑干河及洋河，皆出于富含黄壤的山谷，至下游则迂回曲折，随流沉浮。自民国建立后，该河多次决堤，屡经修筑。滹沱河也易泛滥，1912 年、1913 年、1915 年、1916 年、1917 年、1924 年均决口，尤其是 1917 年大水，上下游堤岸决口 32 道。1918 年，由 8 县堤工会会长郭寿轩等人组织培复。1919 年，又培修。1928 年，各县出工 6000 人修残堤，但汛期又在安平白石碑以西决口 130 余丈，后来洪水几经涨落，新堤漫溢，旧堤又崩溃 255 丈余，形成两水夹堤。万分危急之际，由上海济生会及华北赈灾会补助银洋 8000 元，各县摊派 5000 元，经全力抢修，决口合龙。天津南堤工程是一项有代表性的工程。天津各河下游地势低洼，城厢至英、德租界一带原筑有堤防，庚子事变之后，城垣尽拆，河堤减低。1917 年，京直发生特大水灾，天津城厢及租界被大水浸泡达 3 个月之久。天津为京直地区最大商埠，防水卫城意义重大。根据海河工程局的建议，准备在天津西南隅建筑一条长堤。该项工程由顺直水利委员会同直隶官绅协商，直隶警察厅经办，修筑一条自南运河堤习艺所附近起，沿旧有马场道再折向海河故道第一裁弯处的长堤。工程于 1918 年 8 月底完工。1919 年，由天津绅民集资修建一条自南开附近与内堤相连接，往南和陈唐庄支路路堤相连直达海河的更长围堤。南堤建成后，对保障天津城厢及各国租界起到了积极作用。1924 年和 1939 年华北发生大水灾，但是天津未受到洪水侵袭，天津南堤工程发挥了重要作用。

对于一些小的支流，修筑堤坝的工作也在不断进行，但是规模不大，没有统一规划和全面治理，多为商民集资兴建。如关于张家口洋河的修治情况，1917 年，怀来县恩民渠和惠民渠沿线民众，在洋河左岸筑坝十一道。1923 年，张家口地方士绅开西渠，导西山诸水入赐儿山河沟以护城。1925 年，拆张家口西沙河白坝，开下东营排水沟，引西山余水入清水河。1927 年，张家口商民又集资修建了朝阳坝，长一百六十余丈。

1918 年，督办京畿一带水灾河工善后事宜处制定了《保护堤工办法八条》，京兆尹王达训令永定、北运两河河防局长，大兴、宛平、良乡、涿县、通县、蓟县、宝坻、香河、武清、安次、永清、固安等县知事，根据督办京畿一带水灾河工善后事宜处咨送的《保护堤工办法八条》认真办理。《保护堤工办法八条》对堤工保护办法进行了详细规定：（1）凡距内外堤底三尺以内，应饬各县严禁农民耕种，以防土松，易被水冲刷。（2）凡距内外堤底三尺以内，应饬令各县筹种易于成材各种树木，以备堤工将来需用木料时采伐。（3）各堤内外坡脚以上应饬令各县筹种柳条以保护堤身。（4）凡堤上柴草应饬各县严禁人民划取以护堤而免松塌。（5）各堤身多鼠洞獾窝及雨水冲刷成巢之处，应饬令各县督饬随时巡视修理，以免伏汛时不及防范致有溃决。（6）凡各堤树木应饬各县责成管河官汛暨各村保护。（7）沿堤旧有树木多被村民私自斫伐，应饬令各县严禁私采，并于秋令由各县采取繁枝变价存储以备随时培修堤身。（8）凡各堤新栽树木俟将来成材时所得利益应由各县存储，作为历年保护堤工经费，随时修堤，不得移作他项开支。①

　　不久，京直各县也制定了相应的措施。武清县制定了《保护小清河堤防规则》，该规则规定："第一条，凡距小清河堤身在十里以内之各村庄业主租户人等，均应负保护该河堤防之义务。第二条，凡距内外堤底三尺以内严禁人民耕种，以防土松易于被水冲刷。第三条，凡距内外堤底三尺以内，由该管区董率同各村长佐种植易于成材各种树木，以备堤工将来需用木料时采伐。第四条，各堤内外堤脚以上由该管区董率同各村长佐种植柳条以资保护堤身。第五条，凡堤上柴草，严禁人民划取以护堤面而免松塌。第六条，堤身如有鼠洞獾窝及雨水冲刷成巢之处，随时巡视修理，以免伏汛时不及防范，致有溃决。第七条，凡沿堤树木务须妥为保护，严禁私自砍伐。每年于秋冬时，由该管区董同各村长佐采取繁枝变价存储，以备随时培修堤身之用，不得移作他项开支。第八条，每年春间，由该管区董率同各村长佐按照各户所执地亩若干，齐集民夫分段加高，培厚挑筑土牛，报县验勘。第九条，每届大汛由该管区董率同各村长佐按照各户所执地亩若干，齐集民夫择要防守，遇有危险立时抢护。第十条，该管区董及各村长佐对于保护堤防著有成绩者，得开具实施呈请核奖。第十一条，如有违背规则所定之义务及妨害河堤防者，由县从严惩处以儆效尤。"② 该规则在内容上与《保护堤工办法八条》几乎完全一致，此外还增加了奖惩的内容。

　　（三）堵筑决口工程

　　京直各河中，永定河是海河流域泛滥最多的河流，堵筑决口的任务异常严峻。此外，滹沱河泛滥所造成的堵筑工程任务亦很繁重。1912—1928

---

　　① 《保护堤工办法八条》，《京兆公报》1918 年第 44 期。
　　② 《指令固安县知事呈送拟订保护小清河堤防规则请核示文》，《京兆公报》1918 年第 74 期。

年京直决口堵筑工程情况，详见表5－29。

表5－29　　　　　　1912—1928年京直堤坝修筑情况统计表

年份	堵筑堤坝情况
1912	永定河北五工七号决口一百一十丈，堵筑费用银二十九万七千余两
1913	永定河南岸五口十九号决口七十余丈，堵筑费用银二十二万四千余两
1915	修滹沱河杨庄以西串沟及辛店至郑店叠道四百四十多丈
1916	永定河北岸六工头号决口六十一丈，堵筑费用洋二十八万七千余元
1917	永定河北岸三工二十三号决口二百五十六丈，堵筑费用洋六十四万五千余元
1919	八县堤工会组织培复滹沱河残堤
1924	永定河右岸高陵决口宽八百公尺，保河庄决口宽三百公尺，小马厂决口宽八百公尺，夏家场决口宽八百公尺，堵筑费用洋六十万五千余元
1928	汛期，滹沱河在安平白石碑以西决口一百三十余丈

资料来源：根据华北水利委员会编《永定河治本计划》（甘肃省古籍文献整理编译中心、中国华北文献丛书编辑委员会编《中国华北文献丛书》第93册，学苑出版社2012年版）、河北省地方志编纂委员会编《河北省志·水利志》（河北人民出版社1995年版）等资料编制而成。

　　在上述工程中，永定河堵口工程最艰巨。1913年、1916年、1917年、1924年，永定河均有不同程度的决口，溃堤在60—200丈不等。1924年7月，永定河南岸南上二三各工堤防冲决严重，有三处决口，其中两个决口各240丈，一个决口90丈，大水漫溢。京兆尹预计永定河修补决口及其他工程费为二百三十五万七千八百五十八元，政府财政短绌，无力筹措，由内务部开会讨论永定河决口堵筑问题，但没有结果。之后，顺直水利委员会工程师罗斯拟具计划，提出新的堵筑方法，仅需工费七十三万五千六百元。于是，北洋政府向中外银行借款七十万元，以盐余为担保，由熊希龄督办，全部工程由三个机关分别承办：（一）保和庄之三个决口由鹿总司令（即鹿钟麟）之军队担任之；（二）三引河之土工由永定河河务局担任之；（三）高岭之土工以及挽归故道及一切护堤由顺直水利委员会担任之。[①] 此项工程得到各方协助，除军

---

① 参见顺直水利委员会编《顺直河道治本计划报告书》，北京大学图书馆藏1925年版，第44页。

队、地方外，交通部也协调了一列火车免费为工程运输石料。至 1925
年 6 月，全部工程告竣。该项工程在施工过程中遇到了很多困难，据顺
直水利委员会报告称其间晴雨失时，河流之变迁靡常，水势之涨落殊
异。"知河之治最难，而河之塞尤不易也。"①

北洋政府时期京直水利工程建设，在不同的河流有不同的特点。海
河干流水利建设以疏浚河道，修建航道，保障航运，防止淤塞为主；北
运河以修建减河为主；永定河以堵筑决口，修护堤坝为主，同时也有修
渠工程；子牙河主要是以修渠灌溉为主。

四　航运水利工程

京直地区航道短促，加上冬季气候寒冷，不便通航。但是，为发展
航运，直隶地方政府、海河工程局在海河流域航运水利工程建设方面做
了许多努力，主要是疏浚河道、裁弯取直等。1912—1928 年，海河干
流水利建设工作较多，主要包括海河放淤工程和海河航道的裁弯取直工
程、修建万国桥等。

（一）海河挖淤工程

由于自然和人为的原因，自光绪十二年（1886）以来，海河因淤
淀缘故逐渐变浅，至光绪二十四年（1898），几乎没有一艘轮船可以行
驶到租界的河坝处。光绪二十五年（1899），"塘沽上游 30 英里处者，
几乎无以行船"。② 鉴于海河泥沙的危害，整治海河航道成为京直地方
政府加强水政的重要工作。海河流入渤海后，由于水域骤宽及潮水顶托
之力，水流速度减缓，泥沙下沉，形成拦门沙，被称为大沽河浅滩。在
河流和海洋的共同作用下，大沽沙滩上形成天然航道，即大沽航道。大
沽航道是各种船舶进出海河的必经之地，在大潮汐力和河流力的合力作
用下，航道淤通不定，成为船舶进出天津港口的阻碍。为此，海河工程
局曾购买多艘挖泥船，疏浚海河航道，取得了一定成效。1906—1911
年，海河工程局挖浚淤泥情况，详见表 5 - 30。

---

① 《〈督办永定河决口堵筑工程事宜处报告〉序》，周秋光编：《熊希龄集》第 7 册，湖
南人民出版社 2008 年版，第 811 页。
② 天津海关译编委员会编译：《津海关史要览》，中国海关出版社 2004 年版，第 44 页。

表 5 - 30　　　　海河工程局挖浚淤泥深度表（1906—1911 年）

年度	开工日期	标示深度	停工日期	标示深度
1906 年	9 月	2 尺 2 寸	11 月	2 尺 9 寸
1907 年	4 月	3 尺	11 月	3 尺 5 寸
1908 年	4 月 24 日	3 尺	11 月	3 尺
1909 年	4 月	3 尺	11 月 20 日	3 尺
1910 年	4 月 6 日	4 尺 3 寸	11 月 29 日	4 尺 9 寸
1911 年	3 月 28 日	4 尺 9 寸	11 月 30 日	3 尺 9 寸

材料来源：吴弘明编译：《津海关贸易年报（1865—1946）》，天津社会科学院出版社 2006 年版，第 297 页。

　　光绪三十四年（1908），疏浚后的海河航道变深，"新航道最浅之处比老航道深 1.12 米"。宣统三年（1911），"大沽沙航道由—0.3 米加深至—1.52 米"。[①] 但是，1912 年华北发生水灾，大沽航道被淤平。1914 年，海河工程局从荷兰购置新挖泥船，即"中华号"，该船长 38 米，宽 10 米，深 3.5 米。船身用德国名钢铸造，船内有 230 马力双曲柄机，速率为每小时 8 海里。此船可将所吸淤沙吹至浅滩，但涨潮时，泥沙又淤在航槽。为解决这一问题，海河工程局在船两侧增加了两条 214 立方米容量的开底泥驳，将挖出的淤泥放入泥驳，随后倾倒入海。全年抽取的泥浆，随水入海达 300 万立方米，抽至陆上用以填垫洼地达 200 万立方米。至 1915 年，浚治航道有一定成效，"其工程自河道之中线核算，左右各宽 75 英尺"。[②] 1917 年，海河大水又使航道淤平。自 1918 年春季，海河工程局即增加"新河号"进行挖浚。至 1920 年年底，河水深度与 1916 年年底相近，达 16 英尺深。1921 年，又购置了新的挖泥机，通过疏浚，该年年底航道深达 15 英尺。海河工程局通过采用先进技术和设备，连年挖浚河道，基本保障了海河航路畅顺。

　　上述疏浚工程的实施，对于保障这一地区居民的生命财产安全，保

---

　　① 李华彬主编：《天津港史》（古、近代部分），人民交通出版社 1986 年版，第 183 页。
　　② 吴弘明编译：《津海关贸易年报（1865—1946）》，天津社会科学院出版社 2006 年版，第 328 页。

障津埠地区的航运以及商品经济的发展有着十分积极的意义。为解决海河淤塞问题，光绪二十三年（1897）海河工程局成立，但是，海河工程局并未能完全胜任治理海河河道淤塞的任务。1918 年，顺直水利委员会成立，从此，中外力量加强了联合，共同治理海河。从海河放淤工程的工作来看，上述两个组织均为确保天津商埠安全做了大量工作。中外力量联合治理京直水利，从深层次看，可视为国家与社会需要发展贸易和生产，以参与国际竞争。河道治理的目的，也从维护传统农业利益开始向维护农业、工商业等多维度方向发展。

（二）裁弯取直工程

海河航道多弯曲是海河的一大特征，从海河海口至三岔河口的航道总长约 90 千米，而这段河道的直线距离仅 48 千米。弯道给航船带来极大不便，"在各式各样的急转弯与之造成的各种流体力学变化的这样错综复杂的航道中航行，尤其是 200t 以上的稍大型的船只发生撞击河岸的事故也就是家常便饭了，这给各国轮船公司造成了极大的直接和间接经济损失，同时制约着天津对外贸易的发展"。[①] 所以，海河的裁弯取直工作，对于保障海河运输有十分重要的意义。自晚清至民国，主要进行了六次较大的裁直工程，详见图 5-6。

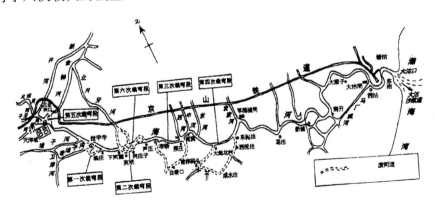

图 5-6　海河历次裁弯工程示意图

资料来源：天津航道局编：《天津航道局史》，人民交通出版社 2000 年版，第 20 页。

---

① 张克：《天津早期现代化进程中的海河工程局（1897—1949）》，硕士学位论文，延安大学，2009 年，第 16 页。

1901 年至 1923 年海河工程局海河裁弯工程具体情况，详见表 5 – 31。

表 5 – 31　　　　　　　海河工程局海河裁弯工程统计表

时间	裁弯起讫地点	河段长度（米）		开挖土方	
		裁后	缩短	人工	机器
1901—1902 年	第一次裁弯 挂甲寺—杨庄	1207	2173	1699020	
1901—1902 年	第二次裁弯 下河圈—何家庄	1770	4989		
1903—1904 年	第三次裁弯 杨家场—辛庄	3380	7242	1931219	
1913 年	第四次裁弯 大赵北村—东泥沽	3782	9077	28317	2421103
1918 年	第五次裁弯 三岔口	474	1585	56634	113270
1921—1923 年	第六次裁弯 下河圈—芦庄	2743	1534	249416	1782233
合计			26600	3964606	4316606

资料来源：参见天津航道局编《天津航道局史》，人民交通出版社 2000 年版，第 23 页。

　　在上述裁弯取直工程中，三岔口裁弯取直工程效果较好。北运河的三岔河口河道因过于弯曲，水流宣泄不畅，易致河水泛滥。三岔口截直工程得到了海河工程局、顺直水利委员会、直隶地方政府等多方支持。其中，由顺直水利委员会补助经费银五万两，合洋七万一千四百余元。该工程按照顺直水利委员会工程说明书办理，由海河工程局工程师平爵内监督，于 1918 年 6 月开工，至 9 月竣工。河湾截直以后，海潮可以愈加便利地冲刷泥沙。"未截直之先，北河入海之水，须绕一长六千英尺之大湾，既截直后，即减为八百英尺，下行之水，排泄甚速，上行之潮，亦可远入内地。据海河工程师报告，比较从前潮涌高度三英尺又百分之六者，已长至六英尺百分之七。"[①] 由此可见这一工程的效果，此项工程在 1924 年洪水泛滥时，在防护天津免遭水灾影响方面起到了十分重要的作用。海河航道的裁弯取直工程缩短

---

　　① 《顺直河道改善建议案》，周秋光编：《熊希龄集》第 8 册，湖南人民出版社 2008 年版，第 192 页。

了船舶航行的路程，又扩大了潮水的容纳量，浚深拓宽、加深了航道，为船舶数量的增加和大型船舶的进出提供了客观条件，为天津港及北方经济的繁荣做出了较大贡献。治理海河航道的经验，也为后人提供了宝贵的借鉴。

从光绪二十四年（1898）至 1927 年，海河治理工作以治本为主，主要进行了堵塞支流和裁弯工程，缩短了河道，增加了纳潮量。在此期间，海河工程局先后在海河干流进行了六次较大规模的裁弯取直工作，缩短河道共 26.6 千米，航行时间可减少一个小时。海轮可乘潮驶津，通航船舶吃水大为增加。裁弯取直后的河道变化显著，表现为上下游河床普遍刷深、拓宽，断面增大。特别是纳潮量的增加，使天津市区潮差相应不断加大，河槽的调蓄能力也逐步加大。如 1914 年，纳潮量为 1957 万立方米，1926 年，增加为 2697 万立方米。通过疏浚水道，使海河常年保持通航。同时，通过改建海河减河，一定程度上控制了水灾。海河工程局的航道整治工程取得了一定的效果。1914 年，全年所抽的淤泥，除随流浮去之泥，约 3000000 方不计外，尚抽至陆地有 2000000 方，全年约共抽 20000000 方。① 1921 年，裁直了上灰堆弯，挑挖泥土 156000 方之多，该弯取直后，河道可缩短 6000 尺。②

永定河的裁弯取直工作在这一时期也逐渐展开。永定河水滋养了北京城但永定河洪水泛滥又对北京城构成了威胁。1917—1920 年，永定河河务局对永定河进行了裁弯取直工程。工程共有五个工段：（1）第一段北五工九、十号，主要是对新线河口、河尾向上转移。（2）第二段北六工九、十号，新线改作新流，硬坎挖作新河口，并作挑水坝一道以利导行。（3）第三段被七工第十五号，在新线河头上游做一挑水坝。（4）第四段调河头村南河溜，在河口上游做防水坝一道。（5）第五段屈家店。在永定河、北运河两河汇流处裁挖永定河南岸滩嘴，以避北运河顶冲，以期尾闾宣畅。长期以来，人们对海河工程局在海河干流的裁弯取直工作了解较多，而对于京兆公署在永定河的裁弯取直工作不太了

---

① 参见吴弘明编译《津海关贸易年报（1865—1946）》，天津社会科学院出版社 2006 年版，第 321 页。

② 参见吴弘明编译《津海关贸易年报（1865—1946）》，天津社会科学院出版社 2006 年版，第 386 页。

解。实际上，永定河的裁弯取直工作成效显著，1919 年，永定河河水已涨至二丈四尺，与 1917 年大水相当时，永定河仍未出现大的决口。熊希龄认为，"皆此裁直之功"。① 永定河督察长赵谦，永定河河务局局长张树栅，永定河裁弯取直工程督察员刘中和，永定河裁弯取直工程监修员陈树声，在永定河裁弯取直工作中发挥了重要作用，熊希龄还专门呈请中央政府对他们予以奖励。

（三）疏浚工程

疏浚海河航道是治理海河的重要工作，虽然主要是保障航行安全，但是其防洪避险功能亦十分明显。海河工程局购置了多艘挖泥船疏浚海河和天津港。据统计，"从 1902 年开始，海河工程局先后投入'北河''新河''燕云''西河''高林'等挖、吹泥船对海河进行疏浚。1917—1926 年，受洪水冲刷的影响，加上海河工程局的努力浚挖，海河航道通航情况较好"。② 尤其在大沽沙航道疏浚方面，从船只的投入到疏浚技术的改进，海河工程局投入较多，不仅开挖了大沽沙永久航道，而且加大了对大沽沙航道的疏浚力度，减轻了河道淤塞对天津港贸易的影响。

疏浚转头地工程是保障船只顺利进出天津港的另一项重要工作。1919 年，海河工程局修整转头地上下游大约 1500 米的河岸线，经过疏浚，大型船只可以在此转头。

（四）修建万国桥

万国桥（即现在天津的解放桥）的修建始于光绪二十八年（1902），当时，法租界要求清政府在海河下游老龙头车站附近修建一座桥，得到清政府批准后，主要由法国修建，所以民间又称此桥为法国桥。1923 年，驻天津各国领事团商议重修老龙头铁桥，委托海河工程局组织招标、建设与后期管理。建桥经费主要由海关进出口税增加 2% 来解决。同年 8 月，海河工程局发布了招标文件，1924 年 5 月开标，最终选中由达德与施奈尔公司共同制定的"双叶开动式"设计方案。1925 年 4 月动工，1927 年建成，称为万国桥（即今解放桥），耗银 152

① 《请奖永定河裁直工程出力人员呈徐世昌文》，周秋光编：《熊希龄集》第 7 册，湖南人民出版社 2008 年版，第 306 页。

② 天津航道局编：《天津航道局史》，人民交通出版社 2000 年版，第 27 页。

万两，是海河上造价最高的一座桥。该桥共分 3 孔，中孔为开启跨，跨长 47 米，两对桥墩安放在两个钢质沉箱上，两边孔各 24.6 米，边孔固定跨采用钢筋混凝土桥面板。在风速小于 22 米/秒的情况下，可开启桥梁。桥长 97.64 米，桥面宽 19.5 米，车道宽 12 米，桥面上铺有双轨电车道。该桥北连老龙头车站（天津站旧称），南接紫竹林租界，此桥的修建在解决天津陆路和水陆矛盾方面发挥了一定作用。经过不断改造和维修，该桥到现在仍在使用。

五 水利枢纽工程

在顺直水利委员会的推动下，水利枢纽工程建设工作逐渐开展，并取得了一些成绩。

（一）顺直水利委员会开始在顺义县苏庄建水利枢纽工程，挽部分潮白河洪水入北运河故道。北运河上游主要有三条支流：温榆河、桑干河、潮白河。自清朝康熙年间之后，北运河通航的主要水源是潮白河。清朝末年，潮白河频发水患，洪水多次冲决东岸，夺箭杆河南下，屡堵屡决。由于潮白河水顺箭杆河而下，原潮白河经顺义南境至通县入北运河一段河道无水干涸，北运河因水少淤浅不能通航。为增加北运河水量，1921 年，顺直水利委员会请美国治河专家到潮白河勘查规划，制定了建造调控河水的铁闸方案，闸址选在了顺义县苏庄的潮白河左岸上，称为苏庄闸。该工程由泄水闸（39 孔，每孔 6 米）和进水闸（10 孔）组成，并开挖新引河一道，长 7 千米，以通北运河。1922 年工程动工，1928 年 8 月，工程全部完成。可惜的是，这座宏伟的水闸只用了 14 年，1939 年潮白河河水暴涨，水闸未能承受住洪水的冲击，大部分闸孔被淤沙堵死，潮白河南夺箭杆河的局面无可挽回，潮白河下游冲出了一条新河道。但无论如何，苏庄闸是我国最早引进西方科学技术建造的水利工程，采用钢筋混凝土结构，是中国北方第一座大型钢筋混凝土水利枢纽工程，其建筑工艺先进，在当时京直地区的水利工程中堪称典范。关于苏庄水闸概貌情况，详见图 5 - 7。

（二）顺直水利委员会为整理青龙湾减河，分泄北运河洪水，在北运河土门楼滚水坝，建造一座 40 孔（孔宽 3 米）泄水闸。同时，南运河水利工程也有较大进展。1918 年，顺直水利委员会改建南运河马厂

图 5-7　苏庄操纵机关之泄水闸图

资料来源：顺直水利委员会编：《顺直河道治本计划报告书》，北京大学图书馆藏 1925 年版。

减河上口的九宣闸。1920 年，"又在减河上口以下 30 千米的马圈建造了一座 5 孔分洪闸，洪水通过新引河分泄 100 立方米/秒"。①

（三）水电工程的动议创建是京直水利枢纽建设的一个特点。1912 年，云南建成了中国第一座水力发电站——石龙坝水电站，在当时的北方还没有建成相关的水电公司，商人余幼庚等人准备成立的永定水电公司在北方是一个创举。1921 年，余幼庚等人集资五百万元，拟在永定河上游宛平县三家店创设永定水电股份有限公司，以供给京津一带所需电力，并兼营电气机械器具及各种电器附带事业，命名为永定水电公司，后因资金问题，水电公司未能建成。根据规划，该水电公司专营电力供给、电气化学工业、电气机械器具类之制造及贩卖等业务，营业区域主要是北京、天津及其附近地区，资本总额为五百万元。按照有限公司办法分为十万股，由发起人募集。之后，该公司进行了详细的工程规划及经费概算，并制定了《企业意见书》《工程计划书》《经费概算书》《水力发电工程规划大纲》等。②

《企业意见书》包括：（1）商号名称及事务所所在地：本公司定名

---

①　海河志编纂委员会编：《海河志·大事记》，中国水利水电出版社 1995 年版，第 61 页。

②　参见张恩祐《永定河疏治研究》，志成印书馆 1924 年版，第 95—104 页。

为永定水电股份有限公司，总部设在北京，在通县设分厂，在天津设发电所。（2）事业种类。本公司专营电力供给、电气化学工业、电气机械器具类之制造、贩卖等。（3）营业区域。北京、天津及附近地区。（4）资本总额及筹集办法。资本总额约需五百万元，按照有限股份公司办法，分作十万股，由发起人募集之。（5）收入概算书。收入项下：电费收入二百四十六万二千零八十五元（暂按变压所电力九千二百启罗华德负荷率百分之六十五，每一启罗华德时电费以四分七厘计算）。支出项下：水路维持费五千元。发电所运转维持费三万元，变压所运转维持费九千元，电线路维持费九千元，薪工五万四千元，旅费一万元，营业诸费及其他十六万二千元，总计二十七万九千元，收支相抵纯利二百一十八万三千元。

《工程计划书》包括：（1）设发电厂于宛平县三家店附近，称为永定水电公司三家店发电厂。设变压所于北京之西直门，称为永定水电公司西直门变压所。在天津之河北也设变压所，称为永定水电公司河北变压所。（2）电线联络图（第一期工程在北京附近），永定河发电厂电线联络关系图。（3）电气方式。发电所为直流低压二线式，交流低压及高压单相二线式及三相三线式，特别高压三相三线式。发电线为特别高压三相三线式，发电所及配电线为交流特别高压三相三线式及高压三相三线式、低压三相三线式与单相二线式。（4）需要极端电压。三千伏尔脱①，三百伏尔脱，百伏尔脱。（5）启罗华德总数：二万启罗华德。（6）电线及电线路种类：空中裸线铁塔。（7）原动力。种类：水力用横置螺旋水车；马力：七千马力，五台。

根据《经费概算书》所列支各项费用测算，预计投入经费总额为4844800元。主要包括：建厂费60000元，工程费3419400元，原动机费232000元，电气机械器具734400元，电线路费360000元，运搬装设费39000元。

《水力发电工程规划大纲》内容包括：（1）取水口与放水口位置。取水口与放水口位置之选定，关系工程经费及整个工程计划的实施，经过对多处预定地点的筛选，最终确定了取水口与放水口的位置。取水口

---

① "伏尔脱"表示电压，伏特数。

在东石古岩附近，放水口在琉璃渠村以南山麓。（2）有效落差。取水口与放水口的总落差为二百六十四英尺，除去水头损失三十七英尺又一三，其有效落差为二百三六英尺九。（3）流量。最近一年中，在三家店实测最大流量为每秒六千六百立方英尺，最小为每秒二百余立方英尺。为安全计，采用四百立方英尺。（4）发生理论马力及电力数，第一期工程完竣时当可达二万启罗华德。（5）贮水池。第一期工程所仅拟筑设简单堰堤，不另设池贮水。在第二期工程时，于王平村北三千米达河最窄处筑堤蓄水，以期增加水量，至每秒一千立方英尺。（6）水路。水路延长计六千二百米，合二万零四百六十英尺。大部分需掘凿山洞，但为节省工程经费起见，务求采用开渠。（7）工程费。对于电力之成本核算，第一期工程每启罗华德合洋五百元，第二期工程每启罗华德合洋三百五十元。（8）对于永定河水患之考察。永定河于三家店以上，两岸悬崖，决无泛滥之虞。频年水患，均在三家店以下。河行平原，河身淤浅，遇有山洪，即发生水灾。所以，需要另开一长达二万余尺之水路，作为该河的调节机关。（9）对于两岸灌溉之考察。工程所用之河流在三家店以上之丛山中，两岸如削，田园甚少，而且电厂所采用水量，仅为河流之一小部分。取之于河，仍归之于河。根据规划，电厂建成后，不仅可以解决当地居民的用电问题，而且沿岸农田的灌溉不受影响。虽然该水电公司最终未能运营，但这不失为一次利用水资源发电以造福人民的有益探索。

从京直水利工程的特点看，水利工程形式主要是疏浚工程、拦水坝、减河工程、蓄水池修建、凿井、修渠、修筑堤坝等，其功能以防洪为主，同时开始注重农业灌溉。根据顺直水利委员会的研究，控制大汛的工程主要分为两类：一是有能够应付最大洪水流量之河槽；二是减少流域面积之泄水量，并增益各河之最少水量，以消减洪水之烈度。主要包括入海尾闾之开辟，各河槽之改善，河道平时之养护，辟地造林，建筑蓄水区以操控行水等措施。京直地方政府在这些方面虽然做出了努力，一定程度上也缓解了洪水危害，但是仍然未能完全改变汛期洪水泛滥的状况。而对于蓄水区的建设，顺直水利委员会已经意识到其必要性，但因各种原因基本还处于规划阶段。顺直水利委员会在报告中指出："滹沱河流域有造蓄水区之必要，非此亦无术足以改善其现状。"①
在水利工程管理方面，以政府管理为主，民间管理为辅，同时外方机构
参与管理。在水利工程材料与技术方面，开始使用水泥和钢材。京直水
利工程对环境及民生均产生了一定的影响，不仅一定程度上控制了洪
水，使农村受灾程度有所减缓，为农业发展奠定了基础。同时，为航运
业发展创造了条件。

第三节　京直水利建设经费

水利工程建设离不开资金支持，为筹措治河经费，京直地方政府及
社会团体广泛拓宽筹集资金渠道。其经费来源主要有政府拨款、发行公
债、外交团商拨经费、借款等形式。

一　经费来源

目前，由于受资料限制，关于京直水利经费收入确数尚不确定。从
现有资料看，京直水利经费来源大致分为如下几个方面：政府拨款、发
行公债、外方资金支援、民间筹款。

（一）政府拨款。政府拨款包括河务局经费、顺直水利委员会经
费和海河工程局部分经费。其中，河务局经费主要依靠政府拨款，京
直水政所需经费大部分从这部分经费中支出，每年约需 80 万元。据
1926 年资料记载，河务局的经费支出中，永定河为 199771 元，北运
河为 64359 元，直隶河务局为 524573 元，共计 788708 元。开支职员
薪津公费者四分之三，用于春伏工料者不过四分之一。② 顺直水利委
员会在 1918 年成立时，经费由中央政府拨付，原定全部经费为 12 万
两，到 1920 年 5 月，改为每月开支三万两，按月由财政部关余项下
照拨。③

① 顺直水利委员会编：《顺直水利委员会总报告》，北京大学图书馆藏 1921 年版，第
9 页。
② 武桓著，张雅南、侯光陆校：《京畿除水害兴水利刍议》，新新印书局 1926 年版，
第 69 页。
③ 武桓著，张雅南、侯光陆校：《京畿除水害兴水利刍议》，新新印书局 1926 年版，第
70 页。

　　从经费投入看，直隶政府投入治河的固定经费较少，政府专项经费是京直水利建设的重要来源。1918 年 4 月，北洋政府拨 120 万元治河费用给顺直水利委员会，并指定用于三岔口裁弯取直，北运河挽归故道及天津南堤工程。1919 年 2 月，熊希龄申请的 200 万元盐余款项拨至顺直水利委员会，并指定用于北运河挽归故道，马厂新河及新开河整理。1920 年，为维持测量根本计划，财政部应顺直水利委员会会长熊希龄的请求，由关余项下每月拨付关平银三万两为该会行政及测量费用。政府拨付的费用远远不能满足京直水政建设的需要。

　　京兆地方的水务经费十分拮据，北洋政府每年投入永定河的河务经费远远低于清代。清代永定河治河经费由中央拨给，每年需要四十八万两白银，当时人力及物价较为低廉，经费基本能够维持。北洋政府时期，永定河河务经费屡被削减，到 1924 年，每年不足二十万元，而且还常常被拖欠。京兆地方官员即便有心治河，但难为无米之炊。从京兆地方的财政情况看，京兆尹公署"年仅一百余万元收入岁费，而令负担永定河二十余万之支出常款，力何能胜？"①

　　海河工程局作为治理海河的重要机构，每年均以不同形式投入大量经费用于治理海河。其经费来源主要分几部分：中国政府方面给付，或者中国政府允许其代为征收投入使用的经费，主要是每年从津海关税项下拨补 6 万两白银，通过税务司代征收河捐和吨捐，每年经费 60 余万两。

　　（二）发行公债。通过发行公债治理河务是北洋时期缓解资金压力的一个重要途径，公债的发行既有中央政府发行的，也有地方政府发行的。

　　一是中央政府发行赈灾公债。1917 年京直受灾后，北洋政府发行了赈灾公债，这次公债共发行了 400 万元，对缓解救灾资金压力发挥了重要作用。为提高公债发行的信誉，北洋政府对这一公债的发行及偿还办法进行了详细说明。规定："此项公债利率定为按年七厘，每年上半

---

　　① 《请筹拨每年固定防浚经费呈段祺瑞文》，周秋光编：《熊希龄集》第 7 册，湖南人民出版社 2008 年版，第 850 页。

年五月三十一日暨下半年十一月三十日各付息一次。""此项公债自民国十年十二月起，用抽签法分两年偿还，每年抽签两次，每次抽还总额四分之一，计一百万元。至民国十二年十一月底为止，全数还清。"① 至于公债偿还资金来源，北洋政府在发行公债时做了明确规定，即此项公债以各省货物税及常关税加征一成赈捐，计年四百余万元为偿本付息的款，此项的款由各省财政厅各常关及津浦货捐局陆续解交赈务处，转发中国、交通两银行专款存储，到期由财政部会同赈务处提拨照付。上述公债一部分用于赈济救灾，一部分用于河工。

二是地方发行的公债。为改良京东河道，1920 年，顺直水利委员会提出发行公债 200 万元以解决资金不足的问题。熊希龄认为，"将此二百万元存款改购元年公债一千万元，每年得息现洋六十万元，又定案由盐税稽核所付息，定为异常稳固，无论治本治标，每年有六十万元之款办理工程分年渐进，亦可将河道逐次治理。倘一时需要一宗巨款，并可以此息抵借二三百万元，不误本会急切之工程，将来中国财政清理，此项公债还本，兼可以为治本之用"。② 地方公债的发行，一定程度上弥补了赈灾以及水利建设资金的不足。

为筹措裁弯取直工程经费，海河工程局发行公债以缓解经费不足的问题。从 1902 年至 1935 年，海河工程局共发行了 8 次公债，其中，1912 年至 1928 年发行了 4 次。详见表 5 - 32。

表 5 - 32　　　　　　1912—1928 年海河工程局发行公债一览表

发行年份	发行公债的目的	利率（%）	原数额（两）	已偿还额（两）	未偿还额
1912—1914	购置破冰船	6	290000	290000	已清
1921	第六次裁弯	9	200000	200000	已清
1924	建万国桥	7	500000	500000	已清
1926	大沽沙永久航道疏浚	7	1250000	1250000	已清

资料来源：参见天津航道局编《天津航道局史》，人民交通出版社 2000 年版，第 11 页。

---

① 《赈灾公债条例》，《大公报》1920 年 11 月 13 日。
② 《为将二百万元存款易购政府元年公债向顺直水利委员会审查会之提案》，周秋光编：《熊希龄集》第 7 册，湖南人民出版社 2008 年版，第 277 页。

（三）外方资金支援。一是外交团商拨资金。为筹集治河经费，顺直水利委员会与海河工程局商议，由外交团商拨部分经费。在顺直水利委员会存续的十年当中，外交团拨给顺直水利委员会用于治河的经费主要有两次：第一次拨银 1200000 两，折合银洋 1614963 元；第二次拨银 1442000 两，折合银洋 1947990 元，两次共收入银洋 3562953 元。对于商拨的经费，顺直水利委员会进行了详细规划。支出项目涉及测量行政费 758900 元，支出三岔口裁直工程补助费 71428 元，支新开河建闸及疏浚工程费 312578 元，支马厂河建闸及新河工程费 226619 元，支天津围堤工程 121159 元，支苏庄建闸及新河工程费 1542500 元，支青龙湾河土门楼建闸及王庄培堤工程费 134600 元，支青龙湾下游购地费 153000 元，支北运河堤工程费 50000 元。1925年，外交团又拨给永定河一定的治河经费，从经费的开支看，基本用于水利建设。从 1920 年至 1927 年，经费用于流量测量经费 277281 元，用于地形测量及绘图经费 2468718 元，用于顺直水利委员会技术部经费 31344 元，用于顺直水利委员会工程处经费 502415 元，用于顺直水利委员会行政费及开办购置费 641411 元。① 二是国外社会团体或组织支援。华北基督教赈灾会曾不定期向京直地区予以资金援助，用于水利工程建设。此外，据 1918 年《顺直水利委员会第十七次审查会开会记录》记载，美国红十字会除拨付京直赈济救灾款项外，还资助京兆地区及直隶的水利工程建设。1918 年 5 月 15 日，美国红十字会詹美生致函顺直水利委员会称："美国红十字会已预备划出美金七万五千元，以后或可再增美金十万元专供拯救灾民兴办工程之

---

① 从现有文献资料情况看，对于外交团商拨经费记载有较大出入。除上文所提及数字外，另据顺直水利委员会记载，对于京东河道改良的经费，熊希龄亦进行了统筹规划。他说此项工费的款系两次协商外交团所指拨之盐款，计开挖牛牧屯费六十万两，并改善青龙湾、马厂河、新开河等费二百万元。除马厂、新开河分拨支出外，可余二百余万元，专充京东治河之用。据顺直水利委员会技师造具预算总额，共计造堤及修堤费四十二万元，造堤用地三千五百五十四亩，购买费七万一千零八十元，牛牧屯、新河工程费七十四万八千元，新青龙河子河用地二千三百亩，购买费四万六千元，牛牧屯新河用地三千亩，购买费六万元，闸坝工程费四十八万元，监工及意外费一十八万元，总计二百万零五千零八十元。

用。"① 为救急起见，詹美生表示还准备帮助直隶地方村民建筑小堤包围住村庄。顺直水利委员会为此召开了审查会，审查会对于詹美生的建议表示同意，即用美国红十字会之专款，建筑小围堤或围护一村或围护多村。审查会还决定遣派测量队协助勘修围堤，以尽襄赞之义务。审查会提议请会长熊希龄将此事行文直隶河务局，并饬该局协办勘选围堤地点事宜。顺直水利委员会召开审查会，密切配合美国红十字会修筑河堤，为推动京直水利工程建设发挥了重要作用。三是国外借款。（1）善后借款合同的盐余项。1913 年，北洋政府同英、法、德、俄、日五国银行团签署《中国政府善后借款合同》，借款总额 2500 万英镑，以中国盐税、海关税及直隶、山东、河南、江苏四省所指定中央政府税项为担保。合同附款第六条有整理盐务准备金二百万镑，后经中国政府提用，仅余一百二十万两。借款合同第六条规定由各产盐省共存一千二百万元于银行，后因英镑贬值，银行团曾归还中国政府二百万元，熊希龄在剩余一千万元中提取二百万元作为治河之用。（2）为整理直隶、山东两省境内运河借款。由督办水灾河工善后事宜处同美国广益公司商订借款合同，即 1917 年中国政府整理七厘金币借款，借款金额为六百万元。该款主要用于工程推广，起于黄河之陶成堡，经临清、德县至天津。（3）永定河工借款。1924 年，国务会议研究决定在盐余项下抵借款项，由熊希龄具体经办。通过与中外银行界磋商，经财政部备案，签订借款合同，规定用途为永定河决口堵筑事宜。合同大概分为四项，包括借款华币七十万元，抵押品以盐余担保，每月扣款七万元，连息归还，利息率不得过一分二厘，分十个月还清。贷款之银行，在外国方面为汇丰、花旗、汇理、正金各十万元，盐业、金城二行各五万，中国、大陆二行各十万。② 这次借款为第一次中外银行团之合资借款，有评论说，这是"中国政府真正有益社会群众之借款"。③

（四）民间筹款。民间筹资修建水利工程，在北洋政府时期的京直地区也有一定体现，但所占比重不大。和以往相比，这一时期，除

---

① 顺直水利委员会编：《顺直水利委员会第十七次审查会开会记录》，中国国家图书馆藏 1918 年版，第 76 页。
② 这次借款实际为中外合借，中外借款比例分别为 30% 和 40%。
③ 《永定河工借款成立》，（天津）《大公报》1925 年 3 月 28 日。

了乡绅个人出资修建水利设施外，新式社团开始参与。在修护滹沱河
过程中，八县堤工联合会①发挥了重要作用。对于滹沱河培堤工程，直
隶省公署曾下令各河河务局予以修护，并令各县摊款修治，后因战事搁
置起来。1924 年 7 月，滹沱河河水暴涨，情急势迫，八县堤工联合会
呼吁华北赈灾会救助，得到施助红粮二千石，现洋一万二千元，并通
过以工代赈之方式，由各县召集民夫六千名修堤。安平、献县、饶
阳、肃宁等八县民夫合力抢险，献县、饶阳两县县长还亲临现场督
工。经过抢护，9 月初，滹沱河决口被堵住。但是，堤工会也往往面
临很多困难。如，修筑滹沱河残堤工程，共用去三万八千余元，除已
按成分摊洋五千元外，只领到济生、华北两会八千元，剩余四千元，
残堤修好后才能到账。八县堤工联合会经办人员只好向民间借款，甚至
变卖自己的财产用于修河。从上述例子可以看出，京直地区呈现出多个
社团协调救灾，官民共同治河的特点。其中，华洋义赈会在京直地区防
灾水利工程建设中也发挥了重要作用，投入了将近上百万元的资金。详
见表 5 - 33。

表 5 - 33　　　　华洋义赈会在河北重要防灾水利工程统计表　　　单位：元

工程名称	完成年度	费款总数	所获利益
河北千里堤工程	1926	400000	400 平方英里低洼地变成良田，每年可获 500 万元以上
河北省大城修堤工程	1926	15000	田地 4 万亩得免水患，共计所得收获价值在 1000 万元以上
河北石芦水渠	1928	134000	7 万亩田地得免水灾
河北、山东掘井工程	1923—1936	424860	8 万亩田地得受灌溉之利，每年增加农产 44.3 万元

资料来源：池子华、李红英、刘玉梅：《近代河北灾荒研究》，合肥工业大学出版社 2011
年版，第 183 页。

二　经费支出

作为专门治理京直河务的顺直水利委员会，在治河过程中，从资金

---

① 八县堤工联合会会长为李庚先，副会长为李辉普、常熙政。

投入到工程建设方面均发挥了重要作用，从 1918—1925 年投入资金总额达 2500 余万元。详见表 5 - 34。

表 5 - 34　　1918—1925 年顺直水利委员会年终结算各款收支总数表

单位：元

款别		北河规复工程	三岔河口裁直工程	测量与行政费	天津南堤工程	新开河工程	马厂河工程	以上各项总计
自开办日起至民国七年年终结算	收入	807428	70000	495199	242336	0	0	1614963
	支出	0	70000	147295.27	95590.91	0	0	312886.18
	结余	807428	0	347903.73	146745.09	0	0	1302076.82
自开办日起至民国八年年终结算	收入	1761418	70000	588809	242336	487000	507000	3656563
	支出	0	70000	489871.50	95590.91	322729.73	8569.87	986672.01
	结余	1761418	0	99027.50	146745.09	164270.27	498430.13	2669890.99
自开办日起至民国九年年终结算	收入	1761418	70000	1117077.92	242336	322729.73	507000	4020561.65
	支出	46083.71	70000	1047023.05	124510.22	322729.73	93470.87	1703817.58
	结余	1715334.29	0	70054.89	117825.78	0	413529.13	2316744.09
自开办日起至民国十年年终结算	收入	1761418	70000	1753849.11	242336	322729.73	507000	4657332.84
	支出	48324.78	70000	1564355.65	124678.15	322729.73	232765.25	2362853.56
	结余	1713083.22	0	189493.46	117657.85	0	27234.75	2294469.28

续表

款别		北河规复工程	三岔河口裁直工程	测量与行政费	天津南堤工程	新开河工程	马厂河工程	以上各项总计
自开办日起至民国十一年年终结算	收入	1761418	70000	239246.41	242336	322729.73	507000	3142730.14
	支出	250834.78	70000	2044509.05	126176.21	322729.73	234554.18	4066888.91
	结余	1510583.22	0	347960.36	116159.79	0	272445.82	1914493.14
自开办日起至民国十二年年终结算	收入	1761418	70000	3077898.32	242336	322729.73	507000	6613351.81
	支出	795537.31	70000	2517288.43	126590.21	322729.73	234994.43	4995362.98
	结余	965880.69	0	560609.89	115745.79	0	272005.57	1617988.83
自开办日起至民国十三年年终结算	收入	1761418	70000	3709868.08	242336	322729.73	507000	6613351.81
	支出	1236190.52	70000	2984805.16	146643.14	322729.73	234994.43	4995362.98
	结余	525227.48	0	725062.92	95692.86	0	272005.57	1617988.83
自开办日起至民国十四年年终结算	收入	1761418	70000	4339347.02	242336.86	322729.73	507000	7242830.75
	支出	1575553.19	70000	3465533.20	146643.14	322729.73	234994.43	5815435.69
	结余	185882.81	0	873813.82	95692.86	0	272005.57	1427395.06

　　资料来源：顺直水利委员会编：《顺直河道治本计划报告书》，北京大学图书馆藏1925年版，第9—10页。

　　从顺直水利委员会的资金流向看，主要用于北河规复工程、三岔口裁弯取直工程、测量与行政费、天津南堤工程、新开河工程、马厂减河工程等，这仅仅是京直工程的一部分。

　　此外，为加强河工建设，京兆地方公署决定加大投入，并拟定了《京兆永定河河务局薪饷工费预算表》，将常年经费由原来的二十余万元增加到了五十余万元。详见表5-35。

表5-35 **京兆永定河河务局薪饷工费预算表** 单位：元

	科 目	年 计	备 考
第一款	本局暨附属经常费	199771	
第一项	本局经费	13716	
第一目	局长俸给公费	6000	
第二目	局员薪水	5856	
第三目	局役工食	720	
第四目	杂支	540	
第五目	旅费	600	
第二项	分局暨附属经费	23616	
第一目	分局长俸给公费	6120	
第二目	主任俸给公费	14360	
第三目	两岸稽查巡查暨分局员司薪水	3136	
第三项	工巡队薪饷	28416	
第一目	队长及工巡官薪津	3936	
第二目	工巡兵饷需	2448	
第四项	闸坝、铁轨、电话员工经费	1432.48	
第一目	闸坝、铁轨经费	496.48	
第二目	电话经费	936	
第五项	岁修工料各项经费	91320	
第一目	岁防桩料等项	60520	此项桩料价，每年冬季领发，购备应用
第二目	春修土石各工	18000	此项土石工价，每年春融时领发
第三目	春厢埽工	4800	此项埽厢工价，每年春融时领发
第四目	土坝工用器具	600	此项器工价，每年于春工厢修兴工前领发
第五目	工巡兵目津贴伙食	7200	工巡兵目，每值春工厢作及大泛抢险时，应给饭银津贴，约需此数
第六目	搜捕地羊獾狐犒赏	200	此项犒赏，獾狐每只两元，地羊每只二角，约需此数
第六项	修缮费	1270	

（左侧竖排：支出经常门）

续表

	科　目	年　计	备　考
第一款	永定河防临时经费	40000	
第一项	防险经费	26000	大汛凌防汛险费，均关紧要，此款必须先期筹备，免致临时束手，预估约需此数
第一目	大汛防险	25000	
第二目	凌汛防险	1000	
第二项	紧急工程	13000	永定河流，迁徙靡定，往往发生新险，不及估报，约需此数
第三项	临时杂支	1000	伏秋大汛，永定河南北两岸绵长四百余里，亟须添派电话司事工匠随时修理，以期传递消息灵通，并一切临时杂支，约需此数

（左侧纵向：支出临时门）

资料来源：参见张恩祐《永定河疏治研究》，志成印书馆1924年版，第65—67页。

　　上述预算中，加大了临时支出投入，主要用于防汛和紧急工程。据华北水利委员会编《永定河治本计划》所提供材料，永定河河务局岁修及临时抢险费，在1926至1928年，远远未达到预算的经费数目。根据预算，岁修费为199771元，抢险费为40000元。但实际情况是，1926年，全年岁修费73300元，抢险费40000元。1927年，全年岁修费111260元，其中包括兵洋17760元，抢险费39900元。1928年，岁修费79400元，抢险费39900元。[①]

　　海河工程局经费支出门类主要有办公经费、工作人员薪酬、购置设备等。既有常规支出，也有临时支出。其中，购置设备花费较多，尤其在购买各种船只方面投入较多。到1926年，海河工程局有挖泥船六艘，合计1126000余两，开冰轮六艘，合计358000余万两，连同驳船等合计1800000两。详见表5-36。

---

　　① 参见华北水利委员会编《永定河治本计划》，甘肃省古籍文献整理编译中心、中国华北文献丛书编辑委员会编：《中国华北文献丛书》第93册，学苑出版社2012年版，第301—302页。

表5-36　　　　　　　　　海河工程局购置设备情况统计表

海河工程局购置设备		投入费用（海关两）
挖泥船	广利	595429
	新河	150505
	中华	147017
	西河	100360
	北河	14703
	高凌	118364
箱型挖泥船一只		13618
备用挖泥机		3874
破冰船	美凌	27①
	东凌	46426
	开凌	27084
	京凌	88297
	工凌	50093
	飞凌	76171
浚渫拖船一只		11761
小汽船若干只		33681
汽油艇一只		1415
吹泥管		18970
箱型装泥船一只		15630
船基一座		10000
吹泥船一只		47588
开底装泥船十一只		90277
煤水船若干只		5516
船舶无线电装置		9123
船坞闸门一座		54350
合计		1730279

　　资料来源：根据海河工程局编：《天津海河调查报告书》，中国国家图书馆藏，1927年版，第37—38页资料整理而成。

外省社团对直隶水利工作也予以大力援助。1928年夏，滹沱河在

————————

　　① 注：根据上下文资料看，如果用27海关白银两买一艘船可能性不大，疑有误。

安平辖境白石碑以西决口一百二十余丈，形成两水夹堤之势，修筑残堤，资金不足。上海济生会及华北赈灾会两慈善团体伸出援手，通过查验勘估，补助一万二千元，救急堵口。①

第四节　京直水利工程建设的特点

北洋政府时期，京直地区水利工程建设出现了新旧交替的特点，既有以传统的以工代赈方式修建的工程，也有利用新技术、新设备、新材料修建的工程；既有对单一河流的针对性治理，又有对海河流域实行综合治理的尝试。同时，通过工兵救灾的方式，为工兵参与国家重大突发事件的处理，参与社会经济建设提供了借鉴和参考。

一　水利技术从传统向现代转型

北洋政府时期，我国水利发展处于承前启后的阶段，而顺直水利委员会具有由传统水利向现代水利过渡的典型特征，它的设立为新技术推广、新材料应用，以及治河新理念传播起到了巨大的推动作用。伴随着近代科学技术的传入，在一批水利专家的指导下，水利新技术的应用取得了重大进步。

（一）新技术的运用。一是地形测量技术的提高。测量是水利工程规划设计的基础，直接为防洪、航运提供服务。顺直委员会先后完成了1:10000地形图一千六百五十五张，1:1000各河形图七百三十三张，其他与顺直各河有关之图表二百余张。精密水准的测量技术，大大提高了测量的精度。二是水文测验技术的提高。水文测量是水务工作的基础，这一时期水文测验技术也有了较快的发展，顺直水利委员会购买了先进的测验工具，运用现代的流量、流速等概念，编制雨量及等量曲线图。水文测验的项目逐渐增多，开始由水位、雨量等简单观测向综合测量发展，包括水位、流速、横断面、流量及含沙量等。三是施工技术的提高。在水利工程施工过程中，顺直水利委员会采用近代水利技术，开始使用水泥混凝土包裹的钢架，修建了钢筋混凝土的涵洞和船闸，这种技术大大提高了工程的抗击洪水能力。在新技术运用过程中，顺直水利委员会重用专业技术人

---

① 参见王锋、戴建兵编《滹沱河史料集》，天津古籍出版社 2012 年版，第 108—109 页。

员，在相关文件中有重要体现。如《地形测量处规则》规定："主任技师之职务就是研究顺直水利委员会应办之工程计划，并以其职业上之见解向审查委员会提出意见以备采择。"① 在测量工作及水利建设过程中，顺直水利委员会对于专业技术人员的意见较为重视。

（二）新型材料的使用。鸦片战争以后，随着西方科学技术的传入，水泥和钢材逐渐被运用到水利工程建设中。从《顺直水利委员会工程处施工细则大纲》《顺直水利委员会工程处石工普通细则》《顺直水利委员会工程处混凝土普通细则》等文件可以看出，水泥开始逐渐运用到大型水利工程建设中，对于石块的大小，水泥和沙浆配比，石头砌法等有了明确规定。对建筑混凝土所用之木型、白灰、钢筋的安放，混凝土之链接、混凝土之成分也提出了具体规范和要求。

（三）现代仪器设备的购置与使用。测量处购置了先进的测量仪器，如水准仪、六分仪、怀中经纬仪、流速计、水准标尺、流速计附件（绞车）、时表、水尺、水面浮球、测探用具（断面铅绳、垂直绞关）、测流船只、量雨计等。

新型船只的购置与使用对疏浚河道尤其重要。海河工程局在疏浚海河时通过购置并使用破冰船，促进了天津港冬季贸易的发展。1913—1925年海河工程局所购破冰船情况，详见表5-37。

表5-37　　　　　　海河工程局破冰船一览表（1913—1925年）

船名	建造年份	建造厂	船体（米）				功率（千瓦）	购入价格
			长	宽	深	吃水		
开凌	1913	江南造船厂	25.9	6.1	2.74	1.52	294	6580 镑
通凌	1913	江南造船厂	36.6	8.36	4.42	3.05	515	13650 镑
美凌	1914	江南造船厂	36.6	9.14	3.51	2.74	657	115000 两
清凌	1915	江南造船厂	36.6	9.14	3.51	2.74	662	140000 两
工凌	1923	江南造船厂	29.7	6.2	2.74	1.6	294	61000 两
飞凌	1925	江南造船厂	29.9	7.01	3.66	2.13	331	76500 两

资料来源：天津航道局编：《天津航道局史》，人民交通出版社2000年版，第39页。

---

① 顺直水利委员会编：《顺直水利委员会办事规则及总报告月报》，北京市档案馆藏，档案号：J007—004—152。

海河工程局还购买了挖泥船，大大提高了工作效率。海河工程局所购挖泥船主要有广利、新河、中华、西河、北河、高凌。此外，海河工程局还购买箱型挖泥船一只，备用挖泥机一只，吹泥船一只，浚河拖船一只，小汽船若干只，汽油艇一只，吹泥管，箱型装泥船一只，船基一座，船舶无线电装置，开底装泥船十一只，煤水船若干只等设备。新型船只的购置与使用，在疏浚海河河道、吹填租界洼地方面发挥了重要作用。从1906年至1936年海河工程局对海河的疏浚量和吹填量可见一斑，详见表5–38。

表5–38　　　　　　　1906—1936年历年统计吹填数量　　　　　单位：立方米

年份	疏浚量	吹填量	年份	疏浚量	吹填量	年份	疏浚量	吹填量
1906	29644	29644	1917	326812	326812	1928	396438	396438
1907	31149	31149	1918	67423	58531	1929	508069	332405
1908	56634	56634	1919	713976	690892	1930	305116	305116
1909	36198	36198	1920	562163	560747	1931	394065	382186
1910	113976	109264	1921	483405	478379	1932	477198	431282
1911	173838	172649	1922	593960	590222	1933	287262	249190
1912	180436	152586	1923	441317	439392	1934	306546	296238
1913	257022	257022	1924	485537	483612	1935	522774	511065
1914	283949	283949	1925	253296	244885	1936	590098	572910
1915	458985	458985	1926	455960	451698	合计	1124958	10838792
1916	856887	856887	1927	591825	591825			

资料来源：天津航道局编：《天津航道局史》，人民交通出版社2000年版，第37页。

二　尝试流域综合治理

北洋政府时期，京直在水利建设过程中，开始从整体出发，综合考虑水利工程的兴建。一是组织水利机构，实行合作治理；二是尝试标本兼治，实行综合治理。京直地区的主要水域——海河流域，由京兆地方公署、直隶地方政府与海河工程局共同治理。海河工程局主要浚治海河干流，顺直水利委员会对于海河干流和各支流均有修治的责任和义务，京兆、直隶各河务局主要对所辖区域内的河流进行管理。从京直各水政机构的工作看，开始对水利工程建设进行整体考虑，对水利认知有非常大的进步。以往京直地区的水利建设多着眼于海河下游天津港入海口的工程，不从全局着眼的治理方式，使水患有增无减，甚至愈演愈烈。顺直水利委员会意识到，河流是一个整体，治水要上下兼顾，要考虑形成水患的全部要素，如地形、降雨量、流速、含沙量、各河历年洪水流量等，进而进行全流域综合治理。据此，制订了全区域防洪计划，整理河槽，开辟新尾闾，在上游植树造林、建造蓄水池。但是，由于种种原因，这一时期的流域治理以防洪工程为主，大规模的灌溉工程是从华北水利委员会成立后才开展的。

三　充分利用各方力量

水利建设直接关系到当地经济发展，面对天灾兵祸连续不断的局面，北洋政府财政捉襟见肘，水利建设工作困难重重。在这种情况下，充分调动社会力量参与水利建设是北洋时期京直水政的显著特点。

绅商在水利工程建设中的作用不可忽视，以滦河的修治为例，滦县绅商在1922年10月提出了建设滦水坝的建议。滦县在滦河之西，1922年入秋以后，阴雨连绵，滦河之水日益增高，居民惴惴不安。一旦溃堤，县城即被殃及。所以，滦县境内绅商共议修筑拦水坝一道以防洪水。关于筑坝经费，滦县绅商提出由官民共同负担。一是通过募捐的形式，以滦县境内居民为限。先成立一筹备处，召开绅商会议，分途劝捐，主要是富户大贾。之后再召集村正副会议，令其劝说辖境内之乡民，量力捐助，绝不苛求勒索。该意见书对筑坝经费、工程实施、材料使用、组织机构等均作了详细说明。① 二是在滦河境内往来经商运货之船只不下数千艘，征收一种临时筑堤捐，或以月计，或以日计，呈请县公署布告商民，一律完纳，时间为自筹备日起至工程结束为止。在滦河水利规划和建设中，绅商起到了组织者和实施者的作用。此外，在京直水事纠纷紧要关头，天津绅商发挥了重要作用，在此不再赘述。

水利建设工程纷繁庞大，是一项涉及方方面面利益的系统工程，在水利建设工作中，社会力量发挥了重要作用。北洋政府在办理水灾救济

① 参见高尔禄《对于滦县绅商议筑滦水坝意见书》，（天津）《益世报》1922年8月30日。

中已认识到，"国家库帑支绌，普及为艰，必须各县官民先其力之所逮。富者出赀，贫者出力，各就该处堤埝估计堵修。果有不敷，再由公家量助，方免偏枯"。① 社团和地方绅商捐助成就的水利工程，在当时不是个例。1917 年京畿水灾，也正是官民各界共同努力，京直地区灾民才能渡过难关。京津大水后，北洋政府一方面严厉惩治疏于防范的河务人员，另一方面，紧急任命熊希龄为京畿一带水灾河工善后事宜处督办，办理赈务、河工等事宜。熊希龄到任后，首先向京畿各县乡绅寻问灾情及各河疏泄捍御方法，工赈善后策略。通过募捐、借款等方式筹集赈资，整合各个慈善团体办理赈灾事业，把灾害损失降到了最小。通过利用政府手段对各种社会力量进行统一指挥，这种方式既避免了资源的重复浪费，又最大程度上使灾民受惠。在政府对公共事业无力维系的时候，充分利用社会力量兴修水利事业，无疑是一种有效的办法。北洋政府还制定了法规条例来调动地方民众参与兴修水利的积极性。如 1917 年 11 月 22 日颁布的《河工奖章条例》规定，对于治河有贡献者给予河工奖章。如，"一、资助款项者；二、捐助物料者；三、出助夫役者；四、供给劳力者；五、研究河工著有专书经部核准者；六、其他对于河工有特别之补助者"。②

在中央和地方政府的鼓励下，京直地区民间水利组织投身水利建设的例子很多。在京直地区，大小河流有数百条，由政府设局管理者，京兆主要有永定河、北运河两河，直隶主要有南运河、子牙河、大清河等三河，官民共治成为京直水政工作的一种补充形式。如成立于 1923 年 5 月的永定河防联合会，由宛平、良乡、涿县、固安、永清、安次、霸县、武清等八县绅民组成，以协助主管官厅预防水患为宗旨。在治河过程中，各地堤工会发挥了同样的作用，如文安县堤工会于 1912 年成立，"票选会长，呈请立案，为文邑第一重要机关"。③ 1912 年 7 月，大城县王家口子牙河西堤决口后，堤工会协同该县官绅，在王家口设立堤工局，堵筑决口。安新县堤工会也发挥了重要作用，管理南堤春工夏防，

① 《拟定拨款补助直隶全省堤工经费呈冯国璋并咨直隶省长文》，周秋光编：《熊希龄集》第 6 册，湖南人民出版社 2008 年版，第 144 页。
② 《河工奖章条例》，《河务季报》1919 年第 1 期，章则，第 3 页。
③ 《民国文安县志》，卢建幸、林国华：《中国地方志集成·河北府县志辑（29）》，上海书店出版社 2006 年版，第 36 页。

其城北各乡还组织了水埝堤工会，办理各项河防事业。当然，在这一时期京直水利工作中，顺直水利委员会起到了主导作用。

此外，京直地方政府还充分利用外部力量支持当地水利建设。北洋政府时期京直地区最大的水利机构——顺直水利委员会，即由时任津海关税务司的梅乐和首倡，继而由外交团领事朱尔典向北洋政府提议，照准组建。除此之外，北洋政府还通过向国外举借外债的形式进行水利建设。外国力量通过多种方式参与京直地区水利建设，以浚治海河，裁弯取直成绩较为显著。尽管其主观意愿是为自身利益谋求更大的保障，但客观上保护了这一地区人民的利益。

四　以工代赈

水旱灾害发生后为解决灾民的生活问题，政府也会用以工代赈的方式解决灾民的生活问题。北洋政府时期，京直地方政府在顺直水利委员会的建议下，为缓解资金压力，通过以工代赈的形式兴修了一批水利工程。在推动这一工作过程中，顺直水利委员会会长熊希龄发挥了重要作用。熊希龄认为工赈为治河之最要政策，可以一举两得。当时通过这种方式开办的工程主要有直鲁运河工程，北运河牛牧屯工程，挑浚马厂减河工程，滹沱河堤岸工程。其中，马厂减河工程是一项较大的以工代赈工程。1920 年，华北大旱，顺直水利委员会选派灾民赴马厂新河尾闾挑挖河槽。该工程主要是建造两道新堤，同时整理旧河槽，全部工程按照顺直水利委员会的图纸进行。根据预算，约需工费银 12 万元，挑土工程约 40 万方，需要 500 人用两个月的时间完成全部工作。顺直水利委员会通过核算每挖一方土给大洋三角，每十天支领一次，由直隶省长所派之委员签单后，经顺直水利委员会之工程师核准后领取现洋。滹沱河堤岸工程主要是修筑由正定至河间之间一段约数百里长的河堤。当时，滹沱河两岸无堤，每遇夏秋洪水泛滥，滹沱河沿岸各县受害严重。为改善上述地区受灾情况，熊希龄请求直隶地方政府支持他的计划，并得到批准。通过以工代赈的方式兴办水利，既有政府的安排，也有地方水利组织的主动申请。丰润县唐坊车站一带村庄因屡遭荒歉，当地绅民组织水利公会，兴办水利，请求以工代赈，亦得到政府支持。总之，在以工代赈工程中，政府、绅民和水利组织共同发挥了作用。

此外，1917 年，在京畿水灾河工事宜处的推动下，京直地区还通过以工代赈的方式修建马路，主要有三条：一是京通马路，由美国红十字会与京畿水灾河工事宜处合办，各出款十万元；二是西山马路，由京畿水灾河工事宜处拨给京兆尹承修款六万元；三是门头沟马路，由京畿水灾河工事宜处代京兆尹向中法实业银行借款二十五万元。在谈及修建此路的初衷时，熊希龄认为，"此路以门头沟矿被水浸灌停工，工人失业者多，特为修筑，以复矿业而便交通，统计各路，约及一百数十余里，均雇用就近灾民工作"。①

五　兵工参与治河

兵工救灾是北洋政府时期京直地区出现的一种救灾新形式，1918年内务部提议寓兵于工实行修治河道案，当时，主要涉及修浚淮河、黄河近海修堤等事项。1923年和1924年，永定河决口后，冯玉祥的军队承担了一部分堵筑任务。冯玉祥的军队在堵筑永定河决口过程中，士兵所表现出的爱国热忱，以及冯玉祥所表现出的高度负责任的工作态度鼓舞了民众，为之后的水灾救治和水利建设提供了一个很好的模式。

1923年5月，石景山一带有堤坝年久失修，为保障京师安全，河务局与该地士绅请冯军派工兵帮助修筑河堤，冯军前往勘查并积极修护。冯军第八混成旅旅长李鸣钟奉冯玉祥检阅史的命令，与永定河专修员张伯才及其他相关人员接洽永定河修护事宜，此后挑挖河身，修筑河堤，疏通水流，使永定河避免了溃决之险。

1924年8月，华北雨水偏多，入伏后又有暴雨，永定河南岸长辛店以南河堤，河水涨至7尺余，水势汹涌，先后曾决口四处。北岸黄土坡之堤坝，在8月6日溃决百余丈，情况危险，急需抢救。8月7日，京兆永定河河务局急电冯军派兵支援，前往抢护。"冯检阅史本救人济世之怀，当即慨然应诺。"② 为及时抢筑永定河决口，冯玉祥部担任挑挖任务，以作兵工主义之倡导。永定河决口主要在京兆地区，冯玉祥充分认识到了抢护修筑工作对于京城安全的重要性和紧迫性，他认为此次抢险关系重大，与路政、民生、政府、驻军均有重要关系。他认为，永

---

① 《民国六年水灾民捐赈款征信录序》，周秋光编：《熊希龄集》第7册，湖南人民出版社2008年版，第450—451页。

② 著者不详：《冯军修护永定河纪实》，昭明印刷局1924年版，第17页。

定河河身淤高，势如建瓴，京奉路线，适当其冲。路轨遭淹没，积水难消。此项工程浩繁，若旷日持久，无论对于路政、军队还是百姓损失都十分巨大，所以，冯军会全力以赴堵筑永定河决口。为保证治河成效，冯玉祥在军队中进行了广泛宣传。冯军的李鸣钟旅长更是高屋建瓴地提出了自己对修河重要性的认识。他说大家要知此堤比京城还高丈余，若一决口，北京治安固不能保，即南苑亦不能保。我们来此做工，虽然是为国家人民，但是与我们自己亦很有关系。在这次永定河堵筑决口过程中，冯军派了两个团的兵力，帮助当地百姓紧急转移，以军粮为灾民提供食物。在河务局人员的指导下，冯军以麻袋盛土，打木桩堵决口。冯玉祥还亲自率领旅长、团长到现场参加抢险，堵住了决口。部队在防洪抢险中有百多人受伤，永定河两岸的百姓对冯军非常感激。冯军不分昼夜，抓紧施工，在规定时间内完成了任务。"京畿数百万之生灵及无数之财产，卒赖以保全者，皆冯军之力也。"[1] 社会各界对冯玉祥军评价很高，称此为军工治河的范例。当时的媒体对于冯军给予了高度评价，认为永定河险工修护，功在冯军之神速。

顺直水利委员会的水利建设工作在当时产生了一定影响，这与直隶省和京兆地方水利建设所产生的合力密切相关。直隶省议会提出的治河办法，基本采纳了顺直水利委员会的意见。正是由于有了顺直水利委员会与京直地方政府的合作，为日后华北水利委员会建立后，水利建设的工作方向由各地河务局直接开展治水活动向以水利委员会为流域水务工作的领导机关和工程实施机关的转变。当然，水利委员会的技术支撑和示范工程，以及水利委员会的领导和督查作用仍然是其工作的重要内容。

---

① 著者不详：《冯军修护永定河纪实》，昭明印刷局 1924 年版，第 22—23 页。

结　语

　　北洋政府时期，动荡的政局与频发的水旱灾害，为京直水政建设带来了极大困难。面对严峻的挑战，京直地方政府在水政建设方面进行了有益的探索和尝试。从京直地方政府的水政工作看，主要从加强水务机构建设开始，不仅增强了水务机构的数量，而且通过改组加强并细化了京直各河务局的职能，建设了一些大型水利工程。并通过机构管理科层化、水务人员的多元化培养、工程建筑招标等形式，探索了水利建设的现代化管理方式。在水政制度建设中，水土保持规章制度的出台、水政人员任用制度、水政监察制度建设、农田水利制度建设、内河管理制度等方面等均制定了相应的政策，加强了管理，将水政法制建设提上了日程。京直水利事业的开展，一定程度上推动了当地社会经济的发展。

　　从北洋政府时期京直水政的建设与发展情况看，和传统的治水理念与治水方式相比发生了较大转变。一是科学治水；二是开创了流域综合治水的先河；三是注重水利与经济的综合效益。

　　但是，由于北洋政府施政能力不足，许多有益的项目难以实施，悉心筹谋的许多治理计划都未能付诸实践，很大程度上也影响了京直水利建设。首先，缺乏统筹规划。人与自然的关系是辩证统一的，但是由于认识上滞后，以及治理工作不到位，北洋政府时期京直地区的农业发展，仍然处于通过扩张种植面积解决粮食总量不足的问题。虽然，京直地方政府建设了一系列水利工程，但是在自然因素和人为因素的双重影响下，这一时期京直地区水环境恶化状况并未被遏制。虽然京直地方政府在改革河务管理机构职能，加强水资源管理，通过水利工程建设防治水灾泛滥等方面做了一定努力，但是由于缺乏系统和科学规划，直到北洋政府终结其统治，森林面积逐渐减少，大量沼泽、湖泊和洼淀消失，综合治理水环境的工作并未深入开展。其次，政府管理职能缺失。顺直水利委员会成立后制订了整理永定河计划和治理顺直河道计划，但因政府执政能力不足，准备开展的一些水利工程搁浅。如京东河道修治问题，顺直水利委员会对改良河道一事曾讨论一年之久，测量五次之多，决定在李遂镇一带裁弯取直，开牛牧屯新河并在青龙湾开辟大河槽入海，但因京东少数人反对，政府莫知所从。为此，熊希龄通过上书等多种形式，阐述治理京东河道的必要性，但北洋政府未能照顺直水利委员会所提建议进行。此外，在海河工程局与直隶管辖海河河道的问题上，因直隶地方政府施政能力不足，一些工程也难以落实。

　　京直水政建设给我们带来了一定的启示。第一，要设立统一的水政机关。在中国漫长的历史上，国家一般设立专官以总其事，事权统一，无畛域之分。清朝时，各河设河道总督专管宣防，其河权之重，可想而知。但是，北洋军阀统治初期，因中央财政支绌，以各河事权分归各省，国有管河制度从此被破坏。如永定河、北运河同在畿辅，而京兆、直隶各分其上下游为界，管理不能统一。河务分省管理，不仅造成如此弊端，而且水务机关之间的权限划分也往往出现问题。如当时中央政府既设内务部又设全国水利局，各省既有河务局，又有其他水利处所，这种现象很容易造成管理上的混乱。所以，应将一切中外各水利机关统一，或隶于内务部，或设专部，以统一事权而免冗费。顺直水利委员会长熊希龄认为，由于河道管辖权不同，甚至中央派员督办必须与省区两长官交涉，种种困难，种种纠葛，层见叠出，很难解决。不仅京直如此，其他地方也存在因治河权分割到各省而影响水利建设的问题。所以，熊希龄建议，河流应归国家统一治理。他认为，"国家之有河道，犹人身之有血脉，血脉有病，宜合督任各脉而并医。否则此通彼塞，必致酿为痈疽。河道受淤，宜综源委各流而兼治，否则上疏下遏，必致变为横决"。① 光绪末年，河督、漕督等官职相继被裁撤，河工一事分属于沿河督抚。"畛域既分，事权不一，遇有事变，苟非隶其辖境，即可置诸不问。况当日河工之官既裁，取一河之流域断而为四为三，即不啻取一身之血脉截而属甲属乙，补苴敷衍，利己祸邻，不特事有固然，抑且势所必至。民国承之，益形玩视，村落思想，深入人心。苏人创导淮

　　① 《为河道应归国有请交国务会议议决呈冯国璋文》，周秋光编：《熊希龄集》第6册，湖南人民出版社2008年版，第184页。

而皖为之梗，鲁人欲治运而苏为之抗，因循苟且一事无成，遂生今此空前之钜灾。"① 所以，要解决河务根本问题，必须由国家派员统一管理。顺直水利委员会的建立，虽然在一定程度上将京兆及直隶的部分治河权由其统筹，但是仍不能避免水政条块分割所带来的弊端。关于这一问题，长期在中国从事水务工作的方维因在其《中国治河问题》中从另一个角度提出"河工国治"的观点。他认为商人志在求利，河工归商办会带来很多弊端。国家则不然，"职志在统筹全局"。② 因为"一河祸病，祸延数省，人民之身家性命危矣"。③ 而且，"国家收入以赋税为主，河患遂除，人民安居乐业，交通畅通，其于税收之增多及赈抚之减少，正国家直接受益之意义"。④ 熊希龄所倡导的河流由国家统一治理的思想逐渐被政府采纳，在之后的水政工作中，流域管理与地方政府管理相结合成为基本国策。第二，要加强政府管理职能。一个国家的结构、功能与意识形态及其统治区域的经济发展，与水利管理密切相关。但是，北洋政府时期，从中央政府到京直地方政府，在水利基础设施的建设与管理方面存在很多工作不到位的情况。这一时期在京直水政中起主导作用的是顺直水利委员会，该委员会名义上由中央政府、直隶及京兆地方政府、海河工程局等多方组成，但是在经费上，中央政府支持力度不够，许多计划或因经费问题，或因矛盾复杂，政府未能很好解决，导致一些治水计划搁浅，影响了水政工作成效。此外，京直水利纠纷，以及京直地区缺乏大规模灌溉系统等问题，均需要政府切实进一步加强职能。北洋政府时期海河流域主要水利工程建设几乎都是在政府机构，尤其是顺直水利委员会的推动下实现的。传统的"官督民修"的模式逐渐发生变化，而由国家力量主导的水利活动成为主体。这是因为，从事兴修堤坝和河渠工程这样的事务，需要对广袤的地区进行勘查，要考虑怎样在距离较远、地形复杂的情况调节集水区域、蓄水湖泊与河口之间的水流，必须要有大规模的计划和统一的水利机构。著名水利专家徐世大认为，京直许多地方因地方及私人意见不能一致，各自为政。一河

---

① 《为河道应归国有请交国务会议议决呈冯国璋文》，周秋光编：《熊希龄集》第 6 册，湖南人民出版社 2008 年版，第 185 页。
② 方维因：《中国治河问题》，北京市档案馆藏，档案号：J007—004—00014。
③ 方维因：《中国治河问题》，北京市档案馆藏，档案号：J007—004—00014。
④ 方维因：《中国治河问题》，北京市档案馆藏，档案号：J007—004—00014。

之间，渠口罗布，水量稍缺，争斗遂生。如滹沱河上源冶河东岸之地，本可建成一个大灌溉系统，但因无通盘计划，致使渠道交互错综，至为复杂。灌溉多者数万亩，少者数十顷。各自有其组织。可见，加强政府的领导和管理显得十分必要。第三，应推广流域综合治理模式。通常情况下，流域的综合治理与开发，主要是指将防洪、航运、发电、灌溉、养殖、生态保护等同时进行。对流域水资源进行综合规划，有计划开发，水利工程统一管理是我国现在水政管理的主要模式，这种模式和传统的以行政省区为单位对辖区内河流进行治理的模式有很大不同。这一经验的获得是一个曲折的过程，中华民国建立后，京直地区各治河机构互不统属，各自为政。治河事业不能从整体出发，统筹规划。1917年水灾后，北洋政府设立顺直水利委员会，以此为京直地区最高河务机构。之后，该委员会先后进行了一系列水利工程建设，内容涉及测量事业、顺直河道治标及治本计划、裁弯取直、修坝建闸等各个方面。不仅减少了水灾对这一地区的危害，而且还为治理京直河道提供了宝贵的科学数据。顺直水利委员会在水利事业上取得的成绩，推动了中国传统水利向现代水利的演进。顺直水利委员会的设立及其运行，为这一模式的产生发挥了重要作用。顺直水利委员会成立后，通过植树造林以治理水土流失；通过建立蓄水池灌溉农田，发展农业经济；通过疏浚河道发展航运业；通过建立闸坝以预防洪水，使流域内水资源得到合理配置和有效利用。在确保行洪安全的基础上，合理安排农林牧渔合理用地，形成综合防治体系。第四，以水利服务社会经济发展为根本目标。自古以来，中国的水利事业与基本经济区建设相辅相成，元明清时期，中央政府试图通过修建灌溉与防洪工程，改善首都地区水利问题，甚至提出要把直隶变成"第二江南"，即要在首都所在地附近建立一个基本经济区。然而，发展海河流域经济的尝试效果并不明显。通过改善水环境，农业产量虽然有一定提高，但是，"这种想用直隶所生产的粮食代替江南运来的漕粮，并想无需再从南方运输谷物的希望，却从来都未实现过"。① 由于粮食生产跟不上，当时，将海河流域发展成基本经济区的尝试并不成功。北洋政府时期，京直地方政府努力通过植树保持水土；

① 冀朝鼎：《中国历史上的基本经济区与水利事业的发展》，朱诗鳌译，中国社会科学出版社1981年版，第116页。

通过水利工程建设防止洪水，改善水环境；通过疏治河道防御洪水、发展航运，并试图通过建设水电综合工程为当地社会经济发展服务。这种由传统向现代转型的意识，在当时有一定的进步性，值得肯定。当然，顺直水利委员会在其制定治水方针时，受其所辖范围以及工作职能的影响，主要关注的是海河流域下游的治理情况。按照现在"上蓄、中疏、下排、适当蓄滞"的治水方针和原则，当时的水利建设还有许多值得改进的地方。

总之，北洋政府时期京直水利事业的开展是在面临各种困难的情况下进行的，尽管其自身的体制和运作有很大的局限性，但毕竟是我国水利事业从传统向现代转化的一个重要阶段，具有承上启下的作用。其在水务方面所做的努力，为南京国民政府水政工作的开展奠定了一定的基础。从1929年南京国民政府建设委员会拟定的《水政计划大纲》看，其所涉及的七个方面的内容，即设立全国水利最高机关，确定水政系统；划分全国水利区域，拟分全国为华北、华中、华南三大区；整理现有各河计划方案，规定施工程序；举办各河道之地形水文测量，拟具疏治计划；培植水利人才，设水利专科学校；设置全国水文测量站及雨量站；调查全国水利状况汇成精确详尽之报告等，京直地方政府不仅已经在相关领域开展了相关工作，而且有些工作还取得了一定的成效。京直地方政府通过对河务局的改组，加强了对水务的管理；通过对水资源的保护与管理，水利人才培养，水利治标及治本计划，水利工程建设，使京直水政管理混乱的局面一定程度上得到改善。水利工程建设在经济发展中起到了重要作用，水利测量工作为水利建设提供了科学依据；农田水利工程为灌溉经济打下了良好的基础；河道疏浚及裁弯取直工程发展了内河航运，加强了沿海与腹地的联系。用水管理制度发生了巨大变化，水务部门的治水任务由以防洪为主，逐渐转向防洪与建设并重。上述改革不仅为京直地区经济发展提供了保障，而且在水利建设中，京直地区的水利建设者们在利用新技术、新材料、新理念等方面都是值得肯定的。此外，以政府为主导，借助绅民乃至外方社团等社会力量的支持等合作模式，以及施政过程中处理社会群发事件的经验和教训，值得我们借鉴和反思。

目前，水资源匮乏已经成为影响社会发展的重要因素，所以，只有做好生态环境的保护、治理与利用工作，做到科学治水、合理用水、维持水生态系统的平衡，才能维持社会稳定和社会经济可持续发展。

附　　录

附录1　海河流域图

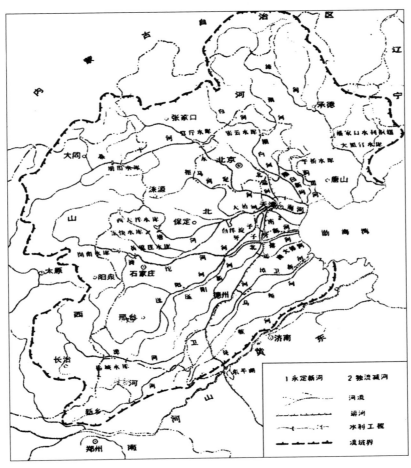

资料来源：中国大百科全书总编辑委员会《水利》编辑委员会：《中国大百科全书》（水利卷），中国大百科全书出版社1992年版，第123页。

附录2　北运河及其联属之各河图

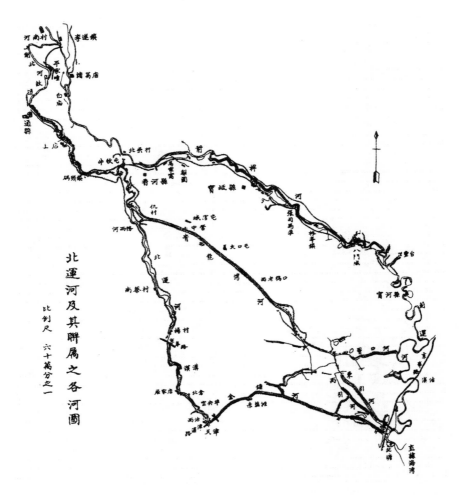

资料来源：顺直水利委员会编：《顺直水利委员会总报告》，北京大学图书馆藏1921年版。

附录3　直隶省易受水患区域图

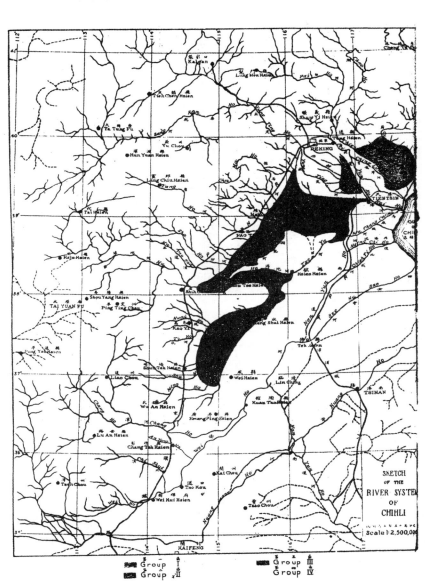

资料来源：顺直水利委员会编：《顺直水利委员会总报告》，上海图书馆藏 1924
年版。

附录4 1923年7月雨量及同雨量曲线图

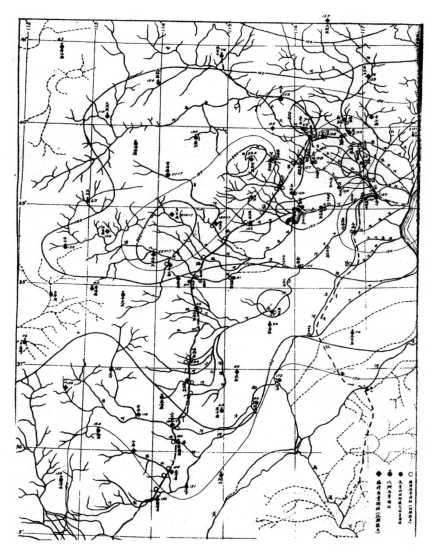

注：雨量以公厘计。

资料来源：顺直水利委员会编：《顺直水利委员会总报告》，上海图书馆藏1924年版。

附录 5　1923 年 8 月雨量及同雨量曲线图

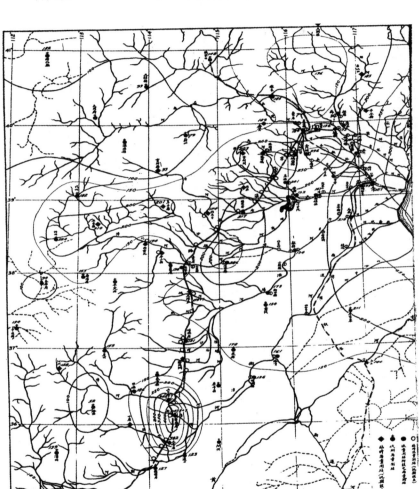

注：雨量以公厘计。

资料来源：顺直水利委员会编：《顺直水利委员会总报告》，上海图书馆藏 1924 年版。

附录 6　1924 年 7 月雨量及同雨量曲线图

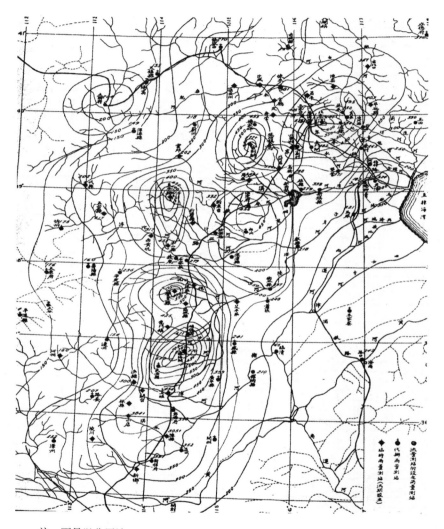

注：雨量以公厘计。

资料来源：顺直水利委员会编：《顺直水利委员会总报告》，上海图书馆藏 1924 年版。

附录 7　1924 年 8 月雨量及同雨量曲线图

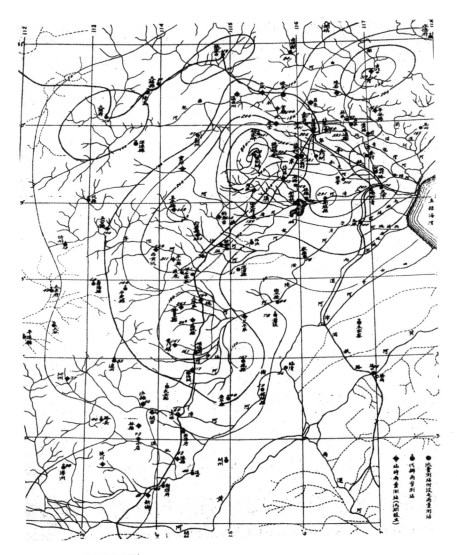

注：雨量以公厘计。

资料来源：顺直水利委员会编：《顺直水利委员会总报告》，上海图书馆藏 1924 年版。

附录8　直隶河道图

资料来源：顺直水利委员会编：《顺直水利委员会总报告》，北京大学图书馆藏1921年版。

附录9　顺直水利委员会所绘制地图现存情况统计表

序号	图表名称	图表类型	收藏地点
1	直隶省各河道历年洪水流量表	流量测量	北京大学图书馆
2	直隶省各河道历年水尺记载之最大高度表	流量测量	北京大学图书馆
3	苏庄漕白河之洪水曲线图	流量测量	北京大学图书馆
4	流量测站附设之雨量测站地点图	流量测量	北京大学图书馆
5	夏季同雨量线图	流量测量	北京大学图书馆
6	永定河淤泥之研究	流量测量	北京大学图书馆
7	地形测量进行图	地形测量	北京大学图书馆
8	河道测量进行图	地形测量	北京大学图书馆
9	顺直水利委员会自制地形图之缩影	地形测量	北京大学图书馆
10	天津及城厢形势图	防水工程	北京大学图书馆
11	天津南运河及北运河改挽河道图	防水工程	北京大学图书馆
12	1922年七月以公厘计之雨量及其等量曲线	防水工程	北京大学图书馆
13	1922年八月以公厘计之雨量及其等量曲线	防水工程	北京大学图书馆
14	规复北运河一部分水量计划图	防水工程	北京大学图书馆
15	测量进行一览表（1918—1922）	防水工程	北京大学图书馆
16	民国十一年宝坻及邻县箭杆河泛滥区域图	防水工程	北京大学图书馆
17	南运河西大湾子裁湾取直图	防水工程	北京大学图书馆
18	新开河水闸图	防水工程	北京大学图书馆
19	马厂减河新泄水河进水闸及河道剖面图	防水工程	北京大学图书馆
20	苏庄泄水闸详图	防水工程	北京大学图书馆
21	苏庄调剂水量水闸位置总图及剖面图	防水工程	北京大学图书馆
22	苏庄进水闸详图	防水工程	北京大学图书馆
23	苏庄附近漕白河规复工程图	防水工程	北京大学图书馆
24	苏庄操纵机关形势图	防水工程	北京大学图书馆
25	苏庄调剂水量水闸全图	防水工程	北京大学图书馆
26	土门楼调剂水量工程图	防水工程	北京大学图书馆
27	三岔口裁湾取直	已成工程之摄影	北京大学图书馆
28	大王庙裁湾取直	已成工程之摄影	北京大学图书馆
29	天津南堤内外两堤卸按处	已成工程之摄影	北京大学图书馆
30	新开河水闸	已成工程之摄影	北京大学图书馆
31	土门楼旧坝加修水闸	已成工程之摄影	北京大学图书馆
32	永定河决口堵筑工程	已成工程之摄影	北京大学图书馆

续表

序号	图表名称	图表类型	收藏地点
33	马厂减河新泄水河堤工	已成工程之摄影	北京大学图书馆
34	马厂减河新泄水河口进水闸	已成工程之摄影	北京大学图书馆
35	苏庄调剂水量机关全景	已成工程之摄影	北京大学图书馆
36	直隶省易受水患区域图	洪水问题之研究	中国国家图书馆、北京大学图书馆
37	周年间暴风之约略途径图	洪水问题之研究	北京大学图书馆
38	酿成民六与民十三两年洪水之夏季飓风路线图	洪水问题之研究	北京大学图书馆
39	民十二年七月雨量及同雨量线	洪水问题之研究	北京大学图书馆
40	民十二年八月雨量及同雨量线	洪水问题之研究	北京大学图书馆
41	民十三年七月十一日至十四日雨量及同雨量线	洪水问题之研究	北京大学图书馆
42	民十三年七月十五日至十七日雨量及同雨量线	洪水问题之研究	北京大学图书馆
43	民十三年七月三十一日至八月六日雨量及同雨量线	洪水问题之研究	北京大学图书馆
44	直隶省七八月间暴雨面积与深度关系之曲线图	洪水问题之研究	北京大学图书馆
45	子牙河系各河道纵剖面图	直隶省之水系	北京大学图书馆
46	南运河系各河道纵剖面图	直隶省之水系	北京大学图书馆
47	北运河箭杆河蓟运及各支河纵剖面图	直隶省之水系	北京大学图书馆
48	永定河变迁图	直隶省之水系	北京大学图书馆
49	永定河纵剖面图	直隶省之水系	北京大学图书馆
50	大清河系各河道纵剖面图（上）	直隶省之水系	北京大学图书馆
51	大清河系各河道纵剖面图（下）	直隶省之水系	北京大学图书馆
52	黄河变迁图	直隶省之水系	北京大学图书馆
53	水利工程计划略图	整理工程计划	北京大学图书馆
54	直隶河道略图	基础测量工程	北京市档案馆、北京大学图书馆
55	直隶地形图	基础测量工程	中国国家图书馆
56	直隶全省地图	基础测量工程	中国国家图书馆
57	永定河道全图	基础测量工程	中国国家图书馆
58	大名河道水准图	基础测量工程	中国国家图书馆
59	良乡县地图	基础测量工程	中国国家图书馆
60	固安县地图	基础测量工程	中国国家图书馆
61	玉田县地图	基础测量工程	中国国家图书馆

序号	图表名称	图表类型	收藏地点
62	三河县地图	基础测量工程	中国国家图书馆
63	任丘地图	基础测量工程	中国国家图书馆
64	塘沽地图	基础测量工程	中国国家图书馆
65	天津及其附近地图	基础测量工程	中国国家图书馆
66	胜芳地图	基础测量工程	中国国家图书馆
67	安次县地图	基础测量工程	中国国家图书馆
68	霸县地图	基础测量工程	中国国家图书馆
69	新镇县地图	基础测量工程	中国国家图书馆
70	永清县地图	基础测量工程	中国国家图书馆
71	宁河县地图	基础测量工程	中国国家图书馆
72	芦台地图	基础测量工程	中国国家图书馆
73	丰台县地图	基础测量工程	中国国家图书馆
74	北京及其附近地图	基础测量工程	中国国家图书馆
75	宝坻县地图	基础测量工程	中国国家图书馆
76	杨村—潘儿庄地图	基础测量工程	中国国家图书馆
77	武清县地图	基础测量工程	中国国家图书馆
78	顺直地形图	基础测量工程	中国国家图书馆
79	天津及其附近图	基础测量工程	中国国家图书馆
80	直隶省地形——天津及其附近图	基础测量工程	中国国家图书馆
81	拟修青龙湾河计划图	基础测量工程	北京市档案馆、北京大学图书馆
82	1921 年测量成绩图	基础测量工程	北京大学图书馆
83	1921 年直隶河道	基础测量工程	北京大学图书馆
84	北运河及其联属之各河图	基础测量工程	北京大学图书馆

资料来源：主要根据中国国家图书馆、北京市档案馆、北京大学图书馆、天津市档案馆、首都图书馆馆藏顺直水利委员会资料整理而成。主要资料来自《顺直水利委员会总报告目录》（1921 年），《顺直水利委员会总报告书》（1923 年），《顺直水利委员会总报告书》（1924 年），《顺直河道治本计划报告书》（1925 年）等。

附录10 苏庄附近潮白河规复工程图

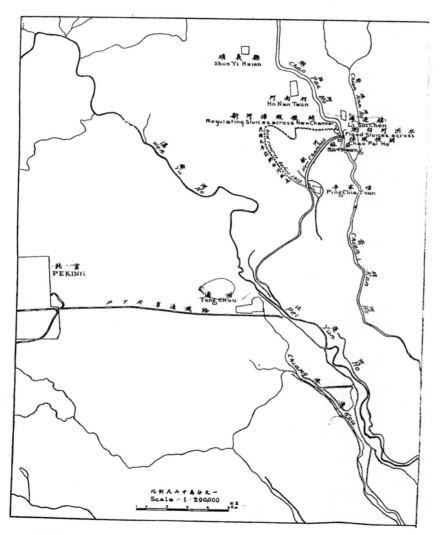

资料来源：顺直水利委员会编：《顺直河道治本计划报告书》，北京大学图书馆藏1925年版。

参考文献

一　档案

《抄存直隶省行政公署大沽造船所双方合资创办直隶全省内河行轮公
　　司》（1914 年），天津市档案馆藏，档案号：J0106—1—000011。

《呈省长添设押船巡役并函天津警察厅天津镇守使直隶警务处水上警察
　　局请饬沿河军警随时协助巡役缉匪》（1927 年），天津市档案馆藏，
　　档案号：J0106—1—000330。

《呈省长清河口、沙河桥两处棍徒搅扰行轮请令静海河间两县究惩并令
　　沿河各县及水上警察局出示保护》（1927 年），天津市档案馆藏，档
　　案号：档案号：J0106—1—000118。

《呈省长函直隶警务处直隶实业厅津磁船路轮船在沙河桥被河间县派警
　　扣阻》（1918 年），天津市档案馆藏，档案号：J0106—1—000139。

《呈督办直隶军务公署直隶省长公署报告各航路轮船因军运紧急均已停
　　轮》（1925 年），天津市档案馆藏，档案号：J0106—1—000253。

《方维因著〈中国治水问题〉、韩安著〈造林防水意见书〉及〈直隶治
　　水全图〉等》，北京市档案馆藏，档案号：J007—004—00014。

《函大沽造船所直隶实业厅报告交接清楚稿》（1925 年），天津市档案
　　馆藏，档案号：J0106—1—000241。

《函直隶水上警察局天津检察厅杨柳青船户打伤水手及搭客》（1920
　　年），天津市档案馆藏，档案号：J0106—1—000182。

《函直隶水上警察局请派巡船驻台头以利交通并望见复》（1926 年），
　　天津市档案馆藏，档案号：J0106—1—000312。

《函直隶水上警察总局近因清河口地方现因水浅请饬令民船不可随意
　　泊驻窒碍交通》（1926 年），天津市档案馆藏，档案号：J0106—

1—000313。

《水上警察棕缆公事》（1923 年），天津市档案馆藏，档案号：J0129—3—6—2103。

《顺直水利委员会青龙湾河工程挖河投标说明书及工程处石工普通细则》，北京市档案馆藏，档案号：J007—004—00297。

《顺直水利委员会办事规则及总报告月报》，北京市档案馆藏，档案号：J007—004—152。

《顺直水利委员会关于京东河道工程事项的材料及京兆河务讨论会章程草案等》，北京市档案馆藏，档案号：J007—004—00268。

《顺直水利委员会技术科长罗斯著〈永定河整理说帖〉》，北京市档案馆藏，档案号：J007—001—01927。

《顺直水利委员会工程处施工细则大纲》，北京市档案馆藏，档案号：J007—004—00314。

《顺直水利委员会工程处石工普通细则》，北京市档案馆藏，档案号：J007—004—00055。

《顺直水利委员会青龙湾河工程招标大纲、合同及施工细则等》，北京市档案馆藏，档案号：J007—004—00171。

《顺直水利委员会青龙湾河土门闸钢铁工程合同及挖河投标说明书》，北京市档案馆藏，档案号：J007—004—00050。

《顺直水利委员会工程处混凝土普通细则》，北京市档案馆藏，档案号：J007—004—0048。

《为南运河唐官屯闸口闭闸给天津商会的函》（1924 年），天津市档案馆藏，档案号：J128—2—002717—011。

《为关闭九宣闸以利储水事与直隶河务局往来函》（1927 年），天津市档案馆藏，档案号：J0128—3—005752—012

《为开闸放水事与直隶河务局往来函》（1922 年），天津市档案馆藏，档案号：J0128—3—005448—002。

《为查河务专员渎职事致直隶省长的呈》（1923 年），天津市档案馆藏，档案号：J0128—2—002199—071。

《详巡按使送内河行轮搭客规则》（1916 年），天津市档案馆藏，档案号：J0106—1—000111。

《详巡按使送董事局大纲并请备案》（1914 年），天津市档案馆藏，档案号：J0106—1—000012。

《直隶水上警察局函本局轮船码头旅客上下及脚夫等时形拥挤恐失窃落水等事应派舢板照料》（1924 年），天津市档案馆藏，档案号：J0106—1—000112。

《直隶实业厅函请造送航政征集表》（1918 年），天津市档案馆，档案号：J0106—1—000143。

《咨雄县任丘县水上警察局津保河沿河居民在河沤麻有碍行轮请设法维持》（1915 年），天津市档案馆藏，档案号：J0106—1—000057。

《咨直隶水上警察局河利轮船在海河被横河缆撞坏》（1916 年），天津市档案馆藏，档案号：J0106—1—000112。

二　报刊

《晨报》

《东方杂志》

《观象丛报》

《河北省政府公报》

《河务季报》

《河北月刊》

《河海月刊》

《华北水利月刊》

《京兆公报》

《京兆通俗周刊》

《申报》

《顺天时报》

《实业来复报》

《政府公报》

《直隶公报》

（天津）《大公报》

（天津）《益世报》

三　地方志

（清）李逢亨纂，永定河文化博物馆整理：（嘉庆）《永定河志》，学苑出版社 2013 年版。

（清）朱其诏、（清）蒋廷皋纂，永定河文化博物馆整理：（光绪）《永
　　定河续志》，学苑出版社 2013 年版。

（清）陈仪撰，故宫博物院编：《直隶河渠志》，海南出版社 2001 年版。

（清）傅泽洪主编，（清）郑元庆纂辑：《行水金鉴》，凤凰出版社 2011
　　年版。

（清）黎世序，（清）潘锡恩，（清）张井主编；（清）俞正燮等纂辑：
　　《续行水金鉴》，凤凰出版社 2011 年版。

安新县地方志编纂委员会编：《安新县志》，新华出版社 2000 年版。

保定市水利局编：《保定市水利志》，中国和平出版社 1994 年版。

《沧州志》（全四册），《中国方志丛书·华北地方》（第 495 号），（台
　　北）成文出版社 1975 年版。

《大名县志》（全三册），《中国方志丛书·华北地方》（第 165 号），
　　（台北）成文出版社 1968 年版。

黄国俊：《重印直隶五河图说》，中国国家图书馆藏 1939 年版。

《海河志》编纂委员会编：《海河志·大事记》，中国水利水电出版社
　　1995 年版。

海河志编纂委员会编：《海河志》（全 4 册），中国水利水电出版社
　　1997—2001 年版。

河北省地方志办公室整理点校：《（民国）河北通志稿》，北京燕山出版
　　社 1993 年版。

河北省地方志编纂委员会编：《河北省志·测绘志》，河北人民出版社
　　1998 年版。

河北省地方志编纂委员会编：《河北省志·海洋志》，河北人民出版社
　　1994 年版。

河北省地方志编纂委员会编：《河北省志·环境保护志》，方志出版社
　　1997 年版。

河北省地方志编纂委员会编：《河北省志·建置志》，河北人民出版社
　　1993 年版。

河北省地方志编纂委员会编：《河北省志·交通志》，河北人民出版社
　　1992 年版。

河北省地方志编纂委员会编：《河北省志·林业志》，河北人民出版社

1998 年版。

河北省地方志编纂委员会编：《河北省志·气象志》，方志出版社 1996
年版。

河北省地方志编纂委员会编：《河北省志·水产志》，天津人民出版社
1996 年版。

河北省地方志编纂委员会编：《河北省志·水利志》，河北人民出版社
1995 年版。

河北省地方志编纂委员会编：《河北省志·政府志》，人民出版社 2000
年版。

河北省地方志编纂委员会编：《河北省志·自然地理志》，河北科学技
术出版社 1993 年版。

河北省地方志编纂委员会编：《河北省志·自然灾害志》，方志出版社
2009 年版。

河北省水利厅水利志编辑办公室编：《河北水利大事记》，天津大学出
版社 1993 年版。

河北省文安县地方志编纂委员会编：《文安县志》，中国社会出版社
1994 年版。

李鸿章总裁，张树声总修，黄彭年监修：《畿辅通志》，上海古籍出版
社 1991 年版。

林传甲著，杨镰、张颐青整理：《大中华京兆地理志》，中国青年出版
社 2012 年版。

林传甲纂：《大中华直隶省地理志》，武学书馆 1920 年版。

《民国高阳县志》，上海书店出版社编：《中国地方志集成·河北府县志
辑》第 38 册，上海书店出版社 2006 年版。

《民国固安县志》，上海书店出版社编：《中国地方志集成·河北府县志
辑》第 28 册，上海书店出版社 2006 年版。

《民国清苑县志》，上海书店出版社编：《中国地方志集成·河北府县志
辑》第 29 册，上海书店出版社 2006 年版。

《民国天津县新志》，上海书店出版社编：《中国地方志集成·天津府县
志辑》第 3 册，上海书店出版社 2004 年版。

《民国文安县志》，上海书店出版社编：《中国地方志集成·河北府县志
辑》第 29 册，上海书店出版社 2006 年版。

《民国雄县新志》，上海书店出版社编：《中国地方志集成·河北府县志辑》第 38 册，上海书店出版社 2006 年版。

《民国徐水县志》，上海书店出版社编：《中国地方志集成·河北府县志辑》第 38 册，上海书店出版社 2006 年版。

《民国涿县志》，上海书店出版社编：《中国地方志集成·河北府县志辑》第 26 册，上海书店出版社 2006 年版。

《束鹿县志》（全三册），《中国方志丛书·华北地方》（第 155 号），（台北）成文出版社 1968 年版。

水利部海河水利委员会海河志编委会编：《滦河志》，河北人民出版社 1994 年版。

顺直水利委员会编：《直隶省易受水患区域图》，北京大学图书馆藏，出版年不详。

天津市水利局水利志编纂委员会编：《天津水利志·海河干流志》，天津科学技术出版社 2003 年版。

亚新地学社编：《京兆直隶分县详图》，亚新地学社编印，1922 年版。

张元第：《河北省渔业志》，河北省立水产专科学校出版委员会，1936 年版。

漳卫南运河志编委会编：《漳卫南运河志》，天津科学技术出版社 2003 年版。

中国水利水电科学研究院水利史研究室编校：《再续行水金鉴》，湖北人民出版社 2004 年版。

四 古籍及资料汇编

（清）吴邦庆辑，许道龄校：《畿辅河道水利丛书》，农业出版社 1964 年版。

（清）林则徐撰：《畿辅水利议》，中国书店 1994 年版。

蔡鸿源主编：《民国法规集成》（第 13 册），黄山书社 1999 年版。

戴建兵编：《传统府县社会经济环境史料（1912—1949）——以石家庄为中心》，天津古籍出版社 2011 年版。

督办京畿水灾河工办公处编：《河工讨论会议事录》，中国国家图书馆藏，出版时间不详。

督办京畿一带水灾河工善后事宜处编：《京畿水灾善后纪实》，中国国家图书馆藏 1919 年版。

郭坤、戴建兵编：《滦河史料集》，天津古籍出版社 2013 年版。

国家图书馆古籍馆编：《清代民国调查报告丛刊》（4），北京燕山出版
　　社 2007 年版。

河北省旱涝预报课题组编：《海河流域历代自然灾害史料》，气象出版
　　社 1985 年版。

华北水利委员会编：《华北之雨量》，中国国家图书馆藏 1935 年版。

华北水利委员会编：《永定河治本计划》，甘肃省古籍文献整理编译中
　　心、中国华北文献丛书编辑委员会编：《中国华北文献丛书》第 93
　　册，学苑出版社 2012 年版。

孔祥榕编：《永定河务局简明汇刊》，全国图书馆文献缩微复制中心
　　2006 年版。

李桂楼、刘绂曾编：《河北省治河计画书》，中国国家图书馆藏 1928
　　年版。

李文海等：《近代中国灾荒纪年》，湖南教育出版社 1990 年版。

李文海等：《近代中国灾荒纪年续编》，湖南教育出版社 1993 年版。

内务部编：《内务部全国河务会议汇编》，中国国家图书馆藏，出版时
　　间不详。

聂宝璋、朱荫贵编：《中国近代航运史资料》第二辑（1895—1927）
　　（上册），中国社会科学出版社 2002 年版。

全国图书馆文献缩微复制中心编：《京兆尹公署档案》，全国图书馆文
　　献缩微复制中心 2005 年版。

石玉璞、林荥著，戴建兵、申彦广整理：《河北省水利史概要》，地质
　　出版社 2011 年版。

史红霞、戴建兵编：《滏阳河史料集》，天津古籍出版社 2012 年版。

水利部水文局编：《华北区水文资料》，水利部水文局编印，1956 年版。

顺直省议会编：《顺直省议会文牍类要（三）》，天津河北日报社印，
　　1921 年版。

顺直水利委员会编：《督办永定河决口堵筑工程事宜处报告》，中国国
　　家图书馆藏 1925 年版。

顺直水利委员会编：《京畿河工善后纪实》，顺直水利委员会编印，出
　　版时间不详。

顺直水利委员会编：《顺直地形图》，中国国家图书馆藏 1928 年版。

顺直水利委员会编：《顺直河道治本计划报告书》，北京大学图书馆藏
    1925 年版。

顺直水利委员会编：《顺直水利委员会第十六次审查会议记录》，中国
    国家图书馆藏 1918 年版。

顺直水利委员会编：《顺直水利委员会第十七次审查会开会记录》，中
    国国家图书馆藏 1918 年版。

顺直水利委员会编：《顺直水利委员会第十五次审查会开会记录》，中
    国国家图书馆藏 1918 年版。

顺直水利委员会编：《顺直水利委员会会议记录》，中国国家图书馆藏
    1918 年版。

顺直水利委员会编：《顺直水利委员会总报告》，北京大学图书馆藏
    1923 年版。

顺直水利委员会编：《顺直水委第二十五次常会记录》，中国国家图书
    馆藏 1924 年版。

《顺直水利委员会总报告目录》，北京大学图书馆藏 1921 年版。

天津档案馆、南开大学分校档案系编：《天津租界档案选编》，天津人
    民出版社 1992 年版。

天津海关译编委员会编译：《津海关史要览》，中国海关出版社 2004
    年版。

天津市档案馆编：《北洋军阀天津档案史料选编》，天津古籍出版社
    1990 年版。

天津市档案馆、天津社会科学院历史研究所、天津市工商业联合会编：
    《天津商会档案汇编（1912—1928）》（第 1—4 册），天津人民出版社
    1992 年版。

王锋、戴建兵编：《滹沱河史料集》，天津古籍出版社 2012 年版。

吴霭宸：《天津海河工程局问题》，北京大学图书馆藏，出版时间不详。

吴弘明编译：《津海关贸易年报（1865—1946）》，天津社会科学院出版
    社 2006 年版。

杨学新、杨昊、李希源编著：《海河流域历代水利碑刻文选》，科学出
    版社 2020 年版。

于振宗：《直隶河防辑要》，北洋印刷局 1924 年版。

中国第二历史档案馆编：《国民政府立法院会议录》（六），广西师范大学出版社 2005 年版。

中国第二历史档案馆编：《中华民国史档案资料汇编》第三辑，江苏古籍出版社 1991 年版。

《中国旧海关史料》编辑委员会编：《中国旧海关史料》，京华出版社 2001 年版。

中国人民政治协商会议天津市委员会文史资料委员会编：《天津文史资料选辑》总第 63 辑，天津人民出版社 1994 年版。

中央气象局研究所等编：《华北、东北近五百年旱涝史料》，中央气象局研究所编印，1975 年版。

著者不详：《冯军修护永定河纪实》，昭明印刷局 1924 年版。

［瑞士］基雅慕（M. Guillarmod）：《中国治水刍议》，李藩昌译，中国国家图书馆藏 1918 年版。

五　著作

白眉初：《河北水利论》，中国国家图书馆藏 1928 年版。

北京市永定河管理处编：《永定河水旱灾害》，中国水利水电出版社 2002 年版。

北京市政协文史和学习委员会编：《北京水史》，中国水利水电出版社 2013 年版。

蔡勤禹：《民间组织与灾荒救治：民国华洋义赈会研究》，商务印书馆 2005 年版。

曹树基：《中国移民史》（第 6 卷），福建人民出版社 1997 年版。

陈嵘：《中国森林史料》，中国林业出版社 1983 年版。

陈喜波：《漕运时代北运河治理与变迁》，商务印书馆 2018 年版。

陈业新：《明至民国时期皖北地区灾害环境与社会应对研究》，上海人民出版社 2008 年版。

池子华、李红英、刘玉梅：《近代河北灾荒研究》，合肥工业大学出版社 2011 年版。

邓拓：《中国救荒史》，武汉大学出版社 2012 年版。

冯利华、陈雄：《钱塘江流域水利开发史研究》，中国社会科学出版社 2009 年版。

冯贤亮：《近世浙西的环境、水利与社会》，中国社会科学出版社 2010 年版。

国家防汛抗旱总指挥部办公室、水利部南京水文水资源研究所编著：《中国水旱灾害》，中国水利水电出版社 1997 年版。

《海河史简编》编写组：《海河史简编》，中国水利水电出版社 1977 年版。

河北省水利厅编：《河北省水旱灾害》，中国水利水电出版社 1998 年版。

侯林：《南运河航运与区域社会经济变迁研究（1901—1980）》，中国社会科学出版社 2017 年版。

冀朝鼎：《中国历史上的基本经济区与水利事业的发展》，朱诗鳌译，中国社会科学出版社 1981 年版。

佳宏伟：《区域社会与口岸贸易——以天津为中心：1867—1931》，天津古籍出版社 2010 年版。

贾红星主编：《河北科技史》，人民出版社 2013 年版。

李华彬主编：《天津港史（古、近代部分）》，人民交通出版社 1986 年版。

李景汉编著：《定县社会概况调查》，上海人民出版社 2005 年版。

李书田等：《中国水利问题》，商务印书馆 1937 年版。

李仪祉著，黄河水利委员会选辑：《李仪祉水利论著选集》，水利电力出版社 1988 年版。

梅雪芹：《环境史研究叙论》，中国环境科学出版社 2011 年版。

密云县水资源局编：《密云水旱灾害》，中国水利水电出版社 2003 年版。

沈百先等：《中华水利史》，商务印书馆 1979 年版。

水利水电科学研究院《中国水利史稿》编写组：《中国水利史稿》（下），水利电力出版社 1989 年版。

孙冬虎：《北京近千年生态环境变迁研究》，北京燕山出版社 2007 年版。

《孙中山选集》（上、下卷），人民出版社 1957 年版。

汤仲鑫等编著：《海河流域旱涝冷暖史料分析》，气象出版社 1990 年版。

天津航道局编：《天津航道局史》，人民交通出版社 2000 年版。

天津市档案馆、天津海关编：《津海关秘档解译——天津近代历史记录》，中国海关出版社 2006 年版。

王建革：《传统社会末期华北的生态与社会》，生活·读书·新知三联书店 2009 年版。

王利华：《徘徊在人与自然之间——中国生态环境史探索》，天津古籍出版社 2012 年版。

王利华主编：《中国历史上的环境与社会》，生活·读书·新知三联书店 2007 年版。

王培华：《元明清华北西北水利三论》，商务印书馆 2009 年版。

王树才主编：《河北省航运史》，人民交通出版社 1988 年版。

王伟凯：《天津干流史研究》，天津人民出版社 2003 年版。

武桓著，张雅南、侯光陆校：《京畿除水害兴水利刍议》，新新印书局 1926 年版。

奚学仁：《北运河水旱灾害》，中国水利水电出版社 2002 年版。

夏明方：《民国时期自然灾害与乡村社会》，中华书局 2000 年版。

夏明方、唐沛竹：《20 世纪中国灾变图史》，福建教育出版社 2001 年版。

邢铁、王文涛：《中国古代环渤海地区与其他经济区比较研究》，河北人民出版社 2004 年版。

行龙：《以水为中心的晋水流域》，山西人民出版社 2007 年版。

行龙主编：《环境史视野下的近代山西社会》，山西人民出版社 2007 年版。

徐建平等：《中国环境史》（近代卷），高等教育出版社 2020 年版。

徐正编著：《海河今昔纪要》，河北省水利志编辑办公室编辑发行，1985 年版。

杨果、陈曦：《经济开发与环境变迁研究——宋元明时期的江汉平原》，武汉大学出版社 2008 年版。

姚汉源：《中国水利史纲要》，水利电力出版社 1987 年版。

尹钧科、吴文涛：《永定河与北京》，北京出版社 2018 年版。

于德源：《北京灾害史》，同心出版社 2008 年版。

张恩祐：《永定河疏治研究》，志成印书馆 1924 年版。

郑肇经：《中国水利史》，上海书店 1984 年版。

中国大百科全书总编辑委员会《水利》编辑委员会：《中国大百科全
　　书》（水利卷），中国大百科全书出版社 1992 年版。
中山大学历史系孙中山研究室、广东省社会科学院历史研究所、中国社
　　会科学院近代史研究所中华民国史研究室合编：《孙中山全集》第 7
　　卷，中华书局 1985 年版。
周秋光编：《熊希龄集》（第 1—8 册），湖南人民出版社 2008 年版。
竺可桢：《竺可桢全集》第 1 卷，上海科技教育出版社 2004 年版。
〔日〕森田明：《清代水利与区域社会》，雷国山译，山东画报出版社
　　2008 年版。

六　论文

白眉初：《论直隶水灾之由来及将来水利之计划》，《地学杂志》1917
　　年第 8 卷第 11—12 期。
钞晓鸿：《环境与水利：清代中期北京西山的煤窑与区域水循环》，戴
　　建兵主编：《环境史研究》第二辑，天津古籍出版社 2013 年版。
陈茂山：《海河流域水环境变迁及其历史启示》，中国水利水电科学研
　　究院水利史研究室编：《历史的探索与研究——水利史研究文集》，黄
　　河水利出版社 2006 年版。
池子华、刘玉梅：《民国时期河北灾荒防治及成效述论》，《中国农史》
　　2003 年第 4 期。
池子华：《中国红十字会救济 1917 年京直水灾述略——以〈申报〉为
　　中心的考察》，《淮阴师范学院学报》2005 年第 2 期。
戴建兵、侯林：《近代天津与内河水运（1860—1937）》，《城市史研究》
　　第 29 辑，天津社会科学院出版社 2013 年版。
冯涛：《北洋政府时期京直水灾及水利建设研究》，硕士学位论文，河
　　北师范大学，2010 年。
高福美：《清代直隶地区的营田水利与水稻种植》，《石家庄学院学报》
　　2012 年第 1 期。
龚宁：《吹填造地与近代城市建设——基于海河工程局档案的研究》第
　　42 辑，社会科学文献出版社 2020 年版。
胡惠芳：《民国时期海河流域的生态环境与水患》，《海河水利》2005
　　年第 2 期。

贾毅：《白洋淀环境演变的人为因素分析》，《地理学与国土研究》1992年第4期。

蒋超：《明清时期天津的水利营田》，《农业考古》1991年第3期。

蒋超：《明清时期天津的水利营田（续）》，《农业考古》1992年第1期。

蒋超：《水运在天津城市发展过程中的作用》，中国水利水电科学研究院水利史研究室编：《历史的探索与研究——水利史研究文集》，黄河水利出版社2006年版。

焦雨楠：《民初水政制度的近代转型：以裁弯取直为例》，《学术研究》2020年第5期。

李辅斌：《清代直隶地区的水患和治理》，《中国农史》1994年第4期。

李红英：《晚清直隶灾荒及减灾措施的探讨》，硕士学位论文，河北大学，2000年。

李文海等：《晚清的永定河患与顺、直水灾》，《北京社会科学》1989年第3期。

李仪祉：《顺直水利委员会改组华北水利委员会之旨趣》，《华北水利月刊》1928年第1卷第1期。

李有红：《历史上森林变迁对永定河的影响》，《中国水利》2005年第18期。

梁维：《清代雍正时期直隶地区营田水利研究》，硕士学位论文，东北师范大学，2008年。

刘冬：《北洋政府时期（1912—1927）荒政研究》，硕士学位论文，南京农业大学，2006年。

刘宏：《外国人对1917年天津水灾的救援》，《民国春秋》2001年第6期。

刘洪升：《唐宋以来海河流域水灾频繁原因分析》，《河北大学学报》2002年第1期。

刘五书：《论民国时期的以工代赈救荒》，《史学月刊》1997年第2期。

刘玉梅：《民国时期河北灾荒研究》，硕士学位论文，河北大学，2001年。

龙登高、龚宁、伊巍：《近代公益机构的融资模式创新——海河工程局的公债发行》，《近代史研究》2018年第1期。

鲁克亮、刘力：《略论近代中国的荒政及其近代化》，《重庆师范大学学报》2005 年第 6 期。

苗卫芳：《大清河水系与津保内河航运研究》，硕士学位论文，河北大学，2011 年。

缪德刚、龙登高：《中国现代疏浚业的开拓与事功——基于海河工程局档案的考察（1897—1949）》，《河北学刊》2017 年第 2 期。

任云兰：《近代华北自然灾害期间京津慈善机构对妇女儿童的社会救助》，《天津社会科学》2006 年第 5 期。

芮锐：《晚清河政研究（公元 1840 年—1911 年）》，硕士学位论文，安徽师范大学，2006 年。

申艳广、隋芳、王玲玲：《1933 年的河北蝗灾与社会控制》，戴建兵主编：《环境史研究》第一辑，地质出版社 2011 年版。

石超艺：《明以来海河南系水环境变迁研究》，博士学位论文，复旦大学，2005 年。

王长松：《民国时期海河放淤工程及其环境效应研究》，《中国历史地理论丛》2014 年第 3 期。

王华棠：《华北水利事业》，沈百先等：《三十年来中国之水利事业》，中央水工试验所 1947 年版。

王秋华：《1917 年京直水灾与赈济情况略述》，《北京社会科学》2005 年第 3 期。

王秀玲：《嘉庆六年直隶地区水灾和政府救灾活动述评》，硕士学位论文，内蒙古大学，2004 年。

王永厚：《吴邦庆与〈畿辅河道水利丛书〉》，《古今农业》1993 年第 5 期。

吴文涛：《还永定河生机　莫忘防洪治理——关于历史上治理永定河的几点思考》，《北京联合大学学报》2011 年第 4 期。

夏茂粹：《民国时期的国家水政》，《档案与史学》1999 年第 1 期。

徐凯希：《晚清末年湖北的水利与水政》，《湖北文史资料》1998 年第 4 期。

颜元亮：《论民国时期的水利科学技术》，中国水利学会水利史研究会编：《水利史论文集（第一辑）：纪念姚汉源先生八十华诞》，河海大学出版社 1994 年版。

于希贤：《森林破坏与永定河的变迁》，《光明日报》1982 年 4 月 2 日。

余涛：《二三十年代湖北的水灾及水利建设》，硕士学位论文，华中师
范大学，2005 年。

张继才：《略论熊希龄治水》，《武汉科技大学学报》2005 年第 3 期。

张克：《天津早期现代化进程中的海河工程局（1897—1949）》，硕士学
位论文，延安大学，2009 年。

张文惠：《冯玉祥修治永定河》，《文史精华》2007 年第 10 期。

周魁一：《略论水利史研究的现实意义》，《农业考古》1986 年第 2 期。

朱吉杰：《清末直隶水利、水政述论》，硕士学位论文，河北师范大学，
2005 年。

祝元梅：《民国时期甘肃省水利林牧公司研究》，硕士学位论文，兰州
大学，2008 年。

后　记

  本书是在国家社会科学基金一般项目"北洋政府时期京直水政研究 (1912—1928)"（批准号：09BZS018）结项稿的基础上修改而成的。这 个选题是我刚开始接触水利史时切入的视角，也是我的学术兴趣从政治 史转向水利史、环境史的开始。由于以往学界关于北洋时期的水政研究 较少，而且资料零散，所以在写作过程中遇到了很多困难，曾多次去中 国国家图书馆、首都图书馆、天津市档案馆等地查阅档案及文献资料。 项目结项后，因身体状况欠佳，未能进一步修改，书稿一直被搁置。 2019年年底，所在学院策划出版"河北师范大学历史文化院双一流学 科建设文库"，这部书稿有幸被纳入其中。在本书出版之际，对历史文 化学院的大力支持深表感谢！

  中国社会科学出版社的宋燕鹏编审负责本书的编辑工作，他精心审 稿，提出了很多宝贵的修改意见，对他的辛勤付出表示衷心的感谢。

  最近几年间，有关北洋政府时期水利问题的研究成果逐渐增多，为 将北洋政府时期京直水政的实态呈现出来，在吸收他人最新研究成果的 基础上，对原结项稿进行了修改和补充。由于水平所限，本书难免有不 当或错误之处，敬请方家批评指正。

徐建平

2021年6月